Constanze Lindemann/Harry Neß (Hrsg.)
Vom Buchdrucker zum Medientechnologen

Constanze Lindemann/Harry Neß (Hrsg.)
Vom Buchdrucker zum Medientechnologen
Wege der Druckindustrie in die Welt der Digitalisierung

VSA: Verlag Hamburg

www.vsa-verlag.de

Wir danken besonders den folgenden Organisationen, ohne deren Förderung und Unterstützung dieses Buch nicht hätte realisiert werden können:

 Friedrich-Ebert-Stiftung
Bibliothek der Friedrich-Ebert-Stiftung

 Internationaler Arbeitskreis
für Druck- und Mediengeschichte e.V.

 Johannes-Sassenbach-Gesellschaft

 Karl-Richter-Verein e.V.

 Stiftung Menschenwürde und Arbeitswelt

 ver.di Bundesfachbereich Medien, Kunst und Industrie

 Zentral-Fachausschuss Berufsbildung Druck und Medien

© VSA: Verlag Hamburg 2018, St. Georgs Kirchhof 6, 20099 Hamburg
Alle Rechte vorbehalten
Druck und Buchbinderarbeiten: Beltz Grafische Betriebe GmbH, Bad Langensalza
ISBN 978-3-89965-824-8

Inhalt

Constanze Lindemann/Harry Neß
Eine Einleitung 8
zur Geschichte der genutzten und gescheiterten Möglichkeiten
der Mitgestaltung im Übergang von der Druck- zur Medienindustrie

Teil 1:
Herausforderungen der Digitalisierung an Steuerungsstrategien der Druckindustrie

Anne König
Strukturwandel in der Druckindustrie 14

Teil 2:
Unterschiedliche Perspektiven auf Prozesse des Wandels zur Medienindustrie

Johannes Platz
»Revolution der Roboter« oder »Keine Angst vor Robotern«? 26
Transatlantischer Wissenstransfer über Automation
und die DGB-Gewerkschaften

Ralf Roth
Gewerkschaften in der Druckindustrie und der globale technologische Wandel in den 1970er und 1980er Jahren 44
Das Beispiel Deutschland, Großbritannien und USA

Anne König
Reaktionen von FacharbeiterInnen auf den technologischen Wandel in Kleinbetrieben der Druckindustrie 70

Karsten Uhl
Die langen 1970er Jahre der Computerisierung 84
Die Formalisierung des Produktionswissens in der Druckindustrie
und die Reaktionen von Gewerkschaften, Betriebsräten und Arbeitern

Heinz Hupfer
Vom technologischen Fortschritt überrollt 100
Der Untergang von AM International und AM Deutschland
als Beispiel disruptiver Prozesse in der Druckindustrie

Teil 3:
Strukturen der Aus- und Weiterbildung im Wandel technologischer Veränderungen

Harry Neß
Phasen der Professionalisierung im Beruf des Buchdruckers 120
Historisches Muster für strukturelle Entwicklungen
in Multimediaberufen

Rainer Braml/Heike Krämer
**Berufsausbildung in der Druckindustrie – von den 1970er Jahren
bis zur Jahrtausendwende** 135

Anette Jacob/Thomas Hagenhofer
**Der Zentral-Fachausschuss Berufsbildung Druck und Medien (ZFA)
im Prozess technologischer Innovationen** 147

Andreas Rombold
**Berufsschullehrer organisieren sich zur Gestaltung
der Aus- und Weiterbildung in Berufen der Printmedien** 162

Teil 4:
Erinnerungen von Zeitzeuginnen und Zeitzeugen des Strukturwandels

Constanze Lindemann/Harry Neß
Beschäftigte der Druckindustrie kommen zu Wort 180
Zeitzeugen des Strukturwandels erinnern sich

Ausgewählte und kommentierte Wiedergabe der Gruppen- und Einzelinterviews

Gruppeninterviews 186
   Erste Gruppe: Leitende Angestellte bzw. Geschäftsführer 186
   Zweite Gruppe: Journalisten 193
   Dritte Gruppe: Facharbeiter der Druckvorstufe 200
   Vierte Gruppe: Drucker 213

Einzelinterviews mit ehemaligen Gewerkschaftsvorsitzenden 226
   Franz Kersjes 226
   Detlef Hensche 242

Teil 5:
Archivarische und museale Präsentation der Zugänge zur Druckgeschichte

Rüdiger Zimmermann
Das gedruckte Gedächtnis der Drucker 266
Zur Quellenüberlieferung gewerkschaftlich organisierter Arbeiter und
Arbeiterinnen im grafischen Gewerbe in der Friedrich-Ebert-Stiftung

Roger Münch unter Mitarbeit von Christian Göbel
Umbrüche und neue Herausforderungen
in Druck-, Kommunikations- und Medienmuseen 285

Teil 6:
Zur aktuellen Relevanz der erfahrenen Umbrüche und Übergänge

Frank Werneke
Umbrüche auf dem Weg von der Druck- zur Medienindustrie 298
Aktuelle Auseinandersetzungen um Zukunftsstrategien
bezüglich Druckindustrie 4.0 und deren Vorgeschichte

Anhang

Glossar 318
Abkürzungen 323
Verzeichnis der Abbildungen 326
Fotonachweis 328
Literatur 329
Autorinnen und Autoren 348
Zeitzeugen und Interviewer 350

Constanze Lindemann/Harry Neß
Eine Einleitung
zur Geschichte der genutzten und gescheiterten Möglichkeiten der Mitgestaltung im Übergang von der Druck- zur Medienindustrie

»Da durfte ich neu drucken lernen.«
Ottmar Bürgel

Kommt nun die Epoche der Printmedien zu ihrem Abschluss? Viele Indizien sprechen dafür. Nur von wenigen Experten wurde prognostiziert, dass eine ganze Branche, die der Druckindustrie, durch Computerisierung und digitale Medien seit über fünfzig Jahren einen fundamentalen und in seinen Folgen unabsehbaren und immer noch andauernden Umbruch erfährt. Was sich am Ende des 20. und am Beginn des 21. Jahrhunderts technologisch mit dem Eintritt in das Medienzeitalter entwickelt hat,[1] das ist in seinen Auswirkungen nur zu vergleichen mit der Erfindung des Buchdrucks im 15. Jahrhundert. Der Buchdruck hatte am Beginn der Neuzeit die bis dahin geltenden Kommunikations- und Informationsstrukturen der verhältnismäßig statischen Gesellschaft von Grund auf verändert. Dazu gehörte unter anderem, dass die in ihr hoch angesehenen Arbeitsbereiche, wie die der Schreiber, Buchmaler und Pergamentmacher, an Bedeutung verloren und neue Berufe entstanden.[2] Heute gibt es den damals entstandenen Schriftgießer, den Schriftsetzer, den Buchdrucker nur noch in handwerklichen bzw. künstlerisch-gestaltenden Zusammenhängen. Eine relativ stabile Epoche der Technik, die mit ihr verbundenen Qualifikationen der Berufsangehörigen und ein öffentlicher Diskurs, der sich prioritär an Printmedien orientiert, gehen damit nach über 500 Jahren wohl definitiv zu Ende.

Zwei Impulse verstärkten auf diesem Hintergrund Überlegungen, das Terrain des Übergangs von der Druck- zur Medienindustrie mit einer Publikation genauer zu vermessen. Da war zum einen 2009 die Tagung der Friedrich-Ebert-Stiftung und der Hans-Böckler-Stiftung zur »Strukturbruchthese« von Anselm Doering-Manteuffel und Lutz Raphael. Beide verwiesen mit ihrer Perspektive auf die Bundesrepublik der 1970er Jahre darauf,[3] dass unter anderem mit der Verknappung des Rohstoffs Öl, dem Ende der Vollbeschäftigung und der Ausbreitung der Digitalisierungstechnik ein neues Kapitel in der Geschichte der Bundesrepublik aufgeschlagen wurde. Sie identifizierten diese Phänomene als Teil einer ökonomischen, politischen und technologischen Krise des gesamten Gesellschaftssystems, das national wie international vergleichbare Züge zeigte.[4]

Direkt an die Inhalte der beiden damit verbundenen Veröffentlichungen anschließen konnte 2014 die Jahrestagung des Internationalen Arbeitskreises für Druck- und Mediengeschichte (IADM) mit dem Thema »Die Druckindustrie im Umbruch: Technologie, Arbeit und Beruf in der zweiten Hälfte des 20. Jahrhunderts« im Deutschen Zeitungsmuseum (Wadgassen).[5] Der Charakter dieser

Eine Einleitung

Fachkonferenz war allerdings mehr der einer Forschungswerkstatt, in der verschiedene Fragestellungen – bei interdisziplinärer Herangehensweise an die strukturell grundlegenden Veränderungen in der Druckindustrie – benannt wurden.

Festzuhalten blieb, dass geradezu revolutionäre Technologiesprünge sich unmittelbar in unterschiedlichen Produktionsbereichen der Druckindustrie und den dort bisher geltenden Arbeitsabläufen niederschlugen.[6] So wurde beispielsweise in den 1970er Jahren der Bleisatz zunehmend durch den Fotosatz ersetzt, was zur Verdrängung der Berufsgruppe der Hand- und Maschinensetzer und zum unumkehrbaren Aufstieg des Offsetdrucks in allen Produktionslinien des Akzidenzen-, Bücher- und Zeitungsdrucks beitrug. Mit der in den 1980er Jahren einsetzenden Entwicklung des Desktop-Publishing wurde die Zusammenführung der Bild- und Textverarbeitungstechniken am Computer unabhängig von der Betriebsgröße in allen Unternehmen möglich. In seiner Bedeutung stark zugenommen hat darüber hinaus in den letzten Jahren der Digitaldruck, der inzwischen immer größere Anteile auf dem Markt der Druckprodukte erobert.[7]

Noch weitgehender als in den vorangegangenen Wellen technologischer Innovationen werfen die auf das Internet gestützte Internationalisierung und das veränderte Nutzerverhalten bezüglich der Print- und Digitalmedien sowie der Bedeutungsgewinn sozialer Netzwerke grundsätzliche Fragen auf. Wie müssen Entscheidungen aussehen, die die mit der Digitalisierung verbundenen Produktions-, Konsumenten- und Kommunikationsweisen der Individuen, Unternehmen und gesellschaftlichen Interessengruppen angemessen berücksichtigen? Die möglichen Folgen einer andauernden prekären Perspektive für die Berufsangehörigen würden alle bis dahin gültigen Arbeitsplatz- und Geschäftsmodelle in der Druckindustrie auf diesem Hintergrund obsolet machen.[8] Das heißt, dass im Rückblick auf die letzten 50 Jahre von einer technologischen Zeitenwende gesprochen werden kann. Sie lässt die in der anhaltenden Veränderungsphase zur Multimediaindustrie vorhandenen Interessengegensätze der in ihr Tätigen besonders scharf hervortreten.

Eine Periode des noch andauernden Übergangs ist damit eröffnet worden, in der es darum geht, dass in Deutschland unter dem sozialpolitischen Leitbild »Gute Arbeit« die gesellschaftlich organisierten Akteure – bei allen noch vorhandenen Unwägbarkeiten – strategisch auszuloten versuchen, wie die Rahmenbedingungen einer künftigen Arbeitsgesellschaft inhaltlich mitzubestimmen und mitzugestalten[9] sind. Mit der hier vorgelegten Publikation und ihren unterschiedlichen wissenschaftlichen Zugangsweisen soll ein Beitrag dazu geleistet werden, in einer technologischen Übergangsphase der Medienindustrie und einer fortdauernden »Krise der Arbeitsgesellschaft« geschichtlich hinterlegte Argumente für den gegenwärtigen und zukünftig fortzuführenden »Automatisierungsdiskurs« zu liefern.[10] Da sich die Druckindustrie im »Erfahrungsraum«[11] der Betroffenen historisch durch einen besonders hohen gewerkschaftlichen Organisationsgrad auszeichnete, erwuchs daraus eine auf Stolz und ein Bewusstsein professioneller Stärke aufbauende Solidarisierung der beteiligten Berufsgruppen – bis hin zum

»Durchhalten« langwieriger Streiks und Aussperrungen.[12] Diese Solidarisierung gründete auf einer gemeinsamen Erfolgsgeschichte der kollektiven Identitätsbildung, sodass die besondere Heftigkeit und Konsequenz, in der um Positionen und Respekt gerungen wurde, bis heute nachwirken. Die Beschäftigten nahmen die beruflich-technischen Herausforderungen an, um sie mitzugestalten. Zumindest für die Berufsgruppe der Schriftsetzer konnten – temporär begrenzt – in einem ersten Schritt das Bewusstsein ihrer Professionalität, der soziale Status, der nun digital gestaltete Arbeitsplatz und das im Verhältnis zu anderen Branchen hohe Einkommen in die Epoche der Medienindustrie überführt werden. Verloren wurde die bis dahin für diese Berufsgruppe immer bestehende zentrale Machtstellung im Produktionsprozess.

Die Erfolge und Niederlagen wurden zu einem exemplarischen Erprobungsfeld und Lehrstück für andere Wirtschaftszweige. Mit welchen Strategien können angesichts neuer technologischer Entwicklungen angemessene Antworten zur Zukunftssicherung von qualifizierten Arbeitsplätzen und der Wirksamkeit von innerbetrieblicher Mitgestaltung gegeben werden? Wichtig für die weitere Orientierung ist bewusst zu machen, wie sich in den Jahren davor die Berufe und Tätigkeiten verändert haben, wie der aktuelle Stand ist und wie voraussichtlich die zukünftige Entwicklung in der zur Multimediaindustrie erweiterten Branche aussehen wird.[13] Darüber sich eine Meinung zu bilden, unterschiedliche Perspektiven in den Blick zu nehmen und Konsequenzen für eigene Handlungsentscheidungen zu ziehen, dazu sollen die folgenden Aufsätze und die Interviews mit Zeitzeugen einen kritischen Beitrag liefern.

Mit den Erkenntnissen der 2014er-Fachkonferenz des IADM wurden Forschungslücken identifiziert. Sie forderten dazu heraus, sich den betroffenen Beschäftigten zuzuwenden: Wie sind die Berufsangehörigen individuell und kollektiv mit dem Verlust ihres in den 1960er Jahren noch privilegierten Status, dem Umbau ihrer beruflichen Professionalität in den 1970er Jahren, der ständigen Gefährdung ihres Arbeitsplatzes in den 1980er Jahren und ihres Einkommens seit den 1990er Jahren umgegangen? Und: Mit welchen Erwartungen und Strategien reagierte bis über die Jahrhundertwende hinweg ihre betriebliche und gewerkschaftliche Interessenvertretung auf die Bedrohung der Existenz eines ganzen Industriezweigs? Die in dem hier vorgelegten Band festgehaltenen Erfahrungen und Erkenntnisse im gegenseitigen Umgang und in der produktiven Auseinandersetzung mit der Geschichte einer Branche haben nichts von ihrer Aktualität verloren. Dafür ist nicht nur wichtig, dass die hier vorgelegte Veröffentlichung gemachte Erfahrungen vor dem Vergessen bewahrt, sondern auch, dass die kollektive Erzählung von den in die Irre leitenden Mythen befreit wird. Nur daraus können realistische Einschätzungen und Strategien entstehen, um Gestaltungsmöglichkeiten für die eigene berufliche Zukunft und insgesamt für die im Arbeitsleben befindliche Generation konstruktiv zu antizipieren.

Methodisch wurden für die hier vorgelegte Veröffentlichung Zugänge aus unterschiedlichen Wissenschaftsdisziplinen gewählt. So geht der erste Teil des Buches von den gegenwärtigen Herausforderungen des Strukturwandels und eingesetzten Steuerungsstrategien der Druckindustrie aus. Von diesem Punkt aus werden im zweiten Teil die unterschiedlichen Perspektiven auf die Entwicklung zur Medienindustrie aufgezeigt. Dabei werden neben dem internationalen Vergleich die unterschiedlichen Reaktionen der Unternehmen, der in ihnen Beschäftigten und ihrer Interessenorganisationen diskutiert.

Eine der möglichen Brücken dieser Übergangsperiode zur Bewältigung der Strukturveränderungen ist der inhaltliche Aus- und Umbau des beruflichen Aus- und Weiterbildungssystems, das im dritten Teil im Zentrum der Betrachtung steht. Mit der tarifpartnerschaftlichen Entwicklung neuer Professionalisierungsmuster wurden die Folgen des technologischen Wandels zumindest punktuell für zwei Generationen von Berufsangehörigen sozial abgefedert und durch einen bis in die Gegenwart reichenden Anpassungsprozess auf neue Tätigkeitsfelder der Multimediaindustrie umorientiert.

Zur Frage, wie sich der Strukturwandel in den Betrieben für die Beschäftigten und ihre gewerkschaftliche Interessenvertretung darstellte, kommen im vierten Teil Vertreterinnen und Vertreter unterschiedlicher Berufsgruppen in Einzel- und Gruppeninterviews zu Wort. Aus ihren Aussagen wird ablesbar, wie stark oftmals Erwartungen und Erfahrungen miteinander kollidierten, zu Triumphgeschichten umgedeutet beziehungsweise vorhandene Differenzen marginalisiert wurden.

Wer sich mit den Ursachen, Bewältigungsstrategien und Folgen des Übergangs der Druck- in die Medien- und nun in die Multimediaindustrie beschäftigen will, dem werden im fünften Teil ausgewählte archivarische und museale Zugänge zur Aufarbeitung des kollektiven Gedächtnisses, der eingesetzten Technik, des professionellen Umgangs der Berufsangehörigen damit und der Vielzahl ihrer Produktlinien aufgezeigt. Diese Zugänge wenden sich an ein breiteres Publikum und eröffnen gestalterische Möglichkeiten für gesellschaftliche Akteure, um mit veränderten Strategien auf die Herausforderungen der »Druckindustrie 4.0« zu antworten. Dieser vor allem arbeitspolitische Raum wird im sechsten Teil mit einem abschließenden Beitrag in Richtung der zentralen Frage geöffnet, wie sich die Fachkräfte in den noch zu erwartenden Wandlungsprozessen zukünftig erfolgreich positionieren können. Um das Verständnis der in diesem Band enthaltenen Fachbegriffe und vielfältigen beruflichen Organisationen zu erleichtern, enthält der Anhang ein Glossar und ein Abkürzungsverzeichnis.

Allen beteiligten Autoren und Zeitzeugen sei für ihre Beiträge und für ihre Geduld bis zur Fertigstellung des hier vorgelegten Buches gedankt. Ermutigt haben uns zum Einstieg in das Publikationsvorhaben wie auch bei den Umsetzungsschritten der Vorsitzende der Friedrich Ebert Stiftung MP a.D. Kurt Beck, der Leiter des ver.di-Archivs, Hartmut Simon, sowie viele Kolleginnen und Kollegen aus unseren beruflichen und ehrenamtlichen Kontexten. Bis zum Schluss haben uns bei der Entwicklung des Konzeptes und der Auswertung der Einzel- und Gruppeninterviews Ernst Heilmann und Prof. em. Dr. Jürgen Prott unterstützt. Den Prozess der Entstehung des Werkes haben mit wichtigen redaktio-

Hinweisen Prof. Dr. Ralf Roth und Dr. Volker Benad-Wagenhoff begleitet. Zudem konnte auch dank der Transkription der Zeitzeugeninterviews durch Manuela Ruscheck, des geduldigen Korrekturlesens von Ulrike Engels und durch das umsichtige Lektorat von Marion Fisch vom VSA: Verlag das Buch zum Druck gebracht werden. Wir wünschen uns, dass die Leserinnen und Leser darin Anregungen und Begründungen finden, den Weg von der Medienindustrie zur Multimediaindustrie im Interesse der Beschäftigten mutig und aktiv mitzugestalten.

Anmerkungen

[1] Vgl. Bruno Lamborghini: Die Auswirkungen auf das Unternehmen, in: G. Friedrichs/A. Schaff (Hrsg.): Auf Gedeih und Verderb. Mikroelektronik und Gesellschaft. Bericht an den Club of Rome. Wien u.a. 1982, S. 131-167; Bernd Jürgen Matt: Printtechniken im Wandel, in: Mike Friedrichsen (Hrsg.): Printmanagement. Herausforderungen für Druck- und Verlagsunternehmen im digitalen Zeitalter. Baden-Baden 2004, S. 17-26.
[2] Vgl. Harry Neß: Der Buchdrucker – Bürger des Handwerks. Wetzlar 1992, S. 81ff.
[3] Vgl. A. Doering-Manteuffel/L. Raphael: Nach dem Boom – Perspektiven auf die Sozialgeschichte seit 1970. Göttingen 2008.
[4] Vgl. um weitere Aufsätze erweiterte Konferenzbeiträge in: Knud Andresen/Ursula Bitzegeio/Jürgen Mittag (Hrsg.): »Nach dem Strukturbruch«? – Kontinuität und Wandel von Arbeitsbeziehungen und Arbeitswelt(en) seit den 1970er-Jahren. Bonn 2011.
[5] www.arbeitskreis-druckgeschichte.de/downloads/iadm-2014-programm-stand-15.7.2014.pdf, abgerufen 1.10.2017.
[6] Das entspricht auch der Einschätzung von Studien, die in Zwischenbilanzen den disruptiven Prozessen von der Druck- zur Medienindustrie nachgingen: Vgl. Klaus Grefermann: Druckindustrie. Strukturwandlungen und Entwicklungsperspektiven. Berlin 1990. Bernd Jürgen Matt: Printtechniken im Wandel, in: Mike Friedrichsen (Hrsg.): Printmanagement. Herausforderungen für Druck- und Verlagsunternehmen im digitalen Zeitalter. Baden-Baden 2004, S. 17-26.
[7] Vgl. MMB-Institut für Medien- und Kompetenzforschung: Strukturwandel in der Druckindustrie. Eine Branchenanalyse zur Ermittlung der strukturellen Veränderungen in beschäftigungsintensiven Teilbranchen der Druckindustrie. Essen 2013.
[8] Vgl. Dominik Metzler: Internet und E-Business in der deutschsprachigen Druck- und Medienindustrie: Ergebnisse einer empirischen Studie, in: Mike Friedrichsen (Hrsg.): Printmanagement. Herausforderungen für Druck- und Verlagsunternehmen im digitalen Zeitalter. Baden-Baden 2004, S. 75-90.
[9] Vgl. https://de.wikipedia.org/wiki/Arbeit_4.0; abgerufen am 1.12.2017. Besonders interessant als Ausweis der Anpassung an Professionalisierungserfordernisse in der Druck- und Medienbranche das jüngst aufgesetzte Modellprojekt »Social Augmented Learning« zur Ausbildung der Medientechnologen Druck 4.0. Vgl. Christian Dominic Fehling: Neue Lehr- und Lernformen in der Ausbildung 4.0, in: BWP 2/2017, S. 30-33.
[10] Joachim Radkau: Geschichte der Zukunft, München 2017, S. 390f.
[11] Vgl. zu den historischen Kategorien »Erfahrungsraum« und »Erwartungshorizont« Reinhart Koselleck: Vergangene Zukunft. Zur Semantik geschichtlicher Zeiten, 4. Aufl., Frankfurt a.M. 2000, S. 349-375.
[12] Wolfgang Bernschneider: Staat, Gewerkschaft und Arbeitsprozeß. Opladen 1986, S. 211ff.; vgl. Detlef Hensche: Technische Revolution und Arbeitnehmerinteresse. Zum Verlauf und Ergebnissen des Arbeitskampfes in der Druckindustrie 1978, in: Blätter für deutsche und internationale Politik, H. 4/1978, S. 413-421.
[13] Vgl. Hans-Ulrich Wehler: Aus der Geschichte lernen? München 1988, S. 13ff.

Teil 1:
Herausforderungen der Digitalisierung an Steuerungsstrategien der Druckindustrie

Die Lehrlingssetzerei im Druckhaus Tempelhof, Anfang der 1950er Jahre

Anne König
Strukturwandel in der Druckindustrie

Der gegenwärtige Strukturwandel in der Druckindustrie begann mit der Dynamik der informationstechnologischen Innovationen durch die in den 1970er Jahren aufkommenden Minicomputer.[1] Er dauert bis heute an.

Während zu Beginn des Wandels wichtigste Treiber technische Innovationen waren, kommen seit den 1990er Jahren der Medienwandel in der Bevölkerung hin zur verstärkten Nutzung digitaler Medien und seit den 2000er Jahren die Veränderung der Produktionsweise besonders von kleineren Drucksachen durch den Digitaldruck und durch die wachsenden Möglichkeiten des E-Commerce mit dem Aufkommen sogenannter Onlinedruckereien hinzu.

Der Beitrag beleuchtet diese drei Treiber und zeigt die sich daraus ergebenden Veränderungen in der Branchenstruktur mit einem Schwerpunkt auf Kleinunternehmen.

Treiber 1: Automatisierung und technische Innovationen

In den letzten Jahrzehnten gelangen den für die Druckindustrie wichtigsten Zulieferbranchen, den Herstellern von text- und bildverarbeitenden Systemen, dem Druckmaschinenbau, der Papierindustrie und den Farbherstellern enorme Innovationssprünge. Zwei Beispiele, eines aus der Druckvorstufe und eines aus dem Druck, illustrieren die Wucht dieses technologischen Wandels.

Das erste Beispiel zum Wandel in der Druckvorstufe: An den Berufsschulen wurde bis in die 1990er Jahre hinein noch gelehrt zu ermitteln, wieviel Zeit ein Schriftsetzer benötigt, um eine Manuskriptseite zu setzen.[2] Dazu schätzte man die Textmenge und las aus Tabellen ab, wie lange man pro 1.000 Zeichen brauchte. Das war natürlich verfahrensabhängig: Im Handsatz ging es langsamer zu als am Lochkartenperforator oder später im Fotosatz, der wiederum vom noch schnelleren Desktop-Publishing abgelöst wurde. Aber der Text musste in der Druckvorstufe immer erst einmal von Beschäftigten gesetzt werden. Heute hingegen braucht diese Arbeit in der Druckbranche keiner mehr durchzuführen – der Satz wird von den Autorinnen und Autoren gesetzt und von den Beschäftigten der Druckvorstufe in die Layoutprogramme übernommen. Die setzende Tätigkeit ist gänzlich verschwunden, das Berufsbild des Schriftsetzers wurde Geschichte. Es entstand das neue Berufsbild des Mediengestalters, denn was blieb, war die gestaltende Arbeit.[3]

Doch angesichts des wachsenden Angebots an Gestaltungsvorlagen, sogenannten Templates, kann es gut sein, dass die Technologie weiter voranschreitet und zukünftig immer weniger gestalterische Tätigkeiten von Fachkräften übernommen werden. Schon heute beruhen viele Internetseiten auf Templates, in denen einfach nur das Titelbild ausgetauscht wird und los geht's mit den von den Autoren selbst gesetzten Texten und selbst gemachten Bildern. Und auch die immer häufiger anzutreffenden privaten Fotobücher sind ein plastisches Beispiel für Selfmade-Publishing vom Endverbraucher selbst statt Desktop-Publishing von Facharbeitern und Facharbeiterinnen.

Das zweite Beispiel zum Wandel kommt aus dem Bereich Druck: Der legendäre, bereits ab 1920 bis in die 1970er Jahre in Fließfertigung gebaute »Heidelberger Tiegel«[4] war optimiert für das Druckformat von DIN A4, druckte einfarbig, und die Produktionsgeschwindigkeit erreichte maximal 5.500 Bogen pro Stunde.[5] Für einen vierfarbigen zweiseitigen A4-Prospekt musste das Material achtmal durch die Maschine. Umgerechnet konnte ein Drucker also maximal 42 Quadratmeter Material pro Stunde vierfarbig beidseitig bedrucken.

Dreißig Jahre später, im Jahr 2000, war die Standarddruckmaschine achtmal so groß (DIN A1), verfügte über vier Farbwerke und erlaubte 12.000 Bogen pro Stunde – das sind 3.000 Quadratmeter vierfarbige zweiseitige Druckprodukte pro Stunde bei einer Maschinenbesetzung von ebenfalls nur einem Drucker.

Heutige Druckfabriken, die als sogenannte Onlinedruckereien Aufträge über E-Commerce-Systeme einsammeln, produzieren mit Achtfarbenmaschinen, die zwei Quadratmeter in einem Druckgang bedrucken können. Das sind bei 12.000 Bogen pro Stunde 24.000 Quadratmeter in der Stunde.

Umgerechnet auf 1.000 vierfarbig zweiseitig bedruckte Flyer im Format DIN A4 heißt das: 1970 benötigte ein Drucker dafür mindestens 90 Minuten Arbeitszeit. Im Jahr 2000 waren es nur noch 30 Sekunden. Und heute braucht ein Drucker einer Onlinedruckerei dafür 3,7 Sekunden.[6]

Treiber 2: Medienwandel – Print verliert gegen Online

Der zweite Treiber ist der Medienwandel durch das Internet. Fast 500 Jahre lang hatte das gedruckte Wort auf Papier das Medienmonopol. Als zu Beginn des 20. Jahrhunderts Radio und Fernsehen hinzukamen, bekam Print Konkurrenz, konnte sich aber noch gut als drittes Medium behaupten. Das änderte sich Mitte der 1990er Jahre mit dem Aufkommen des Internets, das sich in einer atemberaubend kurzen Zeitspanne als Massenmedium etablierte.

Die Abbildung 1 zeigt dies anschaulich anhand der Daten der intermedialen »Langzeitstudie Massenkommunikation«, die im Auftrag der ARD/ZDF-Medienkommission erstellt wurde. In der dort dargestellten Mediennutzungsdauer der Altersgruppe der Heranwachsenden (14- bis 29-Jährige) teilten sich in den 1970er Jahren die Aufmerksamkeit des jungen Publikums drei Massenmedien: TV, Radio und Zeitung. Ab 1985 ist ein starkes Wachstum des TV zu verzeichnen, während die Nutzungsdauer von Tageszeitung und Zeitschriften kontinuierlich zurückging. Ab 2005 ging es dann aber auch mit dem Fernsehkonsum abwärts:

Abbildung 1: Veränderung der Mediennutzungsdauer bei 14- bis 29-Jährigen

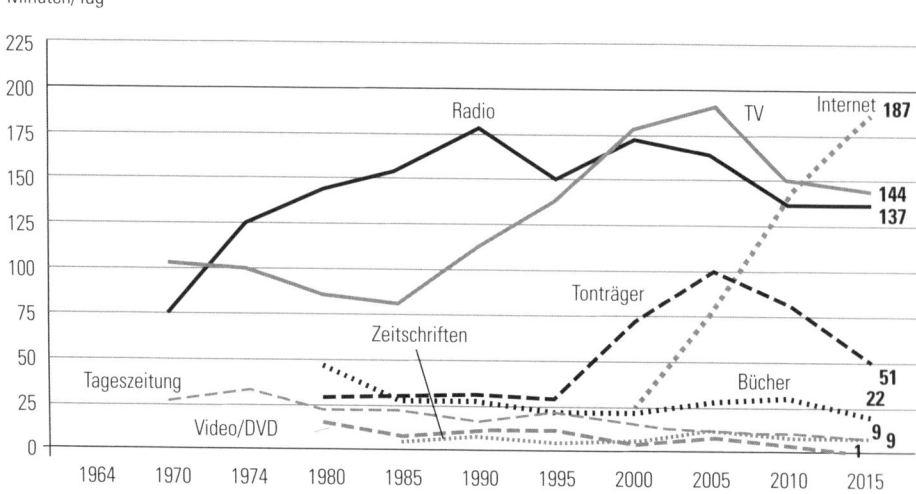

Basis: BRD Gesamt (bis 1990 nur alte Bundesländer), Montag bis Sonntag (bis 1990 Montag bis Samstag) 5-24 Uhr, 14+ Jahre, bis 2005 Deutsch, ab 2010 deutschsprachige Bevölkerung

Quelle: Breunig/Engel 2015, S. 12, nach ARD/ZDF-Langzeitstudie Massenkommunikation 1970-2015

Der rasante Aufstieg des Internets führt zu einem Rückgang bei allen anderen Massenkommunikationsmedien. Und nur eines erlangt immer mehr Nutzungszeit: das Internet.[7]

Die veränderte Mediennutzung besonders des jüngeren Publikums führt zu einem andauernden veränderten Werbeausgabeverhalten der werbetreibenden Unternehmen, denn nur da, wo das Publikum ist, kann es auch über Werbung erreicht werden. Da circa zwei Drittel der Umsätze der Druckindustrie direkt oder indirekt von Werbeeinnahmen abhängen,[8] ist diese Folgewirkung fatal. Wie die Abbildung 2 zeigt, gingen 1992 noch 60% aller Werbinvestitionen in den Werbeträger »Print«, also in Zeitungen, Zeitschriften, Plakate, Kataloge oder Prospekte. Im Jahr 2012 hatte sich das fast halbiert: Lediglich ca. 34% der Werbinvestitionen gehen in Print, über 10% ins Internet. Der Trend ist eindeutig. Damit ist nicht nur die Druckindustrie als Branche in der Krise, sondern das Druckprodukt als Informationsträger selbst.

Die Bedeutung des Medienwandels für die Druckindustrie wurde von der Branche relativ früh erkannt. So analysierte im Jahr 2000 Bernd Egert, Leiter des Bereichs Marketing des Druckmaschinenbauers MAN Roland, in der führenden Fachzeitschrift der Branche, dem »Deutschen Drucker«: »Wir durchleben eine Phase des raschen Wandels. Das 20. Jahrhundert ist zu Ende, und während die Druckindustrie das Ende der eigenen Zukunft beweint, machen andere das Geschäft. Nichts scheint mehr wie es war: Regeln der Typografie gingen verloren, Buntheit ersetzte Farbigkeit, Schnelligkeit statt handwerklichen Könnens, Ef-

Abbildung 2: Prozentuale Anteile der Medien an den Werbeinvestitionen im Zeitverlauf

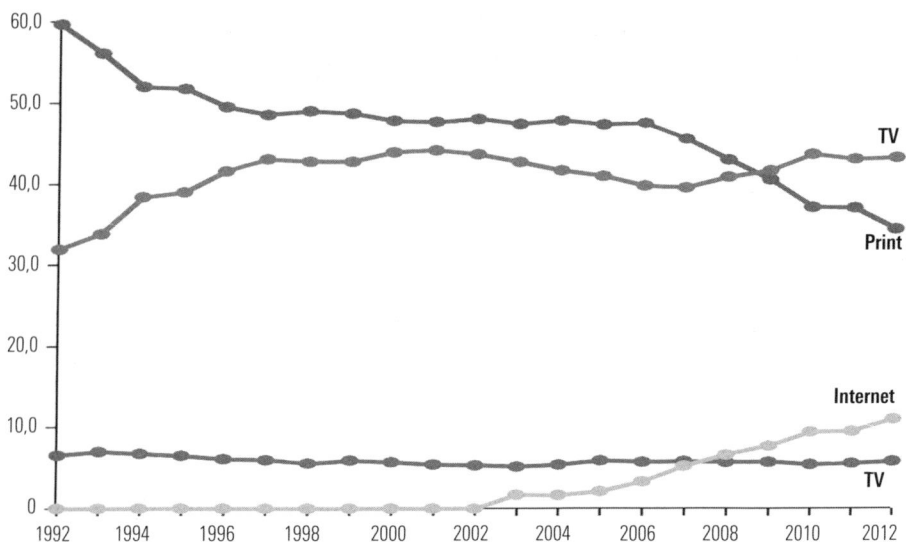

Quelle: Möbus/Heffler 2013, S. 312

fekte haschen gegen solide Information, kürzere Auflagen, sinkende Preise und höhere Ansprüche. Eine Phase nie erlebten raschen Wandels weg von den traditionellen Berufen hin zu neuen Medien, Dienstleistern und Marktteilnehmern ist zu beobachten. Wird die Zeitung der Zukunft über das Internet verteilt? Ersetzen CD-ROMs die Zeitschriften, Magazine und Kataloge? Online-Datenbanken statt Telefonbücher? Bildschirme statt Papier? All diese Fragen haben die grafische Industrie bis ins Mark erschüttert.«[9]

Treiber 3: E-Commerce und Onlinedruckereien

Das Internet hat nicht nur die Art, wie wir Informationen aufnehmen, verändert, sondern auch die Art, wie wir einkaufen. Der Anteil an online beschafften Waren für Endverbraucher steigt kontinuierlich, und für 2017 wird prognostiziert, dass fast 15% des gesamten Handelsvolumens mit Endverbrauchern über E-Commerce-Plattformen erfolgt.[10] Eine qualitative Studie der »ibi research« an der Universität Regensburg zeigt auf, dass die wachsenden und guten Erfahrungen der Endverbraucher mit online beschafften Waren auf die Mitarbeiter im geschäftlichen Verhalten abfärben: »Die Bequemlichkeit, Schnelligkeit und auch die größere Auswahl, die der Einkauf über das Internet mit sich bringt, wird von den Online-Shoppern sowohl im privaten als auch im geschäftlichen Umfeld erwartet […]. Gut zwei Drittel der Experten sehen zudem den Vorteil beim Einkauf über Online-Shops und Marktplätze auch darin, günstigere Preise zu realisieren.«[11]

Abbildung 3: Beispiel für einen als Sammelform gedruckten Bogen in einer Onlinedruckerei

Quelle: König 2013a: 11

Die Möglichkeit, Druckprodukte online zu beschaffen, ist komplizierter als die Beschaffung fertiger Waren, da das Motiv als digitale Datei auf die Plattform hochgeladen werden muss und es eine fast unendliche Menge an Varianten bezüglich Formaten, Seitenzahlen, Auflagenhöhen und Papiersorten gibt. Erste Softwarehäuser, die Online-Konfiguratoren für Drucksachen anboten, stellten auf der weltgrößten Druckfachmesse Drupa im Jahr 2000 ihre Lösungen aus.[12] Ab da ging es langsam, aber kontinuierlich bergauf mit der Online-Beschaffung von Drucksachen. Die letzte zum Zeitpunkt dieser Veröffentlichung vorliegende Statistik stammt aus dem Jahr 2013,[13] wonach der Umsatz von auf dieses Geschäftsmodell fokussierten Onlinedruckereien bei 2,1 Milliarden Euro und damit bei gut 10% des Gesamtumsatzes der Branche im gleichen Jahr von 20,7 Milliarden Euro lag.[14]

Der Grund für das starke Wachstum der Online-Beschaffung liegt nicht nur an der Bequemlichkeit der Besteller, sondern viel stärker an einem enormen strukturellen Kostenvorteil der Online-Beschaffung, die aufseiten der Druckerei den »Sammelformdruck« ermöglicht.

Zur Erläuterung: In der Vor-Internetzeit gab es nur die Einzelfertigung. Ein Kunde kam zur Druckerei und bestellte, sagen wir 1.000 Informationsblätter, beidseitig, vierfarbig bedruckt auf einer von ihm gewünschten Papiersorte. Die Druckerei bestellte das Papier, startete die Produktion und lieferte die korrekte

Auflage in der gewünschten Qualität zum meist sehr knappen Liefertermin. Eine Onlinedruckerei hingegen erlaubt keine freie Definition des gewünschten Produktes. In den E-Commerce-Konfiguratoren sind die Bestellvarianten eingeschränkt, sodass der Kunde auswählen muss, welches der angebotenen Papiere, in welchen vorgegebenen Formaten und vorgegebenen Auflagenstaffeln er haben möchte. So wird es der Druckerei möglich, mehrere ähnliche Aufträge über das Internet zu sammeln und sie in einer Sammelform in einem Druckgang zu produzieren. Die Abbildung 3 zeigt eine solche Sammelform.

Diese Sammelformproduktion führt bei kleinen Formaten und kleinen Seitenzahlen, wie sie typischerweise bei Faltblättern zu finden sind, zu einer enormen Reduzierung von Rüstzeiten und Druckplattenmaterial. Mehrere Kunden teilen sich diese Aufwände, da sie gemeinsam auf einem Druckbogen landen, und so können je nach Format und Auflagenhöhe bis zu 50% der Kosten eingespart werden.[15]

Die großen Kostenunterschiede führen dazu, dass keine klassische, in Einzelauftragsweise produzierende Druckerei mehr mit Kleinaufträgen Geld verdienen kann.[16] Ein Segment von bis zu einem Drittel aller Druckprodukte[17] geht an als hocheffiziente, vollautomatisierte und mit einem großen Druck- und Weiterverarbeitungsmaschinenpark ausgestattete Logistikunternehmen den klassischen Druckereien mit Einzelfertigung und direktem Kundenkontakt verloren.

Strukturkrise und Überkapazitäten

Die Strukturkrise der Druckindustrie entstand zusammengefasst also durch drei Effekte, die sich überlagerten und heute weiterwirken: Die enormen Innovationssprünge der Druckvorstufen- und Druckmaschinentechnik treffen auf eine Substitution des Papiers als Informations- und Werbeträger und auf das Aufkommen von Fabriken für Kleindrucksachen, denen gegenüber eine lokale kleine Druckerei aufgrund ihrer anderen Kostenstruktur keine Chance hat, als Anbieter noch in die engere Wahl gezogen zu werden.

Hohe Überkapazitäten sind seither ein Standardphänomen der Branche und beschleunigten den Wettbewerb in dem schrumpfenden Markt. Dieses zeigt sich sowohl am Rückgang der Zahl der Betriebe als auch am Rückgang der Zahl der Beschäftigten in der Branche. Nachrichten über Insolvenzen und Standortschließungen sind an der Tagesordnung.

Die Abbildung 4 zeigt die Entwicklung der Beschäftigten der Druckbranche seit 1970. Entwickelte sich die Branche bis in die 1990er Jahre hinein noch entlang der Konjunkturzyklen, so zeigt sich ab dem Jahr 2000 der Strukturwandel deutlich: Von 2000 bis 2015 sank die Beschäftigtenzahl von 223.000 Beschäftigten auf 140.000 um 37% – mehr als ein Drittel.

Vor dem Hintergrund dieses strukturellen Wandels hat das »MMB-Institut für Medien- und Kompetenzforschung« eine Mehrmethoden-Studie zum Struk-

Abbildung 4: Rückgang der Beschäftigtenzahl in der Druckbranche 1970 bis 2015

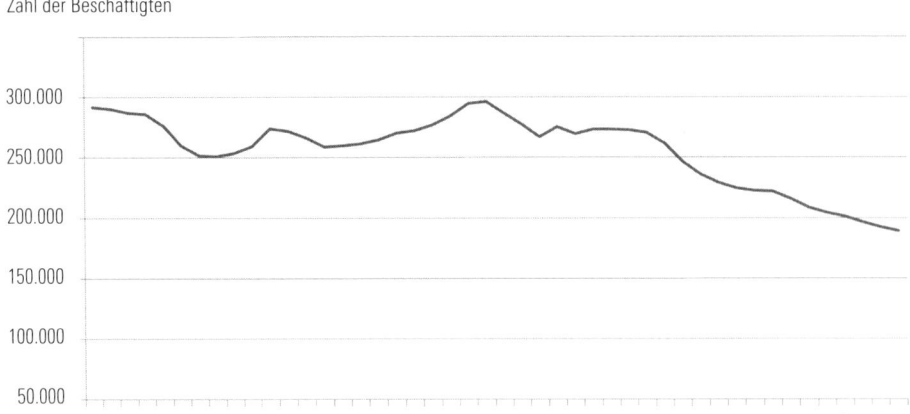

Quelle: Eigene Darstellung. Daten 1970-1992: Bundesverband Druck (Hrsg.): Statistische Jahrbücher 1970-1992, Wiesbaden 1971-1993. Bis 1979 nur Westdeutschland, ab 1980 Gesamtdeutschland. Daten 1993-2012: Bundesverband Druck und Medien (Hrsg.): Taschenstatistiken Bundesverband 1993-2012, Wiesbaden 1994-2013. Daten 2013-2015: Bundesverband Druck und Medien (Hrsg.): Taschenstatistiken Bundesverband 2013-2015, Berlin 2014-2016

turwandel in der deutschen Druckindustrie durchgeführt.[18] Die folgenden Ausführungen nutzten zentrale Ergebnisse der Studie und sind aktualisiert um neuere Erkenntnisse.

Kleinbetriebe weiterhin für die Branche prägend

Mit dem Rückgang der Beschäftigtenzahl von 2000 bis 2015 um 37% geht auch die Zahl der Betriebe von 14.000 auf heute noch 8.000 – also um 43% – zurück. Ein Charakteristikum der Druckindustrie ist über den Zeitverlauf aber relativ stabil geblieben: Weiterhin haben 90% der Betriebe weniger als 50 Beschäftigte.[19] Es gibt nur einen leichten Trend zu größeren Betrieben: In 2000 hatten sechs Prozent der Betriebe mehr als 50 Mitarbeiterinnen und Mitarbeiter, in 2015 erhöhte sich der Anteil auf sieben Prozent.

Der Befund, dass relativ zum Gesamtrückgang des Marktes sich die Zahl der Kleinbetriebe hält, ist überraschend. Denn ein wesentlicher Treiber sind ja die Innovationen im Druckmaschinenbau, einhergehend mit immer kapitalintensiveren Maschinen. In einem von Überkapazitäten geprägten Markt hätte man einen stärkeren Trend zu Großbetrieben erwarten können.

Im Folgenden werden drei Erklärungsansätze skizziert:
- der Trend zu Kleinauflagen und zum Digitaldruck;
- das Wachstum der Vielfalt;
- das Selbstverständnis als Mediendienstleister.

Abbildung 5: Anzahl der in Deutschland publizierten Publikumszeitschriften in den Jahren 1997 bis 2016

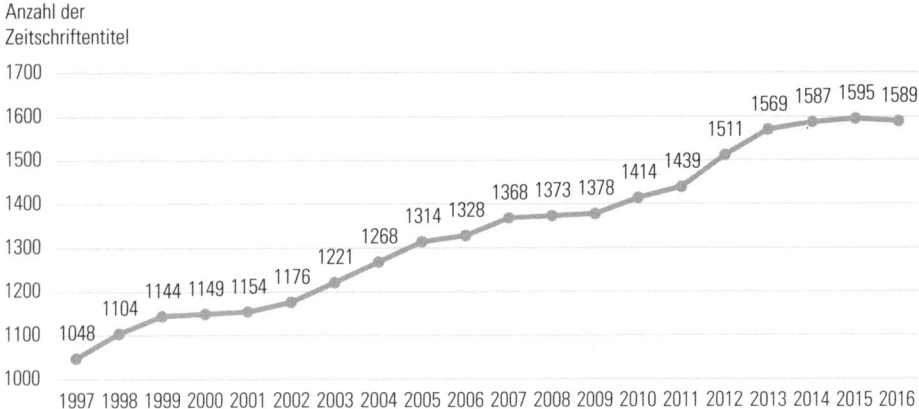

Quelle: Statista (Hrsg.): Anzahl der in Deutschland publizierten Publikumszeitschriften in den Jahren 1997 bis 2016, o.O. u. o.J.

Das Wachstum der Kleinauflagen und der Trend zum Digitaldruck

In fast allen Produktsegmenten der Druckindustrie gibt es einen anhaltenden Trend zu einer kleineren Druckauflage bei höherer Zahl der Titel beziehungsweise Aufträge. So steigt die Zahl der Zeitschriftentitel in den letzten zwanzig Jahren kontinuierlich: von 1.048 Titeln in 1997 auf 1.589 Titel in 2016 – eine Zunahme von über 50% (siehe Abbildung 5). Parallel dazu reduzierte sich die kumulierte Druckauflage von 127 Millionen Exemplaren in 1997 auf 98 Millionen Exemplare in 2016 – ein Rückgang von 23%. Damit halbierte sich die Durchschnittsauflage pro Titel von 120.000 Exemplaren/Titel in 1997 auf 60.000 Exemplare/Titel in 2015. Für andere Produktsegmente liegen zwar keine Daten vor, doch der Geschäftsführer eines Maschinenbauunternehmens steht stellvertretend für klare Kundenwünsche an die Maschinenausstattungen ihrer Zulieferindustrie: »Der Trend geht zu kleineren, individualisierten oder oft sogar personalisierten Auflagen.« (VDMA 2015)

Kleinere Auflagen sind besonders für den Digitaldruck geeignet, und Digitaldruckmaschinen benötigen in der Anschaffung nur einen Bruchteil des Kapitals von Maschinen anderer Druckverfahren (Bogen- und Rollenoffset, Tiefdruck, Flexodruck). Durch die sinkenden Auflagen ergibt sich ein Verdrängungswettbewerb der Druckverfahren: Der besonders für hohe Auflagen geeignete industrielle Tiefdruck wird verdrängt vom Rollenoffsetdruck, der Rollenoffsetdruck vom für kleinere Auflagen besser geeigneten Bogenoffsetdruck und der Bogenoffsetdruck vom für noch kleinere Auflagen besser geeigneten Digitaldruck. Und da Digitaldruckmaschinen um ein Vielfaches kostengünstiger in der Anschaffung sind als Offsetdruckmaschinen,[20] können sich Kleinbetriebe trotz ihrer Kapitalschwäche am Markt behaupten. Sie konzentrieren sich auf digitale Produktionsprozesse.

Wachstum der Vielfalt: »Wir bedrucken alles, außer Wasser«

Der Digitaldruckmaschinenbau, insbesondere im Bereich des Inkjet-Drucks, hat sich in den letzten Jahren kontinuierlich weiterentwickelt. Neben der verbesserten Qualität beim Druck auf Papier können heute eine Vielzahl anderer Produkte digital bedruckt werden: Tapeten, Fußböden, Fliesen, Holz, Folien zum Bekleben von Autos, und in der Schweiz gibt es sogar Projekte zum Bedrucken der Mauern von Talsperren.[21]

Damit gehen zahlreiche Innovationen bei der Entwicklung neuer Farben, neuer Trocknungsformen und neuer Druckstoffe einher – und zahlreiche neue Anwendungsgebiete. Ein Paradies für kreative Kleinunternehmen, die über den Vertrieb im Internet Marktnischen finden, ohne zu viele Mittel in Werbung stecken zu müssen. Oder mit den Worten eines Druckunternehmers aus Korea: »Wir bedrucken alles – außer Wasser.«

Der Wandel zum Mediendienstleister

Ende 2001 besagte eine Prognose von damals befragten Experten der Druckbranche, dass sich bis 2007 35% der Druckunternehmen zum crossmedialen Mediendienstleister wandeln würden.[22] Diese Zahl konnte 2012 erstmalig durch eine Telefonbefragung des MMB-Instituts für Medien- und Kompetenzforschung im Auftrag des Zentral-Fachausschusses Berufsbildung Druck und Medien von 500 repräsentativ ausgewählten Unternehmen der Druck- und Medienbranche überprüft werden. Das Ergebnis: 45% aller befragten Unternehmen sehen in den digitalen Medien ein Hauptgeschäftsfeld.[23] Die Prognose hat sich also bestätigt mit anhaltendem Trend. Dabei ist es auch Kleinbetrieben gelungen, das Geschäftsfeld Digitalmedien zu einem Hauptgeschäftsfeld zu entwickeln.[24]

Fazit

Ende 2001 wurde die internationale Studie »Future of Print & Publishing: Chancen in der MediaEconomy des 21. Jahrhunderts« im Auftrag des europäischen Dachverbandes der Druck- und Medienverbände »Intergraf« veröffentlicht. Mit 748 befragten Experten zur Erhebung des Zukunftspotenzials der Branche gilt sie als eine der umfangreichsten qualitativen Studien der Druckbranche. Unter anderem wurden 185 Marktbeobachter zu ihren Zukunftsprognosen für 2007 befragt.[25] Ihre Voraussage traf mit etwas Verspätung zu: Sie prognostizierten, dass bis zum Jahr 2007 30% der Betriebe den Markt verlassen würden. Der Verlust von 30% der Betriebe mit Bezugsjahr 2001 erreichte die Branche fünf Jahre später.[26]

Die Druckbranche hat sich in dem absehbaren Strukturwandel also länger behaupten können als von Experten erwartet. Die Zahl der Beschäftigten und die Zahl der Betriebe werden aber weiter schrumpfen. Größere Betriebe müssen den Markt verlassen, da sie trotz effizienten Maschinenparks durch die auf dem Markt vorhandenen Überkapazitäten, weiter sinkende Auflagen und den Wegfall ganzer Produktsegmente, wie zum Beispiel Telefonbücher oder Überweisungsformulare, keine ausreichende Auslastung erreichen. Kleinere Betriebe müssen den Markt verlassen, da sogenannte Onlinedruckereien mit veränderter Produktionsweise (Sammelform) ihre strukturellen Kostenvorteile in entsprechend niedrigere Preise umsetzen und die kleinen Druckaufträge ihnen dadurch verloren gehen. Die Trends zu kleineren Auflagen und digitalen Medienformaten ermöglichen es aber besonders Kleinbetrieben, sich dem Wandel des Marktes anzupassen. Die Zukunft der grafischen Industrie und ihrer Facharbeiterinnen und Facharbeiter liegt in ihrer Kreativität – in ihrer Fähigkeit, neue Technologien nicht danach auszuwählen, wie sie eine weitere Automatisierung ermöglichen, sondern danach, welche neuen, kreativen Produkte und Anwendungen sie ermöglichen – gedruckt und digital.

Anmerkungen

[1] Vgl. Helmut Kipphan (2000): Handbuch der Printmedien. Berlin/Heidelberg/New York, S. 1087.
[2] Vgl. den Beitrag von Rainer Braml in diesem Band.
[3] Vgl. die Beiträge von Rainer Braml/Heike Krämer und Andreas Rombold in diesem Band.
[4] Vgl. Kipphan 2000, S. 1079.
[5] Zitation aus Bedienungsanleitung.
[6] Eigene Berechnungen. Druckgeschwindigkeiten nach Firmenprospekten. Aus Vereinfachungsgründen wurde auf die Betrachtung der Rüstzeiten verzichtet. Dieses hätte die Tendenz weiter verstärkt.
[7] Breunig, Christian/Engel, Bernhard (2015): Massenkommunikation 2015. Folien zur Pressekonferenz vom 10.9.2015, www.ard-werbung.de/fileadmin/user_upload/media-perspektiven/Massenkommunikation_2015/Praesentation_PK_MK2015_10-09-2015_final.pdf (abgerufen am 7.2.2016), S. 12.

[8] Vgl. Nicolay, Klaus-Peter (2013): Print bleibt größter Werbeträger, in: Druckmarkt, 85/86, August, S. 9-12, hier S. 9.
[9] Interview mit Bernd Egert, in: Deutscher Drucker, Nr. 1-2 vom 6.1.2000, S. 16.
[10] Statista (Hrsg.): E-Commerce – Anteil am gesamten Handelsumsatz in Deutschland 2017 – Prognose (o.J.), http://de.statista.com/statistik/daten/studie/515433/umfrage/online-anteil-am-gesamthandelsumsatz-in-deutschland/ (abgerufen am 6.9.2016).
[11] ibi research an der Universität Regensburg GmbH (Hrsg.) (2015): Online-Kaufverhalten im E-Commerce, von https://votum.de/wp-content/uploads/2015/07/VOTUM_B2B-E-CommerceStudie_2015.pdf (abgerufen am 5.9.2016), S. 5.
[12] Anne König (2011): Geschäftsmodell Onlinedruck. Entstehungsgeschichte, Funktionsweise, Beispiele, in: Helmut Peschke/Anne König (Hrsg.): Berichte aus der Druck- und Medientechnik, Nr. 1 (2011), S. 1-47, hier S. 7.

[13] Statista (Hrsg.): Druckindustrie – Umsatz im Online-Print bis 2014 – Statistik, http://de.statista.com/statistik/daten/studie/387786/umfrage/umsatz-der-online-druckindustrie-in-deutschland/ (abgerufen am 6.9.2016).

[14] BVDM (Hrsg.): Druckindustrie: Produktion und Umsatz, www.bvdm-online.de/druckindustrie/produktion-umsatz/ (abgerufen am 6.9.2016)

[15] König, Anne (2013a): Kalkulatorische Effekte der Sammelproduktion, in: Druckspiegel 10, S. 11-15, hier S. 14.

[16] Vgl. Gegenüberstellung der Kosten Einzelproduktion und Sammelformproduktion in: König 2013a, S. 11-15.

[17] König, Anne (2013b): Mass Customization of Printed Product, http://prof.beuth-hochschule.de/fileadmin/user/akoenig/Veroeffentlichungen/2013-Mass-Customization-of-print-products.pdf (abgerufen am 6.9.2016), o.S.

[18] In der Studie wurden die aktuellen und absehbaren mittelfristigen Veränderungen in ausgewählten Teilbranchen der Druckindustrie auf der Grundlage einer umfassenden Literatur- und Datenanalyse sowie Interviews mit ausgewählten Branchenexperten analysiert. Das Projekt wurde von der Hans-Böckler-Stiftung gefördert: MMB-Institut für Medien- und Kompetenzforschung (Hrsg.) (2013): Ergebnisbericht zur Studie »Strukturwandel in der Druckindustrie«. Essen; https://verlage-druck-papier.verdi.de/++file++52b-06f87890e9b1bcb000543/download/Bericht_Strukturwandel_Druckindustrie_final_inkl_Anhang.pdf (zuletzt abgerufen am 29.5.2018). Zeitlich parallel und ebenfalls gefördert durch die Hans-Böckler-Stiftung erstellte das IMU Institut einen Branchenreport zur Papierindustrie in Deutschland: Dispan, Jürgen (2013): Papierindustrie in Deutschland. Branchenreport 2013, in: IMU Institut (Hrsg.): Informationsdienst des IMU Instituts, Stuttgart, Heft 2, S. 1-49.

[19] Vgl. die Ausführungen von Anne König in diesem Band, Teil 2.

[20] Die Preise von Druckmaschinen können nur geschätzt werden, da sie Ergebnisse komplexer Verhandlungen zwischen Anbieter und Kunde sind. Man kann aber davon ausgehen, dass eine qualitativ hochwertige Digitaldruckmaschine weniger als 150.000 Euro kostet, eine qualitativ hochwertige Bogenoffsetmaschine aber über 1.500.0000 Euro.

[21] Berner Fachhochschule Institut für Drucktechnologie (Hrsg.) (o.J.): Entwicklung eines Drucksystems für Staumauern, www.ti.bfh.ch/fileadmin/x_forschung/forschung.ti.bfh.ch/Drucktechnologie/flyer/flyerStaudamm.pdf (abgerufen am 4.11.2016).

[22] Vgl. Müller, Sabine/Rose, Marion/Striewe, Frank/Treichel, Heinz-Reiner (2002): Future of Print & Publishing – Chancen in der mediaEconomy des 21. Jahrhunderts. Wiesbaden, S. 45.

[23] Vgl. Zentral-Fachausschuss Berufsbildung Druck und Medien (ZFA) (Hrsg.): Bericht zu den Ergebnissen der Kompetenzbedarfserhebung im Projekt WiDi. September 2013, www.bvdm-online.de/fileadmin/user_upload/Abschlussbericht-Widi-2013.pdf, S. 8.

[24] Vgl. ebd.

[25] IBI – Gesellschaft für Innovationsforschung und Beratung mbH (Hrsg.) (2007): Future of Print & Publishing – Chancen in der mediaEconomy des 21. Jahrhunderts, Düsseldorf, S. 45.

[26] Zahlen nach: Bundesverband Druck und Medien (Hrsg.): Taschenstatistiken Bundesverband 2001, 2007, 2012, Wiesbaden o.J.

Teil 2:
Unterschiedliche Perspektiven auf Prozesse des Wandels zur Medienindustrie

DGB-Delegation unter Leitung von Leonhard Mahlein (3.v.l.), USA, 1975

Johannes Platz

»Revolution der Roboter« oder »Keine Angst vor Robotern«?
Transatlantischer Wissenstransfer über Automation und die DGB-Gewerkschaften

Einleitung

Technischer Wandel und die Auswirkungen auf die Arbeitsorganisation sind ein Evergreen der sozialistischen Theoriebildung.[1] Die Stichworte sind Dequalifizierung, Massenentlassung und Entfremdung, Änderungskündigungen, Weiterbildung und Umschulung. In der Nachkriegszeit allerdings begann mit der Vorstellung von der menschenleeren Fabrik eine neue Diskussion um Chancen und Risiken der »Automation«. Man befürchtete, dass die Automatisierung ganzer Produktionsabläufe zu immensen Entlassungen von Arbeitern führen würde.[2] Diese über mehr als ein Jahrzehnt währende publizistische Debatte wird von der historischen Forschung mit Hinweis auf die Vollbeschäftigung in ihrer Bedeutung noch immer verkannt.[3] Die These des vorliegenden Beitrags ist, dass die intensive gewerkschaftliche Diskussion über dieses Thema zu einer Versachlichung der gesellschaftlichen Debatte und der Austragung gesellschaftlicher Konflikte beigetragen hat, die mit der massenhaften Umsetzung von Arbeitskräften innerhalb eines Betriebes oder der massenhaften Entlassung von Arbeitskräften einhergingen. Die Gewerkschaften entwickelten eigene Antworten auf die Fragen und Probleme, die ein zunehmender Mechanisierungsgrad der industriellen Arbeit, den bereits zeitgenössische Autoren unter dem Schlagwort der »zweiten industriellen Revolution« zusammenfassten, aufwarf.[4]

Im vorliegenden Beitrag gehe ich davon aus, dass der soziale Wandel, der sich im Betrieb in den 1960er Jahren abzuzeichnen begann, Ergebnis eines Diskurswandels und von nachfolgenden Aushandlungsprozessen ist, in denen sozialwissenschaftliche Deutungsangebote für die Dialektik von konfliktorientierten und kooperationsorientierten Strategien eine wichtige Rolle spielten.[5] Dabei werde ich grundlegende gewerkschaftliche Debatten am Fallbeispiel des Wirkens der Automationsabteilung beim Vorstand der IG Metall rekonstruieren und skizzieren, welche Ausstrahlung die Arbeit der IG Metall in die IG Druck und Papier hatte. Der Beitrag versteht sich als ein Aufriss des Forschungsthemas Digitalisierung und Gewerkschaften, bei dem insgesamt ein großer Nachholbedarf besteht, insbesondere was die Phase »nach dem Boom«, nach der Strukturkrise der 1970er Jahre betrifft, als der Rationalisierungsdruck in den Betrieben zunahm – und auch die gewerkschaftliche Gegenwehr. Es werden einzelne Beispiele – das Referat des IG Metall Automationsspezialisten Günter Friedrichs auf dem 7. Gewerkschaftstag der IG Druck und Papier vom 26.9.-2.10.1965 in Berlin, die bereits früher einsetzende einschlägige Publizistik Richard Burkhardts und die Broschürenliteratur der IG Druck und Papier kurz vorgestellt, um dann ein Fazit zu ziehen.

Zum methodischen Ansatz

Seit dem ausgehenden 19. Jahrhundert lassen sich Tendenzen zu einer »Verwissenschaftlichung des Sozialen« feststellen. Darunter ist die dauerhafte Präsenz von Wissenschaftlern und wissenschaftlich ausgebildeten Experten sowie ihrer Konzepte und Deutungen in der gesellschaftlichen Praxis, in Behörden und Verwaltungen, in Betrieben und Organisationen zu verstehen.[6] Mittels mikrohistorischer Untersuchungen können Diskurskoalitionen identifiziert und analysiert werden. Mit dem Begriff der Diskurskoalitionen hat Peter Wagner ein analytisches Konzept zur Vermittlung von Diskursanalyse und Handlungsinterpretation vorgelegt, die feldanalytische Ansätze einbegreift.[7]

Der Automationsdiskurs in der Bundesrepublik Deutschland und die DGB-Gewerkschaften

Zu Fragen der Rationalisierung hieß es noch im ersten Grundsatzprogramm des Deutschen Gewerkschaftsbundes (DGB) von 1949, dass »[d]ie Rationalisierung in der kapitalistischen Wirtschaft [...] zur Freisetzung von Menschen durch Maschinenkräfte und damit zur Gefahr hartnäckiger Arbeitslosigkeit [führt]«. Gegensteuern wollten die Gewerkschaften dieser Entwicklung durch eine »planmäßig gelenkte Wirtschaft«.[8] Zwischen dieser programmatischen Aussage und dem Rationalisierungsschutzabkommen zwischen Arbeitgeberverbänden und der IG Metall von 1968 lag ein langer Weg, aus dem hier einige Punkte herausgegriffen werden.[9]

Das Grundproblem der Rationalisierung und der Automatisierung bestand darin, dass technischer Wandel im Betrieb den Mitbestimmungsregeln des Betriebsverfassungsgesetzes von 1952 zum großen Teil entzogen war, insofern organisatorische Veränderungen, die dem technischen Fortschritt dienten, von der Informationspflicht des Betriebsrates und dessen Beratungsrecht ausdrücklich ausgenommen waren. Hier befand sich ein direkter Ansatzpunkt gewerkschaftlicher Politik, denn es galt, diesen gesetzlichen Zustand zu überwinden und, wenn schon nicht Deutungshoheit im Bereich technischer Veränderungen zu erreichen, so doch wenigstens Deutungsmacht zu beanspruchen und zu gewinnen.

Um das Thema der Automation entfaltete sich ab der zweiten Hälfte der 1950er Jahre ein breiter gesellschaftlicher Diskurs. Dieser strahlte von den USA nach Europa aus.[10] Im Oktober 1955 wurde dort ein Kongressausschuss damit beauftragt, die Wirkungen der Automation zu untersuchen. Die Ergebnisse dieses Hearings über »Automation and technological change« waren auch ein Ausgangs- und Ansatzpunkt der deutschen Diskussion über das Thema. Vermittelt wurden die Ergebnisse auf verschiedenen Wegen. Transatlantische Mittler waren zum Beispiel remigrierte Sozialwissenschaftler und Ökonomen wie Friedrich Pollock und Fritz Sternberg. Fritz Sternberg war einer der Vordenker, die den Begriff der »zweiten industriellen Revolution« für die Phänomene der Automatisierung prägten.[11] Der Ökonom Friedrich Pollock am Frankfurter Institut für Sozialforschung fertigte eine am amerikanischen Exempel orientierte Automationsstudie an, die in Gewerkschaftskreisen breit rezipiert wurde.[12] Sie lag als eigenständige innergewerkschaftliche Automationsstudie vor und Pollock wurde zur Berichterstattung zu einer Vorlesungsreihe der SPD eingeladen.[13] Pollock fasste die amerikanischen Erfahrungen mit technologischem Wandel zusammen und beleuchtete die sozialen Auswirkungen der Automation. Sein Hauptaugenmerk lag dabei auf der Freisetzung von Arbeitskräften, der sogenannten technologischen Arbeitslosigkeit. Ein weiterer Vermittlungspfad waren gewerkschaftsinterne Publikationen in Form von Broschüren und Büchern.[14]

Auf internationalem Parkett gab es gleich mehrere Initiativen. Im Januar 1956 verabschiedete zum Beispiel der *Internationale Bund Freier Gewerkschaften* eine Erklärung, die an den Wirtschafts- und Sozialrat der UNO appellierte, das Phänomen der Automatisierung zu untersuchen.[15] Auch verabschiedete der Internationale Metallarbeiterbund kurz darauf, auf der 3. Internationalen Automobilarbeiterkonferenz am 20. Mai 1956 in Paris, eine »Resolution zur Automation«.[16] Ebenfalls im Mai 1956 fand ein vom *Trade Union Research and Information Service* der *European Productivity Agency* der OEEC veranstaltetes »Trade Union Seminar on Automation« in London statt.[17] Von deutscher Seite nahmen daran Marie Bories und Günter Volkmar für den DGB sowie Hans Matthöfer, 1953-1957 Automationsexperte und Mitglied der Wirtschaftsabteilung beim Vorstand der IG Metall, teil.[18] An diesem Seminar nahmen als Berichterstatter französische, britische und amerikanische Gewerkschafter von CGT-FO, CFTC, TUC und AFL-CIO teil. Hans Matthöfer hatte für die Wirtschaftsabteilung im März eine grundlegende »Materialsammlung und [den] Entwurf einer einführenden Darstellung« zur »Automatisierung der Produktion« als Argumentationshilfe für die gewerkschaftliche Arbeit erstellt.[19]

Im Jahr 1956 veranstaltete die *Arbeitsgemeinschaft sozialdemokratischer Akademiker* in München eine Vortragsreihe über »Probleme der Automatisierung«. Auf dieser Veranstaltungsreihe sprachen der Mathematiker und Ingenieur an der TH Darmstadt Alwin Walther über Rechenanlagen und Kybernetik, der bereits erwähnte Frederick Pollock über die »wirtschaftlichen und sozialen Folgen der Automatisierung«, der betagte Soziologe und Nationalökonom Alfred Weber über »[d]ie Bewältigung der Freizeit« und der SPD-Bundestagsabgeordnete Fritz Erler über den »Sozialismus in der Epoche der zweiten industriellen Revolution«. Überschrieben wurde die Reihe mit dem effekthascherischen Titel »Revolution der Roboter«.[20] Der Robotermetapher bediente sich auch eine einführende Schrift zu Fragen der Automatisierung von Robert Strehl, in der der Autor die Zukunftsvision von menschenleeren Fabriken, verbunden mit umfassenden Entlassungen, entwarf.[21] Obwohl Industrieroboter zu diesem Zeitpunkt noch gar nicht die entscheidende aktuelle Herausforderung waren, sondern erst in den endenden 1960er Jahren zögerlich installiert wurden, argumentierten Autoren bereits in den 1950er Jahren gerne mit ihrem – zeitgenössisch noch utopischen Charakter – um Zukunftserwartungen zu thematisieren. Auch die Gegenargumentation bediente sich der Roboter-Semantik. Einem gewerkschaftlichen Publikum solche Zukunftsängste zu nehmen, war die Intention eines Artikels von Walther P. Reuther, dem Vorsitzenden des nordamerikanischen Gewerkschaftsbundes American Federation of Labor and Congress of Industrial Organizations (AFL-CIO), der appellierte, »[k]eine Angst vor Robotern« zu haben, sondern sich der Zukunftsaufgaben in sachlicher Weise anzunehmen und Konflikte auf dem Wege des *collective bargaining* zu regeln.[22]

Bereits im Juni 1956 widmete sich mit dem *Wirtschaftswissenschaftlichen Institut der Gewerkschaften* auch der »Braintrust« des DGB[23] dem Thema auf seiner fünften Institutstagung, auf der »Probleme der fortschreitenden Rationalisierung und Automatisierung« behandelt wurden.[24] Referenten waren die Institutsmitarbeiter Heinrich Heitbaum, Gerhard W. Hagner und Lorenz Wolkersdorf. Der Experte für Industrie- und Betriebspsychologie Heitbaum widmete sich der Lohnermittlung bei fortschreitender Automatisierung. Er forderte die Neugestaltung der Lohn- und Gehaltsstruktur, um so die Lohnordnung mit ihren bisherigen Leistungs-, Produktivitäts- und Arbeitswertlöhnen der modernen Entwicklung der Rationalisierung anzupassen.[25] Wolkersdorf thematisierte das betriebswirtschaftliche Rationalisierungsziel, bei Automation Arbeitsplätze zur Lohneinsparung überflüssig zu machen. Seine Forderung war, technologische Arbeitslosigkeit durch eine aktive Konjunkturpolitik, die auf Produktivitätssteigerungen und Wirtschaftswachstum abzielte, zu verhindern.[26] Von allgemeinerer Natur waren die Erörterungen des späteren Arbeitsdirektors in der Rheinstahl Hüttenwerke AG Gerhard W. Hagner über die Wirkungen der technischen Automatisierung auf den arbeitenden Menschen.[27] Die Tagung brach insgesamt die Zukunftssemantiken, die im übrigen Diskurs mitschwangen, auf pragmatische gewerkschaftliche Handlungsziele und -strategien herunter.

Am 8. April 1957 wurde die erste westdeutsche Automatisierungs-Schau im Düsseldorfer *Landesmuseum Volk und Wirtschaft* eröffnet. Sie wurde gemeinsam vom *Rationalisierungskuratorium der Deutschen Wirtschaft* (RKW), von der *Bundesvereinigung der Deutschen Arbeitgeberverbände* (BDA), dem *Bundesverband der Deutschen Industrie* (BDI), dem *Deutschen Industrie- und Handelstag* (DIHT) und dem *Deutschen Gewerkschaftsbund* (DGB) veranstaltet.[28] Das RKW selbst war ein Verband, der die Arbeitgeberorganisationen und Gewerkschaften zusammenfasste und damit einen wichtigen Beitrag zur Vermittlung des gesellschaftlichen Diskurses der Rationalisierung lieferte.[29] Das RKW legte im Jahr 1957 ebenfalls eine Publikation zur Automatisierung vor, in der der »Stand und [die] Auswirkungen in der Bundesrepublik Deutschland« thematisiert wurden.[30] Diese Arbeit ging auf ein Projekt der Organisation für europäische wirtschaftliche Zusammenarbeit (OEEC) in Verbindung mit der *Europäischen Produktivitäts-Zentrale* (EPA) zurück. Die Ergebnisse dieser Erhebung bildeten die Grundlage einer internationalen Konferenz, die zeitgleich mit der oben erwähnten Ausstellung vom 8. bis 12. April 1957 in Paris stattfand und die Probleme der Automation in den in der OEEC zusammengeschlossenen Ländern behandelte. Die Automation war auch Gegenstand von zwei Tagungen in der *Evangelischen Akademie Loccum*, die für den Austausch und das Gespräch über die Grenzen politischer und weltanschaulicher Lager hinweg bekannt war.[31] Auf der ersten Tagung im Februar 1957, die mit »Der Mensch in der Automation« überschrieben war, trafen sich »Vertreter aus Wirtschaft und der Industrie« zum »Gespräch«.[32] Eine von den Gewerkschaften und den Arbeitgeberverbänden unabhängige Gesellschaft, die Friedrich-List-Gesellschaft, widmete eines ihrer ersten Projekte und ihre erste Tagung nach ihrer Gründung Ende der 1950er Jahre dem Problem der Automation. Wichtiger als die konkreten Ergebnisse sind an diesen Studien der Übergang zum Fallstudienansatz und die stärkere Orientierung an der Empirie.[33]

Die zweite Tagung der *Evangelischen Akademie Loccum* über »Automation – Fakten und Folgen« vom 8. bis zum 12. März 1958 vereinigte Wirtschaftsvertreter und Vertreter der Gewerkschaften.[34] An ihr nahm mit Günter Friedrichs der Leiter der Automationsabteilung beim Vorstand der IG Metall – Organisator internationaler Tagungen und wissenschaftspolitischer Netzwerker, der gewerkschaftliche Experte zu diesem Thema schlechthin – ebenso teil wie der wirtschaftsnähere Rationalisierungsexperte Kurt Pentzlin von der Firma Bahlsen[35] und mit Rudolf Henschel ein Vertreter des DGB. Pentzlin referierte über »Stand und Entwicklungsmöglichkeiten der Automatisierung der Industrie«. Von Gewerkschaftsseite stellte Günter Friedrichs »[d]ie Automation in volkswirtschaftlicher Sicht« dar. Friedrichs ging besonders auf Fragen des Arbeitsmarkts ein. Zwar habe sich die Automation bisher nicht auf den Arbeitsmarkt ausgewirkt, dafür aber umso mehr auf die Produktivitätsentwicklung. Besonders ins Gewicht falle dies, weil die »mögliche Produktivitätssteigerung [...] eine ausreichende Nachfrage am Markt [erfordere] und damit im Grunde genommen eine vollbeschäftigte Wirtschaft. Gerade die nichtautomatisierten Unternehmen würden aber bei einem Konjunkturrückschlag zu Entlassungen gezwungen.« Eine weitere Konjunkturabhängigkeit sah Friedrichs in der hohen Fremdkapitalisierung der technisch entwickelten Unternehmen. Insgesamt bedrohe die automatisierte Produktion die Arbeitsplätze: »Von hier aus drohe aber vor allem den Arbeitnehmern die Gefahr des Arbeitsplatzverlustes, einer Tatsache, der man rechtzeitig durch Förderungs- und Umschulungsmaßnahmen Rechnung tragen müsse.«[36]

Im Ergebnis einer *Arbeitstagung des DGB* am 23. und 24. Januar 1958 in Essen[37] verabschiedete der DGB eine »Entschließung zur Automation«.[38] In dieser Entschließung, die den technischen Fortschritt entschieden bejahte, warnte der DGB »vor den möglichen sozialen, wirtschaftlichen und politischen Folgen, die für die Allgemeinheit, besonders für die von der Automation direkt und indirekt betroffenen Arbeiter, Angestellten und Beamten aus einer unkontrollierten Entwicklung entstehen können«. Als Gefahren betrachtete der DGB »[t]echnologische Arbeitslosigkeit, Sinken der Massenkaufkraft, Entwertung der bisherigen Berufsqualifikationen und Verlust der erworbenen Rechte« sowie eine »[w]achsende Konzentration der Unternehmen, verbunden mit steigender Monopolisierung und einer Machtzusammenballung in den Händen weniger«. Um diesen Gefahren entgegentreten zu können, erhob der DGB eine Reihe von Forderungen. Grundsätzlich forderte er Mitbestimmung der Arbeitnehmer und Gewerkschaften bei der »Planung und Durchführung aller Automationsvorhaben«, Humanisierung von Arbeit und Technik, womit er an die breiten gesellschaftlichen Debatten um die Human Relations in ihrer progressiv-amerikanisierten Variante einerseits, an den »Mensch im Mittelpunkt«, im konservativen Pendant anknüpfte. Zu den von ihm genannten Forderungen gehörten: »Sicherung des bisherigen Verdienstes bei durch Automatisierung bedingten Umsetzungen«, »kostenlose Umschulungen überzählig werdender Arbeitnehmer für neue Arbeitsplätze in demselben Betrieb« sowie die Zahlung eines Übergangsgeldes bei Entlassungen. Arbeitsmarktpolitisch erhob der DGB die weitere Verkürzung der Arbeitszeit zur Forderung, konjunkturorientiert ging es ihm um »Lohn- und Gehaltserhöhungen zur Stärkung der Massenkaufkraft und zur Erhöhung des Anteiles der Arbeitnehmer am Sozialprodukt«. Zur Versachlichung der Vorstellungen von der Automation, ihrer Folgen und der Forderungen der Gewerkschaften trug eine Reihe von weiteren Konferenzen bei. Die bereits erwähnte *Tagung der Frankfurter List-Gesellschaft* beleuchtete 1957 »Aspekte der Automation«.[39] An dieser Tagung, bei der die oben genannten Case-Studies der Industriesoziologen als Gutachten vorgestellt wurden, nahmen Vertreter von Unternehmen und Wirtschaftsverbänden, Sozialwissenschaftler, Personen des öffentlichen Lebens und Gewerkschaftsvertreter teil. Von Bedeutung waren die Referate der Soziologen Heinz Kluth und Georges Friedmann, an die sich allgemeine Diskussionen anschlossen.[40]

Der Vorstand der IG Metall hatte bereits 1958 eine eigene Automationsabteilung unter der Leitung von Günter Friedrichs eingerichtet. Diese begleitete und beriet die Arbeit des Vorstands der IG Metall und verschaffte dem Thema durch die Organisation internationaler Großkonferenzen breite öffentliche Aufmerksamkeit. So veranstaltete die *IG Metall* im Juli 1963 eine internationale Tagung zum Thema »Automation und technischer Fortschritt in Deutschland und den USA« im Amerikahaus in Frankfurt. Mitveranstalter waren das *Amerikahaus*, das RKW und die *Organisation für wirtschaftliche Zusammenarbeit und Entwicklung* (OECD).[41] Auf dieser Tagung wurde die deutsche Situation systematisch mit der amerikanischen verglichen. Im Einzelnen wurden das Verhältnis von technischem Fortschritt und Beschäftigung,[42] das Problem der Lohnfindung an modernen Arbeitsplätzen,[43] die Sicherung des sozialen Besitzstandes bei technischem Fortschritt[44] und das Verhältnis zwischen dem technischen Fortschritt und der Lage der Angestellten einer vergleichenden Betrachtung unterzogen.[45]

Schließlich fand 1965 eine internationale Arbeitstagung der *IG Metall* über »Automation – Risiko und Chance« statt.[46] Diese zweite große Konferenz behandelte das Thema in seinen internationalen Dimensionen im Bereich der Internationalen Arbeitsorganisation und der OECD. Anhand verschiedener Fallbeispiele aus Kanada, den USA, Großbritannien und der BRD wurde das Verhältnis nationaler Regierungen zum technischen Fortschritt diskutiert. Breiten Raum nahmen die Referate zu wirtschaftlichen Auswirkungen des technischen Fortschritts in verschiedenen Ländern ein. Das zweite wichtige Rahmenthema umfasste die sozialpolitische und arbeitsmarktpolitische Dimension.

Konkreter auf die spezifischen Anpassungsprobleme gingen Sachgebietsberichte zur Bildungspolitik und zu den Anforderungen an das Schulsystem ein. Die drei großen gewerkschaftspolitisch bedeutenden Themenblöcke waren die betriebliche Sozialplanung bei technischem Fortschritt, die Fragen der Auswirkungen auf die Arbeitsorganisation und die tarifpolitischen Implikationen. Aus dem Forderungskatalog, der auf der Konferenz verhandelt wurde, ragte die Forderung nach Einführung der 35-Stunden-Woche heraus. Diese wurde in den USA bereits seit 1963 gefordert, als Konsequenz aus dem Produktivitätszuwachs, den die Automation mit sich brachte. Sie löste einen breiten Widerhall im Gewerkschaftslager aus und rief heftige Gegenwehr im Unternehmerlager hervor.[47]

Nach dieser internationalen Konferenz verabschiedete der achte Gewerkschaftstag der IG Metall im September 1965 in Bremen eine »Entschließung über Automation und technischen Fortschritt«, die folgende zentrale Forderungen enthielt: Die ersten beiden richteten sich an die Politik, von der man eine Einrichtung einer Bundesstelle für Automation und technischen Fortschritt und die gesetzliche Verankerung der paritätischen Mitbestimmung bei Rationalisierungsfragen forderte, während sich die dritte Hauptforderung an die Arbeitgeber richtete, von denen die IG Metall die Einführung »tariflicher Bestimmungen zum Schutz der Arbeitnehmer bei technischen und organisatorischen Änderungen« verlangte.[48]

Von Arbeitgeberseite wurde vom 2. bis 3. Februar 1965 in der Duisburger Mercatorhalle von der BDA, dem BDI, der *Landesvereinigung der industriellen Arbeitgeberverbände Nordrhein-Westfalens* und dem *Deutschen Industrieinstitut* eine »Sondertagung der Unternehmer« veranstaltet. Diese war zwar weniger expertenlastig als die gewerkschaftlichen Konferenzen, jedoch wurde dem Austausch über die unterschiedlichen Positionen der Arbeitgeberseite und der Gewerkschaften ein zentraler Ort eingeräumt.[49]

Auf Regierungsebene erfolgte 1967 in der großen Koalition im Rahmen der Konzertierten Aktion die Einrichtung eines »Arbeitskreises für Fragen der Automation«, dem das Bundesministerium der Wirtschaft und das Bundesministerium für Arbeit und Sozialordnung angehörten, außerdem Vertreter der Gewerkschaften und der Arbeitgeberverbände.[50]

Was die Ansätze gewerkschaftlicher Rationalisierungspolitik betrifft, haben die Gewerkschaften das Problem seit der Mitte der 1950er Jahre zwar intensiv diskutiert, konnten aber bis 1968 der Rationalisierungspolitik in technischer und arbeitsorganisatorischer Hinsicht in der Praxis nur in wenigen Fällen etwas entgegensetzen, sodass die Auswirkungen wie Arbeitsplatzwechsel und -verlust, Umschulung und Dequalifizierung die Arbeitnehmer relativ ungeschützt trafen. Die Betriebsräte der IG Metall zum Beispiel blieben in diesen Fragen im Wesentlichen ohne Mitwirkungs- und Kontrollrechte.[51]

Mit der Änderung der ökonomischen Rahmenbedingungen – hier sei nur auf die Wirtschaftskrise von 1966/67 hingewiesen – gewann die Debatte um Automation eine ganz neue Qualität, wie sich im Abschluss des Rationalisierungsschutzabkommens vom Juni 1968 zwischen IG Metall und Gesamtmetall zeigte.[52] Im Februar 1968 kam es zur Vorlage eines Entwurfs für ein solches Abkommen durch die IG Metall. Das dann im Mai 1968 mit den Arbeitgeberverbänden zentral ausgehandelte »Rationalisierungsschutzabkommen« brachte den Gewerkschaften zwar Mitspracherechte bei Rationalisierungsmaßnahmen, blieb aber hinter den höher gesteckten Erwartungen nach paritätischer Mitbestimmung in Rationalisierungsfragen zurück. Die Anwendung des Abkommens bezog sich auf Rationalisierungsmaßnahmen, die zu erheblichen Änderungen der Produktionsabläufe, der Arbeitstechniken und der betrieblichen Organisation und daher zu Umsetzungen, Umschulungen oder Entlassungen führten. Zum Schutz gegen Kündigung und zur Sicherung des sozialen Besitzstandes wurden folgende Regelungen vereinbart: Den Betriebsräten wurden Unterrichtungs- und Beratungsrechte eingeräumt; für Umsetzung, Versetzung und Umgruppierung sollten nach Möglichkeit gleichwertige Arbeiten angeboten werden; im Falle der Abgruppierung erhielten die Arbeitnehmer finanzielle Anpassungshilfen; Umschulungskosten trug der Arbeitgeber; 40-54-jährige Arbeitnehmer erhielten bei ihrer Entlassung eine Abfindung; 55-60-jährige Arbeitnehmer sollten nicht entlassen werden; bei beiden Gruppen war eine zehnjährige Betriebszugehörigkeit vorausgesetzt.

Dass sich die Ansichten des DGB in Bezug auf die Konsequenzen, die aus der Rationalisierungspolitik der Unternehmer zu ziehen seien, gegenüber der oben dargestellten Position des DGB-Grundsatzprogramms von 1949 grundsätzlich gewandelt hatten, dokumentiert die Formulierung im Grundsatzprogramm des DGB von 1963, wonach die Gewerkschaften »den technischen Fortschritt als einen ausschlaggebenden Faktor für die Hebung des allgemeinen Lebensstandards und die Erleichterung der menschlichen Arbeit« bejahten und allgemeine Mitwirkung bei der Beobachtung und Prüfung der »wirtschaftlichen und sozialen Gefahren, die sich aus der Technisierung, insbesondere aus der Rationalisierung, ergeben könnten«, beanspruchten.[53] Die Forderung nach einer allgemeinen Beobachtung des Phänomens richtete sich an die Arbeitgeber wie an die Politik. Insgesamt hatte sich im Verlauf der Abkehr von planwirtschaftlichen Zielvorstellungen und der Hinwendung zu konsenskapitalistischen Positionen eine realpolitische Wende auch in der Rationalisierungspolitik abgezeichnet. Die Forderungen bezogen sich mittlerweile auf realpolitische Ziele wie die Mitwirkung an Rationalisierung und die Einforderung konkreter Mitspracherechte.

Die Diskussionen in der IG Druck und Papier

Wenn man jetzt nach den Diskussionen in der IG Druck und Papier fragt, die auf den internationalen Automationskonferenzen der IG Metall wie andere Einzelgewerkschaften vertreten war, so ist an die Publizistik Richard Burkhardts, des Leiters der Abteilung Wirtschaft und Technik beim Vorstand der IG Druck und Papier, zu erinnern, die sich früh des Themas der technischen Entwicklung annahm. Er widmete im Oktober 1959 eine Broschüre, die in der fachtechnischen Schriftenreihe der IG Druck und Papier erschien, dem Thema »grafische technik – heute und morgen«.[54] Darin beschrieb er zunächst einführend den modernen Handsatz, dann den Maschinensatz auf Lochstreifen, den Fotosatz und verschiedene Verfahren des Bildsatzes. Am Beispiel der modernen Zeitungstechnik widmete er sich der automatischen Druckerei. Bereits ein Jahr zuvor, am 19. September 1958, hatte er sich in einem Vortrag auf dem vierten Kongress der Internationalen Grafischen Föderation in Frankfurt den sozialen Auswirkungen der »technischen Entwicklung im grafischen Gewerbe«, insbesondere was die Berufsausbildung und die Beschäftigungslage betraf, gewidmet. Auch dieser Vortrag wurde zu diesem frühen Zeitpunkt als Broschüre der IG Druck und Papier veröffentlicht. Er analysierte zunächst die technische Entwicklung und frühere Rationalisierungsschritte im 18. und 19. Jahrhundert und übertrug die Erfahrungen früherer Rationalisierungsschritte auf den Umgang mit der Herausforderung der Automation in der grafischen Technik, die vom »Regeln, Steuern [und] Rechnen« geprägt sei. Er setzte sich dabei auch mit konkreten Zukunftserwartungen wie derjenigen, ob Roboter dereinst lesen könnten, auseinander.[55] In einem Vortrag über »[d]ie Entwicklung der grafischen Technik im Zeitalter der Automation«, den Burckhardt am 16. Oktober 1964 vor dem Kongress der Internationalen Grafischen Föderation in Wien hielt, beschrieb er plastisch die Folgen der Automation. Auch in diesem Vortrag wurden die erwähnten technischen Ausgangspunkte analysiert und die Praxis im Zeitungsdruck mit internationalen Beispielen angereichert aufgegriffen. Vor allem betonte Burckhardt die sozialen Komponenten der Automationsfolgen, woraus er die Notwendigkeit gewerkschaftlicher Gegenwehr und Mitarbeit ableitete. Wie in den oben erwähnten zeitgleichen Case-Studies der Friedrich-List-Gesellschaft orientierte sich Burckhardt an dem Ansatz, neue technische Entwicklungen und Herausforderungen möglichst konkret und auf den Produktionsprozess bezogen zu beschreiben. Die Broschüren folgen jedoch dem gewerkschaftlichen Ethos, die sozialen Folgen der Automation ebenfalls möglichst konkret zu beschreiben, um daraus die Notwendigkeit gewerkschaftlicher Organisation und Politik abzuleiten.[56]

Günter Friedrichs von der IG Metall, der die drei internationalen wissenschaftlichen Fachkonferenzen zum Thema Automation in den 1960er Jahren geleitet hatte, widmete sich in seinem Referat auf dem 7. Ordentlichen Gewerkschaftstag der IG Druck und Papier 1965 der »Automation in Wirtschaft und Gesellschaft«. Er hob mit einer Definition des Problems an: »Darunter versteht man einen Arbeitsablauf, bei dem Werkstücke oder Werkstoffe integrierte Maschinenreihen durchlaufen. Alle Arbeitsoperationen einschließlich des Transports von Station zu Station werden automatisch ausgeführt. Kontrolle, Regulierung und Steuerung erfolgen selbsttätig. Automatisierte Arbeitsabläufe können ganze Fabriken erfassen oder sich nur auf Teilbereiche beschränken. Ihr wesentliches Kennzeichen besteht darin, daß die menschliche Hand in den unmittelbaren Produktionsablauf nicht eingreift und mit dem Werkstück oder Produkt nicht in Berührung kommt. Die Tätigkeit des Menschen wird auf Überwachungsaufgaben, auf Reparaturarbeiten und Einrichtungsarbeiten beschränkt.«[57] Insgesamt war Friedrichs Referat sehr auf die technischen Bedingungen in der Metallindustrie bezogen, insbesondere auf das Prinzip der Transferstraße. Friedrichs beschreibt »Formen des technischen Fortschritts« von der Mechanisierung bis hin zur Automatisierung, an einzelnen Beispielen aus Burkhardts Broschüre erläutert er den (damals) modernen Computersatz mittels Lochstreifen. Im Anschluss beschreibt er die Änderung des Arbeitsinhaltes und der notwendigen Arbeitskraft am Beispiel der Arbeiten von Drehern, die in vollautomatischer Produktion auf ein Minimum an Arbeitskräften beschränkt werden können. Friedrichs geht auch auf die Chancen, die sich aus diesem Produktivitätszuwachs für die Arbeiter und Angestellten ergeben können, ein, benennt den gewachsenen schulischen Bildungs- und Ausbildungsbedarf, wobei er den Umfang der schulischen Ausbildung in den USA einfließen lässt, und erhebt Forderungen nach einer längeren Pflichtschulzeit und einer Reform der Berufsausbildung. Die wichtigste Konsequenz, die sich für ihn aus der Automatisierung ergibt, ist die Notwendigkeit der Sicherung von sozialen Besitzständen der Arbeitnehmer, um der Einsparung von Arbeitskräften durch die Unternehmensorganisation zu begegnen. Er beschreibt, dass sich aus den technischen Änderungen und den Freisetzungen Änderungen der Beschäftigtenstruktur ergäben, die durchaus auch im Bereich einer Dequalifizierung lägen, betont andererseits aber auch, dass Maßnahmen ergriffen werden müssten, um neue Arbeitsplätze aufgrund des technischen Fortschritts zu schaffen. Da Friedrich eine Vielzahl von Wissenschaftskontakten besaß, auch internationale, war eine grundlegende Forderung die nach einer umfassenderen wissenschaftlichen Befassung mit Fragen der Automation und ihre Institutionalisierung im Rahmen einer Bundesstelle für Automation, die die wissenschaftliche Expertentätigkeit und politische Reaktionen auf den technischen Fortschritt auf dieser Grundlage steuern bzw. »monitoren« sollte. Er sah in der Bundesregierung unter dem »Honorarprofessor« Ludwig Erhard Automationsmuffel am Werk, die den Fortschritt blockierten, und referierte zum Abschluss seines Vortrags die grundlegende Entschließung der IG Metall zur Automation vom September 1965. In der anschließenden Diskussion nahmen eine Reihe von Delegierten zum Vortrag Stellung.

Eine weitere Positionsbestimmung sei in diesem Überblick abschließend erwähnt. Als Hauptabteilungsleiter der Abteilung Wirtschaft und Technik beim Hauptvorstand der IG Druck und Papier setzte Erwin Ferlemann die Expertise

Richard Burckhardts in dieser Abteilung fort. Er widmete sich in einer Broschüre der Elektronik und der elektronischen Datenverarbeitung, die er als Grundlage der Automation in der grafischen Industrie beschrieb. Auch er stellte seiner Darstellung der zeitgenössischen Rationalisierungsformen die Erfahrungen mit der mechanischen Technisierung und Formen der Teilautomatisierung voran. Im Anschluss beschrieb er ausführlich die Steuerungs- und Regeltechnik als Grundlage der Automation, um sich daraufhin der digitalen Revolution als Grundwissenschaft der Automatisierung zuzuwenden, die er am Beispiel der modernen Satztechnik erläuterte. Der Popularisierung der entsprechenden Modelle diente ein intensiv ausgearbeitetes Glossar am Ende der Broschüre und der Hinweis auf grundlegende weiterführende Literatur.[58]

Ergebnisse und offene Fragen

In diesem Beitrag wurden erste Ergebnisse zur Beantwortung der Fragen nach den Auswirkungen des Automationsdiskurses auf die Politik der Gewerkschaften skizziert. Thematisiert wurden Akteure differierender und konkurrierender Diskurskoalitionen aus dem Lager der Unternehmer, der Gewerkschaften und der Politik, die partiell zu Interaktionen finden. Die Auswirkungen des breiten gesellschaftlichen Automationsdiskurses lassen sich bis in die Arbeitskämpfe der 1970er Jahre fortschreiben, was hier allerdings nicht mehr verfolgt wird.[59] Der Streik in der Druckindustrie 1978 war veranlasst durch Rationalisierungsschutzforderungen und die konfrontative Haltung der Unternehmerseite.[60]

Festhalten lassen sich folgende Ergebnisse:

Allgemein hat sich zwischen der unmittelbaren Nachkriegszeit und den 1960er Jahren ein Wandel in der Ausrichtung der Politik des DGB vollzogen. Der DGB hat, wie Julia Angster gezeigt hat, konsenskapitalistische Deutungsmuster und Strategien angenommen und Vorstellungen, die auf eine planwirtschaftliche Veränderung der Wirtschaftsordnung zielten, abgelegt.[61] Zu diesem Prozess trug die Auseinandersetzung mit verwissenschaftlichten Argumentationsmustern bei. Für den speziellen Fall der Rationalisierungsschutzpolitik lässt sich zeigen, dass sich dabei die grundsätzlichen Einstellungen zu Rationalisierung und Automatisierung von einer skeptischen zu einer teilnehmenden Haltung wandelten. Gleichzeitig wurden die Forderungen und dann auch die Aushandlungsergebnisse konkreter.

Zur Vermittlung der gegensätzlichen Positionen von Arbeitgeber- und Arbeitnehmerseite trugen neuartige Diskussionsformen und -stile bei. So veranstalteten der BDA und der BDI auf der Arbeitgeber-Automationstagung eine Podiumsdiskussion, zu der auch Günter Friedrich als gewerkschaftlicher Experte geladen war. Ein zweites Element, das zur Vermittlung von Positionen führte, waren Diskussionen an sogenannten *lieux neutres,* neutralen Orten. Darauf weist Morten Reitmayer hin, der die Evangelischen Akademien als spezifische, der gewöhnlichen Tarif- und anderen Sozialpartnerschaftsaushandlungen entzogene Aushandlungsorte der Vermittlung und des Gesprächs untersucht hat.⁶² Hier trafen sich Unternehmer, Vertreter von Wirtschafts- und Unternehmensverbänden und gewerkschaftliche Experten. Sie berieten die Probleme der Automation und vermittelten dabei die unterschiedlichen interessengeleiteten Standpunkte. Hier war die Diskussion den konkreten gewerkschaftspolitischen und arbeitgeberpolitischen Tagesfragen entzogen, und die Tarifpartner konnten in einer grundsätzlicheren Art und Weise miteinander sprechen. Dennoch blieb der zentrale Aushandlungsort natürlich die Tarifverhandlung.

Ein zweites Merkmal, das hervorzuheben ist, ist die Rolle der Experten in den Verhandlungen und Diskussionen. Beide Seiten, die Arbeitgeberseite wie die Gewerkschaftsseite, zogen wissenschaftliche Experten zu Rate. Dabei wurden nicht nur einzelne Experten, sondern auch Institute wie das Wirtschaftswissenschaftliche Institut der Gewerkschaften oder das arbeitgebernahe Deutsche Industrieinstitut, beide mit Sitz in Köln, intensiv in Anspruch genommen. Der komplexen Problemstellung entsprechend, waren es Angehörige verschiedener Disziplinen, die zu Rate gezogen wurden. Es handelte sich einerseits um Sozialwissenschaftler, besonders um Industriesoziologen, andererseits war wirtschaftswissenschaftliche Expertise gefragt. Das verwissenschaftlichte Argument wirkte in zwei Richtungen: Einerseits untermauerte und legitimierte es die je eigene interessengeleitete Position, andererseits ist dem Stil der verwissenschaftlichten Argumentation auch das Berücksichtigen der Gegenposition eigen. So vermittelte das verwissenschaftlichte Argument auch zwischen den Positionen der Unternehmer und Gewerkschaften. Zur Vermittlung trug auch die Befassung unabhängiger Institute mit den Problemen der Automation wie die Frankfurter List-Gesellschaft oder das IFO-Institut für Wirtschaftsforschung bei. Hierbei gingen die Initiativen zur Befassung mit dem Thema zum Teil von den »Sozialpartnern« aus.

In der Diskussion spielten das US-amerikanische Beispiel und amerikanische Deutungsangebote eine besondere Rolle. Der sich hierbei abzeichnende transatlantische Transfer von Wissen kann mit Julia Angster als Westernisierung begriffen werden.⁶³ In der Automationsdiskussion, die in den ausgehenden 1950er Jahren und dann vor allem in den 1960er Jahren schnell Raum griff, spielte der transatlantische Austausch eine besondere Rolle, denn immer wieder waren es Beispiele aus den »entwickelteren« USA, auf die sich die Diskussion bezog. So nahm die Vortragsreihe der *Arbeitsgemeinschaft sozialdemokratischer Akademiker* über die »Revolution der Roboter« wie selbstverständlich auf dieses Beispiel Bezug. Eine der ersten Publikationen zu diesem Thema ist Friedrich Pollocks amerikanische Automationsstudie. Auch in der vielfältigen publizistischen Debatte spielt das US-amerikanische Beispiel eine Rolle. Besondere Bedeutung für die Positionierung des DGB hatten Beschlüsse internationaler Gewerkschaftsorganisationen. Das amerikanische Beispiel wurde nicht nur als negatives Schreckensbild rezipiert, wie in der effekthascherischen publizistischen Debatte, vielmehr orientierte man sich an amerikanischen Strategien, Experten und Erfahrungen im gewerkschaftlichen Umgang mit Problemen der Rationalisierung.⁶⁴

Anmerkungen

[1] Grundlegend zum Verhältnis von Technik und Industriearbeit siehe den industriesoziologischen Klassiker von Horst Kern/Michael Schumann: Industriearbeit und Arbeiterbewußtsein. 2. Aufl. Frankfurt a.M. 1985; dazu auch Klaus-Peter Wittemann: Industriesoziologie und Politik am Beispiel von »Industriearbeit und Arbeiterbewußtsein«, in: ebd., S. 323-350. Kern und Schumann betonen, dass es sich bei den Automatisierungsbestrebungen bis zum Ende der 1960er Jahre um Teilautomatisierungen der Produktion handelt.

[2] Rolf Strehl: Die Roboter sind unter uns. Ein Tatsachenbericht, Oldenburg 1952; Georges Hartmann: Die Automation und unsere Zukunft. Wer heute bestehen will, muß heute wissen, um was es geht, Stuttgart 1957; Wilhelm Bittorf: Automation: Die zweite industrielle Revolution 2. Aufl. Darmstadt 1959; Peter F. Drucker: Die nächsten zwanzig Jahre. Ein Blick auf die wirtschaftliche Entwicklung der westlichen Welt, Düsseldorf 1957. Kritisch zu dieser Literatur äußerte sich früh Helmut Schelsky: Die sozialen Folgen der Automatisierung, Düsseldorf/Köln 1957. Der Automationsdiskurs ist eng mit der seit den 1950er Jahren boomenden Disziplin der Futurologie verbunden. Elke Seefrieds Arbeit über »vergangene Zukünfte« lässt sich gewinnbringend für eine vergleichende Lektüre der zeitgenössischen Zukunftsdiskurse und -semantiken, aber auch im Hinblick auf vergangenes strategisches Zukunftshandeln heranziehen. Vgl. dies.: Zukünfte. Aufstieg und Krise der Zukunftsforschung 1945-1980, München 2015.

[3] Joachim Radkau: »Wirtschaftswunder« ohne technische Innovation? Technische Modernität in den fünfziger Jahren, in: Axel Schildt/Arnold Sywottek (Hrsg.): Modernisierung im Wiederaufbau, Die westdeutsche Gesellschaft der 50er Jahre, 2. Aufl. Bonn 1998, S. 129-154, hier S. 142f. Vgl. auch die Position von Gerold Ambrosius: Wirtschaftlicher Strukturwandel und Technikentwicklung, in: ebd., S. 107-128, besonders S. 116ff. Eine Ausnahme bildet Gabriele Metzler, die die Automationsdiskussion im Rahmen ihres Kapitels über die Technikdiskussion der 1950er und 1960er Jahre erwähnt. Vgl. Gabriele Metzler: Konzeptionen politischen Handelns von Adenauer bis Brandt. Politische Planung in der pluralistischen Gesellschaft, Paderborn 2005, S. 62-80. Die Zeitschrift Technikgeschichte widmete dem Thema Automation im Jahr 2015 ein eigenes Heft. Vgl. darin Martina Hessler: Einleitung. Herausforderung Automatisierung: Forschungsperspektiven, in: Technikgeschichte, 82 (2015), S. 99-108; vgl. auch dies.: Die Ersetzung des Menschen. Die Debatte um das Mensch-Maschinenverhältnis im Automatisierungsdiskurs, in: ebd., S. 109-136. Weiterhin fragt Karsten Uhl nach dem Diskurs der Technikfeindlichkeit und tatsächlicher gewerkschaftlicher Positionierung. Vgl. ders.: Maschinenstürmer gegen Automatisierung. Der Vorwurf der Technikfeindlichkeit in den Arbeitskämpfen der 1970er und 1980er Jahre und die Krise der Gewerkschaften, in: ebd., S. 157-179. Die neuere Betriebsgeschichte widmet sich auch diesem Feld, vgl. Johannes Platz/Knud Andresen/Michaela Kuhnhenne/Jürgen Mittag: Der Betrieb als sozialer und politischer Ort: Unternehmens- und Sozialgeschichte im Spannungsfeld mikrohistorischer, praxeologischer und diskursanalytischer Ansätze, in: dies. (Hrsg.): Der Betrieb als sozialer und politischer Ort. Studien zu Praktiken und Diskursen in den Arbeitswelten des 20. Jahrhunderts, Bonn 2015, S. 7-26. Zur Einordnung in die Ideen- und Diskursgeschichte des »Betriebs« vgl. Timo Luks: Der Betrieb als Ort der Moderne. Zur Geschichte von Industriearbeit, Ordnungsdenken und Social Engineering im 20. Jahrhundert, Bielefeld 2010; sowie die Arbeiten in: Karsten Uhl/Lars Bluma: Arbeit, Körper, Rationalisierung. Neue Perspektiven auf den historischen Wandel industrieller Arbeitsplätze, in: Dies. (Hrsg.): Kontrollierte Arbeit – disziplinierte Körper. Zur Sozial- und Kulturgeschichte der Industriearbeit im 19. und 20. Jahrhundert, Bielefeld 2012, S. 9-31. Siehe auch Karsten Uhl: Humane Rationalisierung. Die Raumordnung der Fabrik im for-

distischen Jahrhundert, Bielefeld 2014.

⁴ Vgl. Leo Brandt: Die zweite industrielle Revolution, Bonn 1956; ders.: Die zweite industrielle Revolution. Macht und Möglichkeiten von Technik und Wissenschaft, München 1957; auch populärwissenschaftliche Darstellungen bedienten sich dieses Arguments; vgl. Karl Heinz Stefan: Technik der Automation. Eine zweite industrielle Revolution, Westberlin 1960. Grundlegend zum Thema des Beitrags hat bereits Günter Neubauer: Sozioökonomische Bedingungen der Rationalisierung und gewerkschaftlicher Rationalisierungsschutzpolitik, Vergleichende Untersuchung der Rationalisierungsphasen 1918-1933 und 1945-1968, Diss. FU Berlin, Köln 1981, gearbeitet. Zur Periodisierung wären in weiterer Perspektive die Diskussionen um die Modernisierung im Wiederaufbau und die Westernisierung der sozialen Aushandlungsmuster in der Bundesrepublik heranzuziehen. Eine Frage, die der Beitrag offenlässt, ist die nach den längeren Linien von den Aushandlungsmustern der 1950er und 1960er Jahre in der Periode »nach dem Boom«. Diesen Fragestellungen wird sich der Autor in zukünftigen Forschungen zuwenden. Vgl. zu den Themenkomplexen: Axel Schildt/Arnold Sywottek (Hrsg.): Modernisierung im Wiederaufbau. Die westdeutsche Gesellschaft der 50er Jahre, 2. Aufl. Bonn 1998, S. 129-154, hier S. 142f. Vgl. auch Axel Schildt/Detlef Siegfried/Karl Christian Lammers (Hrsg.): Dynamische Zeiten. Die 60er Jahre in beiden deutschen Gesellschaften, Göttingen 2000; Anselm Doering-Manteuffel: Wie westlich sind die Deutschen? Amerikanisierung und Westernisierung im 20. Jahrhundert, Göttingen 1999; Anselm Doering-Manteuffel/Lutz Raphael: Nach dem Boom. Perspektiven auf die Zeitgeschichte seit 1970, 2. überarb. Aufl., Göttingen 2010; vgl. auch Rüdiger Hachtmann: Gewerkschaften und Rationalisierung: Die 1970er-Jahre – ein Wendepunkt?, in: Knud Andresen/Ursula Bitzegeio/Jürgen Mittag (Hrsg.): »Nach dem Strukturbruch«? Kontinuität und Wandel von Arbeitsbeziehungen und Arbeitswelten seit den 1970er-Jahren, Bonn 2011, S. 181-209.

⁵ Vgl. auch zum Problem der Verwissenschaftlichung des Sozialen allgemein: Lutz Raphael: Die Verwissenschaftlichung des Sozialen als methodische und konzeptionelle Herausforderung für eine Sozialgeschichte des 20. Jahrhunderts, in: Geschichte und Gesellschaft, 22 (1996), S. 165193. Für die Frage wissenschaftlicher Politikberatung vgl. Wilfried Rudloff: Einleitung: Politikberatung als Gegenstand historischer Betrachtung, Forschungsstand, neue Befunde, übergreifende Fragestellungen, in: ders./Stefan Fisch (Hrsg.): Experten und Politik, Wissenschaftliche Politikberatung in geschichtlicher Perspektive, Berlin 2004, S. 13-57; Fallstudien zur Verwissenschaftlichung der Politik finden sich auch im Archiv für Sozialgeschichte, 50 (2010) als Schwerpunktthema. Zur Verwissenschaftlichung der Gewerkschaftspolitik am Beispiel des Angestelltendiskurses vgl. Johannes Platz: »Die White Collars in den Griff bekommen« – Angestellte im Spannungsfeld sozialwissenschaftlicher Expertise, gesellschaftlicher Politik und gewerkschaftlicher Organisation 1950-1970, in: Archiv für Sozialgeschichte, 50 (2010), S. 271-288.

⁶ Vgl. dazu neben Raphael 1996 auch Margit Szöllösi-Janze: Wissensgesellschaft in Deutschland: Überlegungen zur Neubestimmung der deutschen Zeitgeschichte über Verwissenschaftlichungsprozesse, in: Geschichte und Gesellschaft, 30 (2004), S. 277-313; Anja Kruke/Meik Woyke: Editorial [zum Rahmenthema »Verwissenschaftlichung der Politik nach 1945«], in: Archiv für Sozialgeschichte, 50 (2010), S. 3-10, sowie den gesamten Band.

⁷ Peter Wagner: Sozialwissenschaften und Staat. Frankreich, Italien, Deutschland 1870-1980. Frankfurt a.M. 1980.

⁸ Protokoll Gründungskongreß des DGB, Köln 1950, S. 323, zit. nach Neubauer, Rationalisierung, S. 462.

⁹ Dabei geht es mir weniger um harte Verhandlungen, sondern mehr um weiche Faktoren wie Verwissenschaftlichungsprozesse und die Macht des argumentativen Austauschs zwischen den »Sozialpartnern«.

¹⁰ Eine gute Darstellung der amerikanischen Diskussion findet sich bei Thomas Rid: Maschinendämmerung. Eine kurze Geschichte der Kybernetik, Berlin 2016, S. 99-145.

[11] Vgl. Fritz Sternberg: Die zweite industrielle Revolution, (Schriftenreihe der Industriegewerkschaft Metall für die Bundesrepublik Deutschland; 27), Frankfurt a.M. 1956; auch ders.: Probleme und Auswirkungen der Automation, in: Deutscher Gewerkschaftsbund (Hrsg): Automation – Gewinn oder Gefahr. Arbeitstagung des Deutschen Gewerkschaftsbundes am 23. und 24. Januar 1958 in Essen, Düsseldorf 1958, S. 13-37; ders.: Gewerkschaftliche Probleme in der Epoche der Automatisierung, in: Der Gewerkschafter, 5 (1956), Nr. 11, S. 10-12.

[12] Friedrich Pollock: Automation. Materialien zur Beurteilung ihrer ökonomischen und sozialen Folgen. Gewerkschaftsausgabe, Köln, Bund-Verlag, 1956. Die Ausgabe ist identisch mit der in der Europäischen Verlagsanstalt erschienenen Ausgabe für den Buchhandel. Zur gewerkschaftlichen Rezeption vgl. Hans Matthöfer: Die Gefahren der Automation [Besprechung von Frederick Pollock: Automation. Materialien zur Beurteilung ihrer ökonomischen und sozialen Folgen, Köln 1956], in: Der Gewerkschafter, 4 (1956), H. 8, S. 36-38. Zur Forschungspraxis am Institut für Sozialforschung vgl. Johannes Platz: Die Praxis der kritischen Theorie. Angewandte Sozialwissenschaft und Demokratie in der frühen Bundesrepublik 1950-1960. Trier 2012. http://ubt.opus.hbz-nrw.de/volltexte/2012/780/pdf/Die_Praxis_der_kritischen_Theorie.pdf (zuletzt besucht am 18.8.2016); zu Friedrich Pollock vgl. Philipp Lenhard: Staatskapitalismus und Automation. Einblicke in die Kritik der politischen Ökonomie im Spätwerk Herbert Marcuses und Friedrich Pollocks, in: Zeitschrift für kritische Theorie, 22 (2016), H. 42/43, S. 9-39.

[13] Frederick [!] Pollock: Die wirtschaftlichen und sozialen Folgen der Automatisierung, in: Revolution der Roboter. Untersuchungen über Probleme der Automatisierung. Eine Vortragsreihe der Arbeitsgemeinschaft Sozialdemokratischer Akademiker, München 1956, S. 65-105.

[14] Zum Beispiel: Gewerkschaftliche Beiträge zur Automatisierung, Köln 1956; Deutscher Gewerkschaftsbund (Hrsg.): Arbeitnehmer und Automation. Ergebnisse einer Arbeitstagung des Deutschen Gewerkschaftsbundes am 23. und 24. Januar 1958 in Essen; Automation – Gewinn oder Gefahr. Arbeitstagung des Deutschen Gewerkschaftsbundes am 23. und 24. Januar 1958 in Essen, Düsseldorf [1958].

[15] Erklärung über Automation des Internationalen Bundes Freier Gewerkschaften (IBFG), in: Gewerkschaftliche Beiträge, 1956, S. 80-87.

[16] Resolution zur Automation, in: ebd., S. 72-79.

[17] Trade Union Research and Information Service der European Productivity Agency. Trade Union Seminar on Automation. London 14th-17th May 1956, Final Report, Paris 1956.

[18] Vgl. Werner Abelshauser: Nach dem Wirtschaftswunder. Der Gewerkschafter, Politiker und Unternehmer Hans Matthöfer, Bonn 2009; zu Matthöfers Arbeit als Automationsexperte insbesondere S. 103-121.

[19] [Hans Matthöfer], Industriegewerkschaft Metall für die Bundesrepublik Deutschland Hauptverwaltung, Abteilung Wirtschaft: Die Automatisierung der Produktion, ihre Bedeutung für die Arbeiter und Angestellten in der Industrie und ihre wirtschaftlichen und sozialen Auswirkungen, o.O., o.J. [1956]. Dass die Materialsammlung von Matthöfer stammte, ergibt sich aus einer teilweise textgleichen und weitgehend gliederungsgleichen Abhandlung Matthöfers, vgl. ders.: Was ist Automation?, in: Gewerkschaftliche Beiträge 1956, S. 9-20. Der gleiche Text findet sich auch in: Der Gewerkschafter, 4 Jg., März 1956, S. 17-20.

[20] Revolution der Roboter. Untersuchungen über Probleme der Automatisierung. Eine Vortragsreihe der Arbeitsgemeinschaft Sozialdemokratischer Akademiker, München 1956, darin die erwähnten Beiträge von Alwin Walther: Moderne Rechenanlagen als Muster und als Kernstück einer vollautomatisierten Fabrik, S. 7-64, Frederick Pollock: Die wirtschaftlichen und sozialen Folgen der Automatisierung, S. 65-105, Alfred Weber: Die Bewältigung der Freizeit, S. 141-160; und Fritz Erler: Der Sozialismus in der Epoche der zweiten industriellen Revolution, S. 161-198. Bezeichnenderweise zeichnete Friedrich Pollock seinen Beitrag mit der amerikanisierten

Variante seines Vornamens.

[21] Strehl: Die Roboter sind unter uns, 1952 (s. Fußnote 2).

[22] Walther P. Reuther (1956): »Keine Angst vor Robotern«, in: Gewerkschaftliche Beiträge zur Automatisierung, Köln, S. 20-23.

[23] Zur Geschichte des WWI vgl. Josef Hülsdünker: Praxisorientierte Sozialforschung und gewerkschaftliche Autonomie. Industrie- und betriebssoziologische Studien des Wirtschaftswissenschaftlichen Instituts des Deutschen Gewerkschaftsbundes zur Verwissenschaftlichung der Gewerkschaftspolitik des DGB von 1946-1956, Münster 1983.

[24] Die Tagungsbeiträge sind in der bereits erwähnten Broschüre des DGB verbreitet worden. Vgl. Gewerkschaftliche Beiträge.

[25] H[einrich] Heitbaum: »Die Lohnermittlung bei fortschreitender Rationalisierung durch Automatisierung«, in: Gewerkschaftliche Beiträge, S. 43-55.

[26] L[orenz]. Wolkersorf: Die wirtschaftlichen Auswirkungen der fortschreitenden Mechanisierung und Automatisierung, in: Gewerkschaftliche Beiträge, S. 56-71.

[27] G[erhard] W. Hagner: Die technische Automatisierung – ihre Wirkungen auf den arbeitenden Menschen, in: Gewerkschaftliche Beiträge, S. 24-42.

[28] Erste Westdeutsche Automatisierungs-Schau, in: Der Arbeitgeber vom 20.4.1957, S. 262f.

[29] Manfred Pohl: Die Geschichte der Rationalisierung. Das RKW 1921-1996, www2.rkw-kompetenzzentrum.de/fileadmin/media/Kompetenzzentrum/Dokumente/Meta-Navigation/1996_RKW_Geschichte.pdf (zuletzt besucht am 18.8.2016).

[30] Rationalisierungskuratorium der Deutschen Wirtschaft (Hrsg.): Automatisierung. Stand und Auswirkungen in der Bundesrepublik Deutschland, München 1957.

[31] Zur Bedeutung der Evangelischen Akademien in der wirtschafts- und gesellschaftspolitischen Diskussion vgl. Morten Reitmayer: »Eliten«. Zur Durchsetzung eines Paradigmas in der öffentlichen Diskussion der Bundesrepublik, in: Jörg Calließ: Die frühen Jahre des Erfolgsmodells BRD oder: Die Dekonstruktion der Bilder von der formativen Phase unserer Gesellschaft durch die Nachgeborenen, Loccum 2002, S. 123-146; sowie ders.: Unternehmer zur Führung berufen – durch wen?, in: Volker R. Berghahn/Stefan Unger/Dieter Ziegler (Hrsg.): Die deutsche Wirtschaftselite im 20. Jahrhundert. Kontinuität und Mentalität, Essen 2003, S. 317-336.

[32] Der Wirtschaftspublizist und Mitarbeiter des Handelsblatts Herbert Groß referierte zum Thema »Wechselwirkungen zwischen Produktion und Konsum in der veränderten Wirtschaft«, Arnold Gehlen fasste die Thesen aus David Riesmans »Die einsame Masse« zusammen und Gerhard Drechsler bestimmte »Wesen und Entwicklung der Automatisierung« in den USA. Vgl. die hektografierte Veröffentlichung der Tagung im EAL-Archiv, Evangelische Akademie Loccum: Der Mensch in der Automation, Referate aus einem Gespräch zwischen Vertretern der Wirtschaft und der Industrie vom 21.-25. Februar 1957, o.O., o.J. Für diesen Hinweis danke ich Morten Reitmayer.

[33] Zuvor hatte sie mit Unterstützung der Deutschen Forschungsgemeinschaft und in Zusammenarbeit mit den beiden Industriesoziologen Heinz Kluth und Heinrich Popitz »eingehende Case-Studies in repräsentativen Zweigen der europäischen Industrie, der Versand- und Verwaltungsbetriebe durchgeführt«. Die Gesellschaft hatte damit eine Forschungslücke zu schließen versucht, da es zwar eine Reihe von Befunden über die US-amerikanischen Fälle der Automation gab, aber wenig zu europäischen Fällen. Vgl. die Beiträge von Theo Pirker, M. Rainer Lepsius, Burkart Lutz u.a. in: Harry W. Zimmermann (Hrsg.): Aspekte der Automation. Die Frankfurter Tagung der List-Gesellschaft, Gutachten und Protokolle, Basel/Tübingen 1960.

[34] Vgl. Automation – Fakten und Folgen, Tagungsprotokoll, Archiv Evangelische Akademie Loccum, Automation – Fakten und Folgen, Tagung vom 8.-12. März 1958. Die Archivalien hat mir dankenswerterweise Dr. Morten Reitmayer zugänglich gemacht. Vgl. auch den Bericht über die Tagung [Anonym]: »Automation – Fakten und Folgen, in: Der Arbeitgeber vom 20.3.1958, S. 171f.

[35] Vgl. Martin Dolezalek: Werdegang und

Wirkung Kurt Pentzlins, in: ders./B[urkhard] Huch (Hrsg.): Angewandte Rationalisierung in der Unternehmenspraxis. Ausgewählte Beiträge zum 75. Geburtstag von Kurt Pentzlin, Düsseldorf/Wien 1978, S. 12-20.

[36] Der Arbeitgeber vom 20.3.1958, S. 171.

[37] DGB: Arbeitnehmer und Automation. Ergebnisse einer Arbeitstagung des Deutschen Gewerkschaftsbundes in Essen, Düsseldorf 1958; Automation – Gewinn oder Gefahr? Arbeitstagung des Deutschen Gewerkschaftsbundes am 23. und 24. Januar 1958 in Essen, Düsseldorf [1958].

[38] Entschließung zur Automation 1958, in: Automation und technischer Fortschritt in Deutschland und den USA. Ausgewählte Beiträge zu einer internationalen Arbeitstagung der Industriegewerkschaft Metall für die Bundesrepublik Deutschland, Redaktion: Günter Friedrichs, Frankfurt a.M. 1963, S. 336-338, alle folgenden Zitate ebd.

[39] Harry W. Zimmermann (Hrsg.): Aspekte der Automation. Die Frankfurter Tagung der List-Gesellschaft, Gutachten und Protokolle (Reihe C: Gutachten und Konferenzen hrsg. von Erwin von Beckerath und Edgar Salin), Basel/Tübingen 1960.

[40] Heinz Kluth: Automation als Form und Stufe der Rationalisierung, in: Harry W. Zimmermann (Hrsg.), Aspekte der Automation, S. 258-264; Georges Friedmann: Quelques aspects et effets psychologiques et sociaux de l'automation, in: ebd., S. 293-308.

[41] Automation und technischer Fortschritt in Deutschland und den USA. Ausgewählte Beiträge zu einer internationalen Arbeitstagung der Industriegewerkschaft Metall für die Bundesrepublik Deutschland, Redaktion: Günter Friedrichs, Frankfurt a.M. 1963.

[42] Vgl. Ben B. Seligmann: Technischer Fortschritt und Beschäftigung in den USA, in: ebd., S. 57-79; Günter Friedrichs: Technischer Fortschritt und Beschäftigung in Deutschland, in: ebd., S. 80-132.

[43] Vgl. James R. Bright: Lohnfindung an modernen Arbeitsplätzen in den USA, in: ebd., S. 133-193; Hans K. Wenig: Lohnfindung an modernen Arbeitsplätzen in Deutschland, in: ebd., S. 194-215.

[44] Vgl. Solomon Barkin: Sicherung des sozialen Besitzstandes bei technischem Fortschritt in den USA, in: ebd., S. 216-238; Hans Pornschlegel: Sicherung des sozialen Besitzstandes bei technischem Fortschritt in Deutschland, in: ebd., S. 239-265.

[45] Vgl. Everett Kassalow: Technischer Fortschritt und Angestellte in den USA, in: ebd., S. 266-293; Siegfried Braun: Auswirkungen des technischen Fortschritts auf die Angestellten in der Bundesrepublik, in ebd., S. 293-307. Im Anhang des Tagungsbandes sind mit den Stellungnahmen und Entschließungen zur Automation der Internationalen Arbeitsorganisation von 1962, des DGB von 1958 und der IG Metall von 1962 wichtige politische Meilensteine dokumentiert. Darüber hinaus enthält der Band Ergebnisse einer wirtschaftswissenschaftlichen Studie über Automation in deutschen Betrieben und vor allem Auszüge aus Tarifvertragstexten und Betriebsvereinbarungen, die als mustergültig angesehen wurden. Vgl. zu den Tarifvertragstexten und den Betriebsvereinbarungen ebd., S. 322-382; Automation in deutschen Betrieben. Ergebnisse einer Untersuchung des IFO-Instituts, in: ebd., S. 383-389. Es handelte sich um die umfassende Studie des IFO-Instituts für Wirtschaftsforschung: Soziale Auswirkungen des technischen Fortschritts, Berlin/München 1962. In dieser Untersuchung wurden allgemeine Analysen mit 25 Fallstudien zu Betrieben aus 21 unterschiedlichen industriellen und handwerklichen Branchen und dem Handel verbunden.

[46] Automation. Risiko und Chance. Beiträge zur zweiten internationalen Arbeitstagung der Industriegewerkschaft Metall für die Bundesrepublik Deutschland über Rationalisierung und technischer Fortschritt 16. bis 19. März 1965 in Oberhausen, Redaktion Günter Friedrichs, 2 Bde., Frankfurt a.M. 1965.

[47] Vgl. Neubauer, Rationalisierung, S. 464f.

[48] Ordentlicher Gewerkschaftstag, Entschließung über Automation und technischen Fortschritt, in: ebd., S. 1113-1118. Vgl. auch Neubauer, Rationalisierung, S. 467.

[49] Vgl. Podiumsgespräch. Leitung Rolf Rodenstock. Sozialpolitische Auswirkungen des technischen Fortschritts in Deutschland, in: Automation als Aufgabe, Sondertagung der Unternehmer vom 2. bis 3. Februar

1965 in der Duisburger Mercatorhalle, veranstaltet von BDA, BDI, Landesvereinigung der industriellen Arbeitgeberverbände NRW, Deutsches Industrieinstitut Köln, Köln 1965, S. 71-98.

[50] Vgl. Neubauer, Rationalisierung, S. 468. Zur Konzertierten Aktion vgl. Andrea Rehling: Konfliktstrategie und Konsenssuche in der Krise. Von der Zentralarbeitsgemeinschaft zur konzertierten Aktion, Baden-Baden 2011.

[51] Vgl. ebd., S. 475.

[52] Vgl. G[ünter] Friedrichs/H. Heisler/B. Röper: Vor- und Nachteile von Rationalisierungsschutzabkommen aus der Sicht der Sozialpartner. Vorträge und Auszüge aus der Sitzung der Arbeitsgruppe Rationalisierung und Gesetzgebung am 6. Mai 1968, Dortmund 1968; Neubauer, Rationalisierung, S. 462-478.

[53] Grundsatzprogramm des Deutschen Gewerkschaftsbundes, beschlossen auf dem Außerordentlichen Bundeskongreß des Deutschen Gewerkschaftsbundes am 21. und 22. November 1963 in Düsseldorf, Düsseldorf 1963.

[54] Richard Burckhardt: grafische technik – heute und morgen (Fachtechnische Schriftenreihe der Industriegewerkschaft Druck und Papier; Heft F 4), Stuttgart 1959.

[55] Richard Burckhardt: Die technische Entwicklung im grafischen Gewerbe und ihre Auswirkung auf die Berufsausbildung und Beschäftigung. Vortrag, gehalten auf dem vierten Kongreß der Internationalen Grafischen Föderation am 19. September 1958 in München im Haus des Sports (Schriftenreihe der IG Druck und Papier; Heft 10), o.O. [1958].

[56] Richard Burckhardt: automation. Die Entwicklung der grafischen Technik im Zeitalter der Automation. Vortrag vor dem Kongreß der Internationalen Grafischen Föderation am 16. Oktober 1964 (Schriftenreihe der IG Druck und Papier; Heft 14), o.O., o.J. Stärker ins technische Detail geht die Broschüre von Richard Burckhardt, die sich mit der Rationalisierung im Bereich der Druck- und Papierindustrie befasst. Vgl. ders.: Rationalisierung im Bereich Druck und Papier (Schriftenreihe der IG Druck und Papier; Heft 20), o.O., o.J.

[57] Protokoll. 7. Ordentlicher Gewerkschaftstag der IG Druck und Papier 1965, Stuttgart 1965, S. 374.

[58] Erwin Ferlemann: Elektronik. Grundlage der Automation in der grafischen Industrie (Schriftenreihe der IG Druck und Papier; Heft 22), o.O., o.J.

[59] Vgl. zum Rationalisierungsarbeitskampf von 1978 die Darstellung aus der Sicht der IG Druck und Papier bei Leonhard Mahlein: Rationalisierung – sichere Arbeitsplätze – menschenwürdige Arbeitsbedingungen. Zum Arbeitskampf in der Druckindustrie 1978 (Schriftenreihe der Industriegewerkschaft Druck und Papier, Hauptvorstand; Heft 29), Stuttgart. Zur Bedeutung des vorausgegangenen Arbeitskampfes in der Druckindustrie im Jahre 1976 vgl. die Broschüre: Industriegewerkschaft Druck und Papier, Hauptvorstand (Hrsg.): Analyse des Arbeitskampfes 1976 in der Druckindustrie (Schriftenreihe der Industriewgewerkschaft Druck und Papier; Heft 27), o.O., o.J.

[60] Vgl. ebd. und die Beiträge von Ralf Roth und Karsten Uhl in diesem Band.

[61] Vgl. Julia Angster: Konsenskapitalismus und Sozialdemokratie. Die Westernisierung von SPD und DGB, München 2003.

[62] Vgl. dazu Morten Reitmayer: Elite. Sozialgeschichte einer politisch-gesellschaftlichen Idee in der frühen Bundesrepublik München 2008.

[63] Angster, Konsenskapitalismus und Sozialdemokratie, 2003.

[64] Offen bleiben bei dem methodischen Zugriff auf Diskurskoalitionen die Fragen nach den inneren Abläufen etwa in der von Günter Friedrichs geleiteten Abteilung Automation beim Vorstand der IG Metall und der IG Metall-internen Kommunikation der Expertenauffassungen zwischen dieser Abteilung und dem Vorstand. Diese Fragen werden auch hinsichtlich der Interaktion im Hauptvorstand der IG Druck und Papier offengehalten. Offen bleibt schließlich noch die Frage des Diskurses im Unternehmerlager und der konkreten Aushandlungen um 1968, und die Rolle der Politik bei der Einrichtung des Arbeitskreises Automation beim Bundeswirtschaftsministerium wäre noch zu klären.

Ralf Roth
Gewerkschaften in der Druckindustrie und der globale technologische Wandel in den 1970er und 1980er Jahren
Das Beispiel Deutschland, Großbritannien und USA

Einleitung

Ende der 1970er, Anfang der 1980er Jahre wurde nicht nur im Bereich der allgemeinen Industrieproduktion über Automation nachgedacht, sondern diesmal waren es ganz besonders die Bereiche, die im Allgemeinen den Medien, der Verwaltung und der Dienstleistung zugerechnet werden, die auf breiter Front von Automationswellen erfasst wurden.[1] Das stand 1982 den Autoren eines Berichts an den Club of Rome ganz klar vor Augen, als sie den Umbruch in den Medien erwähnten und hier insbesondere auf den Bereich des Drucks und der Printmedien verwiesen. Noch recht vage formulierte ein Autor aus dem Band: »Die elektronische Information ist ein Sektor, in dem das unternehmerische Vorgehen in Bezug auf kulturelle Informationsdienste (Bücher, Zeitungen, Radio, Fernsehen usw.) neu durchdacht werden muss, damit neue Formen der Rationalisierung zum Tragen kommen können. Die neuen Möglichkeiten der Technologie könnten in der Tat zu einer totalen Standardisierung von Information und ›Kulturgütern‹ führen.«[2] Der Umbruch wurde in dieser Zeit jedoch gar nicht mehr neu durchdacht. Er hatte sich in vielen Berufsfeldern bereits vollzogen oder war gerade dabei.

Insgesamt ging der Zug in Richtung einer allgemeinen Umgestaltung der Büroarbeit. Die Computerisierung mittels PCs erfasste die gesamte Textbe- und -verarbeitung sowie die Verwaltungstätigkeit quer durch alle Wirtschaftssektoren. Das führte damals zu einer großen Rationalisierungswelle.[3] Bevor sich diese Umbrüche auf breiter Front entfalteten, waren sie aus verschiedenen Gründen im Druckbereich schon seit Längerem im Gange. Die IG Druck gehörte deshalb zu den ersten Gewerkschaften, die gefordert waren, als die Mikroelektronik, kurz der PC bzw. von Kleincomputern gesteuerte Maschinen, Einzug in die deutsche Wirtschaft hielten. Ihrer Strategiebildung kommt deshalb eine besondere Bedeutung zu.

Das Vordringen der Computer in die Druckvorstufe und die Reaktion der IG Druck und Papier

Die IG Druck benannte bereits Ende der 1970er Jahre das grundlegende Problem: »Computer verdrängen Menschen; es sei eine schmerzhafte Erkenntnis, dass Drucker in einigen Jahren überflüssig sind.«[4] Die neuen Arbeitsplätze seien zwar sicherer und gesünder, weil keine Bleiverarbeitung mit ihren Folgen mehr stattfinde, aber ihre Zahl sei stark dezimiert.[5] Nicht weniger als zwei Drittel der Arbeitsplätze gingen verloren. Die Computerisierung sei der wesentliche Grund, warum in den letzten sechs Jahren die Zahl der Arbeitsplätze in der Druckindustrie von 234.000 auf annähernd 200.000 zurückgegangen sei.[6] Das löste Alarm bei den Gewerkschaften im Druckbereich aus.

Aus den Bedrohungsszenarien wurden schon zur Mitte der 1970er Jahre unmittelbar Konsequenzen gezogen, eine Linie von Widerstandspositionen bezogen und eine Reihe von Forderungen gestellt, die in ihren Grundzügen die Kämpfe der gesamten Gewerkschaftsbewegung in Deutschland bis in die 1990er Jahre hinein bestimmen sollten. Die Grundstruktur dazu wurde von der IG Druck bereits 1975 entwickelt und findet sich in den Vorarbeiten zur Broschüre von Leonhard Mahlein mit dem Titel »Rationalisierung – sichere Arbeitsplätze – Menschenwürdige Arbeitsplätze«. Dort argumentierte er, dass die Rationalisierungswelle eine große und prinzipielle Herausforderung für die Gewerkschaften darstelle. Deshalb fordere die IG Druck Schutz vor Einkommensverlusten, Schutz vor Abqualifizierung, Schutz der Gesundheit und Schutz vor fachfremden Arbeiten. Insgesamt, meinte er, würden in Zukunft Arbeitsplätze mit Bildschirmen besondere Bedeutung haben. Das betreffe sowohl Sachbearbeiter als auch Schreibkräfte. An den Bildschirmen werde eine höhere Arbeitsleistung verlangt und außerdem die Arbeitsanspannung gesteigert. Ein Effekt, den ein IBM-Direktor zynisch so formulierte: »Der Bildschirm übt einen Sog auf die Mitarbeiter aus, Arbeitsvorgänge zügig durchzuführen und zu beenden.«[7] Dazu kommen die Möglichkeiten der totalen Überwachung. Deshalb müsse als Antwort auf die umfassende Rationalisierung über Arbeitszeitverkürzungen nachgedacht werden. Im Einzelnen heißt es in der Broschüre: »Der Arbeitskampf um die Folgen der Einführung neuer Technik in der Druckindustrie stand von vornherein mitten in diesem Kraftfeld. (...) Hieraus erklärt sich auch die Langwierigkeit der Verhandlungen. Fast drei Jahre ist es immerhin her, daß wir unsere Tarifforderungen vorlegten.«[8] Damit waren die Ziele formuliert: Erhalt der Arbeitsplätze, Betonung der Gesundheit der Beschäftigten und eine Arbeitszeitverkürzung als Anteil an den zu erwartenden Rationalisierungsgewinnen.

Es kamen noch weitere Problemfelder hinzu, die tief in die Organisationsstruktur und -kultur der Gewerkschaften im Druckbereich hineinwirkten. Ihr Signum war der Bildschirm, der nicht nur in die Säle der Fotosatzherstellung einzog, sondern auch in die Redaktionen (siehe Abbildung 6). Befürchtet wurde umgekehrt auch, dass Ungelernte zu Redakteuren würden, wenn sie Texte für das Kon-

Abbildung 6: Kollege Computer kommt

```
Kollege Computer kommt
Chancen und Gefahren der Elektronik in der Zeitungsherstellung

Der Computer ist auf dem Vormarsch. Derzeit okkupiert er die Presse.
Und wo der Computer rechnet, fallen Arbeitsplätze. Nachdem er sich
voll in den Zeitungshäusern breitgemacht hat, wird es die Satzher-
stellung üblicher Art nicht mehr geben. Keinen Satz und Umbruch in
Blei, keinen Druck von Bleiplatten. Keine Maschinensetzer und Metteure
keine Hilfskräfte, die Satzschiffe tragen und abziehen bzw. Bleiplatte
für die Rotationszylinder gießen. Das alles macht künftig der elektro-
nische Satzrechner. Doch da der Kollege Computer ein unbeweglicher
Kollege ist, bleiben die technischen Arbeiten der Satzherstellung
nach wie vor zu erledigen: allerdings nicht mehr in der Mettage und
der Setzerei sondern in der Redaktion am Bildschirm. Der Computer
setzt nicht kursiv, wenn der Redakteur dies an den Rand schreibt,
er braucht dazu das Kommando X 43 D 2, der Computer macht keinen
Einzug, wenn der Redakteur dies angibt, er braucht dazu das Kommando
4 C 38, der Computer   sperrt   nicht, wenn ein Wort unterstrichen
ist, er braucht dazu das Kommando 25 D 67 usw. Der Computer ersetzt
nicht den Setzer oder Metteur, er schafft nur die Möglichkeiten, daß
andere diese Arbeit ebenfalls verrichten können.

Wird der Computer allein nach wirtschaftlichen Gesichtspunkten einge-
setzt, sind diese anderen die Redakteure. Sie können theoretisch künft
ihre Texte in den Computer einschreiben, redigieren, setzen, grafisch
gestalten und umbrechen, allerdings jeweils nur nach entsprechenden
Satzkommandos. Sie können die Zeitung bis zum Druck selbst herstellen,
allerdings mit erheblich höherem Zeitaufwand: allein das Redigieren
am Bildschirm dauert etwa dreimal so lange wie mit der Hand. Sie müsst
alle Kommandos im Kopf haben bzw. jeweils nachschlagen, wie das Zeiche
für kursiv, für halbfett, für mager, für Kasten oder für 24 Punkt ist.
Solche Redakteure wären dann künftig die Setzer, die allerdings kaum
noch Zeit für ihre eigentliche journalistische Aufgabe, dem Recherchie
Informieren, Schreiben, Formulieren hätten. Zwar lassen sich manche
dieser Tätigkeiten standardisieren oder - wie es in der Computer-Sprac
heißt - programmieren, mit der Folge allerdings, daß die grafische
Gestaltungsmöglichkeit in der Zeitung eingeschränkt würde. Weil aber
nach unserer Ansicht eine Zeitung nicht nur ein wirtschaftliches und
technisches Produkt ist, sondern in erster Linie von seinem Inhalt,
```

Quelle: AdSD: IG Medien – Hauptvorstand, Neue Techniken im Medienbereich, Signatur: 5/MEDA127215

Gewerkschaften in der Druckindustrie und technologischer Wandel (1970/80er Jahre)   47

kurrenzmedium Bildschirmtext erstellten.⁹ Das erzwang die Zusammenarbeit der IG Druck mit der Deutschen Journalisten Union,¹⁰ weil sich die »Abgrenzungen zwischen den Berufen verflüssigten, und zwar den hochqualifizierten Spezialisten wie den Journalisten mit eigenen Verbänden, und den gelernten Facharbeitern wie den Druckern und Setzern, die das Gros der IG Druck stellten, sowie den Ungelernten, hier die Schreibkräfte im Angestelltenbereich und in den Büros. Es war insbesondere die elektronische Texterfassung (OCR) und Verarbeitung auf sogenannten Datensichtgeräten, also Bildschirmarbeitsplätzen, die zur Verwischung der Grenzen von angelernten Schreibkräften, Setzern und Journalisten beitrug«.¹¹

In diesem Kontext wurde seit 1975 an der Vorbereitung eines Tarifvertrags gearbeitet, der erstmals die Regelung der neuen Arbeitsplätze am Bildschirm in den Mittelpunkt rückte. Die Arbeit daran wurde durch den Streik von 1976 unterbrochen, der durch seine Länge und Heftigkeit auffiel und außerdem erstmals durch umfangreiche Aussperrungen gekennzeichnet war, die der damalige Arbeitgeberpräsident Hanns Martin Schleyer verantwortete, der wenige Monate später von der RAF entführt und ermordet wurde. Bei dem Streik selbst bildeten die technologischen Umstellungen und darauf zugeschnittene tarifliche Forderungen noch ein eher untergeordnetes Thema.¹²

1977 trat der Hauptvorstand der IG Druck mit einer Pressemitteilung hervor, in der er auf langjährige ergebnislose Verhandlungen zur Frage der Einführung neuer Technologien hinwies und ankündigte, seine Forderungen in den Mittelpunkt der nächsten Tarifrunde zu stellen (siehe Abbildung 7).¹³ Gleichzeitig legte er zusammen mit der Deutschen Journalisten Union (DJU), der Gewerkschaft Handel, Banken und Versicherungen (HBV) und der Deutschen Angestellten Gewerkschaft (DAG) den Entwurf eines Tarifvertrags vor, der es in sich hatte. Darin standen die Forderung nach einer Arbeitsplatzgarantie, die Zusicherung der Besetzung von Bildschirmarbeitsplätzen mit Setzern und ihre Qualifizierung.¹⁴ Man legte großen Wert auf Möglichkeiten zur Umschulung und Ausbildung zu vollwertigen »Elektronikern«.¹⁵ Dazu kamen das Zugeständnis der Mitbestimmung bei der Einrichtung der neuen Arbeitsplätze unter ergonomischen Gesichtspunkten, das Verbot der Leistungskontrolle und Leistungsbeurteilung bei und durch die Datenerfassung sowie die Aufrechterhaltung der Trennung der Berufe.¹⁶ Der Entwurf von 1977 gehörte unmittelbar zur Vorgeschichte des Streiks von 1978, der ebenfalls wegen seiner Grundsätzlichkeit und Härte aus dem Rahmen der damals üblichen Verhandlungsrituale herausfiel.

Er war durch Belegschaftsumfragen gut vorbereitet, in denen allgemein die betriebliche Situation erfasst wurde. Natürlich wurde dabei auch nach dem Stand der Einführung elektronischer Geräte und Systeme gefragt, dem Typ der Fotosatzgeräte und Bildschirmgeräte für Texterfassung und Gestaltung sowie dem Stand der Belegschaft in den Jahren 1973 und 1977. Wichtig waren auch die Einschätzung und Auswirkungen der bestehenden Betriebsvereinbarungen, der Stand der Personalplanung und geplante Investitionen.¹⁷ Weiterhin gab es Grundsatzpapiere vom damaligen Vorsitzenden der IG Druck, Detlef Hensche (s.a. Abbildung 8), und

Abbildung 7: Chronologie der Verhandlungen 1975 bis 1977

Presseinformation
Industriegewerkschaft Druck und Papier Hauptvorstand

7 Stuttgart 1 Friedrichstraße 15 Postfach 1282
Telefon 0711 - 2211 68 Telex 07-23 146 Telegrammanschrift: hadru Stuttgart

23. September 1977

CHRONOLOGIE
der Verhandlungen um einen Tarifvertrag
über die Einführung der neuen Techniken in Druckereien und Verlagen

17. 9.1975	Die IG Druck und Papier hat den Bundesverband Druck schriftlich aufgefordert, Verhandlungen über eine Tarifvereinbarung zur Bedienung von OCR-Geräten und Bildschirmterminals zuzustimmen. Gleichzeitig wurde dem Bundesverband Druck der Entwurf für eine solche Vereinbarung zugeleitet. Die wichtigsten Forderungen aus diesem Entwurf:
	– Die Bedienung von OCR-Geräten, die zum Zwecke der Datenerfassung für die Satzherstellung, Erstellen von Lochstreifen oder Magnetbändern on-line-Steuerung von Satzrechnern oder Fotosetzmaschinen eingesetzt sind, hat durch Fachkräfte der Druckindustrie zu erfolgen.
	– Die Bedienung von tastaturgesteuerten Bildschirmgeräten hat durch Fachkräfte der Druckindustrie zu erfolgen.
	– Die ununterbrochene Tätigkeit eines Beschäftigten an Bildschirmgeräten während der gesamten täglichen Arbeitszeit ist unzulässig. Die Tätigkeit am Bildschirmgerät muss in Abständen mit anderen Tätigkeiten wechseln und darf insgesamt 4 Stunden täglich nicht überschreiten.
	– Maschinensetzerlohn für diese Tätigkeiten.
Dezember 1975/ Januar 1976	Diese Forderungen wurden von den Landesbezirken der IG Druck und Papier einheitlich an die regionalen Tarifträgerverbände der Zeitungs- und Zeitschriftenverlage übersandt, ebenfalls mit der Aufforderung, Verhandlungen über eine Tarifvereinbarung zur Bedienung von OCR-Geräten und Bildschirmterminals zuzustimmen.
26. 1.1976	Der Bundesverband Druck teilte der IG Druck und Papier mit, dass er derzeit keine Möglichkeit zur Aufnahme von Verhandlungen über eine solche Tarifvereinbarung sehe.

Quelle: AdSD: IG Medien – Hauptvorstand, Arbeitsgruppe zur Koordinierung der Tarifpolitik, Signatur: 5/MEDA114026

Abbildung 8: Grundsatzpapier von Detlef Hensche

Quelle: Blätter für deutsche und internationale Politik 4/1978

es gelang, eine breite Diskussion in der Öffentlichkeit zu entfalten.[18] Der Streik wurde insgesamt als Erfolg gewertet, auch wenn letztendlich nicht alle Ziele erreicht werden konnten. In der Pressemitteilung hieß es vonseiten des Hauptvorstands: »Ein harter Arbeitskampf liegt hinter uns. Es ging darum, die Beschäftigten in den Druckereien und Verlagen vor den unsozialen Auswirkungen der neuen Technik und einer rigorosen Rationalisierung zu schützen: Einkommen zu sichern, berufliche Qualifikation zu erhalten und Gefahren für die Gesundheit abzuwehren. Die Unternehmer setzten ihre ganze Macht ein. Mit der Aussperrung versuchten sie uns in die Knie zu zwingen. (...) Dass wir unseren Streik mit so grossem Erfolg durchgehalten haben, verdanken wir nicht zuletzt dieser breiten Welle der gewerkschaftlichen Solidarität.«[19]

Der Tarifvertrag selbst (siehe Abbildung 9) enthielt tatsächlich viele der vorgeschlagenen Regelungen: Dazu gehörte die Regelung, die Arbeitsplätze der rechnergesteuerten Textsysteme den »geeigneten Fachkräften« vorzubehalten und

Abbildung 9: Tarifvertrag der IG Druck und Papier vom Februar 1979

Tarifvertrag
über
Einführung und Anwendung
rechnergesteuerter
Textsysteme

Handlungsanleitungen und Erläuterungen für die Praxis
Februar 1979

Gutachten: Was ist ein rechnergesteuertes Textsystem?

Industriegewerkschaft Druck und Papier Hauptvorstand

Deutsche Journalisten-Union

Quelle: AdSD: IG Medien – Hauptvorstand, Einführung von rechnergesteuerten Textsystemen (RTS) (Teil B), Signatur: 5/MEDA114453

ihnen auf jeden Fall eine Weiterbeschäftigung anzubieten. Dazu sollte eine betriebliche Umschulung an den rechnergesteuerten Textsystemen beitragen. Der Vertrag sorgte auch für regelmäßige Unterbrechungen der Arbeit an den Bildschirmgeräten, und zwar entweder für fünf Minuten »jede Stunde« oder mit »einer fünfzehnminütigen Unterbrechung« alle zwei Stunden. Wie im Entwurf vorgesehen, wurde großer Wert auf die Gestaltung der Arbeitsplätze gelegt. Im Zentrum stand das neue Leuchtmedium, seine Strahlenschutzsicherheit und ergonomische Anpassung an die Bedürfnisse des Bearbeiters. Der Tarifvertrag verhinderte die Vermischung journalistischer mit gestalterischer Tätigkeit.[20] Was nicht erreicht wurde, war die Beschränkung der Leistungskontrolle und eine Verkürzung der Arbeitszeit. Dennoch war der Streik alles in allem erfolgreich.

Die Bildschirmarbeit: Nicht nur ein Problem der Setzer

Schon wenige Monate später entbrannte jedoch erneut eine noch grundsätzlichere Diskussion. Die Entwicklung betraf immer mehr nicht nur die Berufsgruppen der Setzer und Journalisten, sondern die Anzahl der Bildschirmarbeitsplätze nahm in allen Bereichen der Verwaltung und Produktion rasant zu. In allen Bereichen zusammengenommen standen damals, also Ende der 1970er Jahre, in der Bundesrepublik 124.000 Terminals, davon 93.000 mit Bildschirmen. Ende der 1960er Jahre hatte es erst 250 Terminals gegeben, davon waren 20 Bildschirmgeräte.[21] Das Problem der neuen Technologien und der Bildschirmarbeit stellte sich als viel grundlegender heraus und erwies sich als weiter verbreitet als nur im engen Anwendungsbereich von Satzherstellung und Zeitungsredaktion.

Der Hauptvorstand suchte Rat bei Informatikern und – wegen der ergonomischen Probleme der Bildschirmarbeitsplätze – auch bei Medizinern. Weiterhin verallgemeinerte er die Forderung nach Erhalt der Arbeitsplätze, der Mitbestimmung bei der Arbeitsplatzgestaltung und intensivierte die Suche nach Möglichkeiten der Arbeitszeitverkürzung, die nicht nur Unterbrechungspausen, sondern alle Formen einbeziehen sollten. Er strebte sogar nach Forschungsmöglichkeiten über und Beratung zu Verwaltungssystemen, der Textkommunikation und den Konsequenzen und Problemen, die sich aus der Ablösung von »Papier« durch »Elektronik« ergaben.[22] Dabei vertieften sich immer mehr die Erkenntnisse über die ergonomischen Probleme der ersten Generation von Bildschirmarbeitsgeräten wie die Zwangshaltung, die Akkomodation und die Adaption von leuchtenden Medien sowie die Einstellung der Leuchtdichte der Zeichen und des Bildschirmhintergrunds.[23]

Spätestens 1982 lag diese Ergebnisse einbeziehend ein entfaltetes Programm vor, das in zahlreichen Publikationen, Aufrufen und öffentlichen Veranstaltungen breit in der Öffentlichkeit diskutiert wurde. Detlef Hensche, der die weitere Ausformung der Grundsatzposition übernahm, setzte zu einem Rundumschlag an unter dem Motto »Arbeitswelt menschlicher machen«.[24] Hauptangriffsfelder seien längst nicht mehr nur der Druckbereich, sondern Büros und Verwaltungen aller Wirtschaftszweige, wie es zeitgleich Friedrichs und Schaff in »Auf Gedeih und Verderb« ausführten. Immer mehr richtete sich dabei das Augenmerk auf ein weiteres Problem, das bis heute die Netzdiskussion bestimmt. Die erweiterten Kapazitäten ermöglichen den beliebigen und jederzeitigen Zugriff auf anfallende Daten. Durch Zusammenschalten und Datenkombination eröffnen Betriebsdatenerfassung und Personalinformationssysteme bisher unbekannte Möglichkeiten der Überwachung. Die entwickelten Methoden der Datenübertragung erlaubten eine doppelte Rationalisierung. Es würden neue Formen der Heimarbeit entstehen mit weitreichenden sozialen Folgen. In weiten Bereichen der Arbeitswelt drohe der Verlust beruflicher Qualifikation, soziale Isolierung und Überwachung. Dagegen setzte Hensche folgende Forderungen: Erstens, Arbeitszeitverkürzung und Mitbestimmung über Arbeitsorganisation, zweitens, verstärkter

Kündigungsschutz, Abgruppierungsschutz und Besetzungsregeln sowie schließlich drittens, Verbot der Anwendung von Personalinformationssystemen.[25]

Diese Position fand seit 1982 Eingang in Tarifforderungen.[26] Zu diesem Zeitpunkt war das Thema auch längst nicht mehr nur Sache der IG Druck, sondern aller DGB-Gewerkschaften. Immer mehr rückte dabei die Forderung der Arbeitszeitverkürzung in den Mittelpunkt, und so begann der Kampf der deutschen Gewerkschaften um die 35-Stunden-Woche mit dem doppelten Kampf der IG Druck und der IG Metall im Jahr 1984.[27] Die Problematik der Neuen Technologien blieb trotzdem ein Dauerthema in der Druckindustrie und über die Druckindustrie hinaus bei allen Gewerkschaften.[28] Der bis heute anhaltende Strukturwandel hatte natürlich auch Rückwirkungen auf die Organisationsstruktur der IG Druck. Da immer mehr berufsübergreifende Phänomene und Probleme auftauchten und die Notwendigkeit bestand, mit benachbarten Berufsfeldern und Organisationen zu kooperieren, aber auch wegen des anhaltenden Mitgliederschwunds und der damit verbundenen finanziellen Probleme verschmolzen beide Sparten erst zur IG Medien und vollzogen dann den Übergang zu ver.di.

Internationale Erfahrungen mit der Digitalisierung der Arbeitswelt in der Druckindustrie

Die vorgestellten Probleme bestanden nicht nur in Deutschland, sondern betrafen wie am Beginn ausgeführt von den USA ausgehend über die europäischen Länder hinaus eigentlich alle entwickelten Industriegesellschaften des Westens. Spielte dieser internationale Kontext für die Strategiebildung der IG Druck eine Rolle und wurde die Entwicklung in anderen Ländern mit einbezogen und deren Erfahrungen bei der Strategiebildung berücksichtigt? Diese Frage muss ausdrücklich bejaht werden. Der internationale Erfahrungsaustausch und die Rezeption erfolgreicher Konzepte aus dem Ausland spielte bei der IG Druck eine bedeutende Rolle. Im Vorstand gab es eine feste Zuständigkeit für Internationale Kontakte und in den Geschäftsberichten wurde regelmäßig Rechenschaft darüber abgelegt, was an Aktivitäten diesbezüglich entfaltet worden war. Akribisch wurden die Besuche internationaler Konferenzen und Weltkongresse, die Solidaritätserklärungen mit Arbeitskämpfen im Ausland sowie der Empfang ausländischer Gäste und zahlreiche Delegationsbesuche in das Ausland aufgelistet.[29]

Der internationale Austausch erfolgte jedoch vor allem über die International Graphical Federation (IGF) und European Graphical Federation (EGF) sowie über die International Federation of Commercial, Clerical, Professional and Technical Employees (FIET).[30] Die IGF entstand 1949 aus dem Zusammenschluss mehrerer Vorläuferorganisationen der Buchbinder, Typografen und Lithografen, deren Wurzeln zum Teil bis ins Jahr 1892 zurückreichten.[31] Sie hatte ihren Sitz in Bern und gab ein eigenes Journal heraus, das zweimal im Jahr erscheinende IGF Journal und die IGF Statistics.[32] Anfang der 1980er Jahre vereinigte die IGF

Gewerkschaften in der Druckindustrie und technologischer Wandel (1970/80er Jahre)

720.000 Grafiker, Buchbinder und Lithografen aus 39 Gewerkschaften in aller Welt.[33] Auch die FIET ging aus mehreren Organisationen hervor. Als ihr Gründungsjahr gilt das Jahr 1904. Damals wurde das International Information Office gegründet. Ein weiterer Vorläufer war die International Union of Hairdressers, die 1907 ins Leben trat. 1910 wurde daraus das International Secretariat gebildet, woraus 1920 die International Federation of Commercial, Clerical and Technical Employees hervorging, die dann noch einmal 1973 in International Federation of Commercial, Clerical, Professional and Technical Employees umbenannt wurde. Ursprünglich war FIET ein Verbund von Handelsangestellten aus einigen europäischen Ländern, zuletzt dann die weltumspannende Organisation der Angestellten. Nach zahlreichen Umbildungen und Vereinigungen erhielt sie 1973 ihren heutigen Namen.[34] Das Hauptsekretariat von FIET war lange Zeit in Genf.[35] Mitte der 1980er Jahre vertrat die FIET 7,5 Millionen Mitglieder aus 209 Gewerkschaften in 86 Ländern.[36] Über die IGF und die FIET war die IG Druck mit Gewerkschaften in aller Welt vernetzt, allerdings mit einem deutlichen Schwerpunkt in Europa. Dieses Netz nutzte sie für Informationsgewinnung und Aktion und erlangte auf diese Weise einen Überblick über Ausbreitung und Folgen der Neuen Technologien in anderen Ländern.

So diskutierte eine Arbeitsgruppe der Internationalen Journalisten Föderation und der IGF im Mai 1982 über Kommunikationstechnologie und ihre Bedeutung für die schwindende Abgrenzung zwischen den Angestellten, den grafischen Arbeitern und den Journalisten.[37] Für November 1983 enthielt das Protokoll der IGF/FIET-Arbeitsgruppe »Neue Technologien« in Bern die Beschäftigung mit den negativen Auswirkungen der Telekommunikation. Dabei spielten Hinweise auf Vorgänge in Österreich und den Niederlanden eine besondere Rolle.[38] Die IG Druck erfuhr auch frühzeitig von den Kooperationsabkommen zwischen dem Grafiska Fackförbundet und dem Svenska Journalistförbundet über neue Technik und Presse von 1974[39] oder über die gute Zusammenarbeit der Grafiker und Journalistengewerkschaft in Großbritannien, die zu einer besseren Kontrolle der Neuen Technologien führte, sowie den Vereinbarungen der britischen National Graphical Association, Bildschirmarbeitsplätze nur den eigenen Mitgliedern vorzubehalten – und zwar entsprechend dem Closed-Shop-System in den angelsächsischen Ländern.[40] Das geschah einigermaßen systematisch mit statistischen Überblicken und Dokumentationen zu den Vereinbarungen.[41]

So war die IG Druck über die Entwicklung in den anderen Ländern im Bilde. Über die Information hinaus wurde die IGF und die FIET als Plattform für Aktionen genutzt. So wurde 1978 am Beginn der Präsidentschaft von Leonhard Mahlein die Idee geboren, die Möglichkeiten der ILO zu nutzen und am 13./15. November 1978 erstmals eine gemeinsame Konferenz zur Beratung von Journalisten und grafischen Arbeitern zwischen der IGF/IJF in Berlin durchzuführen. Als Thema hatten die Organisatoren »Neue Technik und Pressekonzentration« gewählt. Anwesend waren 115 Delegierte, die 35 nationale Organisationen aus 16 westeuropäischen Ländern vertraten.[42]

Ab 1981 erarbeiteten Mahlein und der Sekretär der IGF Alfred Kaufmann ein Aktionsprogramm für die IGF (siehe Abbildung 10), das im internationalen Kontext über die Folgen der »Neuen Technik« informieren und die Sensibilität für Abwehrmaßnahmen erhöhen sollte. Zur Begründung schrieb er: »Die neue Technik in Verbindung mit der EDV bietet mit der Informationstechnologie den Unternehmen aber auch ein bislang nicht gekanntes technisches Hilfsmittel für die Möglichkeit massenhafter sozialer (bzw. unsozialer) Führung, die eben nicht nur der Information über wirtschaftliche Vorgänge dient, sondern der Beherrschung von wirtschaftlichen Vorgängen mit der Folge, daß Arbeitnehmervertreter und Gewerkschaften bei der Wahrnehmung ihrer gesetzlichen Mitwirkungsrechte eingeschränkt werden. Der Informationsvorsprung der Betriebsleitungen und Unternehmer wird dadurch immer größer und die Bürokratie erhält ein Übergewicht über jene Faktoren, die ansonsten der Demokratisierung der Wirtschaft dienen könnten.«[43] Als eine der größten Veranstaltungen wurde in diesem Zusammenhang noch im selben Jahr die »2. Dreiparteige Konferenz für die Druckindustrie« über die künftige technologische Entwicklung und ihre Folgen bei der Internationalen Arbeitsorganisation (IAO) vom 22. September bis 1. Oktober 1981 in Genf durchgeführt. Zur Vorbereitung wurde explizit beschlossen, die IGF als Plattform für die Auseinandersetzung mit den neuen Problemen zu nutzen.[44]

Beteiligt waren insgesamt 24 Länder, davon acht aus Europa, fünf aus Afrika, fünf aus Asien und fünf aus Amerika, und zwar je zwei Vertreter der Regierung, der Industrie und der Gewerkschaften. Ziel war es, die Anpassung der Druckindustrie an die technologische Entwicklung zu erleichtern, Orientierung zu geben und praktische Maßnahmen zu vereinbaren. Die Ergebnisse der Konferenz mündeten am 24. November 1981 in einer Entschließung über den Schutz der Gesundheit der Arbeitnehmer vor den Folgen des Einsatzes von Bildschirmen im grafischen Gewerbe. Außerdem wurde auf den Ausbildungs- und Umschulungsbedarf hingewiesen und darauf, dass die Neuen Technologien grundlegende Veränderungen im Gewerbe nach sich ziehen und erhebliche Auswirkungen auf die Qualifikationen haben würden. Man ging davon aus, dass sie den traditionellen Charakter des grafischen Gewerbes nachhaltig verändern würden.[45] Alles in allem entsprach dies der Position der IG Druck, wie sie von Mahlein und Hensche entwickelt worden war.

Es wurden außerdem zahlreiche Resolutionen verabschiedet, wie z.B. die Resolution Nr. 15: »Da technologische Veränderung ein unaufhaltsamer dynamischer Prozess ist, der zu verschiedenen Zeitpunkten im Arbeitsleben eines Arbeitnehmers bestimmte Qualifikationen hinfällig oder überflüssig macht, sollte die Erstausbildung, die Fortbildung und Umschulung ein kohärentes System bilden, das ständig die Möglichkeit zu weiterer Bildung bietet.«[46] Genau das wurde 18 Jahre später als Grundsatzstrategie für die englischen Trade Unions vorgeschlagen.[47] Zahlreiche weitere Aktionen wurden über die IGF auf eine internationale Ebene gehoben.[48] Die IG Druck und Papier war auf diese Weise international gut aufgestellt. Das ermöglichte es ihr, sich an den Unterschieden zwischen den Ge-

Abbildung 10: Schema zur Erarbeitung eines Aktionsprogramms der IGF

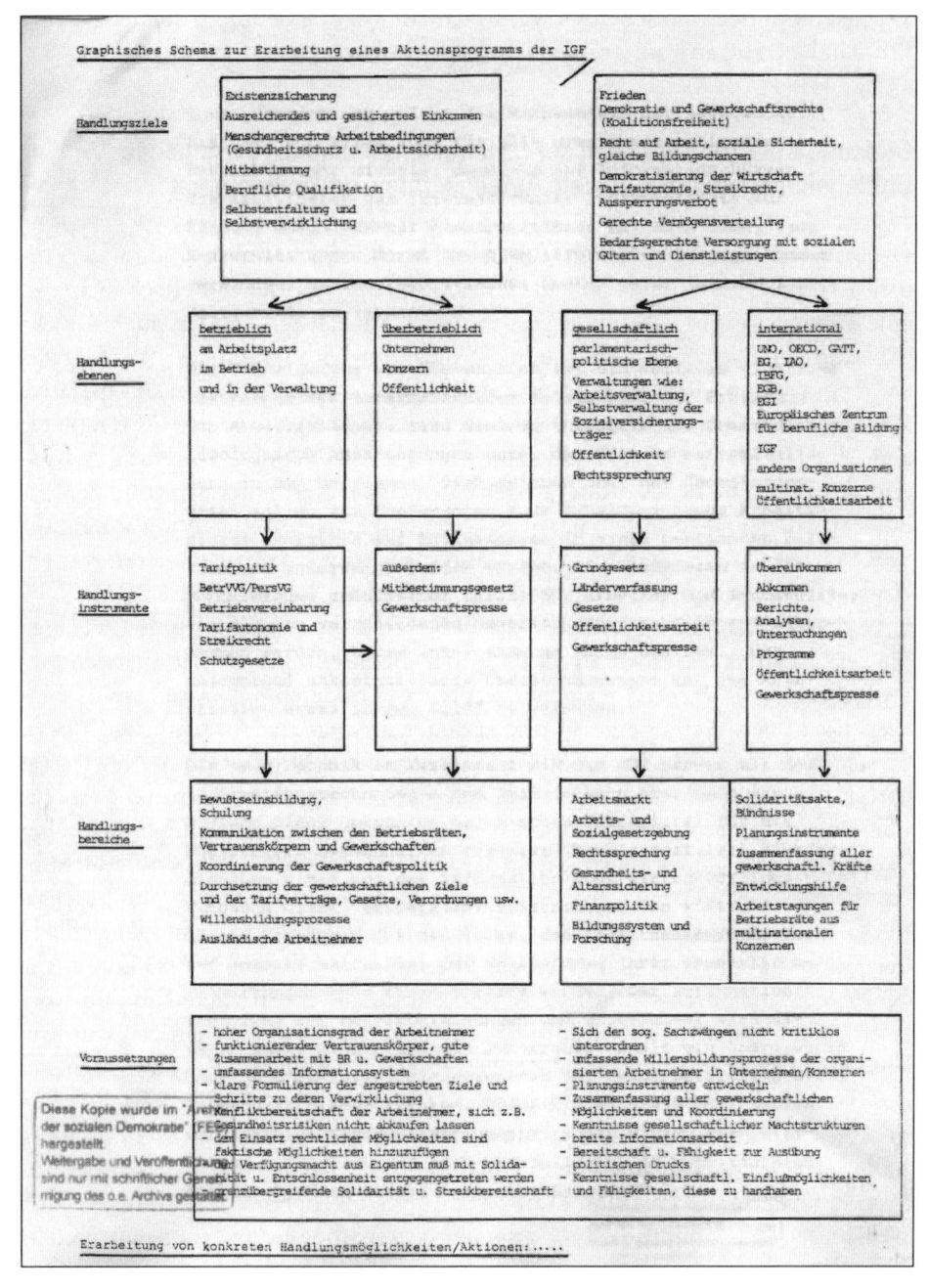

Quelle: Erarbeitung Aktionsprogramm IGF durch Leonhard Mahlein und Alfred Kaufmann vom 10. August 1981. AdSD: IG Medien – Hauptvorstand, Sitzungen der Internationalen Grafischen Föderation (Teil B), Signatur: 5/MEDA112025

werkschaftsorganisationen der verschiedenen Länder abzuarbeiten. Das wird im Vergleich mit der englischen Gewerkschaftsbewegung deutlich, die bei gleicher Problemlage zu ganz unterschiedlichen Ergebnissen kam.

Britische Gewerkschaften in der Druckindustrie und die beginnende Digitalisierung der Arbeitswelt: Anfangserfolge und Niedergang

Die britischen Gewerkschaften, zumal im Druckbereich, waren völlig anders organisiert. Im Unterschied zu Deutschland gab es im grafischen Bereich nicht nur eine Industriegewerkschaft und Verbände der Journalisten, sondern mehrere Organisationen. Die wichtigsten waren die Society of Lithographic Artists, Designers, Engravers and Process Workers (SLADE), die National Society of Operative Printers, Graphical and Media Personnel (NATSOPA), die Society of Graphical and Allied Trades (SOGAT) und dann vor allem die National Graphical Association (NGA). Die NGA ordnet Roger Undy dem »craft unionism« und der »labour aristocracy« – also den herausgehobenen Facharbeitern – zu, während die SOGAT eher »semi- and unskilled workers« vertrat.[49] Von allen vieren war am Anfang insbesondere die NGA von der »new technology« betroffen.[50]

In den 1980er Jahren gehörten die NGA und die SOGAT zu den wenigen Gewerkschaften, die einen Streik unter den Bedingungen der neoliberalen Gesetzgebung von Margaret Thatcher wagten. Sie bildeten die »forefront of conflicts use of new technologies«[51] und erzielten anfangs auch beachtliche Erfolge. So schlossen sie 1978 den Londoner Vertrag mit der Mirror Group Newspaper (MGN) ab. Dieser bezog sich auf die Satzherstellung, Korrektur und Fernsehübertragung im Vollseiten-Fotosatzsystem zur Herstellung wichtiger britischer Tageszeitungen, gemeint waren etwa der Daily Mirror, Sunday Mirror oder Sunday People. Der Vertrag schrieb auch eine 34-Stunden-Woche für die Beschäftigten an den Fotosatzgeräten fest. Das war sieben Jahre, bevor in Deutschland der Kampf um die 35-Stunden-Woche überhaupt erst begann.[52] 1983 konnte die NGA sogar die durchschnittliche Arbeitszeit für alle Beschäftigten im Druckbereich senken und zwar von 40 auf 37,5 Stunden.[53] Etwa zur gleichen Zeit wurde in Zusammenarbeit mit der Journalistengewerkschaft festgelegt, dass nur Mitglieder der NGA an Bildschirmarbeitsplätzen eingesetzt werden durften.[54] Im Rahmen der IGF betonte die NGA 1983 dann auch die Frage der Aus- und Weiterbildung und legte eine spezielle Resolution vor, die einstimmig angenommen wurde. Außerdem forderte sie eine Demokratisierung der Unternehmen im Pressebereich.[55]

In dieser Zeit stimmte die NGA mit der weitergehenden politischen Einschätzung der Notwendigkeit eines Kampfes gegen die Unternehmenskonzentration im Pressewesen überein. Ebenfalls im Rahmen der IGF forderte Joe Wade vom Vorstand der NGA, dass Konzerne durchsichtiger werden müssen.[56] Später forderte die NGA bzw. ihr Vertreter bei der IGF, Bob Hall, sogar eine eigene weltweite gewerkschaftliche Nachrichtenagentur, um der britischen Pressemacht et-

Gewerkschaften in der Druckindustrie und technologischer Wandel (1970/80er Jahre)

was entgegenzusetzen.[57] Doch kurz darauf, also Mitte der 1980er Jahre, schwand der Optimismus. Der anhaltende politische Gegenwind durch die konservative Regierung unter Margaret Thatcher, die Konkurrenz der Berufsverbände untereinander und die schwindende Organisationskraft zehrten an der Kampfkraft, und im Effekt gingen viele Errungenschaften wieder verloren.[58] Ende der 1980er Jahre äußerte sich Kevin Price, Vorstandsmitglied der NGA, auf einer Konferenz des IGF sehr skeptisch über eine Resolution zu den Neuen Technologien und gestand ein: »Für die neue Technologie werden schlecht bezahlte Frauen eingesetzt statt ausgebildeter Setzer. Die Gewerkschaftsanerkennung wird ausgesetzt. Die Löhne werden gekürzt, die Urlaubszeit wird verringert, die Arbeitszeit verlängert. (…) Alle Gewerkschaften sollten im eigenen Land darum kämpfen, dass die Form von ›Thatcherism‹ nicht wachsen kann.«[59]

Damals machte sich allenthalben Ernüchterung über die Erfolgsaussichten gewerkschaftlicher Kämpfe breit, und zwar vor allem aufgrund des rasanten Mitgliederschwundes bei den Traditionsverbänden im Druckbereich, die zu einer fortgesetzten Vereinigung und Verschmelzung der Verbände zwang. Das war an sich nichts Ungewöhnliches, sondern eher gang und gäbe bei den englischen Gewerkschaften. Zwischen 1967 und 2004 reduzierte sich die Anzahl der britischen Gewerkschaften von 606 Organisationen auf 195. Das Problem war, dass gleichzeitig auch der Mitgliederbestand von 10 auf 7,5 Millionen zurückfiel.[60] Einen Mitgliederrückgang gab es insbesondere bei den Gewerkschaften im Druckbereich (siehe Tabelle 1).

1951 gab es noch 13 Berufsverbände in der Druck- und Papierindustrie.[61] Davon waren bis Mitte der 1970er Jahre die vier genannten übrig geblieben: SLADE,

Tabelle 1: Vereinigungen von britischen Gewerkschaften im Druckbereich 1982-2004

	1982 vor Vereinigung		1982 NGA und SOGAT nach Vereinigung	1991	1991 Vereinigung von NGA und SOGAT zur GPMU	1993/2004 GPMU
NGA	113.579	NGA	136.000	125.003		
SLADE	22.421					
SOGAT	183.400	SOGAT	233.861	176.144		
NATSOPA	50.461					
GPMU					301.147	1993: 250.230 2004: 102.088
Total	369.861		371.843	303.138	301.147	102.088

Quelle: Undy 2008, S. 239

NATSOPA, SOGAT und die NGA. 1982 vereinigten sich SLADE und NGA sowie SOGAT und NATSOPA. 1991 folgte die Vereinigung von NGA und SOGAT zur Graphical, Paper and Media Union (GPMU).[62]

Das stärkte zwar die Verhandlungsmacht, weil die zwischengewerkschaftlichen Auseinandersetzungen ein Ende fanden,[63] aber mit jeder Vereinigung nahm die Zahl der Mitglieder ab und die Finanzprobleme zu.[64] Innerhalb von zwei Jahren verlor die GPMU fast 50.000 Mitglieder und schrumpfte von 301.147 auf 250.230. Das wirkte sich schließlich auch auf die politische Strategie aus. Die GPMU wurde in den 1990er Jahren immer mehr »employer friendly« und schloss schließlich ein »partnership agreement with British Printing Industry Federation« ab, in der sie sich für eine steigende Produktivität einsetzte.[65] Doch auch das stoppte den Niedergang nicht. In den nächsten zehn Jahren gingen noch einmal 150.000 Mitglieder verloren. Die restlichen 100.000 retteten sich in die AMICUS, die zweitgrößte Gewerkschaft und die »largest private sector union« in Großbritannien mit 1,25 Millionen Mitgliedern. Das war das Ende einer eigenständigen Vertretung im Druckbereich.[66]

Die frühen Erfahrungen der US-Gewerkschaften mit der digitalen Rationalisierung in der Druckindustrie

Das britische Beispiel, der Verlust einer nachhaltigen Gestaltung des Prozesses und der Niedergang der Gewerkschaften im Druckbereich, waren durchaus lehrreich. Ebenso wertvoll war der Blick nach Nordeuropa auf die skandinavischen Gewerkschaften. Aber mit diesen Perspektiven ist zugleich ein Problem verbunden. Über die IGF und die FIET kamen vor allem europäische Gewerkschaften in den Blick und vereinzelt noch Organisationen aus der Dritten Welt, aus Afrika und Südamerika und ganz am Rande Asien. Was jedoch fast vollständig fehlte, war ein Blick auf die Entwicklung in den USA. Dort befand und befindet sich noch heute das Zentrum der Computerisierung in der Welt und hier traten die Folgewirkungen zuerst zutage. Die USA dominieren bis heute die Weiterentwicklung des Computers in allen seinen Teilen bis zum PC und Smartphone. Alle technologischen Entwicklungslinien und ihre Auswirkungen auf Wirtschaft und Gesellschaft haben in den USA ihren Ursprung, deshalb fanden hier auch die davon abgeleiteten Veränderungen der Arbeitswelt um einiges früher statt. Das gilt sowohl für den Offsetdruck und den Fotosatz als auch für die elektronische Texterfassung sowie die Experimente mit konkurrierenden Bild- und Textmedien. Hier war deshalb die globale Gewerkschaftsbewegung zuerst mit den neuen Problemen konfrontiert.

Um welche Organisationen handelt es sich dabei? Traditionell war das die International Typographical Union (ITU), überhaupt die älteste Gewerkschaft in den USA, deren Ursprung bis in das Jahr 1852 zurückreicht.[67] Die Berufsgruppe der Setzer wurde in den frühen 1970er Jahren durch das Vordringen des Com-

Gewerkschaften in der Druckindustrie und technologischer Wandel (1970/80er Jahre)   59

puters sowie die Möglichkeit des »digital typesetting« und von Kleindruckereien (small-press publishing) unter Druck gesetzt. Der Mitgliederbestand fiel von ehemals 106.634 im Jahr 1964 auf nur noch 38.000 zur Mitte der 1980er Jahre. Eine Rolle spielte auch der Konzentrationsprozess bei den Verlagsanstalten sowie die Deregulierung in den 1980er Jahren. Die großen Zeitungsdruckereien stiegen auf »plate-less printing« um und führten auch im Bilddruck neue Verfahren ein. All diese Veränderungen verwischten die Abgrenzungen zwischen den Berufsorganisationen wie zur Newspaper Guild, zur Newspaper and Graphic Communications Workers Union (NGCWU) und vielen anderen. Alle Organisationen waren vom Niedergang des gesamten Berufszweigs durch Automation, Computeranwendungen und »mechanization of the print media« gleichermaßen betroffen und litten unter extremem Mitgliederschwund. Als Konsequenz löste sich die ITU 1986 auf. Die Mehrheit der Mitglieder entschied sich dafür, der International Brotherhood of Teamsters beizutreten. Die anderen gingen in die Printing Publishing and Media Workers' division der Communications Workers of America (CWA).[68]

Neben der ITU gab es zahlreiche weitere Berufsorganisationen. Das waren zum einen die Graphics Arts International Union (GAIU), die sich 1972 wie im englischen Fall aus mehreren Gewerkschaften gebildet hatte, und zum anderen die International Printing and Graphic Communications Union (IPGCU), die ein Jahr später, also 1973, aus zwei Organisationen hervorging. In den 1970ern bis Anfang der 1980er Jahre kam es zu einer ganzen Serie von weiteren Zusammenschlüssen. GAIU und IPGCU schlossen sich 1983 zur Graphic Communications International Union (GCIU) zusammen, der sich dann auch die verbliebenen Organisationen der *pressmen, book-binders, stereotypers, electrotypers, photoengravers, and lithographers* anschlossen.[69] Doch auch das war nur ein Zwischenschritt. Rund 20 Jahre später (2005) ging die GCIU in der International Brotherhood of Teamsters (IBT) auf. Im selben Jahr trennten sich die Teamsters von der umstrittenen AFL-CIO, deren Verstrickungen mit der Mafia in den 1950er Jahren damals zutage kam, und gründeten das »New National Trade Union Center« und die »Change to Win Federation« mit. Sie hatte 2011 1,3 Millionen Mitglieder.[70] Die organisatorische Entwicklung war also ähnlich komplex wie die der britischen Trade Unions.

Welche Strategie haben diese Gewerkschaften im Angesicht des gerade im Zeitungsdruck dramatisch verlaufenden technologischen Wandels entwickelt und wie erfolgreich waren die Kämpfe? Vor allem die Streiks bei den großen Zeitungen in den Jahren 1975, 1978 und 1986 sorgten für eine große öffentliche Aufmerksamkeit. Ein erster großer Streik bei der Washington Post im Jahr 1975 um die Anfänge der Automatisierung ging aufgrund der Spaltung der Bewegung in zahlreiche Berufsverbände rasch verloren, weil die gegensätzlichen Interessen von den Unternehmen rücksichtslos ausgenutzt wurden.[71] Das sah beim New York City Newspaper Strike drei Jahre später schon etwas anders aus. Hier traten die Drucker mit hohem Organisationsgrad in den Streik. Es ging um die 1923 errungene

Festlegung, dass zu jeder Druckmaschine eine festgelegte Mindestzahl von Druckern gehöre. Das Privileg wurde von der Gewerkschaft in den folgenden Jahrzehnten ausgebaut und erwies sich als großes Hindernis gegen eine kosteneffektive Automatisierung im Druckprozess. Finanziell unterstützt von der Publishers Association, griffen die drei großen New Yorker Zeitungen diese Vertragsbestimmung an und reduzierten die Anzahl der Drucker pro Maschine. Das führte im Sommer 1978 zu einem großen wochenlangen Streik. Im Oktober scherte Rupert Murdoch aus dem Arbeitgeberlager aus und einigte sich mit den Druckern, was den anderen Unternehmen den Wind aus den Segeln nahm, sodass sie im November schließlich nachgaben.[72]

Weniger erfolgreich verlief wieder der Streik bei der Chicago Tribune sieben Jahre später. Am 19. Juli 1985 titelten die amerikanischen Zeitungen: »Die Gewerkschaften von Chicago, die mehr als 1.000 Produktionsarbeiter vertreten, blockierten in der Nacht zum Donnerstag die Chicago Tribune in dem ersten großen Ausstand bei einem der Zeitungsverlage der Stadt in einem Zeitraum von fast 40 Jahren. Die Drucker, Journalisten und Zeitungsausträger markierten um 9 Uhr abends einen Sperrbezirk außerhalb des Tribune Hochhauses und der Freedom Center Druckerei.«[73] An dem Streik waren die Chicago Web Printing Pressmen's Union, die Chicago Typographical Union und die Chicago Mailers beteiligt. Acht andere Gewerkschaften im Zeitungsverlag wie die »drivers, machinists, electricians, paper handlers, mechanics, engravers, operating engineers and elevator operators« übten sich nicht in Solidarität, während Unterstützung von der Chicago Federation of Labor und AFL-CIO kam und die International Typographical Union sich an den Verhandlungen beteiligte, obwohl sie damals bereits schwer vom »dramatischen Niedergang in den letzten beiden Jahrzehnten« aufgrund der »beginnenden Automatisierung und Computerisierung« gezeichnet war.[74] Als Grund für den Streik findet sich wie 1978 bei den New Yorker Zeitungen der Angriff auf das Closed-Shop-System und die »Absicht des Unternehmens, die vollständige Kontrolle über das Anwerben, die Vertragsschließung und den Einsatz der Arbeitskräfte im Produktionsbereich zu gewinnen. Das Unternehmen begründete das damit, dass der traditionelle Einfluss der Gewerkschaften auf Einstellungen im Lichte der technologischen Veränderungen nicht mehr effizient sei.«[75]

Der Ausstand dauerte länger als ein Jahr und ging verloren, weil »die große Mehrheit der Streikenden auf Dauer von der Geschäftsführung ersetzt worden sind« und aufgrund der umfassenden Aussperrung »arbeitslos blieben«.[76] Schon lange vor dem Ende gaben die Gewerkschaften faktisch auf und unterbreiteten am 30. Januar 1986 ein Angebot, »ohne jede Bedingung an die Arbeit zurückzukehren«, weil die öffentliche Aufmerksamkeit sich in Grenzen hielt und die Tribune auch nicht sonderlich unter dem von den Gewerkschaften initiierten »consumer boycott« litt.[77] An den Streiks zeigt sich deutlich das Problem der amerikanischen Gewerkschaften in der Druckindustrie: ihre Zersplitterung in Berufsverbänden und ihre vor allem lokale Organisation. Von daher waren sie schwach in den Aus-

Gewerkschaften in der Druckindustrie und technologischer Wandel (1970/80er Jahre) 61

einandersetzungen – trotz der damals schon im Gang befindlichen Vereinigungsbewegung unter den Gewerkschaften.

Zu den Vorgängen in den USA, also dem radikalen Umbau der Druckindustrie bei schwacher gewerkschaftlicher Gegenwehr, finden sich in den Vorstandsakten der IG Druck nur minimale Hinweise. So etwa ein Hinweis von Franz Arnold, dass es die USA gewesen seien, die die Mikroelektronik durch staatliche Programme im Verteidigungshaushalt und bei der Raumfahrt gefördert hätten und dass die Mikroelektronik ihren Sitz und eine besondere Konzentration im Silicon Valley habe.[78] Ebenso spärlich war die Kontaktpflege zu den amerikanischen Verbänden. In den Geschäftsberichten wird in der Rubrik »Internationale Gewerkschaftskontakte« im Zeitraum von 1980 bis 1993 nur ein einziges Mal auf eine Delegation in die USA verwiesen, an der sich die IG Druck beteiligt hatte. Das war eine Delegationsreise des DGB-Bundesjugendausschusses zur AFL/CIO, die vom 28. August bis 12. September 1982 stattfand.[79] Man muss allerdings dabei bedenken, dass es aufgrund der Organisationsstruktur der amerikanischen Gewerkschaften im Druckbereich für eine deutsche Industriegewerkschaft nicht ganz einfach war, adäquate Ansprechpartner zu finden. Das änderte sich erst Mitte der 1980er Jahre mit der GCIU.

Auch in der Diskussion der IGF scheinen die Probleme der amerikanischen Verbände und ihre Erfahrungen nur an drei Stellen kurz auf. Diese sind jedoch für sich genommen markant. Erstens: Zu der Zeit, als die IG Druck sich auf den ersten Tarifvertrag zur Gestaltung rechnergesteuerter Textsysteme vorbereitete und die britische NGA den Londoner Vertrag mit der Mirror Group Newspaper (MGN) vorbereitete, schloss auch die amerikanische Graphics Arts International Union (GAIU) als Antwort auf den Rationalisierungsschock ein »NO Hire – NO Fire-Abkommen« ab. Sie vermied damit Entlassungen, nahm dafür aber einen Einstellungsstopp in Kauf.[80] Zweitens erschien 1984 – als sich die IG Druck zusammen mit der IG Metall und dem DGB auf den Kampf um die 35-Stunden-Woche vorbereitete – eine kurze Notiz, dass in der amerikanischen Druckindustrie schon 1983 die 35,5-Stunden-Woche eingeführt worden sei, was man als Erfolg der Vereinigung zur GCIU werten kann, jedoch ähnlich wie bei dem Londoner Vertrag nicht weiter kommentiert wurde.[81] Der dritte Hinweis ist der Nachdruck eines Artikels aus dem American Printer von Brett Rutherford im Journal der IGF von 1985, der sich mit der McGraw-Hill-Studie über »Teletext und Videotext in den USA« auseinandersetzt, die nach Meinung der Verfasser am Ende des Jahrtausends in 40% der amerikanischen Haushalte zur Verfügung stehen würden. Im Weiteren werden zahlreiche Experimente mit der Koppelung von Datennetzen mit dem Fernsehnetz sowie über die Anfänge der neuen elektronischen Textmedien aufgelistet.[82] Man sah diese Entwicklung also im Kontext des deutschen von der Post lancierten Bildschirmtextsystems (Btx) und damit als Konkurrenz zur Zeitung.

Das eigentlich Interessante an dem Hinweis auf die Studie ist jedoch der genannte Herausgeber, die National Science Foundation (NSF). Mit ihr kommt einer der entscheidenden Player für die Implementierung des Internet ins Spiel. Die NSF hatte damals das ARPANET, den Vorläufer des Internet, übernommen und war maßgeblich an der Überführung des im Forschungsbereich angesiedelten Datenverbundnetzes in die breitere Öffentlichkeit beteiligt sowie an seiner Kommerzialisierung Anfang der 1990er Jahre.[83] Die Studie lotete in diesem Kontext Möglichkeiten der Nutzung von Datennetzen als Ersatz für traditionelle Printmedien aus und gehört damit schon zur nächsten Welle der Umbrüche in der globalen Wirtschaft und der Druckindustrie sowie im gesamten Verlagswesen. 1995 publizierte Nicholas Negroponte sein Buch »Being Digital«, in dem er zur Ersetzung der Druckmedien durch Bits and Bytes aufrief. »Der systematische Transport von aufgezeichneter Musik auf Kunststoffscheiben wird ebenso wie der langsame menschliche Informationsaustausch mit Hilfe von Büchern, Magazinen, Zeitungen und Videokassetten in absehbarer Zeit ersetzt werden durch den unmittelbaren und preiswerten Transfer elektronischer Daten, die sich mit Lichtgeschwindigkeit fortbewegen.«[84] Eine etwas größere Sensitivität für die amerikanische Entwicklung wäre vermutlich – etwa nach dem Vorbild des Umgangs der IG Metall mit der computergetriebenen Automation in den 1960er Jahren – von Vorteil gewesen.[85]

Resümee

Auf den Durchbruch neuer Technologien, der sich seit Mitte der 1960er Jahre anbahnte, wurde Mitte der 1970er Jahre, also vielleicht nicht besonders früh, aber energisch reagiert. Die IG Druck wurde zum Vorreiter in den Auseinandersetzungen über die Gestaltung der Bildschirmarbeitsplätze und bei der Überführung zur Disposition stehender Berufsgruppen in die neuen Verhältnisse. Neben Arbeitsplatzsicherung und Gesundheitsschutz stand die Weiterbildung und die Verkürzung der Arbeitszeit im Mittelpunkt der Strategiebildung.

Dabei setzte sie sich im internationalen Kontext kritisch mit dem englischen Weg der Privilegierung der organisierten Facharbeiter auseinander und lehnte sich eher an skandinavische Modelle an. Eine Schwäche bildete die Auseinandersetzung mit der amerikanischen Entwicklung, wozu sicher beitrug, dass lange Zeit eine adäquate gewerkschaftliche Interessenvertretung auf amerikanischer Seite fehlte. Es gilt aber zu berücksichtigen, dass letztendlich die Möglichkeiten begrenzt waren, denn alle drei gewerkschaftlichen Verbandsgruppen in Deutschland, Großbritannien und den USA, die hier näher beleuchtet wurden, kämpften – trotz unterschiedlicher Strategien – mit den gleichen Problemen des Niedergangs als Spartengewerkschaft, dem Verlust der gefestigten Position im Bereich der gut organisierten gelernten Arbeiterschaft und gingen mehr oder weniger zeitgleich in großen berufs- und segmentübergreifenden Gewerkschaften auf, wie ver.di in Deutschland, AMICUS in England oder den Teamstern in den USA. Der Weg führte die Drucker, Lithografen, Buchbinder, Setzer und Journalisten letztendlich über die Mediengewerkschaft in das gleiche globale Meer der Angestelltengewerkschaft. Und darauf läuft die Computerisierung der Arbeitswelt, der ungebrochene Zug zur Automation am Ende hinaus – ohne dass damit ein Weg gefunden wird, der weiter anhaltenden schrittweisen Auflösung wichtiger Teile dieses Industriezweigs durch die Vernetzung der Milliarden von Computern etwas entgegenzusetzen.

Anmerkungen

[1] Zur Automation im Produktionsbereich in den 1960er Jahren und den Reaktionen der IG Metall darauf vgl. den Beitrag von Johannes Platz in diesem Band.

[2] Vgl. Bruno Lamborghini: Die Auswirkungen auf das Unternehmen, in: Günter Friedrichs/Adam Schaff (Hrsg.): Auf Gedeih und Verderb. Mikroelektronik und Gesellschaft. Bericht an den Club of Rome. Wien/München/Zürich 1982, S. 131-167, hier 158. Vgl. zum Fernmeldewesen ebd. 160.

[3] Lamborghini führte dazu aus: »Strukturierte Tätigkeiten (wie etwa Kostenrechnung, Fakturierung, Lohnbuchhaltung, Auftragsbearbeitung, Lagerhaltung usw.) innerhalb der Büroarbeit sind vor allem bei großen Firmen den Entwicklungen in der Datenverarbeitung gemäß automatisiert worden. Das begann mit der ersten Computergeneration, die den traditionellen Buchungsautomaten nicht unähnlich war, und führt über die zweite Generation, die mehr integrierte Systeme verwendet, zu den interaktiven Computern, die bereits dezentralisiert aufgestellt werden. Die Mikroelektronik verursacht eine erhebliche Zunahme der Automation strukturierter Tätigkeiten und eine Expansion im Sektor der strukturierten Arbeit selbst, da sie den preisgünstigsten Computereinsatz auf verschiedenen Ebenen des Unternehmens ermöglicht. Sie erleichtert die Dezentralisierung der Computer und verbessert den Zugang zur Information. Die strukturierten Tätigkeiten machen nur ein Drittel der Verwaltungs- und Büroarbeit eines Unternehmens aus.« Lamborghini, Die Auswirkungen auf das Unternehmen, S. 161f.

[4] IGF Journal 2/77, S. 7.

[5] »Das bislang größte Druckzentrum Europas in Stuttgart produziert auf IBM Computern und Digiset-Setzmaschinen von Hell/Siemens mit heute 234 Beschäftigten, wozu vordem etwa 700 gebraucht wurden.« IGF Journal 2/77, S. 7.

[6] Arbeitslosenstatistik Druckerberufe, IGF Journal 3/1976, S. 8.

[7] Ebd., S. 16. Vgl. auch: Rationalisierung – Arbeitsplätze – Arbeitsbedingungen. Gewerkschaftliche Antworten. Ein Diskussionsleitfaden. IG Druck und Papier HAUPTVORSTAND. Archiv der Sozialen Demokratie (AdSD): IG Medien – Hauptvorstand, Arbeitsgruppe zur Koordinierung der Tarifpolitik, Signatur: 5/MEDA114027.

[8] AdSD: IG Medien – Hauptvorstand, Entwürfe für Broschüren, Signatur: 5/MEDA115040. Später veröffentlicht als Leonhard Mahlein: Rationalisierung – sichere Arbeitsplätze – Menschenwürdige Arbeitsplätze. Zum Arbeitskampf in der Druckindustrie 1978. IG Druck und Papier: Stuttgart, 1978, 9.

[9] Vgl. Hans Büttner: Elektronische Textverarbeitung in der Redaktion. Bestandsaufnahme der aktuellen Diskussion in der BRD vom 4. April 1977 sowie Kollege Computer kommt. Chancen und Gefahren der Elektronik in der Zeitungsherstellung. (7 Seiten). AdSD: IG Medien – Hauptvorstand, Neue Techniken im Medienbereich, Signatur: 5/MEDA127215.

[10] So die Abteilung Tarifpolitik der IG Druck am 18. August 1978. Betr. Einführung von Bildschirmtext durch die Deutsche Bundespost (DBP). AdSD: IG Medien – Hauptvorstand, Neue Techniken im Medi-

enbereich (Teil B), Signatur: 5/MEDA127214. Vgl. auch IGF Journal 2/77. S. 7-13. Unter anderem wurde befürchtet, die Bildschirmarbeit sei nicht inhaltsneutral, weil sie den Trend zur Vermeidung längerer Artikel bestärke, da statt einer ganzen Seite nur 26 Zeilen auf dem Bildschirm dargestellt werden könnten.

[11] IGF Journal 2/77.

[12] Interview mit Arbeitgeber-Präsident Hanns Martin Schleyer über Streik und Aussperrung, in: DER SPIEGEL 20/1976 vom 17. Mai 1976. Zum Streik vgl. Manfred Knoche/Thomas Krüger: Presse im Drucker-Streik. Verlag Volker Spiess. Westberlin 1978.

[13] Presseinformation der IG Druck vom 23. September 1977, Chronologie der Verhandlungen um einen Tarifvertrag über die Einführung der neuen Techniken in Druckereien und Verlagen. AdSD: IG Medien – Hauptvorstand, Arbeitsgruppe zur Koordinierung der Tarifpolitik, Signatur: 5/MEDA114026.

[14] § 5 regelte die Weiterbeschäftigung auf anderen Arbeitsplätzen im Unternehmen. § 4a sah vor, dass Terminals, die der Textendlos-Ersterfassung dienen, von Setzern bedient werden, sofern die entsprechende Tätigkeit vorher nicht von anderen Fachkräften ausgeführt wurde. § 9 und 10 regelten die betriebliche und überbetriebliche Umschulung. Entwurf eines Tarifvertrages über die Einführung rechnergestützter Textsysteme vom September 1977 (IG Druck und Papier, DJV, HBV, DAG). AdSD: IG Medien – Hauptvorstand, Arbeitsgruppe zur Koordinierung der Tarifpolitik, Signatur: 5/MEDA114026.

[15] Man habe – in Distanz zu den britischen Gewerkschaften – keinen Sinn für Heizer auf der E-Lok. IGF Journal 2/1977, 7.

[16] § 8 und § 13 sahen ärztliche und augenärztliche Untersuchungen vor. Im § 15 ging es um die Gestaltung der Bildschirmarbeitsplätze. Insbesondere spielte hier die Helligkeit, die Lesbarkeit, das Flimmern des Bildschirms und die Raumbelichtung sowie die Blendfreiheit eine Rolle. In § 12 wurde die Leistungskontrolle eingegrenzt: Die elektronischen Geräte dürfen nicht zur Leistungskontrolle verwendet werden. § 18 drehte sich um die Leistungsbeurteilung: Elektronische Geräte werden nicht als Hilfsmittel zur individuellen Leistungsbeurteilung von Redakteuren eingesetzt. Vgl. IGF Journal 2/1977, 7. Siehe auch § 13.2 Arbeit in der Redaktion: Die Bedienung elektronischer Geräte darf von Journalisten nur zum Lesen und Redigieren verlangt werden. Journalisten dürfen nicht gezwungen werden, eigene Beiträge in elektronische Textverarbeitungsgeräte einzugeben. Entwurf eines Tarifvertrages über die Einführung rechnergestützter Textsysteme vom September 1977 (IG Druck und Papier, DJV, HBV, DAG). AdSD: IG Medien – Hauptvorstand, Arbeitsgruppe zur Koordinierung der Tarifpolitik, Signatur: 5/MEDA114026. Siehe auch die entwickelte Version vom 24. Januar 1978: Tarifvertrag über Einführung und Anwendung rechnergesteuerter Textsysteme zwischen dem Bundesverband Druck e.V., dem Bundesverband Deutscher Zeitungsverleger e.V., dem Verband Deutscher Zeitschriftenverleger e.V. einerseits und der Industriegewerkschaft Druck und Papier/dju, dem Deutschen Journalistenverband e.V., der DAG, der HBV andererseits. AdSD: IG Medien – Hauptvorstand, Einführung von rechnergesteuerten Textsystemen (RTS) (Teil A), Signatur: 5/MEDA114452.

[17] Mitteilungen der IG Druck und Papier, An die Leitung des Vertrauenskörpers bzw. an den Betriebsratsvorsitzenden: Einführung neuer Technologien vom 6. September 1977. AdSD: IG Medien – Hauptvorstand, Tarifkonflikt 1978 – Innerorganisatorische Kommunikation und Meinungsbildung, Signatur: 5/MEDA114417.

[18] Detlef Hensche: Rationalisierung in der Druckindustrie – Nicht auf Kosten der Arbeiter und Angestellten o. Dat. (September 1977). Vgl. zu den politischen Auswirkungen und Widerhall bei den Parteien: Journalist 3/78, Neue Medien: Die Forderungen der Großen, S. 34-37 (Kopie 4 Seiten). AdSD: IG Medien – Hauptvorstand, Tarifkonflikt 1978 – Ziele der Gewerkschaften, Signatur: 5/MEDA114409.

[19] IG Druck und Papier Hauptvorstand, An die Redaktionen der Gewerkschaftspresse vom 11. April 1978. AdSD: Bestand: IG Medien – Hauptvorstand, Tarifkonflikt 1978 – Einführung neuer Techniken in Druckereien und Verlagen, Signatur: 5/MEDA114437. In

seiner Schrift »Technische Revolution und Arbeitnehmerinteresse: Zu Verlauf und Ergebnissen des Arbeitskampfes in der Druckindustrie 1978« (siehe Abbildung 8) kam Detlef Hensche zu einem ähnlichen Ergebnis. AdSD: IG Medien – Hauptvorstand, HA I, Vorsitzender, Büro Detlef Hensche, Arbeitskämpfe 1984 und 1989, Signatur: 5/MEDA415005. Veröffentlicht in: Blätter für deutsche und internationale Politik 223, 4/1978 und Sonderdruck: Köln: Pahl-Rugenstein, 1978. 11 Seiten.

[20] »Die Einführung rechnergesteuerter Textsysteme sowie deren Programmierung darf die journalistische Arbeit, insbesondere die inhaltliche und grafische Gestaltungsmöglichkeit der Redaktion nicht beeinträchtigen.« Vgl. §§ 2, 3, 7, 12, 13, 14, 15. Abgeschlossen wurde der Vertrag am 20. März 1978 zwischen dem Bundesverband Druck e.V., dem Bundesverband Deutscher Zeitungsverleger e.V., dem Verband Deutscher Zeitschriftenverleger e.V., der IG Druck und Papier/dju, sowie dem Deutschen Journalisten-Verband. Vgl. Dokumentation im IGF Journal 2/78, 2-6 und Tarifvertrag über Einführung und Anwendung rechnergesteuerter Textsysteme. Handlungsanleitungen und Erläuterungen für die Praxis Februar 1979 (Verschiedene Entwürfe). AdSD: IG Medien – Hauptvorstand, Einführung von rechnergesteuerten Textsystemen (RTS) (Teil B), Signatur: 5/MEDA114453. Es folgten seitens der IG Druck und Papier, Hauptvorstand, Abteilung Tarifpolitik, noch »Vorschläge zu notwendigen tarifvertraglichen Regelungen für die Herstellung und Anwendung von ›Bildschirmtext‹« (ebd.)

[21] IGF Journal, 2/1977, 12.

[22] So u.a. bei der Gesellschaft für Mathematik und Datenverarbeitung mbH Bonn (GMD). Vgl. Einführung in Gespräche mit externen Partnern der GMD aus den Bereichen der öffentlichen Hand, Wirtschaft, Hochschulen, Großforschungseinrichtungen, Gewerkschaften und Verbänden vom 19. bis 23. Februar 1979. AdSD: IG Medien – Hauptvorstand, Aktentitel: Arbeitsgruppe zur Koordinierung der Tarifpolitik, Signatur: 5/MEDA114026). Die GMD sichtete Forschungsberichte zur Bildschirmarbeit und Augenbelastung (Forschungsberichte zur Bildschirmarbeit und Augenbelastung, 25. April 1979. AdSD: IG Medien – Hauptvorstand, Neue Techniken im Medienbereich, Signatur: 5/MEDA127215).

[23] So u.a. Med. Prof. Etienne Grandjean ETH Zürich. Der Bildschirmarbeitsplatz, in: IGF Journal 1/1980, S. 25-29. Weitere Forschungsprojekte und Beiträge zur Ergonomiediskussion lieferte u.a. das Institut für Arbeitswissenschaft der TU Berlin mit der »Untersuchung zur Gestaltung der Belege an Arbeitsplätzen mit Datensichtgeräten nach ergonomischen Prinzipien und den psychophysiologischen Eigengesetzlichkeiten des Menschen. AdSD: IG Medien – Hauptvorstand, Einführung von rechnergesteuerten Textsystemen (RTS), Signatur: 5/MEDA114441. Siehe auch: Herbert Kubicek/Peter Berger/Claudia Döbele/Dieter Seitz: Handlungsmöglichkeiten des Betriebsrats bei Rationalisierung durch Bildschirmgeräte und computergestützte Informationssysteme. Eine Arbeitshilfe zur Ausschöpfung des Betriebsverfassungsrechts bei der Abwehr negativer Rationalisierungsfolgen. Arbeitskammer des Saarlandes. Saarbrücken 1981.

[24] Entwurf zum Aufruf: Die Arbeitswelt menschlicher machen! Gewerkschafter und Wissenschaftler für ein fortschrittliches Arbeitsschutzgesetz; DGB Forum 104/28. Jg. vom 22. Oktober 1982. Siehe auch: »Automation nicht unbesiegbarer Dämon, sondern gewerkschaftliche Herausforderung«, Beitrag von Prof. Dr. Rainer Kabel und »Sagen wir lieber nicht Humanität«, beide in den Spiegel-Ausgaben 36/1982, S. 74-87, und 37/1982, S. 92-110, sowie Detlef Hensche, Arbeitsplatzauswirkungen Neuer Medien über den engeren Medienbereich hinaus; Referat gehalten auf der Medienpolitischen Veranstaltung am 24. April 1982; Detlef Hensche, Maßgebend ist nicht, was sein könnte, sondern was sein wird!, in REFA-Nachrichten 4/1981, S. 174-175. AdSD: IG Medien – Hauptvorstand, Rationalisierung und Technologie, Signatur: 5/MEDA423004. Neue Medien: die Herausforderung der 80er Jahre: Veranstaltung des Deutschen Gewerkschaftsbundes Landesbezirk Rheinland-Pfalz am 24. November 1982 im Haus der Jugend, Mainz. AdSD: IG Medien – Hauptvorstand, Einfüh-

rung von rechnergesteuerten Textsystemen (RTS), Signatur: 5/MEDA114441.

[25] Presseinformation der IG Druck und Papier vom 16. November 1982: Detlef Hensche, Tagung des DGB Landesbezirks »Neue Medientechnologien«, Rationalisierungseffekt der Neuen Medien. AdSD: IG Medien – Hauptvorstand, HA I, Vorsitzender, Büro Detlef Hensche, Mitbestimmung, Signatur: 5/MEDA415033. Ähnlich argumentierte auch Mahlein, der noch einmal auf den Arbeitsplatzabbau hinwies. So werde geschätzt, dass sich die Beschäftigten in der Druckindustrie – von ehemals 234.000 Mitte der 1970er Jahre – bis 1985 auf 160.000 bis 170.000 und bis 1995 auf 120.000 reduzieren würden. Leonhard Mahlein: Gewerkschaftliche Solidarität in der Wirtschaftskrise 1982. AdSD: IG Medien – Hauptvorstand, HA I, Vorsitzender, Büro Detlef Hensche, Manteltarifverhandlungen in der Druckindustrie, Signatur: 5/MEDA416026.

[26] AdSD: IG Medien – Hauptvorstand, Einführung von rechnergesteuerten Textsystemen (RTS).

[27] AdSD: IG Medien – Hauptvorstand, HA I, Vorsitzender, Büro Detlef Hensche, Manteltarifverhandlungen in der Druckindustrie, Signatur: 5/MEDA416026.

[28] So ziehen sich die Probleme der Druckindustrie gleichermaßen durch das Buch von Heribert Kohl und Bernd Schütt (Hrsg.): Neue Technologien und Arbeitswelt. Was erwartet die Arbeitnehmer? Köln 1984, und Strukturwandel in der Druckindustrie. Eine Branchenanalyse zur Ermittlung der strukturellen Veränderungen in beschäftigungsintensiven Teilbranchen der Druckindustrie durchgeführt von MMB-Institut für Medien- und Kompetenzforschung mit Fördermitteln der HBS. Essen, im Oktober 2013. Siehe dazu die beiden Beiträge von Anne König in diesem Band.

[29] Siehe zum Beispiel IG Druck Hauptvorstand, Geschäftsbericht 1980 bis 1983 zum 13. ordentlichen Gewerkschaftstag der Industriegewerkschaft Druck und Papier. Tübingen 1983, S. 90-95.

[30] FIET leitete sich vom französischen Namen der Organisaion ab: Fédération Internationale des Employés, Techniciens et Cadres.

[31] Vgl. zu den Details Rainer Gries: Übersicht über die Organisationsentwicklung internationaler Gewerkschaftsorganisationen. library.fes.de/library/netzquelle/intgw/geschichte/pdf/gries.pdf (22.11.2014). Das International Typographers' Secretariat wirkte als ein International Trade Secretariat (ITS) und war mit der International Confederation of Free Trade Unions (ICFTU) verbunden. Die Mitgliedschaft wurde jedoch 1967 aufgekündigt, weil eine französische kommunistisch orientierte Organisation der IGF beigetreten war.

[32] Das Archiv befindet sich im International Institute of Social History (IISH) in Amsterdam: www.iisg.nl/archives/en/files/i/ARCH00639.php (zuletzt besucht am 22.11.2014).

[33] Protokoll der IGF/FIET vom 5. Mai 1983 in Genf. AdSD: IG Medien – Hauptvorstand, Sitzungen der Internationalen Grafischen Föderation (Teil B), Signatur: 5/MEDA112023.

[34] Rainer Gries: Übersicht über die Organisationsentwicklung internationaler Gewerkschaftsorganisationen. www.library.fes.de/library/netzquelle/intgw/geschichte/pdf/gries.pdf (zuletzt besucht am 22.11.2014).

[35] Dort war auch lange Zeit der Sitz des Archivs, bis es vom Archiv für Soziale Demokratie übernommen worden ist. www.fes.de/archiv/adsd_neu/inhalt/gewerkschaften/fiet.htm (zuletzt besucht am 19.3.2016).

[36] Sie hat sich als weitaus mitgliederstärkster Verband im Januar 2000 mit der IGF und anderen Organisationen zur Union Network International (UNI) zusammengeschlossen. Protokoll der IGF/FIET 5.5.1983 in Genf. AdSD: IG Medien – Hauptvorstand, Sitzungen der Internationalen Grafischen Föderation (Teil B), Signatur: 5/MEDA112023.

[37] AdSD: IG Medien – Hauptvorstand, Sitzungen der Internationalen Grafischen Föderation (Teil B), Signatur: 5/MEDA112023.

[38] IGF Journal 1/1885, 2.

[39] Kooperationsabkommen zwischen den Grafiska Fachförbundet und dem Svenska Journalistförbundet über neue Technik und Presse von 1974. IGF Journal 2/1977.

[40] Unter »closed shop« ist ein Abkommen mit dem Arbeitgeber zu verstehen, in

dem er sich verpflichtet, nur Gewerkschaftsmitglieder aufzunehmen. Die Arbeitnehmer müssen wiederum Mitglied der Gewerkschaften bleiben, wenn sie ihren Arbeitsplatz behalten möchten. Vgl. IJF/IGF Arbeitsgruppe vom 25. Mai 1982 in Bern. AdSD: IG Medien – Hauptvorstand, Sitzungen der Internationalen Grafischen Föderation (Teil B), Signatur: 5/MEDA112023.

[41] Sie pflegte statistische Übersichten über den Stand der Einführung neuer Technologien, zu ihren Folgen und der Gegenreaktion als Vergleichsmöglichkeit für die Situation im eigenen Land und dokumentierte insbesondere die erreichten Vereinbarungen und Tarifabschlüsse zum Thema, sodass jederzeit die eigenen Tarifforderungen und -erfolge abgeglichen werden konnten. IGF Journal 2/1978.

[42] IGF Journal 1/1979.

[43] Erarbeitung Aktionsprogramm IGF durch Leonhard Mahlein und Alfred Kaufmann vom 10. August 1981. AdSD: IG Medien – Hauptvorstand, Sitzungen der Internationalen Grafischen Föderation (Teil B), Signatur: 5/MEDA112025.

[44] Zur Begründung hieß es begleitend im IGF Journal: »In keiner anderen Industrie traten in den letzten Jahren in so rascher Folge technologisch fast alle Länder betreffende Veränderungen auf wie in der Druckindustrie.« Sonderausgabe des IGF Journal 2/1982, S. 5.

[45] Sonderausgabe des IGF Journal 2/1982, S. 2-24.

[46] Ebd., S. 7.

[47] Siehe John Payne: Lifelong Learning: A National Trade Union Strategy in a Global Economy, in: International Journal of Lifelong Education 20, Nr. 5, September/Oktober 2001, S. 378-392.

[48] 17. Die Rolle der Gewerkschaften und der Arbeitgeberorganisationen bei technischen Veränderungen im graphischen Gewerbe. AdSD: IG Medien – Hauptvorstand, Sitzungen der Internationalen Grafischen Föderation (Teil B), Signatur: 5/MEDA112025 (Kopien). Verkürzung AZ. Sonderausgabe des IGF Journal 2/1982, S. 23 u. 28. Betonung der Rolle der internationalen Zusammenarbeit. Entwicklungsländer lernen von industrialisierten Ländern. Im Anhang finden sich Schlussfolgerungen betreffend die technischen Entwicklungen und ihre Auswirkungen auf die Beschäftigung im Druckbereich. Konferenz der IAO Genf vom 22. September bis 1. Oktober 1981. AdSD: IG Medien – Hauptvorstand, Sitzungen der Internationalen Grafischen Föderation (Teil B), Signatur: 5/MEDA112025.

[49] Roger Undy: Trade Union Merger Strategies. Purpose, Process, and Performance. Oxford University Press: Oxford 2008, S. 144-145.

[50] Ebd.

[51] Vgl. GPMU, Direct (the GPMU's Journal) December 2003, S. 2, u. J. Gennard: A History of the National Graphical Association. London 1990, S. 491, sowie Undy, Trade Union Merger Strategies, S. 45.

[52] IGF Journal 2/1978, S. 10-13.

[53] Weiterhin wurde beschlossen, dass Gewerkschaft und Geschäftsleitung gemeinsam über die Einführung neuer Technologien verhandeln. IGF Journal Extra 1984 zur 35-Stunden-Woche, IGF Journal 2/1978, S. 11.

[54] IJF/IGF Arbeitsgruppe 25.5.1982 in Bern. AdSD: IG Medien – Hauptvorstand, Sitzungen der Internationalen Grafischen Föderation (Teil B), Signatur: 5/MEDA112023.

[55] IGF Journal 1/1983, S. 32f.

[56] Ebd., S. 33f.

[57] Siehe Resolution betr. Medien als Kommunikationswesen der Gewerkschaften als Forderung gegen Monopolisierung und für Demokratische Kontrolle des Systems und Resolution betreffend neue Technologie, in: IGF Journal 1/89, S. 50f.

[58] Thatcher hatte die Regierung mit dem Ziel angetreten, die Macht der Gewerkschaften zu reduzieren. Sie warf ihnen vor, die Demokratie zu unterminieren und die wirtschaftliche Leistungsfähigkeit des Landes zu schwächen. Als Folge ihrer Politik und als Konsequenz einer Serie von gescheiterten Streiks insbesondere der Bergarbeiter gerieten die britischen Gewerkschaften in die Krise. Es kam zu einem drastischen Niedergang des Organisationsgrades von 57,3% im Jahr 1979 auf 49,5% im Jahr 1985. Keith Laybourn: A history of British trade unionism c. 1770-1990. Phoenix Mill, UK 1992. Die Anzahl der organisierten Mitglieder fiel im gleichen Zeitraum

von 13,5 Millionen auf weniger als 10 Millionen. Eric Evans: Thatcher and Thatcherism: The Making of the Contemporary World. 2. Aufl. London 2004, S. 40. 2011 waren es sogar nur noch knapp sechs Millionen. Vgl. Grafik Mitgliederentwicklung in Großbritannien 1990-2011, in: Gewerkschaften im internationalen Vergleich VI: Großbritannien. www.iwkoeln.de/infodienste/gewerkschaftsspiegel/beitrag/gewerkschaften-im-internationalen-vergleich-vi-grossbritannien-89583 (zuletzt besucht am 19.3.2016). Nach einem Beitrag der BBC von 2004 war es Thatcher, die es schaffte, »die Kraft der Gewerkschaften für fast eine Generation zu zerstören«. Paul Wilenius: Enemies within: Thatcher and the unions, BBC News of 5 March 2004. Zu den politischen Auswirkungen des Thatcherismus auf die englische Gewerkschaftsbewegung vgl. D.V. Khabaz: Manufactured Schema: Thatcher, the Miners and the Culture Industry. Leicester 2007. Damals kam es auch in der Druckindustrie zu einem großen Arbeitskampf mit der News International wegen der Verlagerung der Produktionsstätte und über die Einführung der allerneuesten Technologien. Die NGA geriet dabei allerdings in Konflikt mit den Elektrikern (EETPU), die sich für die neuen Arbeitsplätze zuständig sahen. Gennard, A History of the National Graphical Association, S. 501-504.

[59] Resolution betreffend neue Technologie, in: IGF Journal 1/89, S. 34f.

[60] Undy, Trade Union Merger Strategies, 2008, S. 5f.

[61] Ebd., S. 144f.

[62] Ebd., S. 134.

[63] Ebd., S. 205f.

[64] Ebd., S. 77, 138 und 196-198; J. Gennard/P. Bain, A History of the Society of Graphical and Allied Trades. London 1995, S. 301-338.

[65] GPMU, Direct (the GPMU's Journal) 2003, S. 2; Gennard, A History of the National Graphical Association, S. 491; Undy, Trade Union Merger Strategies, S. 45.

[66] Undy, Trade Union Merger Strategies, S. 68-70, 72f., 89, 134, 196-198. Vgl. auch https://en.wikipedia.org/wiki/Amicus. AMICUS saugte von 1978 bis 2004 40 englische Gewerkschaften auf, und jede der integrierten Gewerkschaften war ihrerseits aus Vereinigungen hervorgegangen. Undy, Trade Union Merger Strategies, S. 82.

[67] Seymour Martin Lipset/Martin Trow/James S. Coleman: Union Democracy: The Internal Politics of the International Typographical Union. New York 1956.

[68] Mark Lause: Unionism in the Computer Age, in: Eric Arnesen, Encyclopedia of U.S. Labor and Working-class History, 3 Bde., Routledge: New York und Oxford 2007, Bd. 1, S. 689f., und https://en.wikipedia.org/wiki/International_Typographical_Union (zuletzt besucht am 19.3.2016).

[69] Lause, Unionism, S. 689f.

[70] Zu den Teamsters vgl. Finding Aid for the Graphic Communications International Union Records, 1946-1998 (bulk 1968-1998). Collection Number Historical Collections and Labor Archives A 44, www.psu.edu/dept/findingaids/ead/1568.xml. teamster.org (zuletzt besucht am 19.3.2016. Zur International Brotherhood of Teamsters vgl. http://de.wikipedia.org/wiki/International_Brotherhood_of_Teamsters#Change_to_win (zuletzt besucht am 19.3.2016), und James B. Jacobs: Mobsters, Unions, and Feds: The Mafia and the American Labor Movement. University Press: New York 2006. Zu den Verbindungen der AFL-CIO mit der Mafia vgl. ebenso James B. Jacobs und Ellen Peters: Labor Racketeering: The Mafia and the Unions, in: Crime and Justice 30, 2003, S. 229–282.

[71] Craig Simpson: The Washington Post Strike at the Crossroads, December 1975, https://washingtonspark.wordpress.com/2012/12/12/the-washington-post-strike-at-the-crossroads-december-1975/ (zuletzt besucht am 19.3.2016).

[72] Vgl. Settling the N.Y. Newspaper strike, in: Chicago Tribune vom 9. November 1978, http://archives.chicagotribune.com/1978/11/09/page/45/article/settling-the-n-y-newspaper-strike (zuletzt besucht am 19.3.2016). Siehe auch Sidney Rosenthal: The 1978 New York City newspaper strike and its effect on employment and unemployment insurance. New York (State). Dept. of Labor. Division of Research and Statistics: New York 1979.

[73] 1,000 Production Employees On Strike

At Chicago Tribune, in: Chicago Tribune vom 19. Juli 1985, http://articles.sun-sentinel.com/1985-07-19/news/8501290909_1_three-unions-printers-union-teamsters (zuletzt besucht am 19.3.2016).

[74] Ebd.

[75] James Warren: No Progress In Year-old Tribune Strike, in: Chicago Tribune vom 18. Juli 1986, http://articles.chicagotribune.com/1986-07-18/news/8602200945_1_three-unions-union-members-unfair-labor-practices (zuletzt besucht am 19.3.2016)

[76] Ebd.

[77] Es gab zwar 5.200 Abonnementskündigungen, diese fielen jedoch bei einer Auflage von 1.163.083 an Sonntagen und 760.031 täglich kaum ins Gewicht. Ebd.

[78] Franz Arnold: SCS-Studie zur künftigen Entwicklung der öffentlichen Fernmeldenetze in der BRD und ihren Auswirkungen für die Benutzer (13.1.1984), S. 16. AdSD: IG Medien – Hauptvorstand, Konferenzen und Tagungen, Signatur: 5/MEDA103272.

[79] IG Druck Hauptvorstand: Geschäftsbericht 1980 bis 1983 zum 13. ordentlichen Gewerkschaftstag der Industriegewerkschaft Druck und Papier. Tübingen 1983, S. 95. Ein zweites Mal findet sie lediglich Erwähnung im Zusammenhang mit einer Verurteilung zur Militarisierung des Weltraums. IG Druck Hauptvorstand: Geschäftsbericht 1983 bis 1986 zum 14. ordentlichen Gewerkschaftstag der Industriegewerkschaft Druck und Papier. Tübingen 1986, S. 161.

[80] IGF Journal 2/1977. Ein Jahr später wird die Graphics Arts International Union (GAIU) in den statistischen Berichten der IGF von 1978 zwar genannt, aber es fehlen jegliche Angaben zum Stand der Auseinandersetzung. IGF Journal 1/78.

[81] IGF Journal Extra 1984 zur 35-Stunden-Woche.

[82] IGF Journal 1/1985, S. 67-71.

[83] Vgl. Ralf Roth: Die Ursprünge des Internet und warum das globale Netz in den USA und nicht in der Sowjetunion entstanden ist, in: ZWG 15, H. 2, 2014, 119–150.

[84] Nicholas Negroponte: Being Digital. New York 1995, S. 10.

[85] Siehe den Beitrag von Johannes Platz in diesem Band.

Anne König
Reaktionen von FacharbeiterInnen auf den technologischen Wandel in Kleinbetrieben der Druckindustrie

»Hoffentlich ist bald Weihnachten! Nichts Schöneres als dieses Jahr Weihnachten!«[1] Dieses Zitat eines gestressten Druckformherstellers angesichts der technischen Herausforderung während der Inbetriebnahme eines digitalen Druckplattenbelichters Ende der 1990er Jahre zeigt exemplarisch, wie es zugeht, wenn in Kleinbetrieben unausgereifte Technik – ohne auch nur die Chance einer vorlaufenden Qualifizierung – eingeführt wird.

Im Rahmen meiner Dissertation am Institut für Berufs-, Wirtschafts- und Technikpädagogik der Universität Stuttgart zu »Selbstgesteuertem Lernen in Kleinbetrieben«[2] führte ich 1998 zwanzig betriebs- und berufsbiografische Interviews in zwei als Familienbetrieb geführten Druckereien in Baden-Württemberg mit dort jeweils zehn Facharbeiterinnen und Facharbeitern der Druckvorstufe und der Druckformherstellung durch. In diesem Beitrag beleuchte ich aus der Perspektive dieser Akteure, welche technischen Umbrüche in diesen Tätigkeitsbereichen innerhalb eines Arbeitslebens zu bewältigen waren und welche Verhaltensmuster sich angesichts der fortwährenden Qualifizierungsherausforderungen bei den Beschäftigten herausgebildet haben.

Alle Interviewpartner hatten jeweils mindestens einen technologischen Umbruch in ihrem Betrieb erlebt und teilweise sehr aktiv mitgestaltet. Beide untersuchten Betriebe mit 50 beziehungsweise 70 Beschäftigten lagen im ländlichen Raum und bestanden zum Zeitpunkt der Untersuchung fast 100 Jahre. Sie haben den bis heute weiter anhaltenden stetigen Wandel überlebt und sind am gleichen Standort als inhabergeführte mittelständische Unternehmen erfolgreich.

Die Untersuchung wurde als Fallstudie mit dezidierter Zielsetzung angelegt und erhebt keinen Anspruch auf eine generalisierende Betrachtung der Entwicklung. Die untersuchte Betriebsgröße ist aber typisch für die von kleinen und mittelständischen Unternehmen geprägte Branche.

Wie Abbildung 11 zeigt, liegt der Anteil an Betrieben mit weniger als 50 Beschäftigten seit Jahren bei weit über 80%. Typisch für Kleinbetriebe ist, dass es meist keine betrieblichen Zuständigen für die Personalentwicklung gibt. Das war auch in den hier untersuchten Betrieben der Fall. Damit gibt die Studie einen beispielhaften Einblick in Bewältigungsstrategien von Facharbeiterinnen und Facharbeitern bei sich durch den technologischen Wandel ändernden Qualifikationsanforderungen, ohne dass sie von Dritten dabei unterstützt werden.

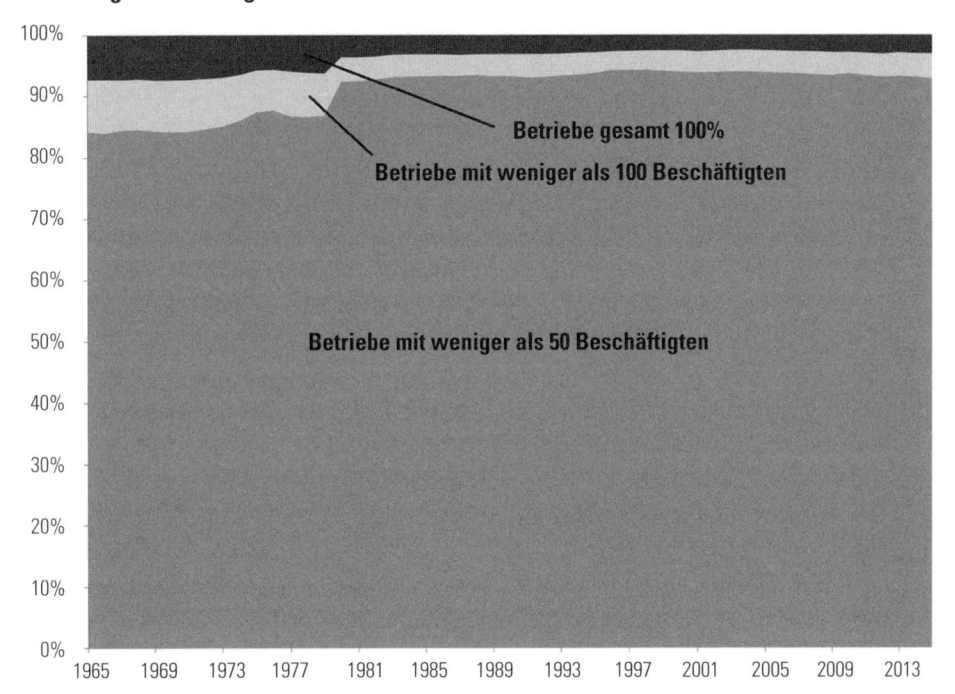

Abbildung 11: Betriebsgrößenstruktur der Druckindustrie 1965-2015

[Flächendiagramm: Betriebe gesamt 100%, Betriebe mit weniger als 100 Beschäftigten, Betriebe mit weniger als 50 Beschäftigten, Jahre 1965 bis 2013]

Quelle: Eigene Darstellung. Daten 1965-1992: Bundesverband Druck (Hrsg.): Statistische Jahrbücher 1965-1992, Wiesbaden 1965-1992; Bundesverband Druck und Medien (Hrsg.): Taschenstatistiken Bundesverband 1993-2012, Wiesbaden 1993-2012. Bis 1979 nur Westdeutschland, ab 1980 Gesamtdeutschland; Bundesverband Druck und Medien (Hrsg.): Taschenstatistiken Bundesverband 2013-2015, Berlin 2013-2015

Digitalisierung aller Druckvorstufenprozesse 1950 bis 2000

Entlang der Produktionsstufen der Druckvorstufe zeigt Abbildung 12 den Zeitraum der technologischen Umbrüche, den die Interviews abdecken. Die erste Spalte zeigt einen Zeitstrahl von den 1950er Jahren bis Ende der 1990er Jahre. Die folgenden vier Spalten zeigen die vier von verschiedenen Berufsbildern durchzuführenden Produktionsschritte: Zur Erstellung von Inhalten müssen Texte und Bilder zunächst hergestellt werden. Für die Texterstellung waren Schriftsetzer/innen qualifiziert, für die Bilderstellung Reprofotografen und Reprofotografinnen. Anschließend werden Texte und Bilder von Schriftsetzer/innen zu einzelnen Seiten zusammengeführt (Seitenlayout, Umbruch). Zur Erstellung der Druckform werden diese Einzelseiten in eine produktionstechnisch richtige Reihenfolge gebracht und für den Mehrfarbendruck zu passgenauen Druckformen montiert (Druckformherstellung).

In den 1950er Jahren bis teilweise in die 1970er Jahre wurde die Satzherstellung von den Interviewpartnern, die diese Zeit als Schriftsetzer erlebt hatten, noch »im Blei« durchgeführt. In ihrem Berufsleben vollzog sich der größte Wandel

Abbildung 12: Technologische Umbrüche 1950 bis 1998

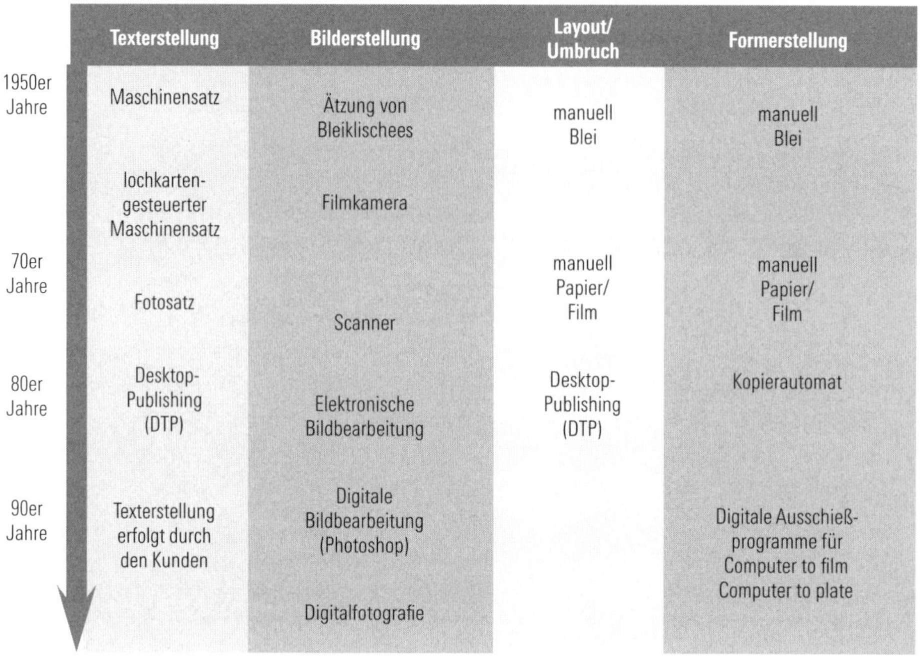

	Texterstellung	Bilderstellung	Layout/Umbruch	Formerstellung
1950er Jahre	Maschinensatz	Ätzung von Bleiklischees	manuell Blei	manuell Blei
	lochkartengesteuerter Maschinensatz	Filmkamera		
70er Jahre	Fotosatz	Scanner	manuell Papier/Film	manuell Papier/Film
80er Jahre	Desktop-Publishing (DTP)	Elektronische Bildbearbeitung	Desktop-Publishing (DTP)	Kopierautomat
90er Jahre	Texterstellung erfolgt durch den Kunden	Digitale Bildbearbeitung (Photoshop)		Digitale Ausschießprogramme für Computer to film Computer to plate
		Digitalfotografie		

Quelle: Eigene Darstellung

seit den Anfängen des Buchdruckhandwerks im 15. Jahrhundert: der Übergang vom manuellen Handsatz, bei dem die Einzelbuchstaben stehend aus Handsetzkästen entnommen werden, zum Maschinensatz, bei dem ganze Zeilen gegossen werden und die Steuerung sitzend vor einer Tastatur oder sogar per Lochkarte erfolgt. Dieser technologische Sprung war häufig mit einer neuen Arbeitsteilung in den Betrieben verbunden: Schriftsetzer wurde zu Maschinenführern, und angelernte Kräfte bedienten Lochkartenperforatoren. Der Wandel führte zu großen gewerkschaftlichen Auseinandersetzungen, die an anderer Stelle dieses Bandes beschrieben werden.

Nach dem Technologiesprung vom Hand- zum Maschinensatz in der »Bleizeit« der 1950er bis 1970er Jahre erfolgte in einem relativen kurzen Zeitraum, ab Mitte der 1970er bis Mitte der 1980er Jahre, die Einführung des Fotosatzes und parallel dazu die Ablösung des Hochdruckverfahrens (Buchdruck) durch das Flachdruckverfahren (Offsetdruck). Das Blei wurde dem Altmetallhandel übergeben oder wechselte in die Museen. In den Betrieben wurde fortan mit Fotosatzanlagen, Filmkameras, Fotopapier, Filmmontagen und Aluminiumdruckplatten gearbeitet.

Der Umbruch in der Bildherstellung verlief etwas langsamer als die Veränderungen bei der Texterstellung. Bis in die 1980er Jahre wurden Bilder mit Kameras von Reprofotografen in Filme überführt. Ab Mitte der 1980er Jahre beschleunigte sich der technische Wandel auch in der Bilderstellung: Die Filmkamera wurde durch den digital arbeitenden Scanner ersetzt. Die Seitenmontage erfolgte teilweise manuell mit Fotopapier, später konnten auch Seiten mit Text und Bild zusammen belichtet werden. Die eigentliche Druckform entstand durch die drucktechnisch sinnvolle Zusammenstellung der Seitenfilme zur Bogenmontage und anschließende Belichtung auf eine Aluminiumplatte.[3]

In einem der Untersuchungsbetriebe hielt außerdem eine der ersten elektronisch gesteuerten Bogenmontagemaschinen ihren Einzug: der »Kopierautomat«. Kopierautomaten griffen einzelne Seitenfilme und montierten sie an zu programmierende Stellen der späteren Druckform. Der Kopierautomat war für die Beschäftigten der Druckformherstellung die erste Begegnung mit einem Gerät, das man zur korrekten Bedienung vorher programmieren musste.

Der technologische Umbruch der 1990er Jahre war geprägt vom »Desktop-Publishing« und dem Einzug des Macintosh Computers von Apple in die Druckvorstufen- und Druckbetriebe. Die Seitenmontage mit der Zusammenführung von Text und Bild erfolgte im Desktop-Publishing ausschließlich softwaregestützt. Berühmt wurde das Layoutprogramm QuarkXpress, das ab dem Jahr 2000 mit Adobe Indcsign eine starke Konkurrenz bekam.

Hochwertige Bildbearbeitung war mit der Vorläuferversion des heute ebenfalls weit verbreiteten Programms »Adobe Photoshop« noch nicht möglich, sodass sehr teure Systeme der elektronischen Bildverarbeitung in darauf spezialisierten Betrieben eingeführt wurden. Außerdem begann in der Bilderstellung langsam der Siegeszug der Digitalfotografie.

Der letzte im Untersuchungszeitraum zu beobachtende Umbruch in der Druckvorstufe und Druckformherstellung war die Digitalisierung der Druckformherstellung durch die Direktbelichtung der Aluminiumdruckplatte (»Computer-to-Plate-Verfahren«). Damit war die Prozesskette der Druckformherstellung vom Blei über Film bis zur vollständigen Digitalisierung innerhalb von nur einem Arbeitsleben von 40 Jahren abgeschlossen. Ein atemberaubender technologischer Wandel, der in dieser verdichteten Form nur in wenigen anderen Branchen in so kurzer Zeit erfolgte.

Der Ende der 1990er Jahre beginnende Wandel, weg vom ausschließlichen Druck auf Papier hin zur Nutzung digitaler Endgeräte als Ausgabemedium, wurde unter dem Schlagwort »Multimedia« in der Druckbranche eingeführt. In den Untersuchungsbetrieben waren erste Lernformen mit dieser neuen Herausforderung ebenfalls zu beobachten. Zusammenfassend konnten sechs Technologiesprünge in den Betrieben beobachtet werden:
1. Der Übergang vom Handsatz zum Maschinensatz
2. Der Übergang zum Fotosatz
3. Die Nutzung von Kopierautomaten
4. Der Übergang zum Desktop-Publishing
5. Die Einführung von Computer-to-Plate-Systemen
6. Die Erstellung digitaler multimedialer Medien.

Ermittelte Lernformen in den Untersuchungsbetrieben

Die berufliche Bildung wird heute allgemein als ein dynamischer Prozess verstanden. Die Berufsausbildung ist nur ein Einstieg in ein Berufsleben mit lebensbegleitender Weiterbildung. Neben »klassischen« Weiterbildungsformen in Kursen und Seminaren, im Folgenden als formelle berufliche Weiterbildung bezeichnet, rückte die informelle berufliche Weiterbildung verstärkt in den Blickpunkt der Forschung. Der Umfang dieser weniger formalisierten Lernformen ist je nach der zugrunde liegenden Definition und der Forschungsfragestellung unterschiedlich. Alle aktuellen Studien kommen aber zu dem Ergebnis, dass die Bedeutung der informellen Weiterbildung für die Bewältigung der aktuellen Anforderungen des Berufes weit über der der klassischen Weiterbildung liegt.[4]

Die Abbildung 13 zeigt die in den untersuchten Betrieben beobachteten Lernformen und ordnet sie den in den Betrieben erlebten sechs technologischen Umbrüchen zu. Dabei wurden die Lernformen in eine Reihenfolge von »stärker formell« (Umschulung, Neueinstellung, Erstausbildung) bis zu »stärker informell« (Learning by Doing, externer Champion, Networking) angeordnet. Entlang dieses abnehmenden Formalisierungsgrades werden die Lernformen in den folgenden Kapiteln vorgestellt und an Beispielen konkretisiert.

Abbildung 13: Lernformen entlang der Innovationssprünge der Druckindustrie

Technologiesprung		Umschulung	Neueinstellung	Erstausbildung	Kooperationspartner	Externe Kurse
Nr.	Bezeichnung	Kap. 4.1			Kap. 4.2	Kap. 4.3
1	Maschinensatz		•	•		•
2	Fotosatz	•	•	•		
3	Kopierautomat			•		•
4	Desktop-Publishing		•	•		•
5	Computer to Plate					
6	Multi-Media-Produkte		•		•	•

← stärker formelle Qualifizierungsformen

Quelle: Eigene Darstellung

Formelle Lernformen: Umschulungen, Neueinstellungen, Erstausbildung

Bei dem zweiten technologischen Sprung vom Bleisatz zum Fotosatz in den 1960er und 1970er Jahren wurden über die Bildungswerke der Branche – teilweise mit Unterstützung vom Arbeitsamt – ein- bis dreijährige Umschulungen zum Fotosetzer/zur Fotosetzerin angeboten. Dieses formelle kostenpflichtige Weiterbildungsangebot nahmen zwei Personen der Untersuchungsbetriebe wahr, die später Abteilungsleiter in ihren Betrieben wurden. In beiden Fällen fanden die Umschulungsmaßnahmen statt, bevor in den jeweiligen Betrieben der Fotosatz eingeführt wurde – und beide Betriebe beteiligten sich weder finanziell noch über Freistellungen an den Maßnahmen.

Im ersten Fall wurde die neue Technologie, drei Jahre nachdem ein Mitarbeiter eigenständig eine Umschulung in Abendkursen absolvierte, eingeführt. Er wurde später in diesem Betrieb Abteilungsleiter Druckvorstufe. Im zweiten Fall handelt es sich um einen »Rückkehrer«: Der später ebenfalls zum Abteilungsleiter aufgestiegene Mitarbeiter hat seine Lehre im Betrieb absolviert und ging dann zur Bundeswehr. Danach machte er eine dreijährige Umschulung zum Fotosetzer, kam anschließend in seinen Ausbildungsbetrieb zurück und führte die Fotosatztechnik ein.

In beiden Betrieben gehörte es zur gelebten Betriebskultur, für die eigene Weiterbildung selbst verantwortlich zu sein. Vermutlich wurde diese Kultur durch die selbst initiierten Weiterbildungserfahrungen der Abteilungsleiter weiter verstärkt: So antwortete einer der Abteilungsleiter auf die Interviewfrage, was er von einem Mitarbeiter erwarten würde, der für seine eigene Weiterbildung aktiv werden will: »*Ja, der wird aber in erster Linie erst mal zu Hause privat [was machen] und würde sich an die Volkshochschule wenden, wenn die was anbietet. Und der würde dann sagen, Chef, ich habe den Kurs gemacht, ich bin in ›Word‹*

Schneeball-qualifizierung	Hersteller intern	koop. Selbst-qualifizierung	Learning by Doing	externer Champion	Networking
Kap. 4.4		Kap. 4.5		Kap. 4.6	
●	●		●		
			●		
●			●		
		●	●	●	
●	●	●	●	●	
			●		●

stärker selbstgesteuerte Qualifizierungsformen →

oder wo auch immer fit. Ich habe ein Zertifikat, ich habe ein Vierteljahr einen Kurs gemacht. Der würde erst mal in Eigeninitiative was machen. Erstmal separat, und wenn der Chef dann sagt, gut, wir bräuchten noch einen Photoshop-Kurs. Dann würde der [Chef] den dann nach (Name des Bildungsinstituts) schicken.«[5]

Umschulungen hat es bei den anderen technologischen Sprüngen in der Branche in den Untersuchungsbetrieben nicht mehr gegeben. Ein möglicher Grund ist, dass die Innovationen so kurz hintereinander kamen, dass andere Formen der Innovationsbewältigung gesucht werden mussten. In vier der sechs hier untersuchten Technologiesprünge wurde der Bedarf an neuem Wissen durch Neueinstellungen gedeckt. Besonders zu beobachten war dieses beim Aufbau eines Multimedia-Bereiches, wo nur auf wenig Vorwissen der Beschäftigten zurückgegriffen werden konnte.

Die hier untersuchten klein- und mittelständischen Betriebe sind traditionelle Ausbildungsbetriebe. Da, wo erste Innovationen umgesetzt wurden, wurden die Auszubildenden in die neuen Tätigkeiten integriert und ihr Wissen wurde in der Berufsschule theoretisch gefestigt. In vier der sechs Technologiesprünge wurde in den Interviews deutlich, dass das Wissen durch neue Auszubildende mit ihren Kenntnissen aus der Berufsschule in die Untersuchungsbetriebe kam.

Alle beobachteten Bewältigungsstrategien – Umschulung, Neueinstellung und Betriebliche Erstausbildung – sind letztlich nicht der betrieblichen Weiterbildung, sondern der persönlichen Aus- und Weiterbildung der Beschäftigten zuzuordnen. Von den in den Untersuchungsbetrieben bereits tätigen Maschinensetzern hat keiner eine formelle Weiterbildung zum Fotosetzer gemacht. Die ausgebildeten Schriftsetzer sind stattdessen in die manuelle Filmmontage und in die Arbeit mit der Reprokamera eingewiesen worden. Das Qualifizierungsmuster war rein informell: *»Alles im Betrieb gelernt, immer innerbetrieblich. Da ist mal jemand gekommen, der die Kamera aufgestellt hat, da ist man dann dazugestanden und hat sich das erklären lassen. In der Richtung, nicht irgendwie fort auf Kursen, gar nicht.«* Zur Rückfrage, ob mehr vom Hersteller oder mehr von Kollegen gelernt wurde: *»Ich tät fast sagen, schon von Kollegen, die, die es gekonnt haben. Der, der als erster mehr oder weniger in die Montage damals kam, der hat irgendwo dann mal hingehen dürfen, acht oder 14 Tage, und hat das noch ein bisschen besser gelernt, und der gab es dann weiter. Das ist so, wie es bei uns jetzt ja auch ein bisschen läuft.«*[6]

Kooperationspartner und Networking

Ähnlich groß wie der Technologie- und Kompetenzsprung vom Bleisatz zum Fotosatz ist aus Sicht der Beschäftigten der Sprung von den Kompetenzen für das druckseitenbasierte »Desktop-Publishing« zur multimedialen Ausgabe auf CD-Rom beziehungsweise ab den 1990er Jahren zur Ausgabe ins Internet. Trotz des großen und erkennbaren Weiterbildungsbedarfs unternahm keiner der interviewten Beschäftigten eine formelle Qualifizierungsanstrengung, wie sie von den zwei noch in den Betrieben beschäftigten Abteilungsleitern als Umschulung zum Fotosatz in den 1970er Jahren wahrgenommen worden war. Ein möglicher Grund ist, dass zusätzlich zum Technologiesprung auch eine Änderung des Geschäftsmodells der Druckereien notwendig war. Zwar benötigten die gleichen Kunden Drucksachen und digitale Kommunikationsmedien, aber Kunden trauten ihrer Druckerei diese Kompetenzen – anfangs auch meist zu Recht – nicht zu. Diese Unsicherheit, ob sich eine Umschulung tatsächlich lohnt, könnte sich auf die Mitarbeiter übertragen haben.

Einer der untersuchten Betriebe wagte sich in das neu entstehende Geschäftsfeld und die Unternehmensleitung erprobte dabei neue Wege: Zusätzlich zur Neueinstellung eines Akademikers (Medieninformatiker) wurde die Zusammenarbeit mit einem Kooperationspartner, der bereits erfolgreich einen Multimedia-Bereich aufgebaut hatte, vereinbart. Die Beschäftigten erlebten den neu aufgebauten Bereich als räumlich entfernt und auch sonst eher befremdlich: andere Arbeitszeiten, andere Mitarbeitertypen, ein eigener Außenauftritt *neben* dem der alteingesessenen Druckerei – und gelernt wurde in diesem neuen Bereich auch anders: Die über E-Mail möglich gewordene Nutzung von Kontakten zu Freunden, Studienkollegen, ehemaligen Arbeitskollegen und den Mitarbeitern des Kooperationspartners wurde ergänzt durch eine wachsende Zahl von Informations- und Lernangeboten der Softwarelieferanten und ihrer Nutzer im Netz. Auf die Frage, welche Bedeutung dieses *Networking* mit Unterstützung des Internets für den Mitarbeiter im Multimediabereich hat, antwortete er: »*Ist momentan mein einziger Mitarbeiter (lacht). Den ich ständig habe. Also, ich käme ohne Internet gar nicht mehr aus. Egal, wenn ich irgendwelche Informationen brauche, das ist eine weitere Informationsquelle sozusagen, neben meinen Bekannten.*«[7]

Die Beschäftigten der Druckvorstufe nahmen durchgehend keine formellen oder informellen Weiterbildungsanstrengungen in dem im Untersuchungszeitraum neu entstehenden Multimediabereich wahr, und es wechselte auch keiner in dieses neue Arbeitsfeld. Letztlich blieb der geschäftliche Erfolg des neu aufgebauten Bereiches weit hinter den Erwartungen der Unternehmensleitung zurück. Aus heutiger Sicht ist dieser Betrieb aber derjenige, der aufgrund der höheren Kompetenz im Bereich digitaler Medien früher als andere erkannt hat, dass der Bereich des Onlinevertriebs von Drucksachen erfolgversprechend ist, und deshalb zielgerichteter investiert hat.

Externe Kurse

Die Beschäftigten in den Untersuchungsbetrieben standen ein- oder mehrtägigen Weiterbildungskursen, die außerhalb des Betriebes an Volkshochschulen und in branchenbezogenen Akademien angeboten werden, ambivalent gegenüber. Die Untersuchung zeigte drei Grundmuster von Einstellungen zum Sinn der Nutzung externer Seminaranbieter. Sie können zusammenfassend als »Der Verzweifelte«, »Der sich Vorbereitende« und »Der Kurskritiker« bezeichnet werden.[8]

Für Beschäftigte der Gruppe »Verzweifelte« steht prototypisch ein Mitarbeiter der Druckformherstellung, der zum Zeitpunkt der Untersuchung 1998 starke

Probleme im Umgang mit den neuen Technologien hatte, in seine eigene Weiterbildung investieren zu müssen. »*Ich muss bloß sagen, ich tu' mich sehr schwer mit dem ganzen Zeug.*«[9] Auf die Frage, was er sich wünschen würde, wenn der Betrieb ihm zeitlich und finanziell helfen würde (»Wunschfrage«), antwortet er: »*Einen Kurs würde ich sehr gerne machen. Ich schaue auch schon die ganze Zeit, was es da so gibt.*«[10] Er äußert auch, dass er gerne eine längere berufliche Weiterbildung machen würde, aber bisher nur von einem halbjährigen Angebot in einer 50 Kilometer entfernten Großstadt etwas gelesen habe.

Beschäftigte der Gruppe der »sich Vorbereitenden« stehen aus anderen Gründen kursorientierten Angeboten eher skeptisch gegenüber. Einer würde bei der »Wunschfrage« der Interviewerin lieber vorerst auf einen Kurs zugunsten anderer Möglichkeiten verzichten: »*Wenn ich die Wahl hätte, ich würde mir lieber einen Mac anschaffen – sofort. Erstmal selber probieren, wie weit die Kenntnisse, die man hat, reichen, und dann, wenn man sagt, hier ist eine Grenze erreicht, wo es nicht mehr weitergeht, sagen, okay, gut [...]. Und dann sagen, gut, ich will einen Layoutkurs machen.*« Ein anderer stellt fest: »*Ich finde, dass das so nach und nach kommt. Dadurch, dass die sich im Satz so gut auskennen, können die einem eigentlich schon sehr viel bringen. Wenn ich acht Tage auf die Kurse gehe, dann kriegt man schon sehr viel eingehämmert. Da ist es sinnvoller, wenn man erst mal schon was weiß, man kennt sich im kleinen Teil schon aus, dann geht man in einen Kurs rein und dann weiß ich, aha, das und das ist ja schon klar und das wird dann wieder aufgefrischt, aber die und die Probleme habe ich grundsätzlich. Das ist für mich immer sinnvoller, als einfach ein neuer Kurs, dann kriegt man alles reingehämmert.*«[11]

Die dritte Gruppe sind explizite »Kurskritiker«: Einige Mitarbeiter, die stark informell lernen, betrachten die in der »Wunschfrage« implizierte Möglichkeit, an einem betrieblich finanzierten Weiterbildungsangebot teilzunehmen, zwar als innerbetriebliche Anerkennung und würden das Angebot auf jeden Fall annehmen, halten aber eigentlich von dieser Form der Weiterbildung nichts (mehr). Es handelt sich ausschließlich um jüngere Beschäftigte, die in der Druckvorstufe tätig sind. Ein Mitarbeiter führt aus, dass er sich die Programme selbst angeeignet habe und dafür in seinem letzten Betrieb auch ausreichend Zeit zur Verfügung hatte. Er schließt: »*So habe ich es mir beigebracht. Ich war, das muss ich allerdings dazu sagen, auf zwei Mac-Schulungen. Einmal 1,5 Wochen und dann dasselbe Seminar 2,5 Wochen. Da habe ich dann eine Woche ausgesetzt.*« Und später: »*Dieses Theorielernen liegt mir gar nicht. Ich lerne auch nicht aus Handbüchern.*«[12] Ein anderer DTP-Mitarbeiter antwortet auf die Frage, ob er Kurse besucht hat: »*Keinen. Das habe ich mir selbst beigebracht. Viel mit Büchern, nicht nur Handbücher, sondern Bücher über die Software.*« Er ergänzt später: »*Ich habe auch schon mitgekriegt, was da so an Kursen angeboten wird. Das kann man eigentlich alles haken, das kann man eigentlich vergessen. [...] Da werden irgendwelche Dinge besprochen, das sind alles alte Hüte. Aber die echten Probleme, die sind ganz tief drinnen in der Sache, die werden einfach nicht angesprochen. Deswegen* sind solche Bücher eigentlich für mich die bessere Wahl, weil auch nicht so teuer. Das Preis-Leistungsverhältnis ist meiner Meinung nach bei solchen Kursen völlig daneben. 1.200 Mark dafür, da kann man sich ja ein Programm für kaufen. Da bin ich echt der Meinung, das ist Abzockerei.«[13]

Schneeballqualifzierung/Herstellerschulungen intern

Die übliche und vom Arbeitgeber finanzierte Form der Weiterbildung wurde von den Beschäftigten als »Schneeballqualifizierung« bezeichnet: Immer, wenn eine größere Investition erfolgte (Reprokamera, Kopierautomat), wurde ein Kollege ausgewählt, der zu einem Seminar des Maschinenherstellers fahren durfte. Dieser gab die Erkenntnisse dann im Arbeitsalltag an die daheimgebliebenen Kollegen weiter. Die Analogie zum Schneeball illustriert das negative Bild, das die Beschäftigten von dieser Form der Weiterbildung haben: Bei jedem Weiterwurf schmilzt ein Schneeball ein Stück mehr und wird kleiner. So wird es auch bei der Herstellerqualifizierung durch nur einen Kollegen betrachtet: Der erste lernt noch am meisten, danach wird das weitergegebene Wissen immer geringer – es würde wie ein Schneeball beim Weiterwerfen schmelzen. Beschäftigte, die nicht selbst zur Herstellerschulung gehen durften, sehen diese betriebsübliche Qualifizierungsform also kritisch. Die negative Haltung wird sowohl mit der schlechten Qualität der innerbetrieblichen Wissensweitergabe als auch mit der unterschiedlichen Wertschätzung des Betriebes den jeweiligen Mitarbeitern gegenüber begründet. Stellvertretend dazu ein Zitat: »*Es ist schwer, selbst wenn jemand noch so gut erklären kann, aber, durch mehr Hände es geht, immer wieder was verliert sich. Und wenn für einen was neu ist, und der soll das nach ein paar Wochen gleich wieder jemandem erklären, das ist doch ganz klar, dass dann einfach Sachen fehlen. Der kann sich ja auch nicht alles merken.*« Und mit leicht sarkastischem Ton: »*Dann ist jeder drauf ausgebildet worden. Oder besser gesagt, ein paar wenige haben einen Kurs genossen, und die haben das dann weitergegeben.*«[14]

Zahlreiche Hersteller sind beim fünften Technologiesprung »Computer to Plate« (CtP) – wohl auch aufgrund der schlechten Erfahrungen mit der Schneeballqualifizierung – dazu übergangen, anstelle der Herstellerschulungen im Werk eine Qualifizierung direkt an der Maschine nach dem Aufbau beim Kunden anzubieten. Aber: »*Als die ganze Geschichte ins Rollen kam, hat es geheißen, wir kriegen eine Schulung. Die Herren bleiben drei Tage da. Aber als dann die Maschine aufgestellt war, waren sie vormittags noch da, und dann waren sie pffft, verschwunden. Dann war nichts mit der Schulung. Das läuft learning by doing.*«[15]

Kooperative Selbstqualifizierung/Learning by Doing

Wenn die Beschäftigten wissen und nachvollziehen können, dass es kein kursorientiertes Angebot gibt, da die Technik noch zu neu ist, begreifen sie dies in ihrer Mehrzahl als eine gemeinsame Herausforderung und beteiligen sich aktiv daran, Wissen auf anderen Wegen zu bekommen. Dies war in beiden Betrieben bei der Einführung von »Computer to Plate« der Fall. Ein Mitarbeiter hat sich im Vorfeld erkundigt, welche Schulungsangebote existieren. Das Unternehmen setzte dann aber ein anderes Softwareprogramm ein: »*Es gibt Kurse. Wir haben uns ja erkundigt. Wenn man sich ein spezielles Ausschießprogramm zulegt. Da gibt es extra Schulungen für. Und auf der Imprinta waren wir auf dem Messestand, die [Programmname] verkaufen und haben gefragt, was für ein Zeitraum veranschlagt wird für eine Schulung. Für herkömmliche Montierer, die noch nicht viel mit Computern zu tun gehabt haben. Da hat er gesagt, vier, fünf Tage wäre das Minimum, was man mindestens veranschlagen müsste. Aber wir haben dieses Ausschießprogramm nicht. Wir schießen alles in einem anderen Programm aus.*«[16] Er führt weiter aus, dass sie ja jetzt auch ohne Kurs damit zurechtkommen.

Bei einem anderen Mitarbeiter war geplant, dass er eine Woche in einem Kollegenbetrieb die neue Technik erlernen sollte. Es stellte sich dann heraus, dass die Anlagen doch sehr unterschiedlich waren. »*Das hat ja eben nicht stattgefunden – was war noch genau die Begründung? [...] Im Endeffekt war das dann schon einleuchtend. Das wäre ja auch im Januar gewesen, und das Gerät kam ja erst im Februar [...] das wäre nicht effektiv gewesen.*«[17]

Ein Desktop-Publishing-Mitarbeiter, der seinen Kollegen beim Übergang zu Computer to Plate stark geholfen hat, beantwortet die Frage, ob formelle Weiterbildungsmaßnahmen den Einführungsprozess hätten erleichtern können, mit den Worten: »*Ne, das glaube ich nicht. Durch das, dass das alles so neu ist [...] die Einzelsysteme funktionieren alle ganz toll, aber das Gemeinsame, dass alles rundläuft. Die Systeme, das Netzwerk – das ist das Problem. Alles zusammenbringen ist das Schwierigste gewesen. Und dann – wie funktioniert der Arbeitsablauf. Man hat ja niemanden fragen können. Wer hat Erfahrung – fangen wir so an zu arbeiten, separiert oder unsepariert – es gibt ja nicht so viele Anwender. Und die Fragen tauchen erst auf, wenn man damit arbeitet. Wenn man auf der Messe ist, dann kommt da ein Beispiel, und dann funktioniert das. Aber das ist ja das gleiche wie bei DTP. Mal ne Schrift, mal das, mal das, er stürzt ab, mal so, mal so. Das ist das gleiche wie bei DTP im Prinzip. [...] Das sind Erfahrungen, die man da sammeln muss, das ist das Beste.*«[18]

Eine Ausgangsüberlegung der Untersuchung war, dass das Fehlen strukturierter Lehr-Lern-Arrangements und damit der »Zwang zur Selbsthilfe« zu einer Überforderung der Beschäftigten führen könnten. Diese These konnte bei der in den Betrieben zu beobachtenden beteiligungsorientierten Weiterbildungsplanung nicht bestätigt werden. Vielmehr schien es so, dass gerade durch das Fehlen solcher Angebote die Formen der kooperativen Selbstqualifizierung und die selbstinitiierte Nutzung von Kontakten gestärkt wurden.

Die Frage, ob diejenigen, die sich gerade in die »CtP-Technologie« einarbeiten mussten, sich überfordert fühlten, wurde trotz erheblicher technischer Probleme und großer Ausbildungsdefizite im Prinzip verneint. Es wäre zwar viel Stress gewesen, aber dieser wurde nachträglich eher als (gemeinsame oder individuelle) Herausforderung verarbeitet. Für diese These finden sich in den Interviews einige Belege:

»Im Moment etwas überfordert, aber wie es in der letzten Zeit gelaufen ist, kriegt man das mit der Zeit in den Griff. Es ist nicht so, dass mich das stört. Es ist okay, dass man gefordert wird.«[19]

»Was halt ist, ist Stress. Wenn man mit einem Problem nicht klar kommt, und der Kollege weiß es auch nicht, und es steht schon jemand hinten dran, möchte es, man weiß nicht wie. Die Hetze, die Nervosität, das ist eigentlich das Schlimmste. Aber Überforderung würde ich nicht sagen.«[20]

»Überfordert? Am Anfang ja (lacht). Ist klar. Jetzt bin ich zufrieden. Das war am Anfang schon schwierig. Das haben wir jetzt schon im Griff. Aber am Anfang habe ich gesagt: Hoffentlich ist bald Weihnachten! Nichts Schöneres, als dieses Jahr Weihnachten! Das war am Anfang schon sehr – wo man sich dachte, wie wird nun des werden oder des, aber, toi, toi, toi, ich bin eigentlich überrascht und sehr zufrieden, muss ich schon sagen.«[21]

»Klar, es birgt seine Schwierigkeiten. Der theoretische Weg ist klar, der ist eigentlich relativ simpel. Und auch ganz toll, aber was die Praxis dann halt rüberbringt, das ist wieder anders. Ich denke, da muss man sich durchkämpfen. Das kann keiner vorausprogrammieren oder sagen, das ist der Weg. Die Theorie ist wirklich toll. Das ist traumhaft. Aber es sieht in der Praxis schon anders aus.«[22]

»Das muss sein. Gefordert schon, aber überfordert, nein.«[23]

Externer Champion/Networking

Während die bisher aufgeführten Lernformen in den Bildungswissenschaften bekannt sind, konnte in beiden Betrieben eine neue Qualifizierungsform beobachtet werden, die im Folgenden als Qualifizierung durch einen »externen Champion« bezeichnet wird. Es handelte sich in beiden Fällen um externe Dienstleister, die im Unternehmen das IT-Netzwerk aufgebaut haben und es warten. In einem Betrieb handelt es sich um einen Selbständigen, im zweiten ist es ein Mitarbeiter eines sehr kleinen Computerhändlers. Der erfolgreiche Übergang zum Desktop-Publishing wird zu einem nicht unerheblichen Teil auf den Einsatz dieser externen Champions zurückgeführt. Ein ehemaliger Druckformhersteller beschreibt die erste Zeit mit diesen neuen Mitarbeitern: *»Die Computer sind gekommen, der Herr [Name des Externen] war dann eine Woche da, wir haben dann alles durchgemacht. Ein bisschen Pagemaker, ein bisschen Quark und ein bisschen Photoshop. [...] Herr [Name], der kann alles. Und das war ziemlich viel. Wir haben ja von gar nichts gewusst. [...] Den haben wir dann ziemlich oft in der Leitung gehabt.«*[24] Auch heute noch spielt der externe Champion eine wichtige Rolle. Auf die Frage, ob gelegentlich auch vom Vorgesetzten gelernt wird, lautet die Antwort: *»Nein, wenn dann der Herr [Name des Externen], das ist der Beste.«*[25]

Der Zugang zu und der Einsatz von externen Champions wurde durchgängig als sehr positiv bewertet. Möglichst viele Chancen, von diesem externen Champion zu lernen, wurden genutzt. Der Einsatz dieser außergewöhnlichen Knowhow-Träger auch in innerbetrieblichen Qualifizierungsmaßnahmen wird verstärkt gewünscht. Eine Mitarbeiterin, die in der Lernform der Schneeballqualifizierung an der CtP-Technik ausgebildet werden soll, nutzte jede Gelegenheit, ihre teilweise noch vorherrschende Arbeit in der konventionellen Druckformherstellung zu verlassen, sobald der externe Champion im Haus war. »*Der Herr [Name des externen Champions], der das Ganze aufgebaut hat, das ist schon gewaltig, was der alles für ein Verständnis drin hat. Jedes Problem, das an ihn herangetragen wird, versucht er zu lösen. [...] Ich sitze da oft davor und bewundere ihn, wie er da sitzt und sich irgendwo einklickt, und Klasse, es läuft bei ihm. Oder auch über Telefon. Das und das Problem, ja, drücken Sie mal da und machen da, also das finde ich schon toll. So einen Mann jeden Tag um sich herum zu haben, wäre natürlich eine Traumsache – das ist klar. Aber das ist ja absolute Utopie.*«[26]

Die gute Erfahrung mit einzelnen »Koryphäen« wurde auf andere Qualifizierungsbedarfe übertragen. So organisierten sich Mitarbeiter eines Betriebes einen externen Fachmann für die Software Fotosatz: »*Wir waren jetzt drei Freitage zusammen, wir vier vom Satz und zwei Kollegen, die haben sich teilweise abgelöst, von der Montage. Und das war also ganz prächtig. Das hat vielen wirklich gefallen, und das hat wirklich was gebracht. Wir merken es jetzt selbst beim Einscannen, es macht wesentlich mehr Spaß. Man weiß, wo man hingeht, man weiß, worauf man achten muss, was man einfach vorher nicht gewusst hat. Klar, man hat Bücher, man hat Übungsdinge, aber wenn dann so ein kompetenter junger Mann da steht, der noch die kleinen Tricks bringt, also das bringt wirklich was. Das war recht nett.*«[27]

5. Qualifizierungsstrukturen in Innovationssituationen

Im technologischen Wandel der Druckbranche haben sich in den kleinen und mittelständischen Betrieben die Qualifizierungsstrukturen mit der Zeit geändert. Die Gründe liegen im Wesentlichen bei zwei veränderten Umfeldbedingungen:
1. Schnellere Änderungszyklen in einem stagnierenden Markt: Während der Wachstumsphase der Branche konnten Qualifikationsbedarfe durch Neueinstellungen und eigene Nachwuchsförderung bewältigt werden. Mit der Beschleunigung der Innovationszyklen und dem Rückgang der notwendigen Zahl der Beschäftigten mussten neue Wege gesucht werden.
2. Bestimmte Qualifizierungsinhalte sind nicht mehr in externen Lehr-Lern-Arrangements zu vermitteln, sondern bedürfen einer intensiven Qualifizierung vor Ort. Diese findet verstärkt durch selbstgesteuerte Lernaktivitäten einzelner Beschäftigter, durch informelle, abteilungsübergreifende kooperative Selbstqualifizierung und durch die Nutzung externer Champions statt.

Beim Aufbau ganz neuer Geschäftsfelder werden neue Qualifizierungsformen, wie Kooperationen und Networking, erprobt. Die Bedeutung der Diskussion von Medienkompetenz in der heutigen Ausbildung zeigte sich also schon Ende der 1990er Jahre in den Kleinbetrieben der Druckbranche. Man könnte sie auch als Vorreiter des selbstgesteuerten Lernens bezeichnen.

Anmerkungen

[1] Facharbeiter Montage in einer mittelständischen baden-württembergischen Druckerei, 37 Jahre, zehnjährige Betriebszugehörigkeit. Vgl. Anne König: Selbstgesteuertes Lernen in Kleinbetrieben. Heimsheim 1999, S. 212.

[2] Vgl. König 1999.

[3] Vgl. die Beiträge von Ralf Roth und Karsten Uhl in diesem Band.

[4] Vgl. Autorengruppe Bildungsberichterstattung (Hrsg.) (2014): Bildung in Deutschland. Bielefeld, S. 154.

[5] Vgl. Abteilungsleiter DTP in einer baden-württembergischen Druckerei, 54 Jahre, 29-jährige Betriebszugehörigkeit. Vgl. König 1999, S. 194.

[6] Abteilungsleiter Montage in einer mittelständischen baden-württembergischen Druckerei, 54 Jahre, 38-jährige Betriebszugehörigkeit. Vgl. König 1999, S. 202f.

[7] Informatiker (Hochschulabschluss) Medienvorstufe in einer mittelständischen baden-württembergischen Druckerei, 31 Jahre, dreijährige Betriebszugehörigkeit. Vgl. König 1999, S. 218.

[8] Vgl. König 1999, S. 195.

[9] Abteilungsleiter Montage in einer mittelständischen baden-württembergischen Druckerei, 49 Jahre, 27-jährige Betriebszugehörigkeit. Ebd., S. 195.

[10] Ebd., S. 196.

[11] Facharbeiter Montage in einer mittelständischen baden-württembergischen Druckerei, 37 Jahre, zehnjährige Betriebszugehörigkeit. Ebd., S. 196.

[12] Facharbeiter Desktop-Publishing in einer mittelständischen baden-württembergischen Druckerei, 25 Jahre, zweijährige Betriebszugehörigkeit. Ebd., S. 197.

[13] Facharbeiter Desktop-Publishing in einer mittelständischen baden-württembergischen Druckerei, 34 Jahre, einjährige Betriebszugehörigkeit. Ebd. S. 197.

[14] Facharbeiterin Montage in einer mittelständischen baden-württembergischen Druckerei, 34 Jahre, achtjährige Betriebszugehörigkeit. Ebd., S. 210.

[15] Facharbeiter Druckformherstellung in einer mittelständischen baden-württembergischen Druckerei, 33 Jahre, achtjährige Betriebszugehörigkeit. Ebd. S. 210.

[16] Ebd., S. 211.

[17] Facharbeiter Plattenkopie in einer mittelständischen baden-württembergischen Druckerei, 36 Jahre, achtjährige Betriebszugehörigkeit. Ebd., S. 211.

[18] Facharbeiter DTP in einer mittelständischen baden-württembergischen Druckerei, 26 Jahre, vierjährige Betriebszugehörigkeit. Ebd., S. 211.

[19] Facharbeiter Druckformherstellung in einer mittelständischen baden-württembergischen Druckerei, 33 Jahre, achtjährige Betriebszugehörigkeit. Ebd., S. 212.

[20] Facharbeiter Montage in einer mittelständischen baden-württembergischen Druckerei, 37 Jahre, zehnjährige Betriebszugehörigkeit. Ebd.

[21] Ebd.

[22] Facharbeiterin Montage in einer mittelständischen baden-württembergischen Druckerei, 37 Jahre, 14-jährige Betriebszugehörigkeit. Ebd.

[23] Facharbeiter Montage in einer mittelständischen baden-württembergischen Druckerei, 40 Jahre, 22-jährige Betriebszugehörigkeit. Ebd.

[24] Facharbeiter DTP in einer mittelständischen baden-württembergischen Druckerei, 26 Jahre, vierjährige Betriebszugehörigkeit. Ebd. S. 207.

[25] Ebd.

[26] Facharbeiterin Montage in einer mittelständischen baden-württembergischen Druckerei, 37 Jahre, 14-jährige Betriebszugehörigkeit. Ebd, S. 213.

[27] Abteilungsleiter Desktop-Publishing in einer mittelständischen baden-württembergischen Druckerei, 47 Jahre, 27-jährige Betriebszugehörigkeit. Ebd., S. 214.

Karsten Uhl
Die langen 1970er Jahre der Computerisierung
Die Formalisierung des Produktionswissens in der Druckindustrie und die Reaktionen von Gewerkschaften, Betriebsräten und Arbeitern[*]

Die Druckindustrie war in den 1970er und 1980er Jahren Schauplatz drastischer Umwälzungen: Zunächst brachen in dieser Branche während der ersten Hälfte der 70er Jahre etwa 50.000 Arbeitsplätze in der Bundesrepublik Deutschland weg. Daraufhin verschärften sich die Auseinandersetzungen zwischen Druckunternehmen und der Gewerkschaft IG Druck und Papier, was insgesamt drei, bundesweit unter starker medialer Beachtung geführte Streiks in den Jahren 1976, 1978 und 1984 zur Folge hatte. Kern der Arbeitskämpfe war ein technologisch bedingter Umbruch innerhalb der Berufsstruktur der Branche: Die traditionell hochqualifizierten Facharbeiter und Facharbeiterinnen sahen sich der Herausforderung der Automatisierung gegenüber.[1]

Seit den 1950er Jahren setzte im Druckgewerbe der Übergang zu durchgehend industrialisierten Produktionsformen ein. Der entscheidende Bruch fand durch den Einsatz von Computertechnologien in den 1970er und 1980er Jahren statt, bis hin zur Durchsetzung des 1985 eingeführten Desktop-Publishing – diese Phase wird in diesem Beitrag untersucht.[2] Diese technische Entwicklung und die mit ihr einhergehende Transformation der Berufsstruktur[3] bedeuteten eine vollständig neue Herausforderung für die IG Druck und Papier, die bis zu diesem Zeitpunkt in einer von Facharbeitern geprägten Branche mit hohem gewerkschaftlichen Organisationsgrad zu den besonders starken Gewerkschaften zählte. In diesem Zeitabschnitt und nicht zuletzt durch den technologischen Wandel wurde mithin eine wesentliche Säule der fordistischen Arbeitsgesellschaft nachhaltig geschwächt: die Gewerkschaftsbewegung.

Innerhalb der Druckgewerkschaften gibt es eine lange Tradition der Auseinandersetzung mit neuen Technologien. Bereits im 19. Jahrhundert wurden Arbeitskämpfe im Zusammenhang mit der Einführung der Schnellpresse geführt.[4] Der Tarifvertrag der Maschinensetzer aus dem Jahr 1900, der festlegte, dass nur ausgebildete Handsetzer im neuen Maschinensatz beschäftigt werden durften, wirkte auch nach dem Zweiten Weltkrieg als Modell der gewerkschaftlichen Strategien im Umgang mit neuen Technologien. Der 1955 geschlossene Tarifvertrag zur Einführung des Tele-Type-Setting galt der IG Druck und Papier noch als Erfolg dieser Strategie. Es spricht einiges dafür, dass die Strategie nur im wirtschaftlichen Aufschwung erfolgreich sein konnte, wohingegen sie während der Krise am Ende der 70er Jahre, als Fotosatz und rechnergestützte Textsysteme eingeführt wurden, geradezu zwangsläufig gescheitert ist.[5] Der vorliegende Beitrag setzt an dieser Stelle an und untersucht die Strategiebildung der IG Druck und Papier bezüglich der neuen Technologien genauer.

Erste Forderungen nach einer Regelung der Arbeit an Fotosetzmaschinen kamen direkt 1959 auf, als die erste derartige Maschine in der Bundesrepublik zum Einsatz kam; Forderungen nach einer Tarifierung der Fotosetzmaschinen wurden 1965 und 1968 auf den Gewerkschaftstagen erhoben.[6] Im Zentrum der zu untersuchenden Phase standen die drei großen Arbeitskämpfe der IG Druck und Papier von 1976, 1978 und 1984, wobei der letzte einen Strategiewechsel mit der Abwendung von der Maschinenbesetzungsfrage hin zur Arbeitszeitregelung andeutet. Wenn auch die technologische Transformation zu einer computerisierten Branche noch längst nicht abgeschlossen war, lässt sich die hier zu untersuchende Phase doch insofern als eine geschlossene betrachten, als der entscheidende Schritt zur unumkehrbaren Einführung der neuen Computertechnologien getan wurde. In diesen – bis Mitte der 1980er Jahre andauernden – »langen 1970er Jahren«[7] der Computerisierung zeigten sich hingegen zum letzten Mal Akteure, die von einer offenen Entwicklung mit verschiedenen Möglichkeiten zur Gestaltung des technologischen Wandels ausgingen. Um die Bandbreite der sich im Wandel befindlichen Einstellungen und politischen Strategien herauszuarbeiten, wird im Folgenden zunächst die Gewerkschaft untersucht, dann werden die lokalen Strategien zweier Betriebsräte in den Blick genommen und schließlich soll ein Ausblick auf das Selbstbild der Arbeitenden unternommen werden.

Computerisierung, Arbeitskämpfe und die Strategien der IG Druck und Papier

Europaweit war zwischen 1966 und 1974 ein signifikanter Anstieg der Streikaktivitäten zu verzeichnen; in der Bundesrepublik lag der Höhepunkt im Jahr 1971.[8] Insgesamt waren in den 1970er Jahren doppelt so viele Arbeiter an Streiks beteiligt wie in den 60ern, womit das »höchste Konfliktniveau in der Geschichte der Bundesrepublik« erreicht wurde.[9] Diese Phase endete 1984 mit dem Doppelstreik der IG Metall und der IG Druck und Papier, nicht zuletzt durch die Entscheidung der Bundesanstalt für Arbeit, keine Zahlungen mehr an »kalt ausgesperrte« Beschäftigte zu leisten, was die Gewerkschaften finanziell extrem schwächte.[10]

Im von vielen, sowohl »wilden« als auch gewerkschaftlich organisierten Streiks geprägten Jahr 1973 erzielte die IG Druck und Papier einen hohen Lohnabschluss.[11] Dieser erste gewerkschaftliche Streik in der deutschen Druckbranche seit 1952 wurde mit der Forderung nach einer Lohnerhöhung um 13% geführt. Im Vergleich zu den späteren Streiks dieses Jahrzehnts war der Umfang der Arbeitsniederlegungen noch gering, wenn auch punktuell in seiner Schwerpunktsetzung auf Zeitungsdruckereien wirkungsvoll: Nach einigen Warnstreiks legten am 9. April 1973 etwa 85.000 Beschäftigte für zwei Stunden die Arbeit nieder, was zur Folge hatte, dass am nächsten Tag nur wenige Zeitungen erschienen. Der Tarifabschluss lag dann bei knapp unter elf Prozent. Die relativ kleine Druckindustrie gab damit einen Kurs vor, der die folgenden Monate mit vergleichbaren Arbeitskämpfen in verschiedenen Branchen prägte.[12]

Dieser Erfolg in der Tarifauseinandersetzung brachte der IG Druck und Papier allein im Streikjahr 1973 eine um über 8.500 gestiegene Mitgliederzahl ein. Bei dem gleichzeitigen Stellenabbau in der ersten Hälfte der 70er Jahre stieg der Organisationsgrad der Gewerkschaft damit deutlich an. 1975 lag er bei knapp 50% und damit um etwa 20 Prozentpunkte über dem durchschnittlichen gewerkschaftlichen Organisationsgrad in der Bundesrepublik.[13]

Im Streik von 1976 ging es nur auf den ersten Blick ausschließlich um Lohnfragen. Dieser Aspekt stand im Zentrum der Auseinandersetzungen: Die Gewerkschaft forderte neun Prozent mehr Lohn und erzielte nach 13 Tagen Arbeitskampf eine Erhöhung von durchschnittlich knapp unter sieben Prozent.[14] Dennoch lässt sich hierin eine »Generalprobe« für die anstehenden Auseinandersetzungen um die neuen Technologien sehen.[15] Schon zuvor thematisierte die IG Druck und Papier diese Frage. Im Herbst 1975 legte sie dem Bundesverband Druck einen Tarifvertragsentwurf für die Bedienung von Manuskript-Lesemaschinen und Bildschirmgeräten vor, der vom Unternehmerverband allerdings im Januar 1976 abgelehnt wurde.[16] Nach Beilegung des Lohnstreiks 1976 betonte der Vorsitzende der IG Druck und Papier Leonhard Mahlein, dass dieser gewerkschaftlichen Stärkedemonstration eine wichtige Rolle im Hinblick auf die anstehenden Auseinandersetzungen über die neuen Techniken zukäme.[17] Zentral für den nächsten Arbeitskampf von 1978 sollte nun die Einführung von Computertechnik, also die Auseinandersetzung um die Formalisierung des Produktionswissens, werden.

In Bezug auf den Arbeitskampf 1978 explizierte das Vorstandsmitglied Detlef Hensche die technikpolitische Position der IG Druck und Papier wie folgt: »Die neue Technik ist, für sich genommen, neutral.«[18] In der Erwartung der konkreten Folgen bei der Umstellung auf elektronisch gesteuerten Lichtsatz war die Gewerkschaftsspitze allerdings keineswegs blauäugig. Der Vorsitzende Mahlein stellte nach Beendigung des Arbeitskampfs richtig, dass der IG Druck und Papier von Beginn der Auseinandersetzungen an klar war, dass bei diesem technologischen Wandel »etwa die Hälfte der Arbeitsplätze im Satzbereich« wegfallen würden. Gekämpft worden sei hingegen um die restlichen qualifizierten Arbeitsplätze in der Druckindustrie und die Abfederung der sozialen Folgen.[19] Mahlein war direkt nach Ende des Streiks und dem Tarifabschluss bemüht, das gewerkschaftliche Handeln als »erfolgreiche[n] Widerstand« darzustellen.[20] Festzuhalten bleibt allerdings, dass die Gewerkschaft wesentliche Ziele nicht durchsetzen konnte: Anders als im Jahr 1900 bei der Einführung des Maschinensatzes konnte eben keine dauerhafte Regelung erzielt werden, die eine Besetzung der neuen Arbeitsplätze mit Facharbeitern verlangte. Die im Tarifvertrag über die Einführung und Anwendung rechnergestützter Textsysteme (RTS-Tarifvertrag) rückwirkend zum 1. April 1978 beschlossene Achtjahresregelung konnte die Verdrängung der

Setzer allenfalls verlangsamen.[21] Der Erhalt der Berufsstruktur in der Druckindustrie konnte nicht erreicht werden: Der prägende Charakter der hochqualifizierten Facharbeit, die Schriftsetzer und Drucker über Generationen verkörperten, brach in der computerisierten Branche zu einem wesentlichen Teil weg.

Nach der Etablierung der neuen Satztechnik in den 1980er Jahren stand die IG Druck und Papier vor einer völlig neuen Situation: Ihre Machtbasis war deutlich angegriffen, weil der technologische Wandel einen Nebeneffekt hatte, der die Unternehmen prinzipiell zu einem gewissen Grad unabhängig von Streikdrohungen machen konnte. Der Computersatz und die Datenübertragung boten die Möglichkeit, den Druck temporär auszulagern, um so nicht mehr vollständig von lokalen Streiks beeinträchtigt zu werden. Die gewerkschaftliche Drohung, das Erscheinen einer Zeitung zu verhindern, war bei einem konsequenten technischen Umstieg kaum noch umzusetzen.[22] Da nur wenige Betriebe sofort und konsequent umstiegen, folgte aber tatsächlich zunächst noch der größte Streik in der Bundesrepublik seit 1950, als IG Druck und Papier und IG Metall gemeinsam im Jahr 1984 streikten und eine Reduzierung der Arbeitszeit erreichen konnten.[23]

Der Prozess der Implementierung neuer Techniken war damit zwar keinesfalls abgeschlossen, der wesentliche Umbruch war aber erfolgt. Jenseits von bundesweiten Streiks wurde dabei von Gewerkschaftsfunktionären durchaus weiterhin die Frage des Produktionswissens thematisiert. So betonte der zweite Vorsitzende das Landesbezirksvorstands Hessen der IG Druck und Papier Manfred Balder 1986, es gehe in betrieblichen Arbeitskämpfen unter anderem darum, die »Arbeit so wenig wie möglich transparent« zu machen.[24] Er setzte also, ohne es weiter auszuführen, beim Produktionswissen der Arbeiter an und zielte darauf, die Formalisierbarkeit dieses Wissens und folglich die Automatisierungsprozesse innerhalb der Industrie zu erschweren. Dieses Thema spielte zu diesem Zeitpunkt auch in den Überlegungen des Hauptvorstandes der Gewerkschaft eine große Rolle. Dessen realistische Einschätzung der Situation sah allerdings aufgrund der bereits gefallenen technologischen und arbeitsorganisatorischen Weichenstellungen deutlich weniger gewerkschaftliche Handlungsmöglichkeiten.

Die Position des Hauptvorstands entfaltete insofern eine Multiplikationswirkung, als sie im Jahr 1986 in zwei Ausfertigungen für Referenten einging. Im Januar war eine Ausgabe des Referentenmaterials bereits mit dem bezeichnenden Titel »Grenzenlose Rationalisierungsmöglichkeiten« überschrieben. Festgehalten wurde der offenkundige Befund, dass nach nur zehn Jahren betrieblicher Praxis der Fotosatz vor dem Ende stehe bzw. in den USA durch ein »integriertes elektronisches System« ersetzt worden sei.[25] Neben dieser Entwicklung, die sich lange angekündigt hatte, war jedoch auch eine noch sicher geglaubte »Domäne der handwerklichen Produktion« akut gefährdet: die Erstellung von Grafiken. Das scheinbar unverzichtbare Produktionswissen der Grafiker drohte durch das Computer-Aided-Design seinen Status zu verlieren.[26] In der Prognose schien es künftig kaum noch möglich zu sein, »formal festgeschriebene Qualifikationen« in der Druckindustrie zu sichern. Die nun technisch mögliche Formalisierung des Produktionswissens wurde unmittelbar mit einer drohenden Dequalifikation verbunden.[27] In einer weiteren Ausgabe des Referentenmaterials einige Monate später, nach der Fachmesse Drupa im Sommer 1986, war der Tenor noch deutlicher: Aufgrund der weiteren, zu einer einfacheren Bedienung führenden technologischen Entwicklung und der gleichzeitig zu erwartenden Ausbreitung von Computerkenntnissen in der Bevölkerung sahen die verantwortlichen Gewerkschaftsfunktionäre kaum noch Chancen für Maschinenbesetzungsregelungen, die den bisherigen Fachkräften in Reproduktion und Satz an den neuen Geräten ihren Arbeitsplatz gesichert hätten.[28] Technologische und soziokulturelle Transformationen ließen ehemaliges Expertenwissen funktionslos werden: Allgemeine technische Kenntnisse schienen nun grundsätzlich für eine Tätigkeit in weiten Teilen der Druckindustrie hinreichend zu sein.

Lokale Strategien: das Stuttgarter Modell

Mitte der 1970er Jahre sahen die Akteure hingegen noch einen erheblichen Handlungsspielraum, der auf der lokalen Ebene zu unterschiedlichen Strategiebildungen und politischen Praktiken führte. Es gilt also in der historischen Darstellung eine teleologische Rückprojektion der Automatisierungsfolgen seit den 80er Jahren auf die Einführungsphase in den 70er Jahren zu vermeiden. Folglich wurden auch in der zweiten Hälfte der 70er Jahre die möglichen Strategien im Umgang mit der Herausforderung durch die Automatisierung auf Betriebsebene sehr unterschiedlich diskutiert. Im sogenannten Stuttgarter Modell war bereits 1976 eine weitgehende, wenn auch – wie sich herausstellen sollte – zunächst noch störungsanfällige Automatisierung von Satz und Druck erfolgt.

Pläne für die Errichtung eines Druckzentrums, das die Produktion für mehrere Stuttgarter Zeitungsverlage zusammenfassen sollte, gab es seit 1972. In den folgenden Jahren kam es aufgrund des wirtschaftlichen Drucks für die einzelnen Verlage zu einem Konzentrations- und Verflechtungsprozess, der vor allem die beiden größten lokalen Zeitungen, die Stuttgarter Nachrichten und die Stuttgarter Zeitung, betraf. In diesem Kontext ist das Stuttgarter Modell zu verorten, das im 1976 in Betrieb genommenen Verlags- und Druckzentrum in Stuttgart-Möhringen eine umfassende Computerisierung in allen Produktionsbereichen ermöglichte.[29] Zum einen wurde eine digitale Lichtsetzmaschine (DIGISET) in Betrieb genommen, wodurch der Bleisatz verdrängt wurde. Zum anderen wurden auch im Druckbereich weitgehende Automatisierungsprozesse eingeführt.[30]

Zur Einordnung des Stuttgarter Beispiels lohnt sich ein Blick in die Jahre unmittelbar vor Eröffnung des neuen Druckzentrums. Der Verlauf war keinesfalls völlig konfliktfrei: Die im Frühjahr 1974 weitgehend abgeschlossenen Konzentrationsprozesse in der Stuttgarter Zeitungsindustrie zogen im Mai eine große Demonstration von 1.600 Beschäftigten nach sich, weil weder Betriebsräte noch Gewerkschaft vorab unterrichtet worden waren. Im gleichen Kontext organisierte

Die langen 1970er Jahre der Computerisierung 89

der Landesbezirk der IG Druck und Papier im Juli 1974 eine Konferenz von Betriebsräten und Redaktionssprechern aus der Zeitungsbranche.[31] Allerdings eskalierten diese Konflikte letztlich nicht, weil zuvor ein gutes Verhältnis zwischen den Betriebsräten und den Geschäftsleitungen in den betroffenen Stuttgarter Betrieben herrschte. Bezeichnend dafür ist die frühzeitige Kooperation und Informationspolitik der Stuttgarter Zeitung in Bezug auf die geplante Einführung neuer Technologien. Im Dezember 1973 lud die Geschäftsleitung den Betriebsrat zu einer Informationsreise in europäische Betriebe ein, die bereits auf neue Technologien umgestellt hatten. Die Eindrücke der Betriebsratsmitglieder waren offensichtlich positiv: Der Reisebericht zeugt von einer optimistischen Grundhaltung, dass technologische Neuerungen und Rationalisierungsmaßnahmen ohne soziale Konflikte eingeführt werden könnten.[32]

Die zeitgenössische sozialwissenschaftliche Forschung sah ein wichtiges Moment für die Überwindung des zwischenzeitlichen Misstrauens darin, dass im April 1975 infolge der Unternehmensverflechtung ein neuer, von der Sparte der Setzer dominierter Betriebsrat gewählt wurde. Im Zentrum der Betriebsvereinbarung von November 1975 stand die Lohnsicherung, in einer zweiten Betriebsvereinbarung im Juli 1976 wurde die Besetzung der Bildschirmterminals geregelt. Die dort vorgesehenen Ausnahmeregelungen führten dann in der Praxis dazu, dass mehrheitlich angelernte Schreibkräfte an den neuen Geräten tätig waren.[33] Die Politik der Lohnsicherung brachte mit sich, dass nun am gleichen Terminal für die gleiche Arbeit ungleiche Löhne gezahlt werden konnten: Im Zentrum stand die Sicherung der Löhne für die stark im Betriebsrat vertretenen Maschinensetzer. Dass ehemalige Handsetzer und vor allem Frauen deutlich weniger verdienten, dass somit ganz offensichtlich eine Konkurrenzsituation geschaffen wurde, wurde vom Betriebsrat mit dem Ziel, dies langfristig zu ändern, explizit in Kauf genommen.[34]

Auch unter den Bedingungen einer für deutsche Verhältnisse sehr frühen Einführung von Automatisierungstechniken blieb Dieter Ostendorp, Betriebsrat der Turmhaus Druckerei im Verlags- und Druckzentrum Stuttgart-Möhringen, in den folgenden Monaten, die bereits im Vorzeichen der bundesweiten Auseinandersetzung um den RTS-Tarifvertrag standen, beim Kurs der Gewerkschaft. Die alten Facharbeiterqualifikationen und die damit einhergehenden Berufsabgrenzungen seien keineswegs hinfällig geworden. Vielmehr würde letztlich im neuen computergestützten System die Chance entstehen, Qualifikationen nicht nur zu erhalten, sondern sogar auszubauen.[35] Ostendorp lehnte folglich bereits die Annahme ab, dass überhaupt eine »reine Dequalifikation« drohe; ganz im Gegenteil werde durch den technologischen Wandel vielmehr »ein Mehr an Wissen und Kenntnissen« gefordert.[36]

Die Stuttgarter Erfahrungen und Positionen waren folglich so anschlussfähig an die Strategie des ebenfalls in Stuttgart beheimateten Hauptvorstands der IG Druck und Papier, dass sie explizit in der Vorbereitung des Arbeitskampfes von 1978 aufgegriffen wurden: Im Sinne der Erfolgsgeschichte der Druckergewerkschaften seit dem 19. Jahrhundert erschien Stuttgart-Möhringen als eine weitere Etappe bei der Durchsetzung der Facharbeit auch unter Bedingungen des technologischen Wandels: »Noch immer hat es sich bewiesen, daß der ›Gelernte‹ am Ende die bessere Produktivkraft war.«[37] Auch in diesem Papier wurde explizit davor gewarnt, die »Mär von der Dequalifikation«, wie sie von den Unternehmern verbreitet worden sei, unkritisch zu übernehmen.[38] Es wurde ferner darauf verwiesen, dass bereits zu diesem Zeitpunkt die erste technologische »Euphorie verflogen« und in Stuttgart-Möhringen wie in vergleichbaren Betrieben erneut stärker auf Fachkräfte zurückgegriffen worden sei.[39]

In der Tat fungierte das Druckzentrum Stuttgart in den frühen 80er Jahren aufgrund einer höheren Anzahl technischer Pannen als ein abschreckendes Beispiel für eine Computerisierung en bloc. In der Gesamtbranche brachte somit die Phase der Umstellung auf die neuen Technologien eine gewisse Abhängigkeit von den bisherigen Facharbeitern und ihrem Produktionswissen mit sich. Insbesondere in der Zeitungsbranche bestand ein weiterer Vorteil der bisherigen Belegschaft darin, dass sie den permanenten Termindruck gewohnt war und ihn sogar zu einem Bestandteil der eigenen Arbeitsidentität gemacht hatte.[40] Derartige Überlegungen wurden zu diesem Zeitpunkt von einem Teil der Unternehmer geteilt. So hielt ein niederländischer Manager aus der Zeitungsbranche auf einer internationalen Fachtagung 1981 fest, dass Qualifikation und Motivation der Belegschaft auch unter den neuen technologischen Bedingungen unabdingbar seien. Allerdings ließ die im gleichen Vortrag gefallene Aussage, dass »bisher noch kein wirklich gutes elektronisches Ganzseitenumbruchsystem auf dem Markt zur Verfügung« stehe, gleichzeitig erkennen, dass weitere technologische Entwicklungen zu einer Änderung dieser Einschätzung führen könnten.[41]

Lokale Strategien: Gruner + Jahr

Ähnliche technologische Voraussetzungen lagen bei Gruner + Jahr in Hamburg vor. Das Hamburger Unternehmen gehörte 1977 zu den ersten deutschen Zeitschriftenverlagen, die auf Computertechnologie umstellten und ein rechnergestütztes Texterfassungs- und -aufarbeitungssystem einführten.[42] Auch hier lassen sich die ersten Schritte auf dem Weg zur Computerisierung in der ersten Hälfte der 70er Jahre finden. Dieser Weg war keinesfalls ein geradliniger: 1973 wurde eine Lichtsatzanlage angeschafft, die allerdings aufgrund technischer Probleme bald wieder verkauft wurde. Die Geschäftsleitung verließ jedoch den Pfad der Computerisierung nicht, informierte sich weiterhin über die technische Entwicklung und ließ sich regelmäßig neue Geräte vorführen.[43] Der Kauf eines Texterfassungssystems mit Bildschirmterminals im Juni 1975 führte dann zu ersten Konflikten mit dem Betriebsrat, weil dieser erst im August darüber unterrichtet wurde und sich hintergangen fühlte. Von Herbst 1975 bis Ende 1976 wurde in der Folge eine arbeitsgerichtliche Auseinandersetzung darüber geführt, ob die Geschäftsleitung

Die langen 1970er Jahre der Computerisierung

ihrer Informationspflicht Folge geleistet habe.[44] Das Landesarbeitsgericht Hamburg verpflichtete schließlich Gruner + Jahr im Dezember 1976 dazu, den Betriebsrat über das neue System zu informieren. Die Geschäftsleitung zeigte sich nicht zuletzt deshalb kompromissbereit, weil der Wille zur raschen Computerisierung eine hohe Priorität genoss.[45]

An dieser Stelle treten einige zentrale Unterschiede zwischen der Entwicklung in Hamburg und derjenigen in Stuttgart zutage, die trotz der gemeinsamen Vorreiterrolle der beiden Unternehmen bei der Einführung neuer Technologien nicht übersehen werden dürfen. Bei Gruner + Jahr handelte es sich um ein prosperierendes Unternehmen, das sich leichter Zugeständnisse an den Betriebsrat erlauben konnte. Der Betriebsrat wiederum profitierte von einem besonders hohen gewerkschaftlichen Organisationsgrad der Belegschaft.[46] Da es im Gegensatz zum Stuttgarter Modell bei Gruner + Jahr in den 70er Jahren keine rechtlichen und organisatorischen Umstrukturierungen gab, blieb der Betriebsrat in seiner Zusammensetzung weitgehend unverändert, was zu einem gewissen Teil seine Konfliktbereitschaft und seine Fähigkeit, diesen Konflikt zu führen, erklären kann.[47] Außerdem war die Abhängigkeit des Unternehmens von den qualifizierten Beschäftigten deutlich höher als in Stuttgart, weil in der Zeitschriftenproduktion insbesondere der Farbbildreproduktion eine sehr wichtige Rolle zukam. Folglich dominierten bei Gruner + Jahr nicht die Setzer den Betriebsrat, sondern Mitarbeiter aus der Reproduktion.[48]

Diese besonderen Bedingungen können zu einem guten Teil erklären, warum der Betriebsrat des Hamburger Unternehmens spezifische Antworten auf die Herausforderung durch die Computerisierung gab. Der Betriebsrat erprobte eine Technologiepolitik, die von der nationalen Gewerkschaftslinie – der zunächst gesellschaftlich neutrale technologische Fortschritt könne mit sozialem Fortschritt einhergehen und die Qualifikation der Facharbeiter sei auch unter neuen technologischen Bedingungen keinesfalls entwertet – abwich. So kritisierten die Betriebsräte von Gruner + Jahr, die im Hamburger Ortsverein der IG Druck und Papier einen Arbeitskreis »Neue Technologien« initiiert hatten, den gewerkschaftlichen RTS-Tarifvertragsentwurf auf dem Gewerkschaftstag 1977, wo diese Kritik allerdings abgeschmettert wurde.

Die Pläne der Betriebsräte sahen eine weitgehende Personalrotation vor, mit deren Hilfe die qualifizierte Tätigkeit in der Druckindustrie angesichts des offensichtlich nahenden Endes der klassischen Berufsqualifikation der Setzer und Drucker gesichert werden sollte.[49] Diese Pläne wurden auf Betriebsebene in einer Betriebsvereinbarung von 1980 weitgehend umgesetzt,[50] im Rückblick bezeichneten sie Mitglieder des Betriebsrats als »unsere schöne Utopie, daß alle alles machen«.[51] Zugrunde lag ein neues (Selbst-)Konzept des qualifizierten Beschäftigten, der über generalisierende Fähigkeiten und Transferwissen, nicht über ein spezialisiertes Produktionswissen verfügt.

Der Weg dorthin führte über zwei Betriebsvereinbarungen. Die erste, ein klassisches Rationalisierungsschutzabkommen, sicherte vorerst die Arbeitsplätze der

Setzerinnen und Setzer, die in die Schlussredaktion versetzt wurden.[52] Die Kompromissbereitschaft der Geschäftsführung von Gruner + Jahr wurde in diesen Fragen konkret, nachdem auf Betreiben des Betriebsrats einige innerbetriebliche Aktionen, wie Überstundenverweigerung und gewerkschaftliche Betriebsversammlungen, stattgefunden hatten.[53] Bei den Verhandlungen über die Betriebsvereinbarung im Frühjahr 1977 wurde der Betriebsrat dann von hauptamtlichen Gewerkschaftsfunktionären des Ortsvereins,[54] des Bezirks und des Landesbezirks unterstützt; der Vorsitzende des Landesbezirks nahm sogar an den Verhandlungen teil. Da parallel bereits die IG Druck und Papier auf nationaler Ebene die Verhandlungen um den RTS-Tarifvertrag führte, konnte der Betriebsrat seine deutlich darüber hinausgehenden Forderungen vorerst nicht durchsetzen und musste sich auf den Rationalisierungsschutz im engeren Sinne beschränken.[55] Diese Diskrepanz zwischen den Forderungen des Betriebsrats, die von Gewerkschaftsgliederungen auf subnationaler Ebene unterstützt wurden, und den Positionen des Hauptvorstands der IG Druck und Papier führte dazu, dass die Belegschaft bei Gruner + Jahr kaum zur Teilnahme am nationalen Arbeitskampf 1978 zu motivieren war, weshalb keine norddeutschen Betriebe am Schwerpunktstreik im Februar 1978 beteiligt wurden.[56]

Nach Auslaufen der ersten Betriebsvereinbarung wurde 1980 dann tatsächlich das Rotationsprinzip in einer zweiten Betriebsvereinbarung zum RTS-System vereinbart. Dabei konnte es der Betriebsrat durchsetzen, dass alle Beschäftigten des Satzbereichs im neuen System ausgebildet werden konnten. Grundsätzlich galt, dass die Beschäftigten nach Beendigung der Ausbildung zum Bleisatz, in dem vorerst weiterhin parallel produziert wurde, zurückkehrten, bis alle diese Ausbildungsphase durchlaufen hatten.

Die Geschäftsleitung musste also zunächst ihr Ziel aufgeben, nur einige Spezialisten auszubilden, die dann rasch mit hoher Leistung im neuen System tätig werden könnten.[57] Die Ausnahme zu dieser Regel sah allerdings vor, dass Beschäftigte auf eigenen Wunsch von der Rotation ausgenommen werden konnten. Nach acht Jahren hatte dies zur Folge, dass etwa die Hälfte der Betroffenen nicht mehr rotierte: zum Teil motiviert durch die Lohnpolitik der Geschäftsführung, zum Teil aus Unlust an einer ständigen Umgewöhnung. Folglich bewertete der Betriebsrat im Jahr 1988 die Vereinbarung von 1980 rückblickend nur als partiellen Erfolg.[58]

Bei einer Analyse der betrieblichen Auseinandersetzung über die Einführung der neuen Technik in den späten 70er Jahren darf nicht übersehen werden, dass Betriebsräte, Gewerkschaften und auch zeitgenössische Sozialwissenschaftler von Grenzen der Computerisierung ausgingen. So setzte die Projektgruppe Gewerkschaftsforschung des Frankfurter Instituts für Sozialforschung 1982 in einer Studie zu den Arbeitskämpfen bei Gruner + Jahr voraus, dass es Bereiche gäbe, in denen das Produktionswissen der Arbeiter nicht formalisierbar sei. In der Überzeugung der Projektgruppe erforderten beispielsweise typografische Arbeiten eine »nicht technisierbare Kreativität«.[59] Die Vorstellung davon, inwie-

Die langen 1970er Jahre der Computerisierung

weit das Produktionswissen jeweils überhaupt technisch formalisierbar ist, war mithin selbst historisch spezifisch und bestimmte die konkreten Verhandlungen.

Neben der Hauptkonfliktlinie zwischen Betriebsrat und Gewerkschaft einerseits und Geschäftsleitung andererseits gab es bei den Auseinandersetzungen um die Neugestaltung des Produktionswissens im Kontext der Computerisierung durchaus divergierende Interessen innerhalb der Belegschaft. So sorgten sich die Arbeitsvorbereiter, als bei Gruner + Jahr die Rotation vereinbart wurde, um ihre Unersetzlichkeit, weil sie nun Produktionswissen mit den Setzern teilen mussten, das bis dato ihr Monopol gewesen war.[60] Die Computerisierung des Satzes lässt sich also nur unzureichend als ein reiner Macht- und Wissensverlust der Belegschaft generell beschreiben; stattdessen sollten auch interne Verschiebungen und einzelne (kurzfristige) Gewinner des technologischen Wandels in den Blick genommen werden. Auf diese Weise lässt sich überzeugender erklären, warum die technologischen, arbeitsorganisatorischen und berufskulturellen Transformationen der 1970er und 80er Jahre trotz der großen Arbeitskämpfe letztlich auf keine Blockadehaltung gestoßen sind.

Die Arbeiterinnen und Arbeiter und ihr Selbstbild im Wandel

Die Transformation in der Druckindustrie während der langen 1970er Jahre beschränkte sich nicht auf die Bereiche von Diskurs und Politik: Ein weiterer wesentlicher Wandel lässt sich im Bereich der Selbstwahrnehmungen und Selbstbilder der Arbeiterinnen und Arbeiter lokalisieren. Die Facharbeiter der Druckindustrie besaßen – nicht nur im Selbstverständnis – seit dem 19. Jahrhundert den sozialen Status einer »Arbeiteraristokratie«.[61] Dieser Status und dieses Selbstbild standen in den 1970er Jahren vor einer großen Herausforderung. Zunächst überwogen allerdings Momente der Kontinuität.

Die jahrzehntelange Stärke der Facharbeiter und ihrer gewerkschaftlichen Vertretung führte zu einer Selbstsicherheit, die zur Kontinuität der Strategiewahl führte: Die Auswirkungen eines technologischen Wandels schienen durch gewerkschaftliches Handeln im Sinne der Arbeiterschaft lenkbar oder zumindest zähmbar zu sein. Keineswegs war dieses Denken von der Gewerkschaftsspitze vorgegeben. Arbeitssoziologische Interviews, die am Ende der 1970er Jahre in Druckbetrieben geführt wurden, belegen das große Interesse vieler Facharbeiter an neuen Techniken,[62] die auch allgemein frühzeitig beispielsweise durch die Fachmesse Drupa bekannt waren. So zeigte sich ein Rotationsdrucker keineswegs von den neuen Techniken beunruhigt, weil sich das eigene Können unter diesen Bedingungen besonders gut beweisen ließe, insbesondere das »Gespür« und der »Sinn« für Maschinen, also implizites Wissen: »[W]ir sind auch so, so Maschinenmenschen, ja, wir haben viel für Maschinen, wenn man nämlich den Sinn also auch nicht hat, dann ist man auch fehl am Platz da, an so 'ner Maschine, wenn man nicht ein bisschen Gespür für 'ne Maschine hat.«[63]

Eine ähnliche Tendenz war auch bei Setzern und in der Druckvorstufe festzustellen. Allerdings war am Ende der 70er Jahre auch der Moment erreicht, an dem Bewunderung für neue Techniken in ein Bedrohungsgefühl umschlagen konnte. So skizzierte ein Korrektor den Wandel, der mit der Einführung der Computertechnologie einherging: »Jeder hat die bewundert, von mir aus auf der Drupa oder so, die Geräte, ich meine jetzt nicht die letzte, da wußten wir Bescheid, was los war.«[64] In dieser Situation, in der die eigenen Qualifikationen und der eigene Status offensichtlich gefährdet waren, konnte auf ein tröstendes Narrativ zurückgegriffen werden: Der technologische Fortschritt brachte zwar Veränderungen mit sich, letztlich sei aber das Verhältnis von Mensch und Maschine dergestalt, dass die menschlichen Potenziale unverzichtbar blieben. Ein interviewter Metteur beschwor dieses Narrativ geradezu: »Man tröstet sich: ›Der Computer wird niemals besser sein als der Mann, der dran sitzt!‹«[65] Die zugrundeliegende Vorstellung betrachtet die technische Entwicklung mithin als Imitation menschlicher Fähigkeiten, die sich dem menschlichen Original annähern, es aber niemals übertreffen kann.

Zum Teil wurde ein solches Denkschema von der Vorstellung flankiert, die technologische Entwicklung müsse endlich sein und die größten Entwicklungsprozesse seien bereits gelaufen. So ging 1978 ein interviewter Buchbinder davon aus, dass es in der Druckbranche nun »wirklich nicht mehr viel zu verbessern« gäbe. Er war als regelmäßiger Besucher der Drupa gut informiert und erwartete nur noch kleinere Entwicklungen, »aber nichts Weltbewegendes mehr.«[66] Selbst bei den besonders offensichtlich von den technischen Neuerungen betroffenen Setzern herrschte mehrheitlich eine gewisse Zuversicht aufgrund der vermeintlichen Unersetzlichkeit der qualifizierten menschlichen Arbeitskraft auch nach der Computerisierung. So konstatierte die Sozialwissenschaftlerin Gudrun Axeli-Knapp 1980, unter den Setzern habe sich die Auffassung durchgesetzt, dass sie unter der neuen Technik zwar nicht mehr in ihrem eigentlichen Ausbildungsberuf, aber eben doch als Arbeitskräfte benötigt würden, die flexibel auf etwaige Störungen in einem anfälligen System reagieren könnten.[67]

Gewisse Aufschlüsse über die Einstellung der Basis zur Computerisierung gibt eine Fragebogenaktion des Hauptvorstands der IG Druck und Papier, mit dem die Arbeitsgruppe Tarifgeschehen die Stimmung in den Betrieben im Herbst 1977, also unmittelbar vor dem Arbeitskampf 1978, einfangen wollte. Die Arbeitsgruppe hielt in einem Zwischenbericht nach der Auswertung des ersten Drittels der insgesamt 120 Fragebögen durchaus zutreffend fest, dass die Rückmeldung größtenteils eine »hohe Verbundenheit« mit den Tarifforderungen der Gewerkschaft zeige.[68] Die meisten Fragebögen, die jeweils nach einer Vertrauenskörperzusammenkunft in den Betrieben ausgefüllt wurden, bekräftigten in der Tat die Notwendigkeit von Tarifverhandlungen und zeugten von einer verbreiteten Angst vor Jobverlust durch die technologisch ermöglichte Ausweitung des redaktionellen Aufgabenbereichs und einem damit einhergehenden Lohnabbau.[69] Allerdings finden sich auch einige Antworten, die konträr zur Linie der IG Druck und

Papier standen. Beispielsweise berichtete der gewerkschaftliche Vertrauensmann bei der Heilbronner Stimme von einer »ausgesprochen gleichgültig[en]« Belegschaft, die sich »freudig der neuen Technik« bediene und keine Schwierigkeiten im Zusammenhang mit der Computerisierung erkennen könne.[70] Bei der Buchdruckerei P. Dobler im niedersächsischen Alfeld herrschte sogar eine ausgesprochene Technikeuphorie. In diesem Betrieb fand keine Vertrauenskörperzusammenkunft statt. Der Betriebsrat bat den gewerkschaftlichen Landesbezirk sogar explizit darum, nicht in etwaige Arbeitskampfaktionen einbezogen zu werden, weil er befürchtete, die Geschäftsleitung könne ansonsten den Beschluss, Fotosatz einzuführen, zurücknehmen.[71]

Solche Einzelpositionen dürfen keineswegs überschätzt werden, jedoch sollten historische Untersuchungen auch nicht den entgegengesetzten Fehler machen, voreilig von einer generellen Ablehnung neuer Technologien durch die Basis auszugehen. Die lange Tradition einer technikoptimistischen Arbeiterbewegung in der Druckbranche hatte einen gewissen Technikstolz eng mit dem Selbstbild auch der gewerkschaftsnahen Facharbeiter verbunden.

Folglich wurde in der Situation der Herausforderung durch die Computerisierung in der Regel nicht sofort von einer positiven Konnotation technischen Fortschritts abgelassen. Im Ausblick lässt sich auf die Ergebnisse einer sozialwissenschaftlichen Studie verweisen, die Anfang der 90er Jahre das Selbstbild der Beschäftigten in der transformierten Druckbranche untersucht hat. Die Beschäftigten charakterisierten in einem Fragebogen von 1990 die eigenen Arbeitsanforderungen vor allem durch ein »hohes Maß an Wissen«, eine gestiegene Verantwortung und eine höhere Selbständigkeit, während berufliches Können und handwerkliche Geschicklichkeit deutlich geringere Werte zugewiesen bekamen als noch zu Beginn der 80er Jahre.[72]

Fazit: Computerisierung, Berufsprofile und Mobilisierungspotenziale

Im Zentrum des Beitrags stand die Frage, welche Rolle der technologische Wandel für die Krise der Gewerkschaften spielte. Die Automatisierung der Arbeit, die sich in der Druckindustrie vor allem in der Form der Computerisierung zeigte, stellte eine Herausforderung für die Gewerkschaften in verschiedener Hinsicht dar: Erstens geriet – im diskursiven Bereich – die gewerkschaftliche Überzeugung von der sozialen Gestaltbarkeit technologischen Wandels ins Wanken. Diese traditionelle Fortschrittsgläubigkeit der Arbeiterbewegung wurde im Kontext der forcierten Automatisierung erstmals breiter diskutiert. Zweitens – im Bereich der Technologiepolitik und der gewerkschaftlichen Aktionsformen – wurde die wichtigste Form der gewerkschaftlichen Machtbasis, der Streik, durch die Computerisierung deutlich geschwächt, weil nun eine Auslagerung der Produktion und eine größere Unabhängigkeit von Facharbeitern möglich wurden. Drittens – in der Selbstwahrnehmung der Arbeiterinnen und Arbeiter – wurde die über

Jahrzehnte vorherrschende Vorstellung, einer »Arbeiteraristokratie« anzugehören, mit den Umgestaltungen obsolet.

Das klare Selbstbild vom Facharbeiter, das eine wichtige Ressource für die Gewerkschaften darstellte, spaltete sich in eine Vielzahl neuer Qualifikationsprofile und Selbstbilder auf. Erleichtert wurde dieser mentale Übergang zu einem neuen Selbstbild durch eine zentrale Kontinuität: Der fachmännische Umgang mit einer in der spezifischen historischen Situation jeweils als fortschrittlich wahrgenommenen Technik machte einen wesentlichen Kern der Arbeitersubjektivität in der Druckbranche aus. Die Entwertung der bisherigen Berufsqualifikation durch die Computerisierung konnte durch die auch weiterhin und sogar verstärkt gegebene Einbindung in technisierte Arbeitsprozesse partiell aufgewogen werden.

Die Erfahrungen der Beschäftigten waren jedoch sehr unterschiedlich. Gerade diese internen Machtverschiebungen können erklären, warum neben der Verlusterfahrung vieler eben auch eine nicht unerhebliche Akzeptanz des Transformationsprozesses bei anderen Beschäftigten stand. Die Neustrukturierung des Produktionswissens brachte mithin auch unter den Beschäftigten Verlierer[73] und – zumindest kurzfristige – Gewinner hervor. Um dieses Verhältnis historisch genauer zu analysieren, ist es notwendig, die Frage nach dem Produktionswissen im Kontext der Automatisierung offen zu stellen: Eine fortschreitende Technisierung macht keinesfalls generell das Wissen und Können der Arbeiterinnen und Arbeiter überflüssig.[74] Es ist folglich sinnvoll, die jeweiligen Verschiebungen zu bestimmten Zeitpunkten und für bestimmte Beschäftigtengruppen genau in den Blick zu nehmen.

So unterschiedlich die konkreten Erfahrungen von Beschäftigten während der Computerisierung der Druckindustrie waren, so divergent gestalteten sich die politischen Praktiken der betrieblichen Arbeitervertretung. Bereits die beiden in diesem Beitrag untersuchten Beispiele deuten die Bandbreite der Handlungsmöglichkeiten an. Tendenziell lässt sich feststellen, dass die Vertretungen in den Betriebsräten sich rascher den geänderten technologischen Bedingungen anpassten als die bei den alten Erfolgsrezepten verharrende Gewerkschaftsspitze. Gleichwohl war, wie dargestellt, auch die Betriebsratspolitik zu einem erheblichen Teil von Beharrungskräften geprägt.

Anmerkungen

* Gefördert durch die Deutsche Forschungsgemeinschaft (DFG) – UH 229/2-1.

[1] Vgl. Charlotte Schönbeck: Kulturgeschichte und soziale Veränderungen durch den Wandel in der Drucktechnik, in: NTM. Zeitschrift für Geschichte der Wissenschaften, Technik und Medizin, 6 (1998), S. 193-216; hier: S. 214; Werner Dostal: Beschäftigungswandel in der Druckerei- und Vervielfältigungsindustrie vor dem Hintergrund technischer Änderungen, in: Mitteilungen aus der Arbeits- und Berufsforschung, 21 (1988), S. 97-114; hier: S. 102f.

[2] Siehe auch den Beitrag von Ralf Roth in diesem Band.

[3] Siehe den Beitrag von Harry Neß in diesem Band.

[4] Klaus Tenfelde: Arbeitsbeziehungen und gewerkschaftliche Organisation im Wandel, in: Aus Politik und Zeitgeschichte, 60 (2010), 13-14, S. 11-20; hier S. 12.

[5] Andrei S. Markovits: The politics of the West German trade unions. Strategies of class and interest representation in growth and crisis, Cambridge (Mass.) 1986, S. 396.

[6] Vgl. Hugo Reister: Profite gegen Bleisatz. Die Entwicklung in der Druckindustrie und die Politik der IG Druck, Westberlin 1980, S. 114.

[7] Auch aus anderer Perspektive lassen sich die 1970er Jahre als langes Jahrzehnt betrachten, vgl. Duco Hellema: Die langen 1970er Jahre – eine globale Perspektive, in: Duco Hellema/Friso Wielenga/Markus Wilp (Hrsg.): Radikalismus und politische Reformen. Beiträge zur deutschen und niederländischen Geschichte in den 1970er Jahren, Münster u.a. 2012, S. 15-32.

[8] Vgl. Marcel van der Linden: Transnational labour history. Explorations, Aldershot 2003, S. 122.

[9] Schroeder, Wolfgang: Gewerkschaften als soziale Bewegung – soziale Bewegung in den Gewerkschaften in den Siebzigerjahren, in: Archiv für Sozialgeschichte 44 (2004), S. 243-265; hier: S. 255.

[10] Vgl. Heiner Dribbusch: Industrial action in a low-strike country. Strikes in Germany 1968-2005, in: Sjaak van der Velden u.a. (Hrsg.): Strikes around the world. Case studies of 15 countries, Amsterdam 2007, S. 267-297; hier: S. 281.

[11] Vgl. Peter Birke: Wilde Streiks im Wirtschaftswunder. Arbeitskämpfe, Gewerkschaften und soziale Bewegungen in der Bundesrepublik und Dänemark, Frankfurt a.M./New York 2007, S. 290.

[12] Bernd Güther/Klaus Pickshaus: Der Arbeitskampf in der Druckindustrie im Frühjahr 1976, Frankfurt a.M. 1976, S. 21.

[13] Ebd., S. 18.

[14] Vgl. ebd., S. 57.

[15] Claudia Weber: Rationalisierungskonflikte in Betrieben der Druckindustrie, Frankfurt a.M./New York 1982, S. 30.

[16] Vgl. Güther/Pickshaus, Arbeitskampf, 1976, S. 19.

[17] Vgl. ebd., S. 62. Vgl. auch den Beitrag von Ralf Roth in diesem Band.

[18] Detlef Hensche: Technische Revolution und Arbeitnehmerinteresse. Zu Verlauf und Ergebnissen des Arbeitskampfes in der Druckindustrie 1978, Köln 1978, S. 415.

[19] Leonhard Mahlein: Rationalisierung – sichere Arbeitsplätze – menschenwürdige Arbeitsbedingungen. Zum Arbeitskampf in der Druckindustrie 1978 (Schriftenreihe der Industriegewerkschaft Druck und Papier. Hauptvorstand, H. 29), Stuttgart o.J., S. 28.

[20] Vgl. Leonhard Mahlein: Streik in der Druckindustrie. Erfolgreicher Widerstand, in: Gewerkschaftliche Monatshefte, 29 (1978), 5, S. 261-271.

[21] Vgl. Weber, Rationalisierungskonflikte, 1982, S. 38; Dokumentation des RTS-Tarifvertrags vgl. Gewerkschaftliche Monatshefte, 29 (1978), 5, S. 310-317.

[22] Vgl. Peter Gegenwart: Arbeitskampf im Medienbereich. Neue Formen des Arbeitskampfes in der Druckindustrie, insbesondere Betriebsbesetzungen, Frankfurt a.M. 1988, S. 34. Bereits am Ende der 1970er Jahre wurde innerhalb der Gewerkschaften gefordert, die Europäisierung der Gewerkschaftsbewegung zu forcieren, um passende Antworten auf die neuen Herausforderungen zu finden, vgl. Reister, Profite, 1980. Die technikinduzierte Krise zeigte sich mithin als Mo-

tor der gewerkschaftlichen Europäisierung.

[23] Vgl. Klaus Schönhoven: Geschichte der deutschen Gewerkschaften. Phasen und Probleme, in: Wolfgang Schroeder/Bernhard Weßels (Hrsg.): Die Gewerkschaften in Politik und Gesellschaft der Bundesrepublik Deutschland. Ein Handbuch, Wiesbaden 2003, S. 40-64; hier: S. 57.

[24] Manfred Balder: Skepsis gegen Beherrschbarkeit neuer Technologien, in: Nachrichten-Dokumentation 1/86, S. 20-23; hier S. 21. Archiv der sozialen Demokratie (AdsD), Sign. 5/MEDA 423059.

[25] IG Druck und Papier, Hauptvorstand. Referentenmaterial, Nr. 167: Grenzenlose Rationalisierungsmöglichkeiten, Stuttgart, 16.1.1986, S. 13. AdsD, Sign. 5/MEDA 423058.

[26] Ebd., S. 15.

[27] Ebd., S. 21.

[28] IG Druck und Papier, Hauptvorstand. Referentenmaterial, Nr. 174: Technischer Entwicklungsstand nach der »Drupa 86«, Stuttgart, 27.8.1986, S. 13. AdsD, Sign. 5/MEDA 423058.

[29] Vgl. Ulrich Billerbeck u.a. (Hrsg.): Neuorientierung der Tarifpolitik? Veränderungen im Verhältnis zwischen Lohn- u. Manteltarifpolitik in den siebziger Jahren, Frankfurt a.M. 1982, S. 434.

[30] Vgl. Das Stuttgarter Modell. Sonderausgabe des neuen Verlags- und Druckzentrums Stuttgart, Dezember 1976.

[31] Vgl. Billerbeck u.a., Neuorientierung, 1982, S. 435.

[32] Vgl. ebd., S. 436.

[33] Vgl. ebd., S. 415, 438ff.

[34] Ulf Kadritzke/Dieter Ostendorp: Beweglich sein fürs Kapital. Das »Stuttgarter Modell« der Rationalisierung und Arbeitsplatzvernichtung in der Zeitungsproduktion, in: Otto Jacobi/Walter Müller-Jentsch/Eberhard Schmidt (Hrsg.): Gewerkschaftspolitik in der Krise (Kritisches Gewerkschaftsjahrbuch 1977/78), Westberlin 1978, S. 22-39; hier S. 34f.

[35] Ebd., S. 32.

[36] Ebd., S. 31f.

[37] Arbeitspapier der Abteilung Angestellte in der IG Druck und Papier: Berufliche Bildung. Bemerkungen zum Mobilitätsmodell der Abt. Tarifpolitik, 24.8.1977, Bl. 10. AdsD, Sign. 5/MEDA 114417.

[38] Ebd.

[39] Ebd.

[40] Vgl. Weber, Rationalisierungskonflikte, 1982, S. 35, 279.

[41] Jan van Ginkel: Was geschieht mit den bestehenden technischen Berufen? Vortragsprotokoll, in: The International Association for Newspaper and Media Technology (Hrsg.): Jobs in Tomorrow's Newspaper. IFRA Congress 1981, o.O., S. 20-22; hier: S. 21f. AdsD, Sign. 5/MEDA423058.

[42] Vgl. Heike Issaias: Unsere Idee. Alle machen alles. Rotation in der Gruppe bei Gruner und Jahr, in: Siegfried Roth/Heribert Kohl (Hrsg.): Perspektive: Gruppenarbeit, Köln 1988, S. 115-122; hier: S. 115.

[43] Vgl. Billerbeck u.a., Neuorientierung, 1982, S. 416f.

[44] Vgl. ebd., S. 417ff.

[45] Vgl. Rainer Duhm/Ulrich Mückenberger: Unsere Utopie: daß alle alles machen, in: Otto Jacobi/Eberhard Schmidt/Walther Müller-Jentsch (Hrsg.): Starker Arm am kurzen Hebel (Kritisches Gewerkschaftsjahrbuch 1981/82), Westberlin 1981, S. 66-83; hier: S. 68.

[46] Vgl. ebd., S. 67.

[47] Vgl. Billerbeck u.a., Neuorientierung, 1982, S. 414.

[48] Vgl. ebd., S. 415.

[49] Vgl. Duhm/Mückenberger, Utopie, 1981, S. 72, 75.

[50] Vgl. Issaias, Idee, 1988.

[51] Duhm/Mückenberger, Utopie, 1981, S. 77.

[52] Vgl. Issaias, Idee, 1988, S. 115.

[53] Vgl. Rainer Erd/Walther Müller-Jentsch: Ende der Arbeiteraristokratie? Technologische Veränderungen, Qualifikationsstruktur und Tarifbeziehungen in der Druckindustrie, in: Probleme des Klassenkampfs 9, 1979, H. 35, S. 17-47; hier: S. 41.

[54] Sympathisierende zeitgenössische Sozialwissenschaftler bezeichneten den Hamburger Ortsverein der IG Druck und Papier als die »radikalste Untergliederung der Gewerkschaft«, Billerbeck u.a., Neuorientierung, 1982, S. 415.

[55] Vgl. ebd., S. 424f.

[56] Vgl. ebd., S. 429.
[57] Vgl. Issaias, Idee, 1988, S. 117.
[58] Vgl. ebd., S. 118.
[59] Billerbeck u.a., Neuorientierung, 1982, S. 420.
[60] Vgl. Duhm/Mückenberger, Utopie, 1981, S. 78.
[61] Vgl. Markovits, Politics, 1986, S. 363ff.
[62] Vgl. den Beitrag von Anne König in diesem Band, Teil 2.
[63] Interview mit einem 29-jährigen Rotationsdrucker 1977/78. Margareta Steinrücke: Generationen im Betrieb. Fallstudien zur generationenspezifischen Verarbeitung betrieblicher Konflikte, Frankfurt a.M./New York 1986, S. 196f.
[64] Zit. nach: Weber, Rationalisierungskonflikte, 1982, S. 193.
[65] Zit. nach: ebd., S. 143.
[66] Interview mit einem 46-jährigen Buchbinder 1977/78. Steinrücke, Generationen, 1986, S. 151f.
[67] Vgl. Gudrun Axeli-Knapp: Abschied vom Blei – Dequalifizierungserfahrungen von Schriftsetzern, in: Technologie und Politik 15 (1980), S. 94-124; hier S. 118.
[68] Aktennotiz der Arbeitsgruppe Tarifgeschehen, betr. Fragebogenaktion, Stuttgart, 21.9.1977, Bl. 2. AdsD, Sign. 5/MEDA114417.
[69] Vgl. Sammlung von Fragebögen. AdsD, Sign. 5/MEDA114417.
[70] Ausgefüllter Fragebogen. Antwort nach der Vertrauenskörperzusammenkunft der »Heilbronner Stimme« vom 30.10.1977. AdsD, Sign. 5/MEDA114417.
[71] Aktennotiz des Landesbezirks Hannover der IG Druck und Papier. Zusammenfassender Bericht Niedersachsen, undatiert. AdsD, Sign. 5/MEDA114417.
[72] Vgl. Siegfried Kempf: Technologischer Wandel in der Druckindustrie. Gutenbergs Nachfahren zwischen beruflichem Aufstieg und innerer Kündigung, Pfungstadt 1993, S. 202.
[73] Vgl. den Beitrag von Heinz Hupfer in diesem Band.
[74] Darauf haben schon Kern und Schumann in ihrer klassischen Studie hingewiesen, vgl. Kern, Horst/Schumann, Michael: Industriearbeit und Arbeiterbewußtsein. Eine empirische Untersuchung über den Einfluß der aktuellen technischen Entwicklung auf die industrielle Arbeit und das Arbeiterbewußtsein, Frankfurt a.M. 1970, S. 227.

Heinz Hupfer

Vom technologischen Fortschritt überrollt
Der Untergang von AM International und AM Deutschland
als Beispiel disruptiver Prozesse in der Druckindustrie

Einführung

Am 2. Januar 1996 ging die American Multigraph International GmbH (AMI) in Dreieich in Konkurs. 180 Mitarbeiterinnen und Mitarbeiter wurden freigesetzt und gingen einer ungewissen Zukunft entgegen. Die AM teilte dieses Schicksal mit nicht wenigen Unternehmen und Betrieben der Druckindustrie in dieser Zeit. Die AM Deutschland war zudem Teil des Industriegiganten AMI Inc. und verweist damit auf analoge Entwicklungen in der amerikanischen Druckindustrie sowie auf die Ursprünge des technologischen Wandels, den zu beherrschen weder der deutschen Niederlassung noch dem amerikanischen Mutterkonzern gelang. Im vorliegenden Beitrag setze ich mich mit den Gründen des Niedergangs dieses global aufgestellten Konzerns und mit den Folgen für die Mitarbeiter in den deutschen Niederlassungen auseinander. Zum besseren Verständnis ist ein Rückblick auf die über hundert Jahre umfassende Konzerngeschichte hilfreich.

Konzerngeschichte 1892 bis 1982: Fast 90 Jahre Erfolg

Der Vorläufer des AMI-Konzerns, die Addressograph International Inc., startete 1892 in Chicago, Illinois, USA mit der erfolgreichen Erfindung einer Büromaschine der Addressograph-Adressiermaschine Graphotype seines Präsidenten Joseph Smith Duncan.[1] Sie überzeugte durch ihre einfache Bedienbarkeit und adressierte handbetrieben für wenige Dollar bis zu 2.000 Umschläge in der Stunde. In einer elektrischen Version konnten dann bis zu 9.600 Umschläge oder Schecks in der Stunde bedruckt werden.[2] Es folgte der Umschlagsversiegler Addressograph Junior, die elektrifizierte Variante Senior und schließlich der Dupligraph, der einschließlich Begrüßungsformeln und einer Unterschrift bis zu 1.200 Briefe in der Stunde beschriften konnte. Damals war in Chicago das zweitgrößte Zentrum der Druckindustrie in den USA entstanden, zu dem viele große Verlagsunternehmen wie McGraw-Hill gehörten.[3] Daneben entstand die American Multigraph Company (AMC) in Cleveland, Ohio, die die Vervielfältigungsmaschine Multigraph für Maschinenserienbriefe, Formulare, Preislisten und dergleichen vermarktete. Die Multigraph war eine Erfindung der beiden Vertriebsingenieure einer Schreibmaschinenfirma, Harry C. Gammeter (1870-1937) und Henry

Historischer Abriss der Produkte des Konzerns AM International

- 1892 Erfindung der Addressograph-Adressiermaschine und Firmengründung
- 1902 Multigraph Vervielfältigungsmaschine
- 1932 Multilith-Kleinoffsetdruckmaschine AM 1250 mit bis 1976 über 250.000 verkauften Einheiten. Damit ist sie die meistgebaute Kleinoffsetdruckmaschine der Welt.
- 1941 erste direkt beschriftbare Papierfolie
- 1952 Einstieg in den Fotosatz
- 1956 AMI übernimmt die Varityper Division der Varityper Inc.
- 1963 Folienersteller Bruning 2000, Geburtsstunde der Kleinoffset-Vervielfältigung
- 1965 vollautomatische AM-System-Offsetdruckmaschinen
- 1973 Druckverbundsystem mit Folienerstellern, vollautomatischen Druckmaschinen und Sortern
- 1975 Comp/Set die erste tastaturgesteuerte Kompaktfotosatzmaschine mit großem Bildschirm
- 1982 Spira Scan-Digitalisierungsverfahren für Outlineschriften
- 1986 Bruning Zetaplotter/Zetadraf
- 1987 Varityper VT600P, erster Adobe-PostScript-Laser-Drucker hoher Auflösung
- 1988 Übernahme Varityper Inc. neue Tegra-Produktlinie mit hochauflösender Fotosatzmaschine Varityper, die in Panther umbenannt wurde

Quelle: Hans-Georg Wenke: Ein Konzern ohne Allüren – aber mit klarem Credo: Der Vorteil zählt, 1991, in: Der Polygraph, 23 (1991), S. 1912-1922; George C.A. Brainard: The Encyclopedia of Cleveland History: AM International Inc., https://ech.case.edu/cgi/article.pl?id=AII (abgerufen am 26.2.2016).

Abbildung 14: Die meistverkaufte Druckmaschine der Welt, Addressograph Multigraph Multilith 1250. Version von 1954.

Im Text zu dem Foto heißt es:
»1954 Addressograph-Multilith führt die Multi-1250 press ein. Zusammen mit der AB Dick 350 wird sie in den nächsten Jahren den Kleinoffsetmarkt (Vervielfältigungsmaschinen) dominieren.«

Quelle: www.prepressure.com/prepress/history/events-1950-1959 (abgerufen am 14.3.2018, Übers. d.A.)

C. Osborne.[4] Sie konnte 6.000 bedruckte Briefe in der Stunde erstellen, was den Kunden einen Betrag zwischen 150 und 760 Dollar kostete. Es folgten weitere Erfindungen wie ein Bandfördermechanismus, Papierzufuhr- und Auswurfmechanismen sowie eine Falzmaschine. Mit über 30.000 verkauften Maschinen allein im Jahr 1907 expandierte ihr Addressograph getauftes Unternehmen nach Europa, zum Beispiel nach Berlin als Addressator AG, später Addressograph G.m.b.H. mit Vertrieb im Reichsgebiet über Büromaschinen-Händler. Ebenso expandierte die American Multigraph in über 70 Länder, darunter die Deutsche Multigraph GmbH in Berlin, die allesamt auf den Messen der Druckindustrie auftraten.

Richtig in das Druckgeschäft stieg die Addressograph International ein, nachdem sie 1930 den Bürovervielfältigungsmaschinenhersteller American Multigraph in Cleveland, Ohio, erworben hatte und den Firmennamen in Addressograph Multigraph Corporation mit Sitz am gleichen Ort änderte. Die erste Multilith-Kleinoffsetdruckmaschine AM 1250 von 1932, die aus dieser Geschäftserweiterung hervorging, war gleich ein weiterer weltweiter Erfolg.[5] Sie wurde bis 1976 in weit über 250.000 Exemplaren hergestellt und ist bis damit heute die meistgebaute Kleinoffsetdruckmaschine der Welt zur lithografischen Vervielfältigung von Druckvorlagen (siehe auch Abbildung 14). Ab 1932 mussten Adressier- und Vervielfältigungsmaschinen sowie Matrizendrucker in eine neue Fabrik in der benachbarten Stadt Euclid ausgelagert werden. Weltbekannte Kunden waren neben US-Behörden (über 500) Harrods London, Citroën Frankreich und Siemens & Halske Berlin. Auf der Chicago Weltausstellung 1933 (siehe Abbildung 15) warb die Firma mit über 100 verschiedenen Maschinen und vielen Konfigurationsmöglichkeiten sowie einer beeindruckenden Liste von Niederlassungen in aller Welt.

Im Zweiten Weltkrieg machte sich die Addressograph International für das US-Militär unentbehrlich, weil die fast 19 Millionen »dog tags« der Soldaten (Metallmarken mit Identitätsnachweisen) auf Addressograph Graphotype-Maschinen oder pistolenartigen Prägemaschinen wie Model 70 produziert wurden. Nach 1945 erweiterte der Konzern seine Geschäftätigkeit stark, und es wurden die Büro- und Druckmaschinen wie in den 1920er und 1930er Jahren auch in Europa und überhaupt weltweit für vielseitige Verwendung verkauft. Addressograph Multigraph kam 1955, als die Rangliste Fortune 500 vom Wirtschaftsmagazin Fortune gegründet wurde, sofort auf Platz 400 der 500 größten und umsatzstärksten, börsennotierten Konzerne in den USA.[6] Damals erwirtschaftete der Konzern mit 7.360 Mitarbeiterinnen und Mitarbeitern Einnahmen von 65 Millionen Dollar und erzielte damit einen Gewinn von 10,5 Millionen Dollar vor Steuern. Die Zahl der Beschäftigten und die Einkünfte verdoppelten sich bis 1960. 1964 erreichten die amerikanische Muttergesellschaft und ihre 27 Tochtergesellschaften mit 23.500 Mitarbeitern einen Umsatz von fast 400 Millionen Dollar. Weltweit wuchs der Konzern weiter und zählte bald über vierzig 100-prozentige Konzerntöchter in seinem Haus.

Besonders dynamisch entwickelte sich der Druckbereich mit der fast konkurrenzlosen AM 1250, die auch mit der Xerox 1385 als Plattenbelichter (platema-

Vom technologischen Fortschritt überrollt – Der Untergang von AMI 103

Abbildung 15: Weltausstellungsflyer zur Chicago Worlds Fair 1933/Werbebroschüre für den AM-Messestand im General Exhibits Building der Weltausstellung von 1933

Quelle: Addressograph-Multigraph Corporation: Guide to the Century of Progress International Exposition Publications 1933-1934, University of Chicago Library Box 6, Folder 4, 1933, https://www.lib.uchicago.edu/e/scrc/findingaids/view.php?eadid=ICU.SPCL.CRMS226&q=addressograph+multigraph (abgerufen am 5.8.2016)

ker) für den Zeitungsdruck verkauft wurde. Nach dem Einstieg in den Fotosatz im Jahr 1952 übernahm der Konzern vier Jahre später die Produktlinie Varityper mit Geräten für die Druckvorstufe der Varityper Inc., eines Herstellers von Laserprintern und Fotosatzanlagen mit Sitz in East Hanover im Bundesstaat New Jersey. 1965 begann die Kleinoffsetvervielfältigung mit den ersten vollautomatischen System-Offsetdruckmaschinen wie Multilith 1850, gefolgt von vollautomatischen Druckverbundsystemen mit Folienerstellern, vollautomatischen Druckmaschinen und Sortern in den 1970er Jahren.[7] Zuvor waren 1967 eine elektrische Hochleistungs-Adressiermaschine und das Addressograph-Plastikkarten-System für Kredit- und Ausweiskarten eingeführt worden. Die Fotodirektübertragung ohne Film erlaubte Offset-Übertragungen auf Folien; zum Beispiel erhielt die A3-Auflagendruckmaschine AM 1850 wie andere neue Systemausrüstungen synchrongekoppelte Rotationssortierer. Eine Kombination von Geräten verschiedener AM-Konzernteile bildete die Bruning-Multilithmethode, das heißt, Nasskopien von Geräten der AM Bruning (Bruningkopien) konnten auf Kleinoffsetmaschinen wie der AM 1250 Multilith vervielfältigt werden. AM Bruning stellte neben den erfolgreichen Nasskopierern auch Mikrofiche-Systeme und später Plotter mit CAD-Software her.

Ende der 1960er und in den 1970er Jahren verlangsamte sich das Konzernwachstum. Das Unternehmen kam unter Druck, weil seine Bürotechniksparte den Anschluss an die technologische Entwicklung verpasst hatte und hinter der Konkurrenz zurückfiel. Gerade für die Hausdruckereien vieler Unternehmen machte sich die Konkurrenz neuer Geräte der Bürotechnik bemerkbar. Es be-

Abbildung 16: »The Informationists«
AM Jacquard Systems »Comp/Set« (Computer Setting oder Computersatz) mit großem Bildschirm mit AM Text 225 und 425 1979/Varityper – »The best buy in phototypesetters« 1980

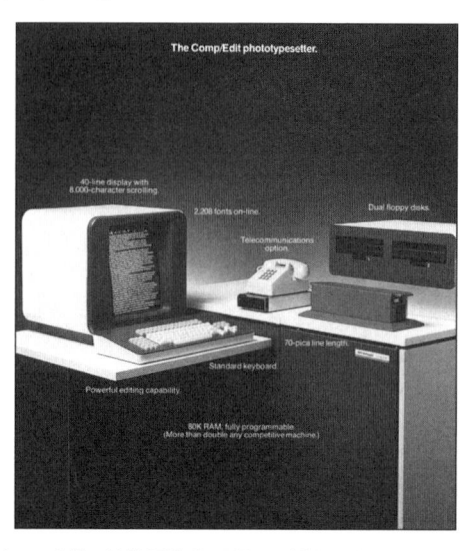

Quelle: Werbeanzeige AM Jacquard Systems, in: ABA Journal, Nr. 12 (1979), S. 1769, und Werbebroschüre Varityper composition systems um 1980

gann die Zeit der Trockenkopierer von Xerox beginnend 1963 mit dem Modell 813, das es 1973 auch schon als Farbkopierer gab. Es folgte IBM mit dem Non Impact Printing, das die Ära der Laser- und Tintenstrahldrucker mit Geräten von Xerox, IBM, Hewlett-Packard oder Canon einleitete. All diesen technologischen Neuerungen hatte der AM Konzern wenig entgegenzusetzen, und die Tatsache, dass es den anderen Druckmaschinenherstellern ähnlich erging, milderte die Folgen nicht.

Die Schrumpfung des Marktes für die spezialisierten Druckmaschinen wirkte sich fatal auf den Konzern aus. Dabei half auch die personelle Erneuerung der Konzernspitze nichts. Der profilierte Vorstandsvorsitzende Roy Ash, ein Absolvent der Harvard Universität mit anschließender steiler Karriere, die ihn bis in hohe Ämter der Präsidialverwaltung des Weißen Hauses geführt hatte, begann seinen Amtsantritt bei AM im Jahe 1976 mit den markigen Worten, »the axe came out«. Gemeint waren drastische Personalkürzungen, die nicht weniger als 80% der meist älteren Mitarbeiter des Unternehmens betrafen. Ziel war es, das Durchschnittsalter in der Verwaltung von 60 auf 40 Jahre zu senken. Das sollte die Effizienz bei sinkendem Umsatz im Kerngeschäft verbessern. Weiterhin änderte der neue Vorstandsvorsitzende am 22. März 1979 den Firmennamen in AM International Inc. (AMI) und verlegte den Firmensitz 1978 von Cleveland nach Los Angeles, California, in der Hoffnung, damit ein neues Corporate Image im Dunstkreis der High-Tech-Region des Silicon Valley zu gewinnen. Dementsprechend bewarb man sich selbst als »The Informationists« (siehe Abbildung 16).[8]

Vom technologischen Fortschritt überrollt – Der Untergang von AMI

Anlass dazu gaben die Anstrengungen des Konzerns im Bereich des computergesteuerten Fotosatzes. Fortschritte erzielten hier die Systeme von AM Jacquard. AM hatte das Unternehmen mit Sitz in Santa Monica im Bundesstaat California 1979 für 18 Millionen Dollar gekauft und versprach sich von dem Hersteller und Verkäufer kleiner Computersysteme für das Text- und Datenmanagement (Type-Rite/Data-Rite) einen innovativen Sprung für seine 1975 entwickelte erste tastaturgesteuerte Kompaktfotosatzmaschine »Comp/Set« mit großem Bildschirm. Das Tochterunternehmen nannte sich deshalb nicht zufällig nach dem bekannten französischen Textilunternehmer Joseph-Marie Jacquard, der 1795 den ersten vollautomatischen und digital über Lochkarten gesteuerten Webstuhl erfunden hatte.[9] Das System wird als frühe Anwendung der Digitaltechnik angesehen und AMI wollte mit dem jungen Start-up auch die Digitalisierung des in den USA schneller wachsenden Computersatzes vorantreiben. AMI mit ihren Töchtern trat damit in direkte Konkurrenz zu den von Linotype-Hell und Berthold entwickelten deutschen Fotosatzmaschinen.[10] Auf ihr ruhten große Hoffnungen.

Die deutsche Konzerntochter AM International GmbH und ihre Hauptverwaltung in Dreieich bei Frankfurt

Von dem globalen Expansionsstreben von AM und dann AMI profitierte das deutsche Tochterunternehmen als zweitgrößte Tochtergesellschaft außerhalb der USA. Bereits 1907 hatte die Addressograph in Berlin die deutsche Addressator AG gegründet. Es folgte als weitere Gründung die Deutsche Multigraph GmbH, die beide den Ersten Weltkrieg mit »Feindvermögensverwalter« überstanden. 1934 vereinigten sie sich entsprechend den Vorgaben des Mutterkonzerns zur Addressograph-Multigraph GmbH. Dieses Unternehmen überstand auch den Zweiten Weltkrieg mit einem Feindvermögensverwalter, mit dessen Hilfe es weiter möglich war, Adressier-, Vervielfältigungs- und Offset-Druckmaschinen zu produzieren und zu verkaufen. Nach dem Ende des Krieges und Verlust der Berliner Verkaufs- und Werksanlagen in der Lennéstraße und als Folge der Berlin-Blockade zog die 19-köpfige Restbelegschaft 1948 nach Frankfurt a.M. Von dort verkaufte sie erfolgreich die 1954 auf der Messe für Druck- und Papiererzeugnisse, der Drupa, vorgestellte AM 1250 Offsetdruckmaschine. Dazu kamen die ersten Nasskopierer der Bruning-Division mit Namen Copyflex oder Bruning 2000.

1959 wurde in Dreieich ein 40.000 Quadratmeter großes Industriegelände gekauft und 1960 darauf das neue Firmengebäude mit anfangs 6.000 Quadratmetern errichtet, das dann auf 11.000 Quadratmeter erweitert wurde. Die Flächen wurden als Produktions-, Lager- und Bürofläche zur Fertigung von Typenschildern, Kleinoffset-Druck- und Vervielfältigungsmaschinen sowie zur Fertigung und Lagerung von Chemikalien für den Offsetprozess genutzt und zwar für AM-Firmen in elf Ländern. Der Kundenstamm der Vorkriegszeit konnte nach dem Krieg erheblich ausgebaut werden. Dazu gehörte von 1945 bis 1970 neben

Abbildung 17: Hausdruckerei des Deutschen Bundestags mit AM Addressograph Multilith 1250 im Jahr 1984

Quelle: Wir von AM 36, 1984, S. 11

dem Telefonbuchdruck für die Post mit AM Varityper Maschinen immer mehr der »in-plant-market«, also Hausdruckereien, etwa für die amerikanischen und britischen Besatzungsbehörden und später für Behörden der NATO-Partner, für städtische Verwaltungen wie Frankfurt am Main, Köln oder die Druckerei des Bundestages (siehe Abbildung 17) sowie großer Unternehmen wie Lufthansa, Ford, Mercedes, VW und später SAP. Zum Teil wurden dort sogenannte 24-Stunden-Druckerstraßen betrieben. Seit 1951 war AM wieder auf allen Fachmessen der Druckindustrie, also der Drupa, Imprinta, Hannover Messe, Cebit und Bürofachmessen, mit Messeständen vertreten.

AM Deutschland expandierte in den 1960er Jahren erfolgreich. Die Zahl der Mitarbeiterinnen und Mitarbeiter stieg von 19 im Jahr 1945 auf circa 1.000. Das Unternehmen baute seinen werkseigenen Vertrieb und Service auf 24 Vertriebs- und Servicebüros in den Niederlassungen aus. Dazu kamen zwei Warenverteilungsdepots und eine zentrale Adressplattenprägerei.

Die insgesamt acht Vertriebsbereiche unterteilten sich in: 1. Druckmaschinen (Multigraphics/Print), 2. Fotosatz (Prepress), 3. elektronische Zeichengeräte von AM Bruning wie die Zeta Plotter, 4. Mikrofichesysteme wie Micrographic, ebenfalls von AM Bruning, 5. den Schablonendrucker vom Typ Varityper VT 2150 und anderen sowie 6. Kopierer wie Selex und Konica. Dazu gehörten 7. jeweils Service-Einheiten und 8. das Telemarketing für Zubehörteile. Zusammen boten sie Maschinen sowie Service bis hin zu »All-in-Mietverträgen« an.

Auf Veranlassung des Konzerns wurde der Hersteller von Spezialpapier für Lichtpausverfahren, die Ahlborn GmbH, 1975 mit 135 Mitarbeitern gekauft. Sie war bei Weitem nicht der größte und wichtigste Produzent auf diesem Gebiet, das eindeutig von der KALLE AG dominiert wurde. Dieses Unternehmen hatte bereits Anfang der 1920er Jahre mit der Produktion von »Diazo-Lichtpauspapieren für das Nasskopierverfahren (Ozalid-Kopie) begonnen. Das Verfahren beruht auf einem lichtempfindlichen Papier, das für scharfe Reproduktionen geeignet war. Die Diazotypien beruhten auf Ammoniakdämpfen. Das Verfahren ging nach dem Zweiten Weltkrieg an die USA über. Dafür wurde die Azoplate Corp. gegründet, die weitere photosensible Systeme entwickelte – bis zu den späteren Kopier- und Laserdruckverfahren.[11] Ein weiterer Bereich betraf die Herstellung von lichtempfindlichen Druckplatten, die den gesamten Zeitungsdruck revolutionierten und mit denen der Computersatz erst richtig seine Wirkungsmächtigkeit entfalten konnte. Darauf ließ sich auch der AMI-Konzern ein, und das betraf auch die deutsche Tochter.

So wurde nach Anweisung des Konzerns AM Jacquard Systems in Dreieich als Tochtergesellschaft mit 35 Mitarbeitern und einem Geschäftskapital von elf Millionen DM gegründet. 1980 gliederte AM Deutschland ebenfalls den Teilproduktbereich Bruning Micrographics und den Fotosatzbereich Varityper als eigene GmbHs aus. Diese Transaktionen sowie der Verkauf von Emeloid (Addressograph Kredit- und Plastikkartenherstellung) an den Wettbewerber Farrington erbrachten erst einmal einen großen Verlust von fast 30 Millionen DM. Dazu hatte beigetragen, dass AM Deutschland damals von häufig wechselnden Geschäftsführern aus den USA geleitet wurde, was nicht zur Stabilität der Geschäftsbeziehungen beitrug, weshalb die deutsche Niederlassung am Ende ganz vom Wohlergehen des Mutterkonzerns abhing.[12]

Die großen Krisen von 1982 und 1993 und der Untergang des Unternehmens

1980 wies der Konzern noch einen schmalen Gewinn von 5,8 Millionen Dollar aus Umsätzen in Höhe von 909,6 Millionen Dollar aus. In den nächsten zwei Jahren erlitt er jedoch schwere Verluste.[13] Noch wenige Jahre zuvor war AMI ein »must have« in vielen Blue Chip Portfolios.[14] Aber nach Jahrzehnten des Erfolgs stolperte AMI auf dem Weg vom mechanischen ins elektronische Zeitalter. Analysten kritisierten die Unternehmensführung, dass sie wohl davon ausgehen würde, das Basisdruckmaschinengeschäft laufe mit Autopilotfunktion.[15] Doch entgegen dieser Behauptung schien die strategische Ausrichtung auf elektronische Verfahren eingeleitet. Tatsächlich löste AMI als einer der ersten Hersteller in den USA Ende der 1970er Jahre den Bleisatz durch Fotosatzmaschinen ab.[16] Aber relevante Schritte wie die technische Weiterentwicklung zur halb- und vollautomatischen Datenerfassung und zu Scannern oder die für die anderen Konzernteile wichtige Modernisierung der Bürokommunikation erfolgten nicht beim AMI-Konzern. Der Versuch, 1982 mit der Firma Spira Scan die Digitalisierungsverfahren für Outlineschriften einzuführen, führte nicht zum Ziel. Interne Fehler waren beim Konzern an der Tagesordnung, kritisierten Analysten, jeden Monat gab es neue Überraschungen wie falsche Maschinenkalkulationen, falsche Zubehörbewertungen oder falsche Inventarisierungen.[17]

1982 verlor AMI die immense Summe von 245,1 Millionen Dollar und musste am 14. April 1982, im 90. Jahr der Konzerngeschichte, Insolvenz anmelden.[18] Als einer der ersten Unternehmensteile wurden im Oktober 1982 die Fabrik in Euclid und der Pensionsplan für Euclid-Mitarbeiter geschlossen, nachdem sich die dortigen Arbeiter einer Lohnsenkung von sechs Dollar die Stunde widersetzt hatten.[19] Der Niedergang kam für Eingeweihte nicht ganz so überraschend, wie es auf den ersten Blick erscheint. Analysten sahen bei AM bereits Ende der 1960er und in den 1970er Jahren Fehler im Umgang mit den neuen Technologien. Ebenso scheiterte AMI mit seinem Versuch, eine Reihe neuer Produkte wie vernetzungsfähige Offsetdruckmaschinen auf dem Markt zu etablieren. Sorgen bereitete auch die Kopierersparte, und über die Konkurrenz der Anbieter von Laser- und Tintenstrahldruckern für die Druckmaschinenproduktion von AMI wurde oben schon berichtet. Ebenso wenig erfolgreich verlief der Einstieg in die Entwicklung kleiner Computer und Textverarbeitungssoftware für das Büro der Zukunft, eine wenig glückliche Entscheidung des erwähnten Vorstandsvorsitzenden Roy L. Ash.[20] Alles in allem war die Umwandlung in einen IT-Konzern, dem die Bezeichnung »The Informationists« hatte dienen sollen, gescheitert. Demonstrativ führte deshalb sein Nachfolger Richard B. Black die Hauptverwaltung von AMI 1982 wieder nach Chicago zu den Druckmaschinen- und Zubehörfabriken zurück und verkaufte sechs der von seinem Vorgänger gekauften unrentablen Tochtergesellschaften. Darunter befand sich auch die große Zukunftshoffnung, die AM Jacquard Systems, die statt Gewinn viele Millionen Dollar Verluste eingefahren hatte. Die Ursache bestand in der zu frühen Einführung noch unerprobter neuer Technologie.

Doch es war nicht Black, der den Konzern zwischenzeitlich sanierte, sondern der von Black 1982 rekrutierte Merle Banta, der vierte Vorstandsvorsitzende innerhalb von nur drei Jahren.[21] Banta hatte ebenso wie sein Vorgänger Roy Ash bereits Erfahrung mit Insolvenzrettungen und leitete den Konzern nach erfolgreichem Abschluss des ersten Konkursverfahrens noch bis 1993. Ein Konzernüberleben nach einer Insolvenz ist auch im Wirtschaftsleben der USA – trotz einfacherem »Bankruptcy-Verfahren«, als es zum Beispiel die deutsche Insolvenzordnung vorsieht – eine seltene Ausnahme. Nur der derzeit größte US-Druckmaschinenhersteller Goss Int., gegründet 1885, überlebte zwei Insolvenzen. Banta schaffte es damals nicht nur, den Konzern vor der Zerschlagung zu bewahren, sondern ihm gelang auch eine Konsolidierung, sodass das Unternehmen nach dem Insolvenzverfahren auf eigener Grundlage weiter existieren konnte.[22] Dazu war es notwendig gewesen, zuerst die Mitarbeiter zu beruhigen, was bei einem Personalabbau von 18.000 auf 10.000 Beschäftigte keine einfache Aufgabe war.

Als Lehre aus der Serie der verschlafenen technologischen Innovationen sollte ein Forschungs- und Entwicklungsbudget mit Vertriebsförderung der Kernbereiche des Konzerns in Höhe von 15 Millionen Dollar zu Produkterweiterungen führen. Wie oben ausgeführt, hatte der Konzern bereits Ende der 1970er Jahre wichtige Erfahrungen mit dem Fotosatz gesammelt. Daran und an dem bereits 1977 mit seiner Prepress-Sparte (Druckvorstufe) AM Varityper in East Hanover im Bundesstaat New Jersey vollzogenen Übergang zur mikroprozessorbasierten Fotosatztechnologie knüpfte der Konzern nun an und startete 1988 erneut eine Fotosatzproduktlinie mit Namen Tegra/Varityper und dem Laserprinter VT600, der den Apple Laserwriter emulieren konnte. Das war notwendig, damit der Laserdrucker mit einer PC-Software wie Windows zusammenarbeiten konnte. Dazu wurden Desktop-Publishing-Programme von Adobe eingekauft. Weiterhin kam die digitale Fotosatzgeräte-Serie Varipower 5000 hinzu, die mit Belichtern wie der Linotronic, der Agfa Compugraphic oder dem VariColor-Publishing-System kompatibel waren. Im Offsetbereich brachte AM mit der Eagle-Offsetdruckmaschine eine Neuentwicklung mit zwei Druckköpfen auf den Markt, die allerdings immer noch an mangelnder Sensortechnologie zur Fernwartung und fehlender Passgenauigkeit krankte. Die Büromaschinensparte von AM Bruning ging dagegen mit neuen Modellen auf Erfolgskurs.[23] Mit diesen und einer Reihe weiterer Maßnahmen gelang es Banta, die Gläubiger zu überzeugen. Der Konzern AMI Inc. war nach fast zehn Jahren wieder eines der 500 größten US-Unternehmen und schaffte es 1992 mit circa 11.000 Produkten, 150.000 Kunden weltweit und einem Gewinn von 860 Millionen Dollar sogar auf Rang 371.[24]

Doch der Erfolg währte nur kurz. Die voranschreitende Computerisierung mit Mikroprozessoren und PCs traf die Druckmaschinenindustrie mit voller Wucht und damit auch den AMI-Konzern mit seinen vielen Produkten und Dienstleistungen in dieser Branche. Besonders das analoge Filmbelichtungsverfahren wurde in den 1980er Jahren digitalisiert. Das Verfahren wurde »computer to film« (CTF) genannt und zur digitalen Druckvorstufe weiterentwickelt. Daraus ging die digitale Druckplattenbelichtung »computer to plate« (CTP) hervor. Auf digitaler Basis funktionierten auch die Drucksysteme für Kleinauflagen, die unter der Bezeichnung »print on demand« (POD) zusammengefasst wurden. Diese Entwicklungen erfolgten ohne den AMI-Konzern, mangels Mitteln für die Entwicklung von CTP- und POD-Systemen. Die Fotosatzgeräte von AMI konnten sich auf dem Markt letztendlich nicht durchsetzen.

Die letzte technische Neuentwicklung des Konzerns, die Eagle-Offsetdruckmaschine, konnte sich im harten Verdrängungswettbewerb etwa gegen die 1990 auf der Drupa vorgestellte Große Tiegel Offset Digital (GTO DI) vom Druckmaschinenhersteller Heidelberger nicht behaupten.[25] Es fehlte an neuer Sensortechnologie, die digitalisierte Maschinendaten lieferte. Es gab bei AMI bei Druckmaschinen kaum eine Ferndiagnose und damit die Möglichkeit, die Maschinen aus der Entfernung zu warten.[26] Dabei konnten Anfang der 1990er Jahre bei anderen Unternehmen mit der Ferndiagnose mehr als 40% aller gemeldeten Störungen per Telefon gelöst werden, was beträchtliche Personalkosten einsparte, da kein Techniker zum Kunden fahren musste. Diesen Vorteil nutzte etwa der älteste Druckmaschinenhersteller der Welt, Koenig & Bauer, der sich in der damaligen Krise mit dem Druck von Banknoten über Wasser hielt.[27]

Dazu kamen in der gesamten Drucksparte erhebliche Umsatzrückgänge. AMI sah sich 1988 gezwungen, unrentable Konzernteile abzustoßen. Dazu gehörten der Zeitungsdruckmaschinenbauer, vormals Harris, nun AM Graphics und Sheridan, die für 356 Millionen Dollar an Heidelberger verkauft wurde. Drei Jahre später musste AMI sein Paradepferd Bruning für nur 52,5 Millionen Dollar an den holländischen Konkurrenten OCE abstoßen. Ebenso verkaufte AMI seine Tochter Varityper an TEGRA.[28] Doch die Verkäufe reichten allein zur Konsolidierung des Unternehmens nicht aus. Da es auch im zweiten Quartal des Jahres 1992 zu erheblichen Verlusten kam, der Aktienkurs verfiel und fast ein Pennystock-Niveau erreichte, beantragte der Konzern schließlich am 18. Mai 1993 erneut Gläubigerschutz nach dem amerikanischen Insolvenzrecht.[29] Im Zuge der Restrukturierung beendete AMI Ende 1993 das zweite Konkursverfahren und konnte im zweiten Halbjahr 1994 und ersten Halbjahr 1995 erstmals wieder niedrige Gewinne aufweisen. In der Folge wurden alle Unternehmensbereiche bis auf Multigraphics sowie die zwei Auslandskonzerntöchter AM Deutschland und AM Australien durch Konkurs geschlossen sowie die Auslandskonzerntöchter Holland, Frankreich und Belgien verkauft.[30] Multigraphics wurde von einem Herstellerunternehmen in eine reine Verkaufsfirma umgewandelt und dafür Käufer gesucht. Im Jahre 2000 wurde der Verkauf von AM Multigraphics an den früheren US-Konkurrenten AB Dick gemeldet, der 2004 ebenfalls in Konkurs ging.[31]

Sowohl der erste Konkurs als auch der zweite hatten ihren Ursprung in den fehlgeschlagenen Versuchen, verlorenes Terrain im raschen Lauf der technologischen Entwicklung zurückzugewinnen und wieder zur Spitze aufzuschließen. Dazu gehörte im Offsetdruckbereich die erwähnte unterentwickelte Sensortechnologie für Fernwartung bei Druckmaschinen und im Fotosatzbereich der geringe Markterfolg der eigenen Systeme. Das lag vor allem daran, dass die Einbindung der neuen auf Personal Computern basierenden Systeme Probleme bereitete. Stattdessen versuchte AMI große Firmen wie Pitney Bowes, IBM oder XEROX nachzuahmen, wie dies James C. Collins in seinem Buch »Good to Great« über Addressograph und AMI treffend herausgearbeitet hat.[32] Die anhaltenden strukturellen und finanziellen Schwierigkeiten zwangen den Mutterkonzern AMI in Chicago dazu, seine wirtschaftlichen Aktivitäten weltweit einzuschränken. Dem fiel der Standort Deutschland zum Opfer.

Niedergang der deutschen Niederlassung und Abwicklung von 1995 bis 2004

Der Niedergang des Konzerns wirkte sich direkt auf die deutsche Tochter aus. Bereits der erste Bankrott hatte AM Deutschland hart getroffen. Die Firmenimmobilie wurde verkauft, die Kreditlinien und Konzernbürgschaften fielen weg und das Stammkapital reduzierte sich von 52 auf 10 Millionen DM. Wurden 1970 bis 1983 noch über 14 Millionen DM als Gewinn (Service & Royalty Charges) an den Konzern abgeführt, so wurden seit 1985 Negativergebnisse aus dem regulären Geschäftsablauf erzielt. Rationalisierungsmaßnahmen führten zur Schließung von 20 Niederlassungen von einst 24. Es blieben nur die Niederlassungen in Dreieich, Düsseldorf, Hamburg und München übrig. Im Verlauf dieser Entwicklung reduzierte sich der Mitarbeiterstamm von über 1.000 auf nur noch 280, also etwas mehr als ein Viertel, die 1992 immer noch einen Jahresumsatz von 63 Millionen DM erwirtschafteten. Nur drei Jahre später hatte sich die Mitarbeiterzahl noch einmal um 100 auf 180 verringert, die nun nur noch einen Umsatz von 40 Millionen DM erzielten.[33] Bedingt durch permanenten Personalabbau hatte sich zudem eine Überalterung der Mitarbeiter mit einem Durchschnittsalter 42,5 Jahren bei durchschnittlich 14,5 Jahren Betriebszugehörigkeit ergeben. Auch die Betriebsflächen wurden radikal verkleinert und zwei Etagen des damals nur noch gemieteten Firmengebäudes weitervermietet.

Beim zweiten Bankrott schlugen sich die schlechten Erfahrungen des ersten Bankrotts bereits im Vorfeld negativ nieder. Der Prozess des Niedergangs – also die sinkenden Margen, die sich häufenden Qualitätsprobleme bei den Fotosatzgeräten und der Verlust von Marktanteilen an die Konkurrenz – führte zu einer abnehmenden Mitarbeiterzufriedenheit und einem sich verschlechternden Betriebsklima, die durch mehrere Mitarbeiterbefragungen in der deutschen Konzerntochter von speziell dafür beauftragten Personalberatungsfirmen festgestellt wurden.

Die Stimmung bei AM Deutschland verdüsterte sich weiter, als die Jahreszahlen 1994 mit Prognose 1995 und einem weiteren Umsatzrückgang von mehr als 30% aus der Buchhaltung durchsickerten.[34] Die schlechte Nachricht, dass 1995 auf der Drupa nur bei einer Fotosatzmaschine ein größerer Umsatz erzielt wurde, sprach sich in der Konzerntochter schnell herum. Mit Unwillen reagierten die Niederlassungen auf die Verringerung des finanziellen Spielraums durch Einführung des Factorings, das heißt des Bezugs aller AM-Maschinen zu Preisen der holländischen Konzerntochter, was im Endeffekt, da diese niedriger lagen, nur noch eine Bearbeitungsmarge von 15% erlaubte. Zur schlechten Stimmung trugen auch hausgemachte Probleme bei, wie etwa für verschiedene Zwecke eine IBM S 36 anzumieten. Dabei handelte es sich um einen Großrechner mit geringer Kapazität, der jedoch einen eigenen klimatisierten Raum benötigte. Die von dort aus betriebenen Workstations für die Bereiche Buchhaltung, Lager, Vertrieb und Service von vier Niederlassungen blieben ohne Anbindung an die im Unternehmen vielfach vorhandenen Windows-PCs oder Mac-Rechner der Fotosatzabteilung.[35]

In dieser gedrückten Stimmung wirkte sich die Nachricht, dass im Konzern keine weiteren Mittel mehr für die Betriebsfortführung der deutschen Konzerntochter zur Verfügung gestellt worden seien, verheerend aus. Deshalb musste die deutsche Konzerntochtergesellschaft am 10. Oktober 1995 die Eröffnung eines Konkursverfahrens beantragen.[36] Die Zwangsverwaltung als Vorstufe dieses Verfahrens mit einem Fremdverwalter erfolgte unmittelbar mit Sequestrationsbe-

Abbildung 18: Niederlassung Dreieich von AM Deutschland in den 1980er Jahren

Quelle: Sammlung Heinz Hupfer

schluss des Amtsgerichts Langen vom 13. Oktober 1995. Schon am 2. Januar 1996 wurde vom Amtsgericht Langen das Konkursverfahren über das Vermögen der Firma AM International GmbH in Dreieich eröffnet. Das Gericht ernannte einen Konkursverwalter aus Heidelberg.

Damit standen sämtliche Arbeitsplätze zur Disposition. Für die Mitarbeiterinnen und Mitarbeiter begann die Suche nach neuer Arbeit. Für drei Monate konnte beim zuständigen Arbeitsamt ein Konkursausfallgeld beantragt werden. Ein Konkursabwicklungsteam von anfangs 24 Mitarbeitern wurde gebildet. Seine Aufgabe bestand darin, die Konkurstabellen zu führen, sämtliche Leasing- und Versicherungsverpflichtungen von AM zu beenden, über Rückerstattungen an die Konkursmasse zu verhandeln, einen Sozialplan zu erstellen, die Personalverwaltung, Buchhaltung und Steuererklärungen zu übernehmen, Geschäftsunterlagen zu Prüfungszwecken durch das Finanzamt bereitzustellen, mit Sozialversicherungen und Arbeitsämtern zu korrespondieren, ein Forderungsinkasso in Zusammenarbeit mit anfangs sechs Anwaltskanzleien durchzuführen, mit Vermietern über Kautions- und Mietrückforderungen zu verhandeln, die seit 1987 gemieteten drei Etagen in Dreieich zu räumen, nach Bad Vilbel umzuziehen, die dortigen gewerblichen Immobilien zu verkaufen sowie einen weiteren Umzug nach Frankfurt durchzuführen und dabei auch noch die Einrichtungen und Anlagen der vier Niederlassungen zu verwerten.[37] Die Abwicklung von AM Deutschland dauerte bei alledem von 1995 bis 2004, also fast zehn Jahre. In dieser Zeit konnten für die Konkursmasse mehrstellige Millionenbeträge realisiert werden. Diese ermöglichten es dem Konkursverwalter, alle Firmenpensionsansprüche für die bei AM beschäftigten Mitarbeiter beim Pensionssicherungsverein (PSVaG) in Köln zu sichern.[38]

Die Folgen für die Mitarbeiter

Mit der Konkursantragstellung durch AMI begann für die meisten Beschäftigten im Herbst 1995 die Suche nach einem neuen Arbeitsplatz. Viele kannten den ersten Konzern-Konkurs in den USA, bei dem es gelungen war, alle Konzerntöchter fortzuführen, was 1995 nicht mehr der Fall war. Schon zuvor hatte ein Teil der Mitarbeiter begonnen, sich erfolgreich bei anderen Firmen zu bewerben. Andere, zum Beispiel aus den Abteilungen Print, Telemarketing und Service, alles in allem mehr als dreißig oder ein Fünftel der Belegschaft, schlossen sich der Firma DSW Vertrieb + Service Fachhandel an, die Druckmaschinen, Plotter und Zubehör vertrieb. Diese Firma aus Baden-Württemberg eröffnete damals eine Niederlassung in dem nahe gelegenen Darmstadt, existierte jedoch nur wenige Jahre, weshalb die davon betroffenen Mitarbeiter von AM Deutschland quasi vom Regen in die Traufe gerieten.[39]

Die AM Niederlassung in Dreieich besaß weiterhin eine eigene Hausdruckerei mit AM-Druckmaschinen sowie einem nicht unbedeutenden Kundenstamm. Diese Hausdruckerei mit ihren zuletzt fünf Mitarbeitern machte sich selbständig, indem die Beschäftigten gemeinsam eine Firma ausgründeten. Sie vertrauten auf das langjährige Geschäft mit Stammkunden, zu denen unter anderen ein Versicherungsträger für Mitarbeiter des öffentlichen Dienstes gehörte.

Viele der verbliebenen Mitarbeiter meldeten sich nach und nach arbeitslos und verblieben teilweise lange Zeit in Arbeitslosigkeit. Andere bildeten sich über das Arbeitsamt fort und konnten zum Beispiel mit neu erworbenen EDV-Kenntnissen einige Jahre arbeiten, meist jedoch nicht bis zum Rentenalter. Sehr oft führte erneute Arbeitslosigkeit zur Beantragung einer vorzeitigen Rente mit Abschlägen von bis zu 14%. Es gab auch Fälle, in denen Mitarbeiter von AM Deutschland versuchten, sich als Kopier-Premium-Fachhändler selbständig zu machen, oder die Branche wechselten, um erneut eine Position etwa im Managementbereich zu erreichen.

Der Leiter der ehemaligen Rechts- und Mahnabteilung blieb als letzter Mitarbeiter im Abwicklungsteam des Konkursverwalters bis Mitte 2000 übrig. Sein weiteres Schicksal kann als Beispiel für die prekären und oft wechselhaften Arbeitsverhältnisse gelten, die der größtenteils langjährigen Beschäftigung bei AM folgten. Seine Arbeitssuche begann lange vor Beendigung des Konkursverfahrens im Jahr 2000. Das Arbeitsamt bot ihm als Juristen einen Zeitvertrag für zwei Jahre bei einer Betriebskrankenkasse zu erheblich reduziertem Einkommen an. Er baute dort mit Rückgriff auf die entsprechenden Erfahrungen bei der AMI GmbH eine Vollstreckungsabteilung auf, die sich mit EDV-Anbindung ebenfalls den Anforderungen der neuen Zeit stellen musste.

Nach Ende des Zeitvertrags meldete er sich wieder bei der Arbeitsagentur Frankfurt arbeitslos. Mit 56 Jahren schrieb er weit über 1.000 Bewerbungen, darunter an sämtliche Teilzeitfirmen. Bei der Zeitarbeitsfirma ZIW Offenbach wurde er schließlich ab 2005 wiederum zu noch weiter reduziertem Einkommen und mit täglichen Fahrzeiten von zwei Stunden als Jurist für Widerspruchsverfahren und als Leistungsgewährer des SGB II, im Volksmund Hartz IV genannt, an den Kreis Offenbach vermittelt. Mitte 2006 übernahm ihn der Kreis Offenbach nach drei Zeitverträgen in den öffentlichen Dienst. Von dort aus verschlug es ihn 2010 zur kommunalen Dienstleistungsgesellschaft »Pro Arbeit« im Kreis Offenbach, wo bald auf der anderen Seite seines Schreibtisches die Mitarbeiter der Hausdruckerei mit SGB II-Anträgen standen. Sie hatten sich gegen die örtlichen Mitbewerber nicht durchsetzen können. So blieb von dem immerhin nahezu 100-jährigen deutschen Zweig eines internationalen Konzerns nichts übrig. Eine ähnliche schmerzvolle Firmenabwicklung gab es in der Druckvorstufenbranche nur wenige Kilometer entfernt, in Eschborn. Dort hatte die Heidelberger Druckmaschinen AG nach der AM Graphics und Sheridan 1997 auch die Linotype Hell AG übernommen. Am 13. Dezember 1998 wurde der Standort als Restrukturierungsmaßnahme geschlossen und der Abbau von 1.200 von insgesamt 3.200 Arbeitsplätzen öffentlich bekanntgegeben. Mitarbeiter aus dem Kerngeschäft wechselten nach Heidelberg zum Bereich »Prepress« nach Kiel, in vier nicht in Heidelberger passende ausgegründete Geschäftsfelder Color Publishing Solutions, Linotype Schriften, Linopress System und Hell Gravure. Viele wurden arbeitslos.[40] Nur bei den Entwicklern war der Prozentsatz geringer, einigen gelang es ohne hierarchische und finanzielle Nachteile, neue Jobs zu finden. Andere wechselten ein- oder mehrfach ihre Stelle oder entschieden sich über kurz oder lang für eine Frühverrentung.

Fazit

Disruption in der Druck- wie Druckmaschinenindustrie führte zur Insolvenz des US-Konzerns AMI. Die Sanierung war nicht von Dauer, weil er mit der Digitalisierung nicht Schritt hielt, es nicht gelang, sich an die Veränderungen der technologischen Systeme anzupassen bzw. sich an die Spitze von Innovation zu stellen. Der Jurist und Harvardprofessor Joseph Schumpeter sagte schon 1942, ein Unternehmer überlebt nur dank ständiger Innovation. Das bekam auch die Druckindustrie zu spüren. Die Folgen des technologischen Wandels in der Druckindustrie waren, wie das Beispiel des AMI-Konzerns und seiner deutschen Tochter zeigt, mit schwerwiegenden sozialen Verwerfungen verbunden, die sich oft in unberechenbarer Weise bis in die benachbarten Branchen auswirkten. Gelang der IG Druck und Papier für die Kerngruppen der Drucker und Setzer ein einigermaßen sozialverträglicher Transfer von der alten in die neue Zeit,[41] so wanderten in vielen Bereichen die Beschäftigten aus jahrzehntelanger Betriebszugehörigkeit in prekäre Arbeitsverhältnisse ab oder stiegen vorzeitig aus dem Berufsleben aus – auf Kosten der Rentenfonds und mit niedrigeren Renten.

Anmerkungen

[1] Die Erfindung wurde als Addressing machine unter der Patentnummer US558936 in das US-amerikanische Patentregister am 2. August 1883 eingetragen. www.google.com/patents/US558936 (abgerufen am 24.2.2016).

[2] Handbetrieben wurden 37,50 Dollar für 2000 Briefumschläge berechnet. Der Stundenlohn eines amerikanischen Arbeiters betrug damals 18 Cent.

[3] Dieser New Yorker Medienkonzern begann auf dem Höhepunkt des Eisenbahnzeitalters mit Ingenieurzeitschriften, einem Buchprogramm, später Wirtschaftsmagazinen und ist heute Inhaber der Ratingagentur Standard & Poors. Vgl. Robert Lewis: Chicago's Printing Industry 1880-1950, in: Economic History Review, 62, 2 (2009), S. 366-387, hier S. 379; IfM Mediendatenbank: 42. S&P Global (ehem. McGraw-Hill Financial), www.mediadb.eu/datenbanken/internationale-medienkonzerne/sp-global.html (abgerufen am 24.8.2016).

[4] Die Erfindung wurde am 7. März 1903 als Duplicating machine unter der Patentnummer US816311A in das US-amerikanische Patentregister eingetragen, www.google.com/patents/US816311?dq=ininventor (abgerufen am 24.2.2016).

[5] Hans-Georg Wenke: Ein Konzern ohne Allüren, in: Der Polygraph, 23 (1991), S. 1912-1922; Antique Mail Room Machines: Antike Poststellen-Maschinen im Museum: Addressing Machines, Copying machines, Multigraph Duplicators, www.earlyofficemuseum.com/mail_machines.htm (abgerufen am 23.2.2016). Zur AM International Inc. vgl. George Curven Brainard: A Page in the Colorful History of Our Modern Machine Age, New York 1950: Withefish 1950; Fortune 500, http://archive.fortune.com/magazines/fortune/fortune500_archive/letters/A.html (abgerufen am 26.2.2016).

[6] Damals besaß das Unternehmen über zehn geschützte Produktbezeichnungen (tradenames), davon für Druckmaschinen Addressograph, Graphics, Multigraphics, Multilith, für Kopierer Bruning und für Geräte der Druckvorstufe Comp/Edit, Comp/Set, Varityper.

[7] Tété Technisch Tudschrift Voor de Graftsche Industrie, 20, Nr. 3, Mei/Juni (1905), S. 6, Bild 11 Mulitlith Kleinoffsetmaschine AM 1850, http://drukwerkindemarge.org/downloads/tete/TeTe-20e-jaargang.pdf (abgerufen am 27.2.2016).

[8] Werbung AMI in: ABA Journal, issue 12 (1979), S. 1769, und Jacquard; Channelpartner-Archiv vom 12. Januar 1979, www.channelpartner.de/a/jacquard-system-zu-addressograph-multigraph,1191542 (abgerufen am 24.8.2016).

[9] Vgl. https://en.wikipedia.org/w/index.php?title=A_M_Jacquard_Systems&oldid=670115247 (abgerufen am 24.8.2016). Die Zahl der 1973 installierten Fotosatzmaschinen betrug 15.000. 1983 gab es den Fotosatz in allen US-Zeitungsverlagen. Vgl. Hans-Helmuth Ehm, Automation. Spardorf 1985, S. 40ff.

[10] Boris Fuchs/Christian Onnasch: Dr.-Ing. Rudolf Hell. Der Jahrhundert-Ingenieur im Spiegelbild des Zeitgeschehens. Sein beispielhaftes Wirken. Ed. Braus: Heidelberg 2005, S. 7ff.

[11] Vgl. Werner Fraß: Der Weg von der Blaupause über Zinkographie-Schichten zu den CtP-Platten, in: VDD-Jahrbuch 2008, S. 59-68.

[12] Vgl. die AM-Mitarbeiterzeitungen PRISMA vom 14. Juni 1967, S. 1ff.; WIR VON AM, Nr. 24 (1981), S. 1ff.; Nr. 25 (1981), S. 7ff. multigraph 2-1993, S. 1ff. und AM Handelsregisterauszug Amtsgericht Offenbach HRB 30197.

[13] Fortune 500 zeigt AM International 1955 zunächst auf Platz 400, 1968 auf Platz

233 und 1993 auf Platz 483, http://archive.fortune.com/magazines/fortune/fortune500_archiv/letters/A.html (abgerufen am 23.2.2016).

[14] N.R. Kleinfeld: AM Brightest Years Now Dim Memories, in: New York Times vom 15. April 1982; Timothy S. Jarell: Company Doctor: Merle H. Banta: Nursing AM International Back to Health, in: New York Times vom 6. Mai 1984.

[15] Vgl. Kleinfeld, AM Brightest Years, und Jarell, Company Doctor. AM hatte nur noch wenige neue Patente und erzielte nur einen Intertech Award 1980 von G.A.T.F. für elektronische Druckkontrolle im Kleinoffsettdruck, Hohe Auszeichnung für AM-Forschung, WIR VON AM Nr 17/80, S. 1ff.

[16] »Statt kg-schweres Blei jetzt dünne biegsame Kunststoffplatten«. Dieter Balkhausen: Elektronik-Angst, Econ Verlag: Düsseldorf/Wien 1984, S. 138ff. Zu den Folgen vgl. Stefan Gergely: Mikroelektronik. R. Piper & Co: München/Zürich 1983, S. 218ff.

[17] Vgl. Kleinfeld, AM Brightest Years, und Jarell, Company Doctor.

[18] Bankruptcy proceedings under Chapter 11 U.S.C. § 101 et seq., in the Northern District of Illinois. http://lopucki.law.ucla.edu/companyinfo.asp?name=AM+International%2C+Inc.+(1982) (abgerufen am 21.9.2016).

[19] George Curven Brainard: AM International Inc., in: The Encyclopedia of Cleveland History, https://ech.case.edu/cgi/article.pl?id=AII (abgerufen am 24.8.2016).

[20] Kleinfeld, AM Brightest Years Now Dim Memories.

[21] Jarell, Company Doctor.

[22] Boris Fuchs: Die Geschichte des Niedergangs der amerikanischen Druckmaschinenindustrie, in: Verein Deutscher Druckingenieure e.V. (Hrsg.): Gemeinsam die Zukunft gestalten. Die Print-Medienindustrie gestern, heute und morgen. Jahrbuch der Druckingenieure 2009. Darmstadt 2009, S. 7-24, hier S. 22.

[23] Winn L. Rosch: Desktop Plotters face the competition, in: PC-Magazine vom 27. März 1990, S. 133ff. und 138, und Jeffrey R. Gile: Product comparison: The Plot thickens, in: InfoWorld vom 20. März 1989, S. 49ff.

[24] Major Companies of the USA 1988/89, zuvor Fortune 500 Tabellen-Übersichten AM 1955-1983. http://archive.fortune.com/magazines/fortune/fortune500_archive/snapshots/1992/2675.html (abgerufen am 22.9.2016)

[25] Siegbert Holderried: Vom Grafischen Gewerbe zur Cross Media, in: Verein Deutscher Druckingenieure (Hrsg.): Gemeinsam die Zukunft gestalten, 2009, S. 51ff., hier S. 59. Heidelberger GTO DI Großer Tiegel Offset Digital mit Verkaufsstart 1991. Demo Offset Eagle 5210, 1 Maschine bundesweit verkauft, in: Computerwoche vom 15. März 1991.

[26] Abgesehen von den Panther-Fotosatzbelichtern. Diese hatten eine Fernwartungsfunktion, das »remote dispatch«.

[27] Integratives Unternehmenskonzept, in: multigraph Heft 3, 1993, S. 1ff. Zur KBA Koenig & Bauer Würzburg von 1817 vgl. Thomas Göcke: Wie ein Traditionalist zum Pionier wurde. Salesforce Nah-Magazin 2016.

[28] Der Schreib- und Setzmaschinenhersteller Varityper, gegründet 1932, war seit 1960 eine Tochter des AM-Konzerns gewesen. Das Unternehmen war zudem seit 1985 im Fotosatzbereich aktiv und ging nach dem Verkauf rasch in Konkurs. Vgl. Fuchs: Geschichte des Niedergangs amerikanischen Druckmaschinenindustrie, S. 16. Siehe auch S. Morris: AM International sells Speciality Graphics Unit, in: Chicago Tribune vom 2. August 1991.

[29] Zur Bankruptcy proceedings under Chapter 11 in Delaware vgl. Other News: AM International Inc., in: Los Angeles Times Business vom 18. Mai 1993, http://articles.latimes.com/keyword/am-international-inc (abgerufen am 5.8.2016).

[30] Casey Bukro/David Young: Ailing AM International sells 6 european units, in: Chicago Tribune vom 24. Februar 1996.

[31] Heute gibt es wieder eine US-Firma Addressograph in Rocky Mount Virginia zur Prägung von Plastikkarten und seit 2001 auch eine Firma in England. Bloomberg Company: Overview of Multigraphics Inc. vom 27. Januar 2000, www.bloomberg.com/research/stocks/private/snapshot.asp?privcapId=31787 (abgerufen am 24.8.2016).

[32] James C. Collins: »Good to Great«. Der Weg zu den Besten, Frankfurt a.M./

New York 2011, S. 90-93. Man könnte weitere Gründe für den Niedergang von AM anführen – neben der Nichtberücksichtigung neuer Technologien etwa Umweltschäden bei der Produktion chemischer Druckmaschinenreinigungsmittel mit toxikologischen Eigenschaften (Blankrola) in Holmsville, Ohio mit Bodenverunreinigungen. AM International vs Datacard United States Court of Appeal 7. Circuit Nr. 96-1621, http://caselaw.findlaw.com/us-7th-circuit/1200252.html (abgerufen am 1. März 2016); ein ähnlicher Vorwurf in Dreieich konnte vom Regierungspräsidium Darmstadt gutachterlich widerlegt werden: Der Grundwasserschaden war von einem benachbarten Wäschereibetrieb ausgelöst worden und die Rückstellungen konnten im Konkurs aufgelöst werden.

[33] Creditreform Offenbach. Auskunft anhand der Jahresergebnisse von AM. Der letzte Eintrag stammt vom 13. Oktober 1995. Dies hatte zudem zur Folge, dass wenige Mitarbeiter die Kosten für die betrieblich vereinbarten hohen Firmenpensionszusagen erarbeiten.

[34] Creditreform Offenbach, Auskunft anhand Jahresergebnissen AM (zuletzt abgerufen am 13.10.1995).

[35] Übersichten, etwa Debitorenlisten, mussten mit Sonderprogrammen wie dem Job 300492 extra gestartet, zeitaufwendig gedruckt, geschnitten und gebunden werden. In Nutzung war weiterhin nicht kompatible Software von Apple und Windows. Vgl. IBM S 36 in IBM History, www-03.ibm.com/ibm/history/exhibits/rochester/rochester_4018.html (abgerufen am 26.2.2016).

[36] Konkurseröffnungsbeschluss AG Langen vom 2. Januar 1996, Aktenzeichen 7 N 110/95. Das Stammkapital der AM International GmbH, gehalten von AM Holland, betrug 10 Millionen DM.

[37] Abwicklungsarbeitsübersicht im Arbeitszeugnis des Konkursverwalters für den letzten AM-Mitarbeiter Insolvenzteam 26. Juni 2000.

[38] Die Löschung der AM International GmbH erfolgte am 11. Februar 2004 bei dem jetzt zuständigen AG Offenbach HRB 30197, www.moneyhouse.de/AM-International-GmbH-Dreieich (abgerufen am 7.3.2016).

[39] AG Lahr DSW HRA 1251 und AG Freiburg HRA 391251 Firma DSW sind am 8. Juli 1999 erloschen. Sie konnten sich bei dem harten Verdrängungswettbewerb nicht mit AM-Produkten behaupten.

[40] Kurt K. Wolf: Heidelberg ist überall: Jetzt auch in Kiel 1997, HZW für Cross Media Management, www.print.ch/home/page.aspx (abgerufen am 30.8.2016).

[41] Vgl. den Beitrag von Ralf Roth in diesem Band.

Teil 3:
Strukturen der Aus- und Weiterbildung im Wandel technologischer Veränderungen

Bei der Ausbildung zum Drucker, Städtische Berufschule Köln, 1999

Harry Neß
Phasen der Professionalisierung im Beruf des Buchdruckers
Historisches Muster für strukturelle Entwicklungen in Multimediaberufen

Eine Branche fordert konvergente Berufsprofile

Die seit den 1970er Jahren stattfindende Entwicklung von der analogen zur digitalen Technik bewirkte zunehmend und in immer kürzeren Intervallen einen gesellschaftlichen Strukturwandel von der Industrie- zur Informationsgesellschaft.[1] Gesellschaftlich hat der Einsatz der digitalen Technik die »Beschleunigung von Prozessen und Ereignissen«[2] zur Folge, deren Diktat individuell alle Lebensbereiche ständig neu definiert. Damit konstituieren sich bis heute ununterbrochen in diesem Prozess des Wandels »neue beruflich-soziale Formationen«,[3] die aus dem Wirtschaftsbereich der Informations- und Kommunikationstechnologie die gesamte Gesellschaft, aber vor allem die Berufe der Multimediabereiche, grundsätzlich verändern. Auf drei Ebenen zeigt sich zunehmend eine Konvergenz in dieser unter starkem Veränderungsdruck stehenden Branche und ihrer Berufsschnitte: bei den Produktionsbedingungen, den Medienprodukten und den Berufsbildern.[4]

Mit der unendlichen Möglichkeit einer digitalen Reproduktion einmal erstellter Unikate von Bild, Ton und Sprache diversifizieren sich für die in den jeweiligen Segmenten Beschäftigten die Arbeitsorte und Arbeitszeiten.[5] Zur Ausführung der Berufe in der IT- und Medienbranche ist eine Verhaltensdisposition gefordert, die mehr fremdbestimmte Reaktion und weniger selbstgestaltete Aktion innerhalb ihrer Professionalität ist. Das eigene Handeln bewegt sich innerhalb technisch, wirtschaftlich und qualifikatorisch »interdependenten Dimensionen«.[6] Persönliche Interessen und Professionalisierungsprofile müssen in diesem dynamischen Prozess der Multimediaproduktion eines entgrenzten Berufsfeldes permanent neu justiert werden (siehe auch Abbildung 19).[7]

Von den in Multimediaberufen Beschäftigten werden flexible Kompetenzprofile zur Wartung und Nutzungserweiterung der damit verbundenen Produkte erwartet.[8] Um ihren Berufsstatus und den Dialog über Kompetenz, fachliche Qualifikations-, berufliche Identitäts- und korporative Zuständigkeitsentscheidungen eines Berufsverständnisses zu entwickeln und zu erhalten, müssen sie dementsprechend nach professionalisierenden Formen suchen, wie sie die »Ausbildung von Spezialkompetenz«, die »Anbindung an eine etablierte Berufsgruppe« und die Suche nach einem »autonomen, eigenverantwortlichen Handlungsspielraum«[9]

Phasen der Professionalisierung im Beruf des Buchdruckers 121

Abbildung 19: Arbeitsmarktmodell Multimedia

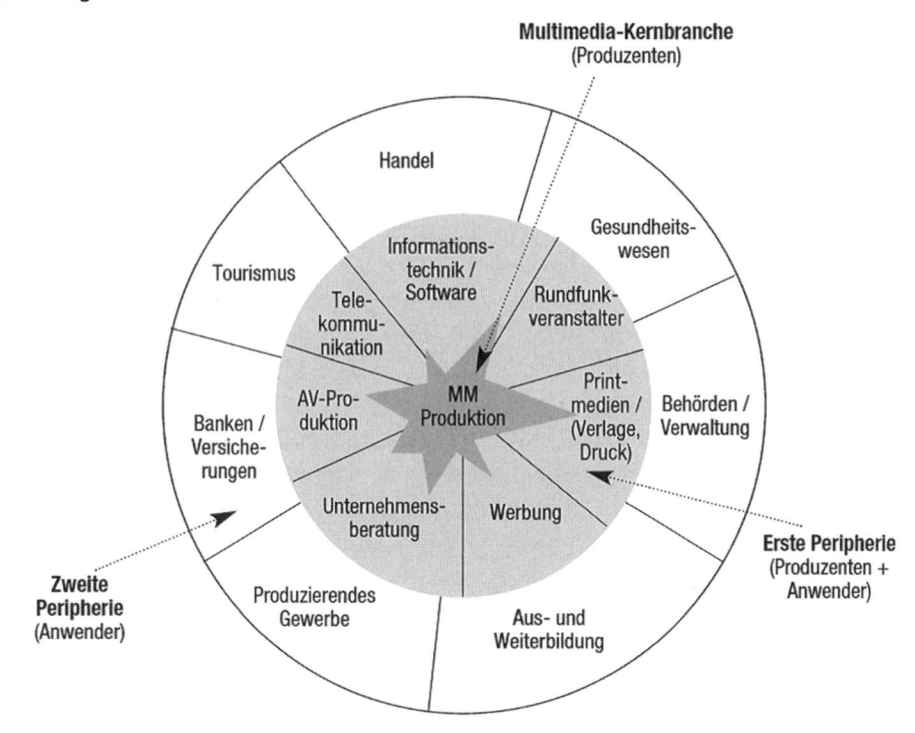

[Diagramm: Konzentrische Kreise mit Multimedia-Kernbranche (Produzenten) im Zentrum: Informationstechnik/Software, Telekommunikation, AV-Produktion, MM Produktion, Printmedien/(Verlage, Druck), Rundfunkveranstalter. Erste Peripherie (Produzenten + Anwender): Handel, Gesundheitswesen, Behörden/Verwaltung, Werbung, Aus- und Weiterbildung, Produzierendes Gewerbe, Banken/Versicherungen, Tourismus. Zweite Peripherie (Anwender): Unternehmensberatung]

Quelle: Lutz P Michel: Arbeitsmarkt für »flexible Spezialisten«, in: M & K, 50. Jahrgang 1/2002, S. 26-44, hier: S. 29

erfolgreich ausgestalten können. Sollen dafür die Veränderungen in Professionalisierungsprozessen begreifbar und steuerbarer gemacht werden, wird es für arbeitsmarkt- und bildungspolitische Akteure auf diesem Feld gegenwärtig immer wichtiger, eine in der Vergangenheit zunehmend verloren gegangene Handlungsmacht und die Autorität für Entscheidungen wieder zurückzugewinnen. Dafür ist wichtig zu wissen und bewusst zu machen, was in den vorausgegangenen Zeiten beruflich passiert ist, wie der aktuelle Stand ist und was voraussichtlich in der nach wie vor expandierenden Branche zukünftig geschehen wird.

Für eine validere Prognose ist zu prüfen, wie die Bedingungen der Professionalisierung sich materiell und symbolisch von traditionellen und von neuen Ordnungsmustern ausgehend auf die Arbeits- und Existenzbedingungen der IT- und Medienexperten auswirkten bzw. zukünftig zu gestalten sein werden. Das heißt, es wird im Weiteren hier den Fragen nachzugehen sein, welche Motive und welche sich historisch wiederholenden Strukturmuster die Handlungslogik der in diesem Industriezweig Tätigen bestimmen. Zentrale Leitbegriffe sind dafür »Beruf«[10] und »Medien«,[11] denn sie bilden die Orientierung für berufliche Struktur- und Steuerungselemente der Multimediabranche, in denen die Gestaltung und Ausgestaltung der Professionalisierungsmuster erkennbar ist.

Professionalisierungsmuster in Medienberufen

Wie in allen kaufmännischen und industriellen Berufen konstituiert sich traditionell die Ausübung einer Arbeit – auch in den neuen Berufen – durch Formen der Routine und Habitualisierung, die meist einen repetitiven und zyklischen Charakter haben.[12] Das heißt, ihre Bildung muss sich im klassischen Verständnis mit »Autorität und der Autonomie innerhalb der Werkstatt«[13] auseinandersetzen. Sie ist ein Arbeit und Lernen gleichzeitig verkörpernder Ort, – auch in virtuellen Welten neuer Technologien der zentrale Platz, an dem in bestimmten Intervallen – unter den Bedingungen fluider Beschäftigungsverhältnisse – von den Akteuren die Umsetzungsschritte für mehr Professionalität immer wieder neu zu definieren und praktisch zu realisieren sind. Als leitende Indikatoren im Diskurs zur Sicherung des Professionsstatus und damit zur Abgrenzung von anderen Berufen lassen sich die »Einkommens-, Prestige- und Autoritätschancen« identifizieren, mit denen berufliche Professionalisierung im sozialen Netzwerk der Berufsangehörigen und ihrer Produktionsbedingungen korrespondiert:

- Der eigenen Arbeitsleistung werden ein sozialer Wert und besondere Kompetenzen zur Problemlösung zugeordnet.
- Zur Monopolisierung des beruflichen Wissens und der eigenen Fähigkeiten wird im Arbeitsprozess die Abspaltung von Hilfs- und Nebentätigkeiten vorgenommen.
- Formale Ausbildungsprozesse, Zugangsvoraussetzungen, Fachprüfungen und Berufsbezeichnungen werden rechtlich geschützt und institutionalisiert.
- Neben der Qualifikation wird die verpflichtende Zugehörigkeit zu einem Berufsverband organisiert.[14]

Im Verlauf ihrer Berufsbiografien in den Multimediaberufen wie auch in den ehemaligen Printberufen verorten sich die Beschäftigten zur Sicherung ihrer Professionalität zwischen Technik, Organisation, Kommunikation, Produkten und Gesellschaft; sie entwickeln ihre Kompetenzen zunehmend »just in time«[15] in informellen Lernprozessen und Kommunikationsstrukturen weiter. Berufliche Identität kann sich in diesem Prozess einer zusätzlichen Anbindung an eigene Interessenverbände zu einer »kollektiven Identität«[16] verdichten. In ihr vergewissern sich die Berufsangehörigen zur sozialen Stabilisierung im Prozess der Arbeit und des sozialen Umfeldes ihres Selbst und suchen zum Erhalt kultureller Teilhabe und des Einkommensstandards individuelle und korporative Lösungsstrategien, die – in die Zukunft weitergedacht – stabil bleiben sollen. Dafür zu bildende Kernkompetenzen sind in wechselnden Kontexten Selbstverantwortung, Selbstreflexion und Selbststeuerung.

Für den Aufbau einer Matrix, mit der sich Phasen der Professionalisierung im Strukturwandel der Medienbranche von der analogen zur digitalen Technik vermessen lassen, hat – über einen historischen Rückgriff – die Herausarbeitung von periodisierbaren Steuerungsmerkmalen den Vorzug, dass die in weiten Teilen erforschte Berufsgeschichte der Buchdrucker Wege und Zielmarken zur Professionalisierung sichtbar machen kann. Diese Annäherung von generalisierbaren Entwicklungsmustern in der Berufsgeschichte an strukturelle Ähnlichkeiten der im Ausbauprozess befindlichen Multimediaberufe und die daraus zu folgernden gesellschaftlichen Konsequenzen lassen sich zu einer Struktursystematik und Handlungslogik in technologischen Wandlungsprozessen verbinden.[17]

Viele Hinweise sprechen für die Ausgangsthese, dass der heute nur noch rudimentär im Handwerk vorhandene Buchdruckerberuf in seiner fünfhundertjährigen Professionalisierungsgeschichte Stationen durchlaufen hat, die von der IT- und Medienbranche seit den 1970er Jahren nun in fünfzig Jahren ähnlich vollzogen wurden und werden. Basale Muster der interdisziplinär[18] ermittelbaren Diskurse[19] machen die historisch inhärenten Gemeinsamkeiten und Problemlagen, individuellen Motivstrukturen und organisatorischen Handlungslogiken innerhalb der Buchdruckerbranche sichtbar. Sie lassen sich seit dem 15. Jahrhundert als Merkmalsbündel einer Professionalisierung identifizieren, die sich in der neueren Zeitgeschichte der informations- und kommunikationstechnischen Berufe unter veränderten geschichtlichen Rahmenbedingungen wiederfinden und deshalb vergleichen lassen.

Strukturgeschichte des Buchdruckerberufs

Nach Kenntnis vorhandener Quellen können die Entwicklungsprozesse des Buchdruckerberufs exemplarisch in sechs chronologisch verdichteten Phasen nachgezeichnet werden,[20] wie sie von den Berufsangehörigen zur Sicherung ihrer Professionalisierung – unter technisch, ökonomisch und politisch von ihnen wenig beeinflussbaren Bedingungen – zu einer eigenen Handlungslogik konzeptionell ausgebaut und auf der Handlungsebene abgesichert wurden:[21]
- Konstitution und Ausbreitung eines neuen Berufsstandes
- Konstruktion und Kodifikation der beruflichen Qualifikation und sozialen Einbindung
- Konzeptualisierung und Didaktisierung der Berufsbildung und Berufserfahrung
- Korporatismus in beruflichen Interessenverbänden
- Konsolidierung und selbstregulierte Rekonstruktion der Berufsbildung
- Konvergenz alter und neuer Medienberufe.

Jede genannte Station des Narrativs enthält hervorgehobene Merkmale, die nun im diachronen Vergleich von den Akteuren im beruflich-politischen Umfeld identifiziert und prognostisch modifiziert werden können (vgl. Abbildung 21, S. 131). Mit dieser geschichtsorientierten Annäherung an strukturelle Ähnlichkeiten lassen sich aber darüber hinaus in Anlehnung an eine skizzierte Periodisierung der Professionalisierung die Entwicklungs- und Strategiemuster in IT- und Medienberufe qualifizierter beschreiben und für präventive Entscheidungen leichter auf die Zukunft projizieren.

Erste Phase: Konstitution und Ausbreitung eines neuen Berufsstandes

Unter den Rahmenbedingungen des auslaufenden Spätmittelalters verstärken unter anderem die *Legitimationskrisen* der Kirche, Wanderbewegungen ländlicher Bevölkerungsteile in die Städte und die soziale Ausdifferenzierung der Ständegesellschaft den *Bedarf* nach schriftsprachlichen Medien. Die herkömmliche Technik des Schreibens kam in der zur Verfügung stehenden Arbeitszeit mit der stärker werdenden Nachfrage nach gesellschaftlichen Partizipationsmöglichkeiten und technischer Vervielfältigung von Informationen durch Teile der lese- und schreibkundigen Bevölkerung nicht mehr nach. *Innovationen* wie die des Buchdrucks wurden durch leichtere Reproduktionsbedingungen von Handschriften und Bildern zur ernst zu nehmenden Konkurrenz für die gewerblichen und klerikalen Werkstätten, in denen mit vorhandener Sprach-, Schreib- und Zeichenkompetenz gearbeitet wurde.

Eine *wissensbasierte Produktivität* brachte in den aufstrebenden Städten und Universitäten neue *Anlernberufe* wie beispielsweise Schriftsetzer und Drucker hervor, deren »Jünger« sich unter der Sammelbezeichnung Buchdrucker von den ersten Druckwerkstätten aus über Europa ausbreiteten. Sie rekrutierten ihren beruflichen Nachwuchs aus anderen Berufen: meist *Berufswechsler,* durch Renaissance und Humanismus in der Inkunabelzeit ermutigt, meist schriftsprachlich Gebildete aus den Universitäten, Vertreter affiner Gewerbe wie Zeugdrucker und Goldschmiede sowie jene aus theologischen Kontexten, die unter den neuen Produktionsbedingungen ihre *berufliche Autonomie und individuelle Identität* in der Gesellschaft suchten.

Der von Ausnahmen abgesehen handwerklich organisierte Betrieb ist der Mikrokosmos, in dem – orientiert an etablierten Standesorganisationen – die Berufsangehörigen durch Arbeitsrituale und Informationsaustausch zum Zusammenhalt innerhalb einer Berufsgemeinschaft erzogen und für ein Verständnis der erforderlichen technischen Fähigkeiten und Fertigkeiten sowie sozialen Bezugssysteme und Bindungen persönlich geformt wurden.[22] Dieser ganze Komplex eines *individuell gebildeten Handlungsrepertoires* wird – verbunden mit dem sozialen Wert der eigenen Arbeitsleistung – in der *Kompetenz des Problemlösens* zusammengefasst. Ehrbarkeit, Sittsamkeit und Rituale definieren die Bindung einer Berufsgemeinschaft, in der zur Monopolisierung des beruflichen Wissens und der eigenen Fähigkeiten die von anderen Handwerken übernommene Dreistufigkeit von Lehrling/Geselle/Meister im Spannungsverhältnis von *Autonomie und Autorität* anerkannt wird.

Zweite Phase: Konstruktion und Kodifikation der beruflichen Qualifikation und sozialen Einbindung

Die Kirchenspaltung, die Auseinandersetzung zwischen Territorialherren und Zentralstaat, die Hinwendung zum Kameralismus bzw. Merkantilismus sowie große Kriege und Verwüstungen führten neben anderen Ursachen seit der Frühen Neuzeit zu einem Wechsel in den wirtschaftlichen Verhältnissen der Druck-

Phasen der Professionalisierung im Beruf des Buchdruckers

betriebe. Diese versuchten den Krisenzeiten durch die Bindung der Buchdrucker an eine Zunft oder Gilde bzw. durch die *Bildung eigener Korporationsformen* zu begegnen. Sie knüpften europaweit über die gemeinsame *Fachsprache* hinaus ein *kommunikatives Netzwerk*. Mit den staatlich erlassenen Buchdruckerordnungen wurden ordnungspolitisch die Produktionsbedingungen geregelt, aber auch von den Berufsangehörigen selbst Initiationsriten zum Eintritt in den Beruf, das soziale und fachliche Berufsverständnis der Lehr- und Arbeitsverhältnisse sowie die Abgrenzung von Hilfs- und Nebentätigkeiten in den Druckwerkstätten festgeschrieben. Es entwickelt sich ein inhaltlich und formal geordnetes *Berufsbild*, eine *hierarchische Stufung der Berufslaufbahn* mit fest umrissenen Rechten und Pflichten. Rahmenbedingungen eines hohen Kapitaleinsatzes einer weit verbreiteten Pressezensur, vergebliche Versuche eines Verbots des Nachdruckunwesens und wechselnde Auftragsvolumina machte die soziale Stellung und berufliche Autorität der Druckereiangehörigen immer wieder prekär, sodass sie sich – zumindest temporär – einem kodifizierten Regelwerk der Berufs- und Professionalisierungsverläufe unterwarfen (siehe Abbildung 20).

In der Frankfurter Buchdruckerordnung von 1572 sind beispielsweise alle ständischen *Elemente eines konstruierten Berufskonzepts* im Handwerk vorhanden. Standes- bzw. Bildungsvoraussetzungen, Berufsbild, Kostgeld, Lehrzeit, Anzahl der Lehrlinge und Sozialversicherungsbeitrag werden zur Konstitution eines Sozialverhaltens und als *kodifizierter Rahmen der Kompetenzaneignung* geregelt: »Der Lehrjunge hat »vier Jar zu lernen«, in denen er »jedes Jars' drey Gülden« von seinem Herrn erhält, wovon er im Jahr einen an die Büchse »zu Unterhaltung der krancken Gesellen« zahlen muss. Darüber hinaus hat er »im außgang des vierdteniars / sechs Schilling in die Büchsen erlegen und der Herr muss »ihnne auff sein begeren und brieffliche Urkundt/seines Auslehrens und Wohlhaltens« ausstellen: »Jeder Trucker« »nach seinem gefallen unnd gelegenheit / wie viel er mit / Poßelierer und Lehrjungen anstellen und annemen«.«[23]

Die »emotionalen Belohnungen« mit einer »Verankerung in der greifbaren Realität und Stolz auf die eigene Arbeit« waren zu diesem Zeitpunkt bereits zur Entwicklung von »handwerklichem Können« und »Gemeinschaftsbindung« nicht mehr hinreichend im sozialen Prozess der Professionalisierung gesichert.[24] Letztlich ist diese schriftsprachlich verordnete Vermittlung von sozialen Strukturen in der Werkstatt in Frankfurt am Main – wie die in anderen Buchdruckordnungen auch – bereits ein Indiz dafür, dass die von den Berufsangehörigen generationsübergreifend mündlich weitergegebenen Appelle für den Erhalt der ständischen Berufsgemeinschaft zur Sicherung von *Einkommen, Prestige und Autorität rechtlich unterstützt* werden mussten. Die Berufsangehörigen hatten bei Verstößen mit negativen Sanktionen zu rechnen und mussten in ihrem Verhalten die nun geltende ökonomische Ratio, ein theoretisch vermitteltes *Kompetenzverständnis* und ein *Berufsethos* zu internalisieren.

Die disziplinierende Wirkung der Buchdruckerordnungen ist von Verwaltungen in den Städten gewollt, wo sich eine gewisse Anzahl Buchdrucker angesie-

Abbildung 20: Erstes »Berufsbild« der Buchdrucker (1568)

Der Buchdrücker.

Ich bin geschicket mit der preß
So ich aufftrag den Firniß reß/
So bald mein dienr den bengel zuckt/
So ist ein bogn papyrs gedruckt.
Da durch kombt manche Kunst an tag/
Die man leichtlich bekommen mag.
Vor zeiten hat man die bücher gschribn/
Zu Meintz die Kunst ward erstlich triebn.

Quelle: Jost Amman (1568): Der Buchdrücker, in: Eygentliche Beschreibung Aller Stände auff Erden. Reprint in: Ders: Das Ständebuch. Leipzig 1975, S. 19

delt hatten und wo aufgrund unterschiedlicher Interessen Streitpunkte zwischen Druckgesellen und Druckherrn, aber auch untereinander bestanden. Solche beruflichen Kodifizierungen speziell für die Buchdrucker sind bis in das 18. Jahrhundert hinein in fast allen größeren Druckorten des deutschen Sprachraums zu finden.

Dritte Phase: Konzeptualisierung und Didaktisierung der Berufsbildung und Berufserfahrung

Im Zeitalter des aufgeklärten Absolutismus, der stärkeren Verbreitung des Buchdrucks auf das »platte Land« sowie der Zunahme naturwissenschaftlicher Erkenntnisse versuchten die Buchdruckergesellen und Druckherrn oft gegen die Interessen der Zünfte, Buchdruckergesellschaften, Patrizier und Territorialherren ihre Autonomie zu erhalten, die sich aber von Mindeststandards beruflicher Ausbildung und Produktqualität entfernte. Diese Qualifikationslücke versuchten sie zur Sicherung ihres Expertenwissens und ihrer Exklusivität durch eine *Didaktisierung des Berufswissens* mit Fachbüchern und inhaltlich noch nicht getrennten Fach- und Verbandszeitschriften zu schließen.

Im 17. und vor allem im 18. Jahrhundert wurden von meist leitenden Berufsangehörigen, den »Faktoren«, erste *Fachbücher* und die erste *Fachzeitschrift*[25] geschrieben, gedruckt und verlegt. In ihnen kamen nicht nur die technischen und pädagogischen Konzepte des Berufsverständnisses zur Sprache, sondern der ganze Mensch in seinem beruflichen und sozialen Umfeld wurde erfasst: Lieder, Feiern, Ausbildungsordnungen, erfolgreiche Verleger, Gedichte, Wörterbücher usw. Das umfassendste Werk dieser Zeit, das alle Schattierungen der Berufsgemeinschaft unter besonderer Berücksichtigung der »Lehr-Jungen« erfasst, wurde zwischen 1739 und 1745 in vier Bänden von Christian Friedrich Geßner und Johann Georg Hager[26] herausgegeben. In ihm finden sich Definitionen, die eine Verständigung der Angehörigen einer Berufsgemeinschaft untereinander und über Landesgrenzen hinweg erleichtern sollten. Der gesamte Komplex eines individuell gebildeten Handlungsrepertoires wird in der sozialen Ganzheitlichkeit des an Technik und Produktion angelehnten Berufsbegriffs zusammengefasst.

Im Gegensatz zum Arbeitsbegriff erhalten mit der Identität stiftenden Berufsgesinnung nicht nur die anforderungsorientierten Qualifizierungsstadien, sondern auch die individuellen Entwicklungsphasen und die in heutigem Terminus so bezeichnete Form des informellen, non-formalen und formalen Lernens einen Wert. Zu erworbenen Schlüsselkompetenzen der Berufsangehörigen zählen *Zeitmanagement, Partizipationsfähigkeit, Selbstreflexion und Selbststeuerung* sowie – über arbeitsplatzbezogene Qualifikationen hinaus – auch *Verhaltensdispositionen wie Flexibilität und Mobilität.* Durch die geringer gewordene Bindung an die Werkstatt eines Druckherrn, die Abnahme traditionell legitimierter Autoritätsstrukturen und die Gewinnung von mehr Autonomie im Verhältnis zur Gewerberegulierung der politischen Obrigkeiten wird für die Buchdrucker der individuelle Umfang des Kompetenzkorpus in seiner sozialen und fachlichen Ganzheitlichkeit verringert. Am Ende dieser Phase beginnen sich gegenüber den prinzipiell über 400 Jahre fast konstant gebliebenen Techniken *neue technische Verfahren* wie z.B. die der Schnellpresse im Hochdruck und die der Lithografie im Flachdruck durchzusetzen. Dadurch veränderten sich auch für die Berufsangehörigen ihre Professionalisierungsprofile und ihre beruflichen Produktionsbedingungen mit allen daraus hervorgehenden sozialen Verwerfungen, wie dem Verlust von Privilegien, der Zunahme von status- und lohnsichernden Streiks, dem Aufbegehren gegen die »Lehrlingszüchterei« etc.[27]

Vierte Phase: Korporatismus in beruflichen Interessenverbänden

Allein Fachzeitschriften, Fachbücher und die betriebliche Ausbildung unter der Aufsicht eines Interessenverbandes reichten in den Druckzentren nicht mehr aus, um den von Betrieb zu Betrieb wechselnden Anforderungen an die Qualifikationsbreite gerecht zu werden. An dem Bezugsort einer handwerklich beziehungsweise als Manufaktur organisierten Werkstatt beginnt im Zeitalter der Industrialisierung für die Buchdrucker der *Zerfall einer tradierten Gruppenidentität*. Gesamtgesellschaftlich politisierte Gesellen und Prinzipale versuchen in der Mitte des 19. Jahrhunderts daraufhin erneut eigene organisatorische Verbände als Gegenkraft zu den Wechselfällen rechtlich entfesselter Produktionsbedingungen, den Zwängen neuer Technologien und sozial empfundener Ungerechtigkeit zu entwickeln.

Erst mit der nun *freiwilligen Korporation in parteilichen Assoziationen* wird etwas von der handwerklich-ständischen Personal- und Sozialkompetenz, die über die handwerkliche Werkstatt und den Beruf hinausgeht, im industriellen Zeitalter als *kollektive Identität* wieder neu aufgebaut. Als Gegengewicht zur ökonomischen Wirklichkeit der Industrialisierung werden *Berufsmythen* des eigenen Berufsstandes (z.B. um die Person Gutenbergs) und Zugangsrituale in den Beruf kultiviert, zu denen unter anderem das Gautschen (Wassertaufe der die Ausbildung beendenden Lehrjungen durch die Gesellen) gehört und bis heute praktiziert wird. Dieses bis in die zweite Hälfte des 20. Jahrhunderts entwickelte Selbstbild gesellschaftlicher und professioneller Exklusivität unterstützte die materielle Sicherung, berufliche Qualität und Identität der Berufsangehörigen. Mit einer weniger industriellen und mehr handwerklich-künstlerischen Berufsgesinnung wird im Professionalisierungsprozess ein sozial- und bildungspolitischer Ansatz des aus dem 18. Jahrhundert übernommenen *Korporativismus* erfolgreich *restauriert*.

Der entstehende Zentralstaat versuchte parallel dazu politisch und rechtlich intervenierend im 19. Jahrhundert die Auflösung einer ständischen Gesellschaft voranzutreiben, was nicht nur für die Buchdrucker, sondern vor allem auch für die Beschäftigten im Handwerk, Kleinhandel und Kleinbauerntum Auswirkungen hatte. Dem Absinken in untere gesellschaftliche Schichten und ihre zunehmende Politisierung, verstärkt durch die soziale Lage der Arbeiter in den Fabriken, versuchte der Staat ordnungspolitisch unter anderem mit dem Aufbau einer Sozialgesetzgebung und der organisatorischen Sicherung von Qualifizierungsprozessen durch das »Duale System«[28] entgegenzuwirken. Mit einem eher militaristisch und antidemokratisch legitimierten Gesellschaftsmodell zur Einbindung der Jugend findet diese Entwicklung in der Forderung der Reichsschulkonferenz von 1920 nach einer Berufsschulpflicht ihren vorläufigen Höhepunkt.[29]

Fünfte Phase: Konsolidierung und selbstregulierte Rekonstruktion der Berufsbildung
Um die brüchig gewordene korporatistische Verantwortung der Gesamtbranche für die Professionalisierungsprozesse der Berufsangehörigen und die Qualität entstehender Produkte am Markt staatlich zu sichern, wird – auch über die Zeit des Nationalsozialismus hinweg – das neoständische Gesellschaftsbild einer geschlossenen Berufsgemeinschaft konserviert und die Verantwortung für eine systematisierte Vermittlung des beruflichen Wissens und Könnens zunehmend den staatlichen Berufsschulen übertragen. Die *Interessenverbände der Arbeitgeber und Arbeitnehmer* in der mittelständischen Druckindustrie nehmen 1949 die Entwicklung der Berufsausbildung mit der Gründung des »Zentral-Fachausschusses für die Druckindustrie« gemeinsam in die Hand, in dem sie die ordnungspolitische Arbeit der Berufsaus- und Weiterbildung unter anderem mit schulisch geltenden *Lehrplänen, betrieblich verbindlichen Ausbildungsordnungen und zentral ausgearbeiteten Berufsabschlussprüfungen* vereinheitlichen und ständig modernisieren. Die dort geleistete und bis heute aktiv fortgesetzte Arbeit[30] wird in die Aufgaben des »Bundesinstituts für Berufsbildung« eingebracht, das auf der Basis des Berufsbildungsgesetzes seit 1969 schwerpunktmäßig die Gestaltung beruflicher Aus- und Weiterbildung unter paritätischer Beteiligung der Tarifparteien und Berufsverbände mit wissenschaftlicher Expertise hinterlegt und rechtsverbindlich strukturiert (vgl. Braml/Krämer und Jacob/Hagenhofer in diesem Band).
Handwerkliche Berufsgesinnung verbunden mit *staatlicher Ordnungspolitik* als Voraussetzung für berufliche Autonomie im Professionalisierungsprozess lösen sich allerdings immer stärker in einem individuellen Lebenskonzept auf, wenn sich Arbeitsorte, Arbeitszeiten und Arbeitsinhalte diversifizieren, Weichenstellungen für die Planung und zukünftige Gestaltung immer unbestimmter im Virtuellen aufgehoben werden und damit die Möglichkeiten einer beruflichen Identitätsbildung gefährden.[31]

Sechste Phase: Konvergenz alter und neuer Medienberufe
Die zum Abschluss kommende »Ausbauphase (ab 1970)«[32] des Dualen Systems ist unter anderem durch die Entstehung neuer und neu geordneter Berufe, durch Jugendarbeitslosigkeit und das nicht mehr zu haltende Versprechen einer dauerhaften Beschäftigung nach einer absolvierten Ausbildung in dem gelernten Ausbildungsberuf markiert. Sie wird vor allem durch den Eingriff neuer Technologien und das multimediale Zusammenwachsen unterschiedlicher Aufgabengebiete vorangetrieben.[33] In diesem Prozess verschwindet mit Zustimmung der Tarifparteien der Buchdruckerberuf aus der Liste anerkannter Ausbildungsberufe. Hinzu kommt, dass im Angesicht einer zunehmenden Verschmelzung gestalterischer, kaufmännischer und technischer Aufgaben in der Content-Produktion im Sinne

von »Konvergenz« und »*Crossmedia*« *Berufe mit langer Tradition entgrenzt* bzw. durch *neue Berufe ersetzt* werden (vgl. den Beitrag von Anne König in Teil 1), die sich im Zeichen der Informationsgesellschaft mit unterschiedlichen Qualifikationsanforderungen in der Multimediabranche verorten.[34]

Hinweise zur zukünftigen Handlungslogik

Wahrscheinlich gibt es neben der hier diachron aufscheinenden Analogie zwischen dem Buchdruckerberuf und neueren IT und Medienberufen noch mehr und noch ausdifferenziertere Parallelen zwischen historisch vergleichbaren Professionalisierungsprozessen. Eine Berufsgeschichte der Professionalisierung in den Multimediaberufen ist noch zu schreiben. Aus dem quellengestützten Vergleich der Berufs- und Mediengeschichtsforschung von Buchdruckern zu IT- und Medienexperten sind beim momentanen Kenntnisstand insbesondere Prognosen zur Entwicklung von Strategien im Bildungs- und Beschäftigungssystem durch die beruflichen Interessenverbände zu erwarten.

Die Korporationen können nun vor dem Hintergrund sich immer rascher vollziehender technologischer Innovationen eine gesichertere Perspektive über berufliche Entwicklungsphasen der Multimediaberufe leisten, um die darin eingelagerte Handlungslogik ihrer Professionalisierung für identitätsbildende Prozesse des beruflichen Alltags und des sozialen Umfelds qualitativ leichter in Strategien des kollektiven Kompetenzerwerbs zu übersetzen. Festzuhalten ist dafür, dass sich mit dem Strukturwandel seit über vierzig Jahren – durch Technik, Bildung und Ökonomie – die Knotenpunkte korporativer Netzwerke der Buchdrucker gelockert beziehungsweise die Medienberufe sich mit den noch im Aufbau befindlichen neuen sozialen Netzwerken der Multimediaberufe konvergent verknüpft haben. Im Angesicht der »Internet Galaxie«[35] und »künstlicher Welten«[36] lassen aber nun unter der Herausforderung drängender Zeit die Phasen der prognostizierten und bereits in Gang gesetzten neuen Produktionsverfahren einige Überraschungen erwarten, für die in diesen Branchen Beschäftigte sich nur durch lebenslanges Lernen und flexible Spezialisierung mit Kernkompetenzen rüsten können. Der Übergang zum nächsten Strukturwandel, der Entwicklung der internetbasierten Netzwerkgesellschaft zu einer in ihren Folgen noch unbekannten Technik, deutet sich bereits an. Zu ihrer Bewältigung benötigen die Beschäftigten bei rasch veraltendem technischem Wissen die Kenntnisse über Verfahren zur Stabilisierung technischer und sozialer Netzwerke, aus denen sich die Ganzheitlichkeit beruflicher Professionalisierung bildet.[37] Ihre innerhalb dieser Netzwerke geführten Diskurse mit anderen Berufsangehörigen fördern eine »mediale Konnektivität«, deren aktuelle Merkmale »Produktion«, »Allokation«, »Rezeption« und »Nutzung«[38] der Medienprodukte, mitgestaltete Produktionsbedingungen und lebensbegleitendes Lernen in den Kernkompetenzen die Voraussetzung für eine neue »kollektive Identität« im Beruf bilden.

Phasen der Professionalisierung im Beruf des Buchdruckers

Abbildung 21: Historische Phasen der Ordnungsstruktur des Buchdruckerberufs im Prozess seiner Professionalisierung

Phasen	1. Konstitution und Ausbreitung eines neuen Berufsstandes	2. Konstruktion und Kodifikation der beruflichen Qualifikation und sozialen Einbindung	3. Konzeptualisierung und Didaktisierung der Berufsbildung und Berufserfahrung	4. Korporatismus in beruflichen Interessenverbänden	5. Konsolidierung und selbstregulierte Rekonstruktion der Berufsbildung	6. Konvergenz alter und neuer Medienberufe
Steuerungsmerkmale	→ Bedarf beschleunigter und wissensbasierter Kommunikation → technologische Innovation → Berufswechsler/Anlernberufe → Kompetenz des Problemlösens bei schriftsprachlich Gebildeten → Suche nach Autonomie und Identität im neuen Arbeitsmarkt	→ Bildung von staatlich verordneten Korporationsformen → eigene Fachsprache → Berufsbild → hierarchische Stufung der Berufslaufbahn → Berufskonzept → Kodifikation der Kompetenzaneignung → Einkommen, Prestige und Autorität im Rechtsrahmen → Berufsethos	→ Didaktisierung des Berufswissens → Fachbücher, Fachzeitschriften → Qualifikationen wie Zeitmanagement, Partizipationsfähigkeit, Selbstreflexion und Selbststeuerung → Verhaltensdispositionen wie Flexibilität und Mobilität → Beschleunigung des Arbeitsprozesses durch neue technische Verfahren	→ Zerfall der staatlich geordneten Berufsverhältnisse → Bildung von identitätsstützenden Berufsmythen → Sicherung einer kollektiven Identität aus beruflicher Zusammenarbeit im Betrieb → Restaurierung des Korporatismus auf freiwilliger Basis in Interessenverbänden	→ Eigenständigkeit der Interessenverbände von Arbeitgebern und Arbeitnehmern → Erstellung von Lehrplänen und Ausbildungsordnungen → zentrale Berufsabschlussprüfungen → Neuauflage staatlicher Ordnungspolitik der Berufsverläufe	→ Entgrenzung bisheriger Berufsprofile → Entstehung veränderter Betriebsstrukturen durch neue Technologien → Ersatz des Buchdruckerberufs durch IT- und digitale Medientechnik → Überschneidung alter und neuer Berufsbilder in Multimediaberufen → zunehmender Ausbau erforderlicher Kernkompetenzen in der Aus- und Weiterbildung

Professionalisierungsmuster im Beruf:

- Ausbildung von Spezialkompetenz / Anbindung an eine etablierte Berufsgruppe / Autonomie und eigenverantwortliche Handlungsspielräume
- sozialer Wert der Arbeitsleistung / Monopolisierung beruflichen Wissens / Formale Ausbildungsprozesse, Zugehörigkeit zum Berufsverband
- individuelle und kollektive Identität durch Selbstverantwortung, Selbstreflexion und Selbststeuerung
- Autonomie und Autorität durch gesellschaftliche Anerkennung, Status, Prestige, überdurchschnittliches Einkommen und Beschäftigungssicherheit im Beruf

Quelle: Eigene Darstellung

Anmerkungen

[1] In der »Ouvertüre« seines Werkes »Die Internet-Galaxie« (Wiesbaden 2005, S. 9) weist Manuel Castells mit seinem Statement »Das Netzwerk ist die Botschaft« darauf hin, wie das Internet sich in alle gesellschaftlichen Bereiche ausbreitet und welche Herausforderungen daraus für die Menschen aus der Richtung Industrie und Arbeit 4.0 zukünftig erwachsen.

[2] Hartmut Rosa: Beschleunigung. Frankfurt a.M. 2005, S. 15. Die Rückbesinnung auf Tugenden des Handwerks, wie sie von Richard Sennett als Modell für den flexiblen Menschen in der Informationsgesellschaft vorgeschlagen wird, um über »Langsamkeit der Zeit« Stolz, Reflexion und Phantasie bei den Berufsangehörigen zu reaktivieren, verfehlt durch ihre historische Idealisierung bereits im Ansatz ihr Ziel, da dieses Innehalten im Arbeitsprozess als Konstante handwerklicher Produktionsbedingungen kaum nachweisbar ist (vgl. Sennett, Handwerk. Berlin 2008, S. 391).

[3] Anselm Doering-Manteuffel/Lutz Raphael: Nach dem Boom. Perspektiven auf die Zeitgeschichte seit 1970. Göttingen 2008, S. 104.

[4] Julia Flasdick et al.: Strukturwandel in Medienberufen. Bielefeld 2009, S. 16. Vgl. BMBF: Newsletter 284/2009: IT Nachwuchs hat gute Zukunft – Mittelstand rechnet mit Wachstum. Berlin 3.12.2009. Bundesinstitut für Berufsbildung (Hrsg.): Der Ausbildungsberuf Mediengestalter/in für Digital- und Printmedien. Berlin/Bonn 2001. URL: www.bibb.de/de/26171.htm. Gesehen 1.10.2016.

[5] Flasdick et al., Strukturwandel in Medienberufen, 2009, S. 8.

[6] Lutz P. Michel: Arbeitsmarkt für »flexible Spezialisten«, in: M&K 50. Jahrgang 1/2002, S. 28. Vgl. Michael Ehrke/Karlheinz Müller: Begründung, Entwicklung und Umsetzung des neuen IT-Weiterbildungssystems, in: BMBF (Hrsg.): IT-Weiterbildung mit System. Bonn 2002, S. 7-18.

[7] Flasdick et al., Strukturwandel in Medienberufen, 2009, S. 22.

[8] Vgl. Rudolf Werner: Über 100.000 Ausbildungsverhältnisse in den neuen Berufen, in: bwp 2002, H. 6, S. 51-54. Henrik Schwarz et al. (2016): Voruntersuchung IT-Berufe, Abschlussbericht – Teil A. Bonn. URL: www.bibb.de/de/59343.php, gesehen 12.1.2017. Vgl. Richard Sennett: Der flexible Mensch. Berlin 1998.

[9] Harald A. Mieg: Professionalisierung, in: Felix Rauner (Hrsg.): Handbuch Berufsbildungsforschung. 2. Aufl. Bielefeld 2006, S. 343-350, hier S. 348; Vgl. Walter Georg/Andreas Kunze: Sozialgeschichte der Berufserziehung: Eine Einführung. München 1980, S. 144f.

[10] Der säkularisierte Beruf ist institutionell als »Reproduktionsform des Arbeitsvermögens« definiert, die unterschiedlich organisiert ist: betrieblich, ordensgemeinschaftlich, schulisch, hausgemeinschaftlich und korporativ überwacht, vgl. Klaus Harney: Beruf, in: Franz-Josef Kaiser/Günter Pätzold (Hrsg.): Wörterbuch Berufs- und Wirtschaftspädagogik. Bad Heilbrunn/Hamburg 1999, S. 51f. Bedeutung enthält darüber hinaus »eine Programmatik der Verallgemeinerung erwerbsbezogener Bildungsprozesse«, die sich der reinen Zweckrationalität entzieht (ebd.).

[11] Der Medienbegriff wird in unterschiedlichsten Konnotationen der Alltags- und Wissenschaftssprache verwendet, da er u.a. universal, semiotisch, technisch, nach Sinneskanälen, nach Reichweite, kommunikations- und organisationssoziologisch Verwendung findet. Pragmatisch wird hier der technisch-funktionalen Bedeutung gefolgt, die historisch zwischen Primär- (Sänger, Theater u.ä.), Sekundär- (Zeitung, Buch u.ä.), Tertiär- (Radio, Fernsehen u.ä.) und Quartärmedien (Computer, Internet u.ä.) differenziert (Werner Faulstich: Mediengeschichte von den Anfängen bis 1700. Göttingen 2006, S. 9ff. Vgl. Andreas Böhn/Andreas Seidler: Mediengeschichte. Tübingen 2008). Die genannten Mediengruppen sind jeweils eine Weiterentwicklung der vorangegangenen Kommunikations- und Kulturtechniken, deren Elemente für eine Vernetzung durch technologische Paradigmenwechsel genutzt werden, aber darüber hinaus einer breiteren Nutzer- und Anwendergruppe für gesellschaftliche Kom-

munikationsprozesse insgesamt zugänglich sind.

[12] Hartmut Rosa: Beschleunigung. Frankfurt a.M. 2005, S. 30f.

[13] Sennett, Handwerk, 2008, S. 79.

[14] Vgl. Georg/Kunze, Sozialgeschichte der Berufserziehung, 1980, S. 145f.

[15] Gabi Schermuly-Wunderlich/Theo Zintel: »Just in time« in der Weiterbildung, in: Der Druckspiegel 6/2010, S. 12f.

[16] Castells, Aufstieg der Netzwerkgesellschaft, 2001, S. 16.

[17] Die These, dass sich diese hier am Beispiel des Buchdruckerberufs historisch nachgewiesenen Strukturmuster auch auf andere Berufsfelder transferieren lassen, wäre aus der jeweiligen Berufsgeschichte heraus wissenschaftlich noch näher zu belegen.

[18] Ähnlich wie bei der Berufsgeschichtsforschung besteht das Charakteristikum der Mediengeschichte darin, dass sie als »multiple Disziplin (…) mal nur randständige Hilfswissenschaft für affine Fragestellungen anderer Wissenschaftsfelder, mal (…) aber auch grundständig« ist. (Harry Neß: Mediengeschichte braucht Zeit – Entwicklung und Erhalt von historisch vermittelter Handlungskompetenz, in: Ders./Roger Münch [Hrsg.]: Druckgeschichte 2.0 – Festschrift 25 Jahre Internationaler Arbeitskreis Druck- und Mediengeschichte. Leipzig 2008, S. 17.)

[19] Michael Giesicke: Abhängigkeiten und Gegenabhängigkeiten der Informationsgesellschaft von der Buchkultur, in: Horst Wenzel/Wilfried Seipel/Gotthard Wunberg (Hrsg.): Audiovisualität vor und nach Gutenberg. Zur Kulturgeschichte der medialen Umbrüche. Wien 2001, S. 219.

[20] Vgl. Harry Neß: Berufsgeschichte der Buchdrucker. Theoretischer Aufriss zur historischen Anamnese, in: Studien und Essays zur Druckgeschichte (Hrsg.: Roger Münch). Wiesbaden 1997.

[21] Bei der Skizze unterschiedlicher Phasen und Stationen der Professionalisierungsprozesse im Buchdruckerberuf beziehe ich mich weitgehend auf die eigenen Forschungsergebnisse über die Berufsgeschichte von 1400 bis 1810, in: Harry Neß: Der Buchdrucker – Bürger des Handwerks: Berufserfahrung und Berufserziehung. Wetzlar 1992. Für eine über diese Zeit hinausgehende Strukturierung wurde neben dem »Lexikon des gesamten Buchwesens« (Hrsg.: Corsten Severin/Stephan Füssel/Günther Pflug, 2. vollst. überarb. Aufl.. Stuttgart 1985ff.) vor allem auf folgende Literatur zurückgegriffen: Gerhard Beier: Schwarze Kunst und Klassenkampf. Stuttgart 1966. Richard Burkhardt: Ein Kampf ums Menschenrecht. Stuttgart 1974. Jochen G. Lippold: Chronik des Bildungspolitischen Ausschusses im Bundesverband Druck. Wiesbaden 1999. Jürgen Steim: Die Geschichte des ersten fachlichen Wirtschaftsverbandes – vom Deutschen Buchdrucker-Verein zum Bundesverband Druck. Wiesbaden 1969.

[22] Vgl. Klaus Harney: Geschichte der Berufsbildung, in: Ders./Heinz-Hermann Krüger (Hrsg.): Einführung in die Geschichte der Erziehungswissenschaft und Erziehungswirklichkeit. 3. erw. u. akt. Aufl. Opladen/Bloomfield Hills 2006, S. 236. Jürgen Zabeck: Die Berufs- und Wirtschaftspädagogik als erziehungswissenschaftliche Teildisziplin. Baltmannsweiler 1992.

[23] R. Jung: Ordnung und Artikel, wie es forthin auff allen Truckereien in dieser Stadt Franckfurt sol gehalten werden – 1573, Eines Erbaren Raths. Privater Neudruck mit Vorwort. Frankfurt a.M. 1921, o.S. Posselierer waren junge Männer, die vor einem Lehrvertrag für Hilfsdienste in der Druckerei herangezogen wurden. Ab dem 17. Jahrhundert werden sie in Buchdruckerordnungen auch den Lehrjungen gleichgestellt.

[24] Sennett, Handwerk, 2008, S. 32ff.

[25] Johann Ludewig Schwarz: Der Buchdrucker. Erster Teil. Zweite vermehrte Auflage. Hamburg 1775. Ders.: Der Buchdrucker. Zweeter Theil. Hamburg 1775.

[26] Christian Friedrich Geßner/Johann Georg Hager: Die so nöthig als nützliche Buchdruckerkunst und Schriftgießerei. Erster bis vierter Theil. Leipzig 1739-1745. Christian Friedrich Geßner: Der in der Buchdruckerei wohlunterrichtete Lehrjunge. Leipzig 1743.

[27] Claus W. Gerhardt: Der Beginn der industriellen Revolution im Buchgewerbe (1992), in: Roger Münch/Silvia Werfel (Hrsg.): Buchwesen Druckgeschichte. Saarbrücken 2006. Vgl. Volker Benad-Wagenhoff: Revolution vor der Revolution? – Buchdruck

und industrielle Revolution, in: Gibt es Revolutionen in der Geschichte der Techniken? Hrsg. von Siegfried Buchhaupt et al. Darmstadt 1999, S. 95-119. Mit Lehrlingszüchterei wird das übermäßige Einstellen von Lehrlingen bezeichnet, die in keinem Verhältnis zu den besser entlohnten Gesellen stehen, eine schlechte Ausbildung und nach beendeter Lehre kaum die Chance auf eine Anstellung in einer Buchdruckerei hatten.

[28] Klaus Harney verweist in seiner »Geschichte der Berufsbildung« darauf, dass dieser von der Bildungspolitik ideologisch und propagandistisch stark besetzte Begriff des »Dualen Systems« nur dann zur kritischen Gegenwartsanalyse dienen kann, wenn er die Koppelung zwischen »korporatistischen Strukturen« mit dem ausbildenden Zentrum Betrieb als Teil des Wirtschaftssystems und den »staatsbürokratischen Strukturen« mit dem Zentrum Berufsschule als Teil des Bildungssystems erfasst. Vgl. Klaus Harney/Heinz-Hermann Krüger (Hrsg.): Einführung in die Geschichte der Erziehungswissenschaft und Erziehungswirklichkeit. 3. erw. u. akt. Aufl. Opladen/Bloomfield Hills 2006, S. 233f.

[29] Vgl. Georg/Kunze, Sozialgeschichte der Berufserziehung, 1980, S. 70ff., sowie Herwig Blankertz: Die Geschichte der Pädagogik. Wetzlar 1982, S. 246f.

[30] Siehe dazu den Beitrag von Thomas Hagenhofer und Anette Jacob in diesem Band.

[31] Sabine Raeder/Gudela Grote: Berufliche Identität, in: Felix Rauner (Hrsg.): Handbuch Berufsbildungsforschung. 2. Aufl. Bielefeld 2006; vgl. Uwe Jean Heuser: Tausend Welten. Die Auflösung der Gesellschaft im digitalen Zeitalter. Berlin 1996, S. 66. Er benennt die Trends, die in der Informationsgesellschaft zu einem mit dem Beruf verbundenen Identitätsverlust führen können: u.a. die Zunahme des Risikos einer fehlenden Dauerbeschäftigung und gleichbleibenden Gratifikation, der Entscheidungsgewalt durch die Vermehrung der Informationszugänge, der gesellschaftlichen bzw. organisatorischen Entsolidarisierung, der Entkoppelung des Lernens von ehemals definierten Räumen und durch Lebensphasen bestimmten Zeiten.

[32] Wolf-Dietrich Greinert: Geschichte der Berufsausbildung in Deutschland, in: Rolf Arnold/Antonius Lipsmeier (Hrsg.): Handbuch der Berufsbildung. 2. überarb. u. akt. Aufl. Wiesbaden 2006, S. 499ff.; vgl. Rolf Raddatz: Berufsbildung im 20. Jahrhundert: Eine Zeittafel. Bielefeld 2000.

[33] Vgl. Harry Neß: Berufliche Bildung – Profil und Perspektiven, in: Nationalatlas Bundesrepublik Deutschland, Band 6, Bildung und Kultur (Hrsg.: Institut für Länderkunde, Leipzig). Heidelberg/Berlin 2002, S. 36-39.

[34] Vgl. dazu die Ergebnisse einer Delphistudie, die im Auftrag des Bundesinstituts für Berufsbildung Fragen nachging, wie vorhandene Potenziale und erforderliche Weiterbildung für die Mitarbeiter in der Content-Produktion aufgeschlossen werden und mögliche Defizite überwunden werden können (Julia Flasdick et al.: Strukturwandel in Medienberufen. Bielefeld 2009).

[35] Manuel Castells: Die Internet-Galaxie. Wiesbaden 2005.

[36] HyperKult – Geschichte, Theorie und Kontext digitaler Medien (Hrsg.: Martin Warnke/Wolfgang Coy/Georg Christoph Tholen). Basel/Frankfurt a.M. 1997.

[37] Albert Kümmel/Leander Scholz/Eckhard Schumacher: Vorwort, in: Dies. (Hrsg.): Einführung in die Geschichte der Medien. Paderborn 2004, S. 8f. Explizit wird diese Systematisierung von unterschiedlichen Autoren u.a. an den Beispielen des Buchdrucks, der Zeitung, der Lithografie, des Telefons, des Kinos, des Radios und des World Wide Web.

[38] Carsten Winter: Medienentwicklung als Bezugspunkt für die Erforschung von öffentlicher Kommunikation und Gesellschaft im Wandel, in: ders./Andreas Hepp/Friedrich Krotz (Hrsg.): Theorien der Kommunikations- und Medienwissenschaft. Wiesbaden 2008, S. 432ff.

Rainer Braml/Heike Krämer
Berufsausbildung in der Druckindustrie – von den 1970er Jahren bis zur Jahrtausendwende

Vorbemerkungen

In den Nachkriegsjahren bis ca. 1970 waren in der Bundesrepublik Deutschland durch »Ausbildungsordnungen für das grafische Gewerbe«[1] alle Belange der Berufsausbildung geregelt. Dies änderte sich Anfang der 1970er Jahre mit ersten technologischen Innovationen der Digitaltechnik, deren Auswirkungen auf den technischen Fortschritt in der Druckindustrie sowie durch den Rechtsrahmen des Berufsbildungsgesetzes von 1969.[2]

Der Zeitraum von 1970 bis zur Jahrtausendwende ist geprägt durch die zunehmende Auflösung der Prozessstufen in der Produktion der Druckindustrie, die eine verstärkte Integration vor- und nachgelagerter Produktionsstufen in die Berufsbilder erforderte und somit zu weitreichenden Strukturveränderungen in den Aus- und Fortbildungsberufen geführt hat.

Standards und Zeitablauf bei der Schaffung von Ausbildungsordnungen

Ausbildungsstruktur und -inhalte werden durch eine Verordnung und den dazugehörigen Ausbildungsrahmenplan geregelt. In der Ausbildungsordnung sind auch die Prüfungsmodalitäten und -anforderungen festgelegt, mit denen am Ende einer Berufsausbildung festgestellt werden soll, ob die Qualifikationen des Auszubildenden dem Eingangsniveau einer Facharbeitertätigkeit entsprechen. Im Ausbildungsrahmenplan werden detailliert die während der Berufsausbildung zu vermittelnden Fähigkeiten, Fertigkeiten und Kenntnisse aufgeführt. Bei der Auswahl und Formulierung der Ausbildungsinhalte gilt, dass diese sich am Stand der technologischen Entwicklung des jeweiligen Berufs orientieren müssen. Es dürfen keine Inhalte aufgenommen werden, die nur von einem Spezial- oder Spitzen-Ausbildungsbetrieb erfüllt werden können. Gleichzeitig stellen die formulierten Ausbildungsinhalte die Mindestanforderungen dar, die von den Ausbildungsbetrieben in der Breite geleistet werden müssen. Dahinter steckt die Annahme, dass junge Fachkräfte durch die Ausbildung über »Grundwissen und Grundfertigkeiten« verfügen sollen, welche in den ersten Jahren nach der Ausbildung vervollkommnet und erweitert werden sollen. Als letzter, aber unverzichtbarer Aspekt in der Ordnungsarbeit gilt das Konsensprinzip, das heißt, dass sich alle beteiligten Akteure auf Struktur und Inhalte der Neuordnung eines Berufes einigen müssen.

Die 1970er Jahre

Anfang der 1970er Jahre war der Handsatz als handwerkliche Form der Satzherstellung noch weitverbreitet. Mit dem maschinellen Zeilenguss zog seit 1886 mit Otmar Mergenthaler eine neue Ära in die Satzherstellung ein, die bis auf die Mittel- und Kleinbetriebe durchschlug. In der Endphase des maschinellen Zeilengusses in den 1970er Jahren fielen Texterfassung und Zeilenproduktion auseinander. Texte wurden von Datentypistinnen auf Lochstreifen erfasst, der Satz über lochstreifengesteuerte Zeilengussmaschinen ausgegeben. Die Digitalisierung im Satzbereich begann mit Fotosatzgeräten, die zunächst Insellösungen darstellten. Auch bei der Erstellung von Bildern und Grafiken herrschte handwerkliche Kunst vor. In der Bildreproduktion hatte die analoge Reprofotografie mittels Filtertechnik und Retusche ihre hohe Zeit.

Im Bereich des Drucks war der Buchdruck bzw. Hochdruck das klassische Verfahren. Für die industrielle Produktion großer Auflagen stand der Tiefdruck zur Verfügung. Im Laufe der Jahre entwickelte sich zusätzlich der Offsetdruck aus dem kleinformatigen Offsetdruck als industrielles Druckverfahren.

Neben den ersten, speziell für den Offsetdruck konzipierten Druckmaschinen (z.B. die der Firmen Roland [BRD] und Planeta [DDR]) versuchte auch der Weltmarktführer für Buchdruckmaschinen, »Heidelberger Druckmaschinen AG«, sich der neuen Entwicklung zu stellen. Ziel war hier zunächst, den Buchdruckern durch eine weitestgehend ähnliche Bauform und Bedienung der Druckmaschinen den Einstieg zu erleichtern und somit einer Abwanderung zu den neu konstruierten Offsetmaschinen zu begegnen. Später wurde auch von diesem Hersteller der Umstieg auf neu konstruierte Offsetdruckmaschinen vollzogen.

Anfang der 1970er Jahre gab es ca. 26 Ausbildungsberufe für das Druckgewerbe (s. Abbildung 22), basierend auf der »Ausbildungsordnung für das grafische Gewerbe« aus dem Jahr 1949, die von den Vertretern der Sozialparteien im ZFA (damals Zentral-Fachausschuss für die Druckindustrie)[3] verabschiedet worden waren. In den Jahren 1951 und 1953 mussten redaktionelle Anpassungen vorgenommen werden, um die Regelungen den Vorgaben des Bundesgesetzgebers anzupassen. Diese Berufe hatten nun über 20 Jahre Bestand, bis im Jahr 1969 das Berufsbildungsgesetz (BBiG) geschaffen wurde.

In diese Zeit fällt auch die erste grundlegende Überarbeitung und Aktualisierung der bisherigen Ausbildungsordnungen (s. Abbildung 23). Als erstes wurde die Lehrausbildung zum Schriftsetzer im Jahre 1971[4] neu geordnet. Diese Reformierung war ein Beispiel dafür, dass es nicht immer gelang, die technische Entwicklung der kommenden Jahre in Ausbildungsordnungen zu integrieren. So konnten sich im Vorfeld der Aktualisierung der Ausbildungsordnung für Schriftsetzer die Sozialpartner nicht dazu durchringen, den Fotosatz in die Berufsausbildung aufzunehmen.

1974 wurden aus Spezialberufen, wie Klischeeätzer, Galvanoplastiker, Reproduktionsfotograf und Retuscheur die zwei Vorstufenberufe Druckvorlagenher-

Abbildung 22: Ausbildungsberufe im Druckgewerbe, Anfang der 1970er Jahre

Buchbinder	Nachschneider
Buchdrucker	Notenstecher
Farbenlithograph	Positivretuscheur
Flachdrucker	Offsetvervielfältiger
Graphischer Zeichner	Reproduktionsphotograph
Halbtonphotograph	Schriftlithograph
Kartokupferstecher	Schriftsetzer
Kartolithograph	Stempelmacher
Klischeeätzer	Stereotypist/Galvanoplastiker
Kupferdrucker	Tiefdruckätzer
Landkartenzeichner	Tiefdrucker
Lichtdrucker	Tiefdruckretuscheur
Lichtdruckretuscheur	Xylograph

Quelle: ZFA/BIBB

Abbildung 23: Neuordnung der Ausbildung im Druckgewerbe in den 1970er Jahren

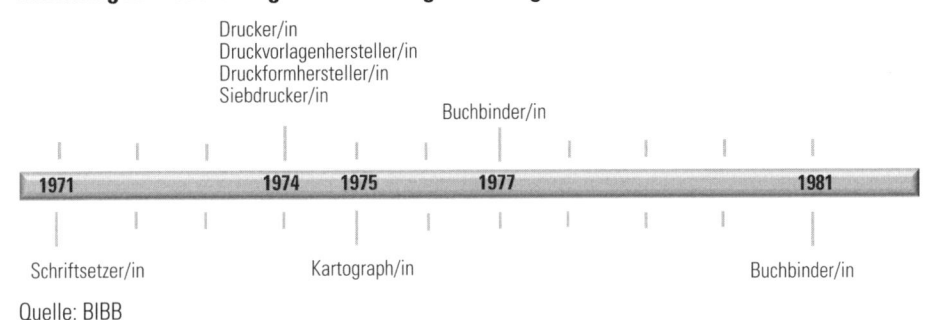

Oben (1974): Drucker/in, Druckvorlagenhersteller/in, Druckformhersteller/in, Siebdrucker/in
Oben (1977): Buchbinder/in

Zeitachse: 1971 – 1974 – 1975 – 1977 – 1981

Unten (1971): Schriftsetzer/in
Unten (1975): Kartograph/in
Unten (1981): Buchbinder/in

Quelle: BIBB

steller[5] und Druckformhersteller.[6] Im selben Jahr wurde ebenfalls die neue Ausbildungsordnung Drucker[7] sowie die des Siebdruckers (BGBl I, 1974, Nr. 88, 9.8.1974, S. 1733ff.) geschaffen.

Die Struktur des Ausbildungsberufs des Druckers sah vor, dass zum Ende der Ausbildung in einem der drei Druckverfahren Hochdruck, Flachdruck oder Tiefdruck ein Schwerpunkt gelegt werden konnte. Der Beruf des Siebdruckers wurde aus verfahrenstechnischen und handwerksrechtlichen Gründen als eigenständiger Ausbildungsberuf erlassen.[8]

1977 wurde der Handwerks- und Industrieberuf Buchbinder dahingehend neu geordnet, dass im dritten Ausbildungsjahr eine Spezialisierung in Einzel- oder Serienfertigung vorgenommen werden konnte, um der betrieblichen Ausrichtung stärker entsprechen zu können.[9]

Ein Blick auf die Entwicklung der Ausbildungszahlen zeigt, dass es in den Jahren 1976 und 1977 einen dramatischen Einbruch an Ausbildungsverhältnissen gab (s. Abbildung 24). In den Jahren von 1974 bis 1977 war ein Rückgang von 28,7% zu verzeichnen. Besonders auffällig war die Entwicklung bei den Schriftsetzern:

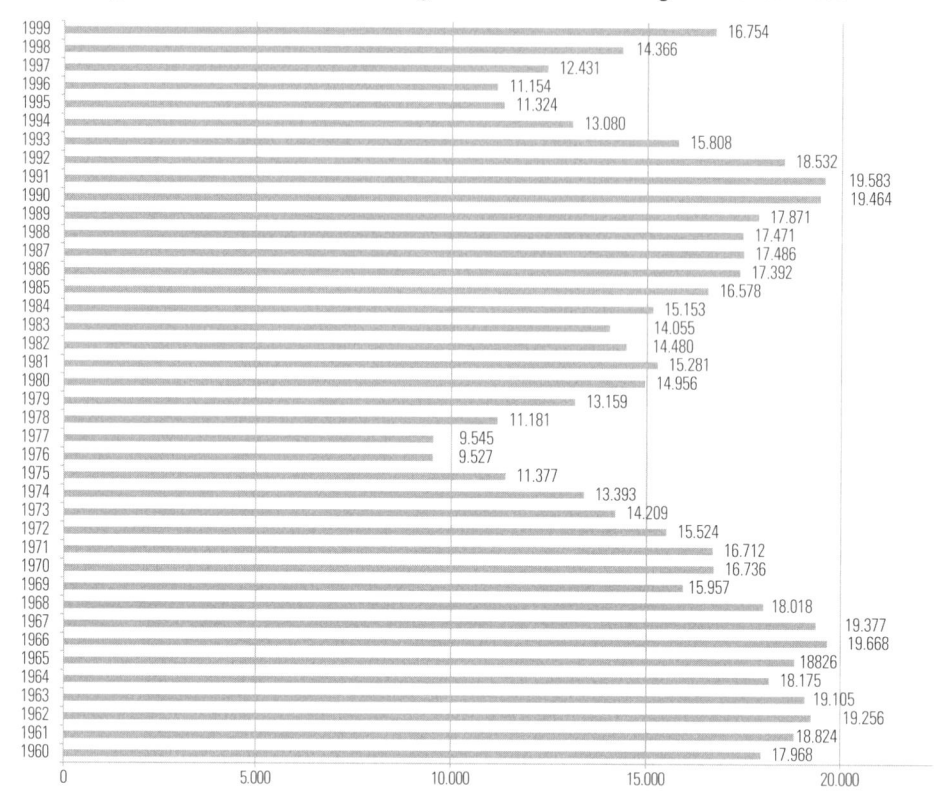

Abbildung 24: Gesamtzahl der Ausbildungsverhältnisse im Druckgewerbe 1960-1999

Jahr	Anzahl
1999	16.754
1998	14.366
1997	12.431
1996	11.154
1995	11.324
1994	13.080
1993	15.808
1992	18.532
1991	19.583
1990	19.464
1989	17.871
1988	17.471
1987	17.486
1986	17.392
1985	16.578
1984	15.153
1983	14.055
1982	14.480
1981	15.281
1980	14.956
1979	13.159
1978	11.181
1977	9.545
1976	9.527
1975	11.377
1974	13.393
1973	14.209
1972	15.524
1971	16.712
1970	16.736
1969	15.957
1968	18.018
1967	19.377
1966	19.668
1965	18826
1964	18.175
1963	19.105
1962	19.256
1961	18.824
1960	17.968

Bis zum Jahr 1989 sind die Ausbildungsverhältnisse in der Bundesrepublik Deutschland aufgeführt, ab dem Jahr 1990 wurden die Zahlen der fünf neuen Bundesländer hinzugezählt.

Quelle: ZFA/BIBB

1974 waren es 4.554, 1977 nur noch 2.353 Auszubildende. Das entspricht einem Rückgang von 48,3%.

In den 1970er Jahren beeinflusste die Auseinandersetzung zwischen Industrie und Handwerk die Ordnungsarbeit stark. Die Ausbildungsregelungen für Schriftsetzer und Buchdrucker waren in einer handwerklichen Ausbildungsordnung zusammengefasst. Der Flachdrucker hingegen war ein industrieller Ausbildungsberuf. Die Zuordnung zu den Organisationen Handwerk oder Industrie hatte, neben den organisationspolitischen Aspekten, auch ganz praktische Auswirkungen. Für die dem Handwerk zuzurechnenden Unternehmen bestand Meisterzwang; eine Offsetdruckerei konnte hingegen auch von »einfachen Gesellen« eröffnet werden. Durch das Berufsbildungsgesetz wurde für das Grafische Gewerbe ein Meisterzwang für die Ausbildung in Handwerk und Industrie fortgeschrieben. Da bei der Bündelung der Ausbildungsberufe 1974 Handwerks- und Industrieberufe jeweils produktionsstufenbezogen in einer Verordnung zusammengefasst wurden, galt diese übergreifend für beide Bereiche.

Die 1980er Jahre

Ende der 1970er bis Mitte der 1980er Jahre gab es kaum Aktivitäten im Bereich der Neuordnung von Berufen in der Druckindustrie. Gründe dafür waren sowohl die Unsicherheit über die finanziellen Entwicklungen in den kommenden Jahren als auch insbesondere die teils heftigen Auseinandersetzungen zwischen Arbeitgebern und Gewerkschaften um Rationalisierungsschutzabkommen.[10] Hinzu kam, dass die technischen Entwicklungen sowohl für die Arbeitgeber als auch für die Gewerkschaften »Neuland« waren; außerdem erfolgte zu dieser Zeit die Umstellung von Zentralrechnern auf Arbeitsplatzrechner.

Trotz der Kämpfe um die »Rationalisierungsschutzabkommen« kam es 1980 zwischen den Tarifparteien »Bundesverband Druck e.V.« und »IG Druck und Papier« zu einem »Vertrag über die Förderung der Berufsausbildung in der Druckindustrie«. Darin wurden die gemeinsame Lösung fachlicher Fragen der Berufsausbildung und die bundeseinheitliche Prüfungsaufgabenerstellung im paritätisch besetzten »Zentralen Fachausschuss für die Druckindustrie« festgeschrieben. Ein von der Gewerkschaft angestrebter »Tarifvertrag für Aus-, Fort- und Weiterbildung in der Druckindustrie« konnte jedoch nicht erreicht werden.

Im Jahr 1987 trat nach 14 Jahren eine neue Ausbildungsordnung Drucker/Druckerin[11] in Kraft. Diese zeichnete sich dadurch aus, dass die Ausbildungsinhalte druckverfahrensneutral und materialunabhängig formuliert wurden. Gleichzeitig wurden spezifische Druckbereiche, wie Endlos-, Flexo-, Blech-, Verpackungs- und Rollendruck, in die Ausbildung integriert.

Weiterhin Bestand hatte jedoch die Ausbildungsordnung für den Beruf des »Siebdruckers«. Die hierfür notwendigen Fertigkeiten und Kenntnisse gehen weit über die Anforderungen in den anderen Druckverfahren hinaus. Dies sowie die handwerksrechtlichen Vorschriften rechtfertigten bis heute eine eigenständige Ausbildungsordnung.

In den ZFA-Gremien war man sich dieser Entwicklung bewusst und drängte darauf, sowohl Schulungen für die Anpassungsqualifizierung zu schaffen als auch gemeinsam, also vonseiten der Arbeitgeber- und Gewerkschaftsvertreter, Aufstiegsregelungen zu entwickeln. Dementsprechend wurden erstmalig im Jahr 1988 bundeseinheitliche Regelungen für die Fortbildung der in der Druckindustrie Beschäftigten geschaffen: der geprüfte Industriemeister/die geprüfte Industriemeisterin Fachrichtung Druck[12] sowie der Geprüfte Industriemeister/die geprüfte Industriemeisterin Fachrichtung Buchbinderei.[13]

Diese Weiterbildungsregelungen erfolgten im Zuge einer alle gewerblich-technischen Branchen betreffenden Vorgabe für den Erlass einer Industriemeisterregelung nach dem Muster aus dem Metallbereich. Mit der Industriemeister-Verordnung sollten so für alle Branchen vergleichbare Standards zur Weiterbildung von Fachkräften geschaffen werden.

Berufsausbildung in der DDR – Rückblick und Eingliederung

Das Berufsausbildungssystem und die Ausbildungsberufe in der ehemaligen DDR wiesen einige Parallelen zum System der BRD auf. Die berufspraktische Ausbildung in den Betrieben, berufspraktischer Unterricht genannt, wurde in enger Verbindung mit dem theoretischen Unterricht in Lehrwerkstätten, Trainingseinrichtungen, Betriebsabteilungen sowie überbetrieblichen Bildungseinrichtungen durchgeführt.

Überbetriebliche Bildungseinrichtungen in dem heute verstandenen Sinne gab es nicht. Die praktische Ausbildung außerhalb des eigenen Ausbildungsbetriebes wurde unter der Regie der VOB-Zentrag (Vereinigung Organisationseigener Betriebe – Zentrale Druckerei- und Einkaufsgesellschaft m.b.H.) zusammengefasst. Die Ausbildung erfolgte in den SED-eigenen Druckereien in Dresden, Leipzig, Berlin, Pößneck, Erfurt, Schwerin, Plauen und Magdeburg. Die Berufsschulen wiederum waren als Abteilung großen SED-Druckereien zugeordnet: in Leipzig dem »Graphischen Großbetrieb Interdruck«, in Dresden dem »Graphischen Großbetrieb Völkerfreundschaft«, in Berlin der »Druckerei des Neuen Deutschland« und in Pößneck dem »Graphischen Großbetrieb Karl-Marx-Werk«.[14]

Die Facharbeiterprüfung wurde vor einer ehrenamtlich tätigen Prüfungskommission abgelegt, die sich hauptsächlich aus berufserfahrenen Werktätigen wie Lehrfacharbeitern und Lehrbeauftragten, aus Meistern und Ingenieuren, Lehrkräften für den berufstheoretischen und -praktischen Unterricht sowie aus Vertretern der Gewerkschaft zusammensetzte. Die Facharbeiterprüfung bestand aus der kontinuierlichen Leistungsbeurteilung im Unterricht, den Abschlussprüfungen sowie dem Anfertigen und Verteidigen einer schriftlichen Hausarbeit. Der Lehrling war somit nicht von einer einmaligen Abschlussarbeit abhängig, sondern konnte seine Leistungen ständig kontrollieren.[15]

In der DDR gab es im Bereich der Druckindustrie fünf Facharbeiterberufe und zwei Handwerksberufe mit rund 1250 Ausbildungsverhältnissen (Stand Ende der 1980er Jahre): die industriellen Berufe Facharbeiter/in für Satztechnik, Facharbeiter/in für Reproduktionstechnik, Facharbeiter/in für Druckformenherstellung, Facharbeiter/in für Drucktechnik, Facharbeiter/in für buchbinderische Verarbeitung sowie die handwerklichen Berufe Buchbinder/in und Steindrucker/in.[16]

Die Facharbeiterberufe entsprachen im Prinzip den Berufen der Bundesrepublik Deutschland. Bei den industriellen Berufen waren je nach Tätigkeitsschwerpunkt Spezialisierungsrichtungen in der Ausbildung vorgesehen. So konnte ein Facharbeiter für Satztechnik in den Spezialisierungsrichtungen Lichtsatz, Metallsatz, Stempelherstellung und Notenherstellung qualifiziert werden. Weitere Entwicklungsmöglichkeiten nach Abschluss der Ausbildung ergaben sich »bei beruflicher Bewährung, guter gesellschaftlicher und fachlicher Entwicklung insbesondere der ständigen Qualifizierung im Prozeß der Arbeit entsprechend den bildungsmäßigen Voraussetzungen«. Im Bereich der Satztechnik waren dies Qualifizierungen als Korrektor, Manuskriptbearbeiter und Bediener der Lichtsatzanlagen.[17]

Der »wissenschaftlich-technische Fortschritt« führte in der DDR bereits zu einer frühzeitigen Integration technologischer Neuerungen in die Berufsausbildung. So wurden im Jahre 1968 die Grundlagenfächer Elektronische Datenverarbeitung (EDV), Betriebs-, Mess-, Steuer- und Regeltechnik (BMSR) und Elektronik in die Berufsausbildung aufgenommen.

Entsprechend dem Vertrag über die Schaffung einer Währungs-, Wirtschafts- und Sozialunion vom 18. Mai 1990 erfolgte auch im Bereich der Berufsbildung eine Übernahme der bundesrepublikanischen Gesetzgebung.

Mit der Übernahme des Berufsbildungsgesetzes zum 1. September 1990 waren für das Gebiet der ehemaligen DDR neue Realitäten geschaffen. In kürzester Zeit waren die Einführung neuer Rechtsvorschriften, die Verwirklichung neuer Ausbildungsordnungen und Rahmenlehrpläne sowie die Durchsetzung des dualen Systems formal bewältigt.[18]

Die 1990er Jahre

Die technische Entwicklung Anfang der 1990er Jahre wies im Bereich der Computertechnologie einen eindeutigen Trend auf: Die Rechner und ihr Zubehör wurden immer preiswerter, leistungsstärker und in der Anwendung vielseitiger.

Desktop-Publishing war das Schlagwort für eine Technik, die es auch satz- und reprotechnischen Laien ermöglichte, eigene Druckvorlagen zu erstellen. So kam es, dass bisherige Kunden der Druckindustrie Vorstufenarbeiten selber übernahmen und die Branche wieder einmal Rationalisierungswellen erlebte. Die Digitalisierung und Vernetzung der Produktion nahm in den 1990er Jahren an Umfang und Geschwindigkeit deutlich zu. Die komplette Produktionslinie in der Druckvorstufe war digitalisiert oder stand kurz vor Vollendung der Digitalisierung. Durch überregionale Vernetzungsmöglichkeiten mittels ISDN konnten weitere Produktionsschritte vereinfacht werden oder fielen ganz weg.

Auch die bis dahin personalaufwändige Seitenmontage und Druckplattenkopie wurde durch Computer-to-plate-Anlagen vollautomatisiert und digitalisiert; die Bebilderung der Druckplatten konnte sogar direkt in der Druckmaschine erfolgen. Akzidenzdruckereien versuchten ihre Arbeitsprozesse, neudeutsch »Workflow«, immer stärker zu digitalisieren und damit zu rationalisieren. Hinzu kam die Entwicklung des Digitaldrucks als zusätzliches Druckverfahren, das gänzlich ohne Druckformherstellung auskam.

Die Kehrseite der technologischen Veränderungen war ein umfassender Strukturwandel in der Druckindustrie, einhergehend mit einem weiteren massiven Verlust von Arbeitsplätzen und Betriebsschließungen. Dazu gehörte auch die voranschreitende Substituierung von Printmedien durch digitale Medien sowie wachsende Überkapazitäten im Druckbereich. Dies führte zu einer Verschärfung

Abbildung 25: Neuordnung der Ausbildungsberufe in der Druck- und Medienvorstufe, 1990er Jahre

```
Schriftsetzer/in        Werbe- und
                        Medienvorlagenhersteller/in
     Reprohersteller/in Kartograph/in          Mediengestalter/in für
                        Film- und Videoeditor/in Digital- und Printmedien

  1993    1994    1995    1996    1997    1998

          Werbevorlagenhersteller/in  Flexograf/in
          Dekorvorlagenhersteller/in  Reprograf/in
          Fotograf/in                 Fotomedienlaborant/in
```

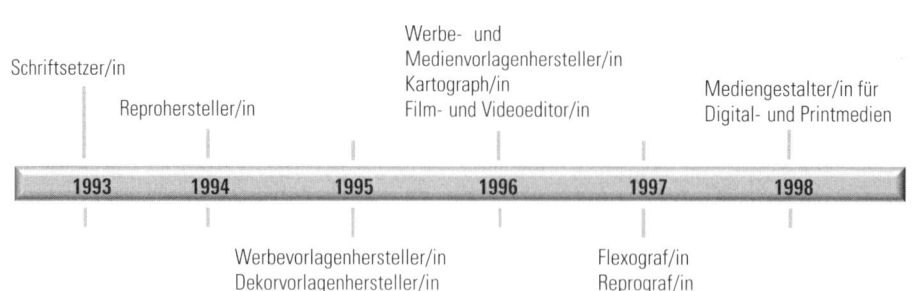

Quelle: BIBB

der Konkurrenzsituation zwischen den Betrieben, mit der Folge teilweise dramatisch fallender Preise. Ein weiteres Beispiel war auch der beginnende Rückgang der Tiefdruckproduktion. Dieses Verfahren wurde z.B. im Bereich der Zeitschriftenherstellung oftmals durch den Rollenoffsetdruck substituiert. Gleichzeitig ersetzten die neu entstehenden Online-Shops immer häufiger die bislang im Tiefdruck erstellten Versandhauskataloge. Um dieser Tendenz und dem vermeintlich angestaubten Image der Druckindustrie zu begegnen, wurde mit dem Begriff Medien eine neue Bezeichnung für die Branche adaptiert. Damit verbunden sollte auch ein Imagewechsel von der eher technikorientierten Druckindustrie zum serviceorientierten Mediendienstleister stattfinden.

Zu dieser Entwicklung passte die ab Ende der 1990er Jahre wachsende Bedeutung von »Schlüsselqualifikationen« bereits in der Berufsausbildung.[19] Entsprechend wurden in den Ausbildungsordnungen Lernziele eingefügt, die z.B. Teamarbeit und Mitwirkung bei der Gestaltung des Arbeitsplatzes beinhalteten. Aber auch kaufmännische und marketingorientierte Inhalte wurden in dieser Zeit erstmals in Ausbildungsordnungen technischer Berufe aufgenommen, wie z.B. beim Beruf Mediengestalter/Mediengestalterin für Digital- und Printmedien.[20]

In den Jahren 1993 bis 1997 wurden in rascher Folge alle Ausbildungsberufe der Druck- und Medienvorstufe aktualisiert bzw. es entstanden neue Verordnungen[21] (s. Abbildung 25).

Mit der Aktualisierung der Ausbildungsberufe wurde in der Druckvorstufe der Wandel zu einer Berufsausbildung, deren Inhalte über den gesamten Druckvorstufenprozess technikoffen und verfahrensneutral formuliert waren, eingeleitet. Doch die Ergebnisse stießen nicht auf ungeteilte Zustimmung. So gab es insbesondere seitens der Gewerkschaft Bedenken, ob mit den bisherigen Strukturen den technischen und strukturellen Veränderungen der Branche entsprochen werden konnte. Stattdessen wurde von der Gewerkschaft eine neue Struktur des Berufsfeldes Drucktechnik mit einer weiteren Bündelung bestehender Berufsbilder zu drei Ausbildungsberufen für Vorstufe, Druck und Weiterverarbeitung gefordert.

Durch den Einstieg in die »Produktion digitaler Medien« ergaben sich weitere Anforderungen an die Berufsausbildung: Der Wandel in den traditionellen Druckunternehmen, die Zunahme von Schnittstellen mit der Werbewirtschaft, aber auch der Markteintritt neuer Unternehmen erforderten eine grundlegend neue Strukturierung der Ausbildung in der Druck- und Medienbranche.

Das bisher auf verschiedene Berufe verteilte Expertenwissen veränderte sich durch den Einsatz der Informations- und Kommunikationstechnik zu wenigen, breit angelegten Anforderungsprofilen mit geringerem Spezialisierungsgrad. Die universelle Verfügbarkeit eines PC sowie gut entwickelter und aufeinander abgestimmter Anwenderprogramme ermöglichten nicht nur den Spezialisten die Herstellung von Druckvorstufenprodukten, sondern auch Mitarbeitern anderer Produktions- und Dienstleistungsbereiche sowie branchenfremden Quereinsteigern und Autodidakten.

Diese Entwicklungen führten dazu, dass die bisher in Produktionsstufen gegliederte Berufsausbildung in der Druckvorstufe mit künftigen Anforderungen nicht mehr konform ging. Hinzu kam, dass Umschichtungen innerhalb des Wirtschaftsbereichs Druck und die Integration neuer Geschäftsfelder mit hoher Geschwindigkeit neue Arbeitsaufgaben, wie die Digitalfotografie, die Webseitenprogrammierung oder auch beratende Tätigkeiten mit sich brachten.

Diese Veränderungen erforderten die Schaffung eines neuen, universellen Vorstufenberufes. In diesem Prozess gab es mehrere Aufgabenstellungen, von denen hier die wesentlichen genannt werden sollen:

1. Es mussten die Inhalte ermittelt werden, auf die sich die künftige Berufsausbildung erstrecken sollte. Hierzu zählten neue Geschäftsfelder, die sich durch technische Entwicklungen innerhalb des Wirtschaftsbereichs Druck und angrenzender Berufsbereiche ergaben. Eine besondere Anforderung dabei war, eine Integration der verschiedenen vorstufennahen Tätigkeiten zu ermöglichen.
2. Die Frage der Strukturierung der Ausbildungsinhalte war zu klären, da die Integration bestehender Berufe und Tätigkeiten in einen Ausbildungsberuf zu einer zu hohen Komplexität geführt hätte. Zudem galt es, die Leistungsfähigkeit des klein- und mittelständisch organisierten Wirtschaftsbereichs nicht durch zu hohe Anforderungen zu belasten.
3. Da die Ausbildungsordnung für den Betrieb und der schulische Rahmenlehrplan ein Gesamtcurriculum bilden, war auch die Frage der Beschulung von zentraler Bedeutung. Wie konnte es gelingen, die komplexen Inhalte im Rahmen des Berufsschulunterrichtes abzubilden und dafür entsprechend qualifizierte Berufsschullehrer zu finden?
4. Die wesentliche und unumstößliche Voraussetzung für die Neuordnung war, dass die Grundlage des Dualen Systems nicht verlassen und im Ergebnis das Berufskonzept beibehalten wurde: Ein Ausbildungsgang mit definierten Inhalten und einer Abschlussprüfung war das Ziel, kein Baukastensystem nach angelsächsischem Vorbild, aus dem jeder nach Belieben Inhalte wählen konnte.

5. Das Ergebnis der Neustrukturierung der Berufsausbildung in der Druck- und Medienvorstufe sollte die zukunftsorientiert ausgebildete Fachkraft mit hoher fachlicher Kompetenz und breitem Einsatzgebiet sein.

Der neue Ausbildungsberuf Mediengestalter/Mediengestalterin für Digital- und Printmedien im Jahr 1998 fasste fünf Ausbildungsberufe, die bislang im Bereich der Druckvorstufe und in der Werbebranche ausgebildet wurden, in einem Berufsbild zusammen: Schriftsetzer/Schriftsetzerin, Reprohersteller/Reproherstellerin, Reprograf/Reprografin, Werbe- und Medienvorlagenhersteller/Werbe- und Medienvorlagenherstellerin und Fotogravurzeichner/Fotogravurzeichnerin. Bei der Schaffung der neuen Ausbildungsordnung standen neben der Vermittlung direkt verwertbarer fachlicher Kernkompetenzen, wie Satzherstellung, Bildbearbeitung oder Text-, Bild- und Grafikintegration, verstärkt solche Querschnittskompetenzen im Vordergrund, die sich auf die Anforderungen einer neuen arbeitsteiligen Produktion und die Notwendigkeit betriebs- und berufsübergreifender Teamarbeit bezogen. Dazu gehörten Datenmanagement, Organisations- und Kommunikationsfähigkeit sowie das Einbeziehen neuer Sachgebiete, da der Beruf verschiedene Segmente der Wertschöpfungskette umfasste.

Um der Komplexität der inhaltlichen Anforderungen gerecht werden zu können, wies die Struktur des Berufes Mediengestalter/Mediengestalterin für Digital- und Printmedien erstmals eine doppelte Differenzierung auf: Neben vier Fachrichtungen gab es eine Vielzahl von Wahlqualifikationen, die entsprechend dem betrieblichen Profil gewählt werden konnten. Durch diese Verordnung wurden auch vollkommen neue Inhalte für die Ausbildung ermöglicht. So konnte mit der Fachrichtung Medienberatung z.B. erstmals in einem gewerblich-technischen Beruf der Branche eine Ausbildung im Bereich der Kundenberatung mit kaufmännischen Qualifikationen durchgeführt werden.

Die quantitative Entwicklung der Ausbildungsverhältnisse schien das Konzept des neuen Ausbildungsberufes zu bestätigen: Wurden im Jahr 1998 bereits rund 2.400 Ausbildungsverhältnisse neu abgeschlossen, so stieg die Zahl im Jahr 1999 auf über 4.000 und Ende 2000 konnten für das neue Ausbildungsjahr schon mehr als 5.000 neue Ausbildungsplätze registriert werden.[22] Zu diesem Zeitpunkt bestanden somit über 10.500 Ausbildungsverhältnisse in diesem Berufsbild. Vergleicht man diese Entwicklung mit den Vorgängerberufen, die 1997 in allen drei Ausbildungsjahren zusammen rund 4.800 Ausbildungsverhältnisse ausmachten, so war ein Zuwachs von über 100% zu verzeichnen.[23]

Die Ausbildungsstruktur des Mediengestalters diente im Jahr 2000 auch als Vorbild für die Neuordnung der Ausbildungsberufe Drucker/Druckerin[24] und Siebdrucker/Siebdruckerin.[25]

Resümee

Die Geschichte der Druckberufe von Beginn der 1970er Jahre bis zum Jahr 2000 ist ein besonderes Beispiel für die Entwicklung von Berufen in Zeiten technologischer und wirtschaftlicher Umwälzungen. Die anfangs stark arbeitsteilig geprägte Produktion erforderte entsprechend spezialisierte Ausbildungsberufe mit Ausbildungsordnungen, die inhaltlich hauptsächlich technische Fertigkeiten, Kenntnisse und Fähigkeiten festlegten. Die Konzentration der Tätigkeiten, insbesondere im Vorstufenbereich, führte in den folgenden Jahren jedoch zwangsläufig zu einer Zusammenführung der Ausbildungsberufe: Die ehemals knapp 20 Druckvorstufenberufe wurden bis zur Jahrtausendwende in einem Beruf, dem Mediengestalter/der Mediengestalterin für Digital- und Printmedien zusammengefasst. Voraussetzung dafür war, dass das Modell der ehemals überwiegend monostrukturierten Berufe durch ein differenziertes Modell mit Fachrichtungen und Wahlqualifikationen ersetzt wurde. Infolge der immer kürzeren Innovationszyklen wurden Ausbildungsinhalte überwiegend technikneutral formuliert, um die Aktualität dieser Inhalte auch über mehrere Jahre hinweg zu gewährleisten.

Die ab Mitte der 1980er Jahre zunehmende Bedeutung von Schlüsselqualifikationen führte zu einer Anreicherung der Ausbildungsordnungen um kommunikative und kooperative Inhalte. Und auch wirtschaftlichen Entwicklungen wurden durch die Aufnahme ökonomischer, ökologischer und rechtlicher Inhalte in die Ausbildungsordnungen der Berufe der Vorstufe, des Drucks und der Druckverarbeitung Rechnung getragen. So gelang es in der Druckindustrie, Berufe nicht nur technologisch-inhaltlich anzupassen, sondern auch Anforderungen aus zusammenwachsenden Wertschöpfungsketten und zunehmender Dienstleistungsorientierung aufzunehmen. Bis heute hat sich die Strukturierung der Berufe bewährt, sodass auch Innovationen neuerer Zeit zeitnah in die Ausbildung integriert werden können.

Anmerkungen

[1] Geregelt durch die Arbeitsstelle für Betriebliche Bildung (ABB) und das Handwerk.

[2] Berufsbildungsgesetz vom 14. August 1969, in: Bundesgesetzblatt (BGBl), Jahrgang 1969, Teil I, S. 1112.

[3] Heute Zentral-Fachausschuss Berufsbildung Druck und Medien, vgl. dazu den Beitrag von Anette Jacob und Thomas Hagenhofer in diesem Band.

[4] Bundesgesetzblatt (BGBl), Jahrgang 1971, Nr. 109, Teil I, S. 1735, ausgegeben zu Bonn am 6.11.1971

[5] BGBl, Jahrgang 1974, Nr. 88, Teil I, S. 1742, ausgegeben zu Bonn am 9.8.1974

[6] BGBl, Jahrgang 1974, Nr. 88, Teil I, S. 1755, ausgegeben zu Bonn am 9.8.1974

[7] BGBl, Jahrgang 1974, Nr. 88, Teil I, S. 1721, ausgegeben zu Bonn am 9.8.1974

[8] BGBl, Jahrgang 1974, Nr. 88, Teil I, S. 1733, ausgegeben zu Bonn am 9.8.1974

[9] BGBl, Jahrgang 1977, Nr. 46, Teil I, S. 1241, ausgegeben zu Bonn am 21.7.1977

[10] Vgl. Leonhard Mahlein: Streik in der Druckindustrie: Erfolgreicher Widerstand,

in: Gewerkschaftliche Monatshefte, Jg. 29 (1978), 5, S. 261-271; Erwin Ferlemann: Bilanz des Arbeitskampfes 1984 – aus der Sicht der IG Druck und Papier, in: Gewerkschaftliche Monatshefte, Jg. 35 (1984), 11, S. 671-683. Siehe dazu auch die Beiträge von Ralf Roth und Karsten Uhl in diesem Band.

[11] BGBl, Jg. 1987, Teil I, S. 2086, ausgegeben zu Bonn am 29.8.1987

[12] BGBl, Jg. 1988, Teil I, S. 742, ausgegeben zu Bonn am 16.6.1988

[13] BGBl, Jg. 1988, Teil I, S. 756, ausgegeben zu Bonn am 16.6.1988

[14] Vgl. zu Pößneck: Wolfgang Schöter: Effektivste Gestaltung der Berufsausbildung, in: Das Echo, Organ der BPO des Karl-Marx-Werkes Pößneck, Nr. 2 vom 17. Juni 1968.

[15] Bundesministerium für Bildung und Wissenschaft (BMBW): Berufsbildungsbericht 1991, in: Grundlagen und Perspektiven für Bildung und Wissenschaft, Jg. 28 (1991).

[16] Staatssekretariat für Berufsbildung (Hrsg.): Sozialistisches Bildungsrecht Berufsbildung, Berlin (DDR) 1979.

[17] Zentralstelle für Unterrichtsmittel der Zentrag, Staatssekretariat für Berufsbildung (Hrsg.) (1987): Ausbildungsunterlage für die Facharbeiterausbildung: Facharbeiter für Satztechnik, Berufsnummer 38205, Berlin (DDR).

[18] Günter Albrecht/Heinz Holz/Dietrich Weissker: Gemeinsames Handeln in der Berufsausbildung gefragt, in: Technische Innovation und Berufliche Bildung (TIBB), 5 (1990), 3, S. 85.

[19] Gerhard P. Bunk/Manfred Kaiser/Reinhard Zedler: Schlüsselqualifikationen – Intention, Modifikation und Realisation in der beruflichen Aus- und Weiterbildung, in: Mitteilungen aus der Arbeitsmarkt- und Berufsforschung, 24. Jg./1991, 2, Sonderdruck.

[20] Mediengestalter/-in für Digital- und Printmedien: BGBl, Jahrgang 1998, Teil I, S. 875), ausgegeben zu Bonn am 13.5.1998.

[21] Schriftsetzer/-in: BGBl, Jahrgang 1993, Teil I, S. 496, ausgegeben zu Bonn am 28.4.1993; Reprohersteller/-in: BGBl, Jahrgang 1994, Teil I, S. 823, ausgegeben zu Bonn am 26.4.1994; Werbevorlagenhersteller/-in: BGBl, Jahrgang 1995, Teil I, S. 802, ausgegeben zu Bonn am 21.6.1995; Dekorvorlagenhersteller/-in: BGBl, Jahrgang 1994 Teil I, S. 3828, ausgegeben zu Bonn am 23.12.1994; Fotograf/-in: BGBl, Jahrgang 1997, Teil I, S. 1032, ausgegeben zu Bonn am 22.5.1997; Werbe- und Medienvorlagenhersteller/-in: BGBl, Jahrgang 1996, Teil I, S. 720, ausgegeben zu Bonn am 7.6.1996; Kartograph/-in: BGBl, Jahrgang 1997 Teil I, S. 536, ausgegeben zu Bonn am 21.3.1997; Film- und Videoeditor/-in: BGBl, Jahrgang 1996, Teil I, S. 125, ausgegeben zu Bonn am 8.2.1996; Flexograf/-in: BGBl, Jahrgang 1997, Teil I, S. 1247, ausgegeben zu Bonn am 2.9.1997; Reprograf/-in: BGBl, Jahrgang 1997, Teil I, S. 933, ausgegeben zu Bonn am 30.4.1997; Fotomedienlaborant/-in, Flexograf/-in: BGBl, Jahrgang 1997, Teil I, S. 3177, ausgegeben zu Bonn am 10.12.1997.

[22] Bundesverband Druck und Medien e.V. (BVDM) (2001): Statistisches Grundlagenmaterial Aus- und Weiterbildung 2000, Wiesbaden.

[23] Ebd.

[24] BGBl, Jahrgang 2000, Teil I, S. 654, ausgegeben zu Bonn am 11.5.2000

[25] BGBl, Jahrgang 2000, Teil I, S. 679, ausgegeben zu Bonn am 11.5.2000

Anette Jacob/Thomas Hagenhofer

Der Zentral-Fachausschuss Berufsbildung Druck und Medien (ZFA) im Prozess technologischer Innovationen

Die Besonderheit der Zusammenarbeit in der Berufsbildung

Der vorliegende Beitrag handelt von der Geschichte einer paritätisch getragenen Institution zur Qualitätssicherung der Ausbildung im Druck- und Medienbereich. Immer wieder versetzt es Nicht-Branchenkenner in Erstaunen, dass ausgerechnet in der Druckindustrie ein durch die Tarifparteien paritätisch getragenes Gremium so dauerhaft und innovativ die Berufsbildung mitentwickelt. Die Branche war durch harte Auseinandersetzungen in der Tarifpolitik geprägt. Folgende Faktoren haben diese Entwicklung begünstigt: Die bruchartigen Veränderungen der technologischen Grundlagen in diesem Sektor haben zu einer sehr hohen Wertigkeit der Berufsbildung bei allen Akteuren geführt, natürlich aus unterschiedlichen Sichtweisen. Die Arbeitgeber sind an einer ausreichenden Zahl von gut qualifizierten Fachkräften für ihre Unternehmen interessiert, die Gewerkschaften haben die Beschäftigungsperspektiven für die Arbeitnehmerschaft und ihre Mitglieder im Blick, die nur durch fortwährende Weiterentwicklung von Berufsbildern und eine gute Ausbildung zu sichern ist. Hierdurch ergeben sich Schnittmengen an Interessen, die in den letzten Jahrzehnten im ZFA immer wieder neu ausgelotet werden mussten und dann zu abgestimmtem Handeln führten.

So erklärt sich auch die weitgehende Aufgabenstellung der Einrichtung, die im »Vertrag über die Förderung der Berufsbildung in der Druck- und Medienindustrie« festgeschrieben ist. In der Fassung vom September 2001 heißt es:

Die heutigen Vertragspartner, der »Bundesverband Druck und Medien« und der Hauptvorstand der »Industriegewerkschaft Medien – Druck und Papier, Publizistik und Kunst«, vereinbaren:

- einen ständigen Erfahrungs- und Informationsaustausch über die Berufsbildung durchzuführen,
- alle Anträge auf Veränderung und Weiterentwicklung von Aus- und Fortbildungsverordnungen gemeinsam beim Bundesministerium für Wirtschaft und beim Bundesinstitut für Berufsbildung einzureichen. Dazu gehören die Festlegung der Berufsbezeichnungen, die Festsetzung der Ausbildungsdauer, die Gestaltung der Ausbildungsberufsbilder und Ausbildungsrahmenpläne und die Anforderungen der Zwischen- und Abschlussprüfungen.[1]
- Für gewerblich-technische Ausbildungsberufe bundeseinheitliche Prüfungsaufgaben und Bewertungsrichtlinien für die Zwischen- und Abschlussprüfungen zu erarbeiten.

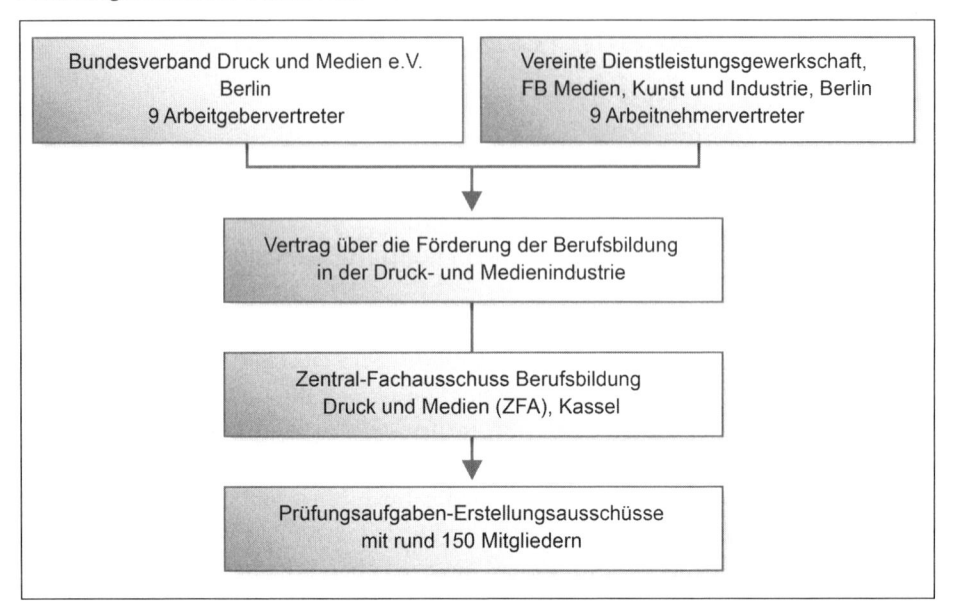

Abbildung 26: Aktuelle Struktur des ZFA

```
┌─────────────────────────────────────┐  ┌─────────────────────────────────────┐
│ Bundesverband Druck und Medien e.V. │  │ Vereinte Dienstleistungsgewerkschaft,│
│              Berlin                 │  │ FB Medien, Kunst und Industrie, Berlin│
│        9 Arbeitgebervertreter       │  │        9 Arbeitnehmervertreter       │
└─────────────────────────────────────┘  └─────────────────────────────────────┘
                        │
                        ▼
              ┌─────────────────────────────────────┐
              │ Vertrag über die Förderung der Berufsbildung │
              │    in der Druck- und Medienindustrie │
              └─────────────────────────────────────┘
                        │
                        ▼
              ┌─────────────────────────────────────┐
              │   Zentral-Fachausschuss Berufsbildung │
              │      Druck und Medien (ZFA), Kassel  │
              └─────────────────────────────────────┘
                        │
                        ▼
              ┌─────────────────────────────────────┐
              │ Prüfungsaufgaben-Erstellungsausschüsse│
              │        mit rund 150 Mitgliedern      │
              └─────────────────────────────────────┘
```

Quelle: ZFA

Hieraus wird eines ganz deutlich. Unternehmer und Gewerkschaften wollen einen großen Einfluss auf die berufliche Bildung in der Druckindustrie ausüben und sich das Heft nicht von anderen Akteuren der Berufsbildung aus der Hand nehmen lassen – und dies war am besten gemeinsam zu erreichen. Ein Blick ins europäische Ausland zeigt, welche anderen Modelle praktiziert werden. Insbesondere der größere Einfluss staatlicher Institutionen, von Bildungseinrichtungen beziehungsweise Hochschulen und Kammern fällt dort ins Auge.

Eine »Branchenlösung« zur Förderung beruflicher Bildung

Neben den objektiven Voraussetzungen für die Entwicklung des ZFA waren aber weitere Faktoren ausschlaggebend. Aus der engen Zusammenarbeit in fachlichen Fragen in Verbindung mit der Prüfungsaufgabenerstellung entstand auch ein Netzwerk der agierenden Personen. In keiner anderen Branche ist es so einfach, Projekte oder Veranstaltungen zu beruflichen Fragen zu initiieren und durchzuführen, natürlich unterstützt durch die Überschaubarkeit der Druckindustrie selbst. Der ZFA wirkt somit nicht nur in seinen eigentlichen Aufgabenbereichen, sondern unterstützt über das Netzwerk Kooperationen und den Informationsfluss in und über die Branche hinaus.

Bis heute arbeiten im ZFA die Tarifvertragsparteien eng auf dem Gebiet der Berufsbildung zusammen. Die Arbeit wird von derzeit 18 ehrenamtlich tätigen ZFA-Mitgliedern getragen, je zur Hälfte von der Arbeitgeber- beziehungsweise der Arbeitnehmerseite benannt. Sie stellen die Weichen für die vielfältigen Projekte des ZFA. Die Vorsitzenden beider Seiten tragen die Gesamtverantwortung für den ZFA.

Die Geschäftsführerin und ihre beiden fest angestellten Mitarbeiterinnen sind hauptamtlich im ZFA tätig. Sie organisieren die vielfältigen Sitzungen und bereiten die Ergebnisse auf. Schwerpunkt ist die Erstellung von Prüfungsaufgaben. Hier wirken rund 150 paritätisch berufene Aufgabenerstellerinnen und Aufgabenersteller ehrenamtlich mit. Denn ohne die Berufsschullehrerinnen und -lehrer sowie die Ausbilderinnen und Ausbilder, die die Prüfungen für Mediengestalter Digital und Print, Medientechnologen Druck, Medientechnologen Siebdruck, Medientechnologen Druckverarbeitung, Buchbinder, Packmitteltechnologen und Geomatiker ehrenamtlich erstellen, gäbe es keine bundeseinheitlichen Prüfungen der Ausbildungsberufe der Branche. Laut Berufsbildungsgesetz zeichnen die »zuständigen Stellen« wie die örtlichen Kammern dafür verantwortlich. Der ZFA erstellt in deren Auftrag die Prüfungen für die Druck- und Medienberufe. Die Prüfungsaufgabenerstellungs-Ausschüsse der einzelnen Berufe treffen sich (je nach Umfang der Prüfungen) ein bis fünf Mal jährlich, um die schriftlichen und praktischen Zwischen- und Abschlussprüfungen zu entwickeln. Die Industrie- und Handelskammern (IHKs), Handwerkskammern (HWKs) und weitere zuständige Stellen können die bundeseinheitlichen Prüfungen beim ZFA bestellen. Für die Organisation, Durchführung und Bewertung der Prüfungen sind dann die Kammern vor Ort und die Prüfungsausschüsse zuständig.

Der ZFA bietet auf seiner Homepage ausführliche Informationen rund um die Ausbildung und Prüfungen der Druck- und Medienberufe an. Auszubildende, Ausbilder, Berufsschullehrer und Prüfungsausschüsse können sich über die Inhalte der Ausbildungsberufe umfangreich informieren. Sie finden auf der ZFA-Homepage Infobroschüren für alle Aus- und Fortbildungsregelungen der Branche mit Erläuterungen, die Prüfungsstrukturen sowie Musterprüfungen der Ausbildungsberufe, digitale Ausbildungspläne zum Personalisieren und vieles mehr.[2] In einer derzeit einmal jährlich erscheinenden Zeitschrift, dem »Druck- und Medien-Abc«,[3] gibt der ZFA fachliche Informationen rund um die Ausbildung zum Beginn eines Ausbildungsjahres heraus. Alle Auszubildenden und Berufsschullehrer erhalten das Heft kostenlos über die Berufsschule, Ausbilder und Ausbildungsbetriebe können es bei der zuständigen Organisation erhalten und Prüfungsausschussmitglieder über ihre Kammer. Natürlich birgt die enge Anbindung an Verband und Gewerkschaft in Zeiten des raschen Wandels durch die Digitalisierung auch Nachteile. So bleibt es anhaltend mühsam, Prüfer/-innen und Aufgabenersteller/-innen aus Werbeagenturen oder Internet-Start-Ups zu gewinnen, auch wenn diese Mediengestalter-/innen ausbilden. Bis heute ist es kaum gelungen, neu entstehende Medienproduzenten, wie zum Beispiel die Entwickler von digitalen Spielen, in das duale System zu integrieren. Dies hängt sicher auch mit den sehr unterschiedlichen Kulturen innerhalb des Mediensektors zusammen.

Vorläufer und Gründungszeit des ZFA

Um die Bedeutung des ZFA besser einschätzen zu können, lohnt ein Blick in seine Geschichte. Die Förderung der beruflichen Bildung in der deutschen Druckbranche, früher auch »Graphisches Gewerbe« genannt, hat eine lange Tradition. Bereits 1920 legten die Tarifvertragsparteien der Branche in einer »Lehrlingsordnung für das Deutsche Buchdruckgewerbe«[4] detailliert fest, welche Leistungen in einem erfolgreich durchlaufenen Ausbildungsverhältnis erbracht werden müssen.

1949 haben sich die beiden damaligen Tarifparteien, die »Arbeitsgemeinschaft der Graphischen Verbände des Deutschen Bundesgebietes e.V.« in Wiesbaden und der »Zentralvorstand der Industriegewerkschaft Druck und Papier« in Stuttgart, darauf verständigt, den ZFA zu gründen, mit dem Ziel, zukünftig gemeinsam alle fachlichen Fragen der Berufsbildung in der Graphischen Industrie zu lösen.[5]

Zur damaligen Zeit wurde in jedem Bezirk der Industrie- und Handelskammern ein paritätischer Fachausschuss zwischen den Tarifparteien gebildet. Diese bezirklichen Fachausschüsse hatten unter anderem die Aufgabe, die Lehrlingsausbildung und die Einhaltung der tariflich festgelegten betrieblichen Lehrlingszahlen im Verhältnis zu den Gehilfen zu überwachen. Zudem oblag dem Fachausschuss die Förderung von Ausbildungskursen für die Weiterbildung der »Gehilfenschaft« und die Durchführung von Ausbildertagungen. »Die 15 paritätisch zu besetzenden Fachausschüsse in unserem Landesbezirk beschäftigten sich im Berichtszeitraum in zahlreichen Sitzungen und Veranstaltungen mit aktuellen organisatorischen und berufspolitischen Themen. ... In den meisten Fällen bilden die Prüfungsausschussmitglieder gleichzeitig den Fachausschuss. Besonders gute Aktivitäten wurden in Aachen, Bielefeld, Bochum, Detmold, Duisburg, Essen, Gelsenkirchen, Hagen, Köln, Krefeld und Wuppertal entwickelt. In zahlreichen örtlichen Zusammenkünften wurde unter Beteiligung unserer Sekretäre die Situation in der Druckindustrie erörtert, es wurden Vorbereitungskurse auf Prüfungen und Weiterbildungsmaßnahmen organisiert sowie Hilfen für Auszubildende im Fall von Betriebsschließungen. Regelmäßig werden die Prüfungen vor- und nachbereitet. ... Die Zusammenarbeit der Fachausschüsse mit den Berufsschulen und der IHK gestaltete sich aufgrund vieler persönlicher Kontakte sehr positiv.«[6]

Derzeit ist dem ZFA nur noch ein regional aktiver Fachausschuss bekannt und zwar der »Fachausschuss für die Druckindustrie Rhein-Neckar«, der regelmäßig Informationsabende und Lossprechungsfeiern durchführt.

Der ZFA in seiner heutigen Form gründete sich im Jahr 1949. Schon bald nach Kriegsende befassten sich regionale Ausschüsse mit Fragen der Prüfungen in der Druckindustrie und mit der Bewertung von Prüfungsaufgaben. Für die damaligen Akteure war angesichts der drei westlichen Besatzungszonen und von 28 unterschiedlichen Berufsbildern in der Branche schnell klar, dass einer Zersplitterung der Ausbildung gemeinsam entgegengewirkt werden musste. Die dringend notwendige Weiterentwicklung dieser Berufe über die Regelungen aus der Vorkriegszeit hinaus förderte die Zusammenarbeit von Gewerkschaft und Arbeitgeberverband. Hieraus entstand die Idee einer zentralen Struktur und die Gründung des Zentral-Fachausschusses, protokolliert am 8. Juni 1949. Dort heißt es: »Der 16er-Ausschuss wird von jetzt an als Zentral-Fachausschuss bezeichnet.« Der 16er-Ausschuss war ein Zusammenschluss der Fachverbände und Gewerkschaftsvertreter und direkter Vorgänger des Zentral-Fachausschusses. Damals stand neben fachlichen Fragen das Verhältnis zu den Kammern im Fokus der Diskussion der Vertreter der Tarifparteien. Am Ende wurde in einer engen Zusammenarbeit mit den IHKn ein richtungsweisender Kompromiss gefunden.

Die eigentliche Geburtsstunde des ZFA war dann am 20. Oktober 1949 in Hannover. Die Stadt wurde auch zum ersten Sitz des Ausschusses. Leiter der Geschäftsstelle wurde Walter Mehnert. 1950 wurde Wilhelm Fischer neuer Geschäftsführer. Von 1953 bis 1968 war Bielefeld Sitz der Einrichtung. Der nächste Geschäftsführer war ab 1968 Arnold Jungnitsch, 1969 zog der ZFA nach Heidelberg um. 1999 folgte auf Arnold Jungnitsch Anette Jacob. Bis 2003 war der Standort der Geschäftsstelle Heidelberg, seit 2003 ist der ZFA nun in Kassel ansässig.

Seit 1949 wurden über 70 gewerblich-technische Berufe im Bereich der Druckindustrie betreut und mit Prüfungsaufgaben versorgt.

Bedeutung von Prüfungen für die Qualität der Ausbildung

Früh wurde von den Tarifpartnern erkannt, dass »Prüfungen der geheime Lehrplan« sind. Diese Charakterisierung hört man oft, wenn es um den Zusammenhang von Ausbildungsinhalten und Prüfungen geht. In der Tat orientieren sich Jugendliche und junge Erwachsene in ihrem Ausbildungsengagement seit jeher eng an den vermeintlich oder tatsächlich prüfungsrelevanten Themen, heute in Zeiten von Turboabi, Turbostudium und Turbokarrieren in zunehmendem Maße. Somit bearbeitet der ZFA als Prüfungsaufgaben-Erstellungseinrichtung für sieben Berufe einen entscheidenden Bereich der Qualitätssicherung im dualen System.

Die Erstellung bundeseinheitlicher Prüfungsaufgaben für alle Ausbildungsberufe der Druck- und Medienindustrie zählt aus zwei Gründen zu den wichtigsten Anliegen des ZFA. Die Qualität jeder Ausbildung wird entscheidend von den entsprechenden Prüfungsanforderungen bestimmt. Bundeseinheitliche Prüfungsaufgaben sind eine wichtige Voraussetzung für Chancengleichheit bei der Ausbildung und im späteren Berufsleben. Gute Prüfungsaufgaben sind allerdings schwer zu erstellen. Die Prüfungsinhalte müssen ständig an die technische und wirtschaftliche Entwicklung der Praxis angepasst und für die Zielgruppe verständlich formuliert werden.

Jedes Jahr werden einige Hundert neue schriftliche Prüfungsaufgaben und komplette praktische Aufgaben für die Zwischen- und Abschlussprüfungen für rund 9.500 Auszubildende aus derzeit sieben Ausbildungsberufen erarbeitet! Diese gewaltige Aufgabe übernehmen die berufsspezifischen Prüfungsaufgaben-Erstellungsausschüsse des ZFA, in denen Fachleute aus Praxis und Berufsschule zusammenarbeiten. Sie werden alle fünf Jahre auf der Grundlage des Berufsbildungsgesetzes über die Leitkammer IHK Kassel neu berufen.

Alle Manuskripte und Vorlagen werden in der ZFA-Geschäftsstelle zusammengestellt, gesetzt, in Druck gegeben und an die Kammern versandt.

Seit 1986 beschäftigt sich der ZFA auch intensiv mit der sprachlichen Formulierung von Prüfungsaufgaben. In einem speziellen Forschungsprojekt des Bundesinstituts für Berufsbildung (BiBB) wurde 1986 ein Leitfaden[7] entwickelt, mit dem die Erstellung der schriftlichen Prüfungsaufgaben in der Druckindustrie weiter optimiert werden konnte.

2001 wurde mit dem BiBB ein Seminar zur Erstellung von »handlungsorientierten Prüfungsaufgaben«[8] durchgeführt und 2004 wurde in Zusammenarbeit mit der Martin-Luther-Universität Halle-Wittenberg ein erster Workshop für die Prüfungsaufgaben-Ersteller zur Textoptimierung von Prüfungsaufgaben veranstaltet. 2015 fand ein weiterer Textoptimierungs-Workshop mit 50 Prüfungsaufgabenerstellern[9] statt.

Der hohe Standard der ZFA-Prüfungen ist national und international anerkannt. Damit dies auch so bleibt, ist der ZFA ständig auf kompetente, flexible und einsatzbereite Mitarbeiter und Mitarbeiterinnen angewiesen. Viele von ihnen sehen die Tätigkeit in den Aufgabenerstellungsausschüssen als eine Herausforderung und eine persönliche Bereicherung an, sodass die bundeseinheitlichen Prüfungen seit 1950 niemals gefährdet waren.

Das Grundprinzip der Aufgabenerstellung ist dabei so einfach wie durchschlagend. Aufgabenerstellerinnen und -ersteller aus Betrieben und Berufsschulen bilden in Ausschüssen Kompetenzteams, die die Themen und Anforderungen für die Prüfungen festlegen. Es geht also nie um die Anforderungen eines bestimmten Unternehmens oder die Sichtweise einer bestimmten Schule oder Region. Durch diese Verallgemeinerung wird in bundeseinheitlichen Prüfungen ein Anspruchsniveau gesetzt, das sich aus dem Verständnis der Fachleute in den ausbildenden Betrieben speist. Dazu kamen seit den 1990er Jahren die Anforderungen nach kompetenz- und handlungsorientierten Prüfungsaufgaben. Aufgrund des Technologiewandels und der damit verbundenen voranschreitenden Workflowintegration ist Handlungskompetenz entlang der Prozessketten das A und O betrieblicher Ausbildung geworden. Über den »Tellerrand der eigenen Tätigkeit« hinauszublicken und ein tiefgehendes Verständnis für die komplette Dienstleistung und die Kundenanforderungen zu entwickeln, wird zur »Königsdisziplin« für die Beschäftigten in der Druck- und Medienbranche. Alle diese Veränderungen spiegeln sich in den Prüfungen wider. Kompetenzmessung erfordert auch neue Wege in den Prüfungen selbst. So besteht die Abschlussprüfung im Beruf »Mediengestalter/-in Digital und Print« im ersten Teil aus einer zehntägigen konzeptionellen Phase. Auszubildende erarbeiten in dieser Zeit kreativ, projektorientiert und praxisnah einen Teil der Prüfungsleistung. Das hier an den Tag gelegte hohe Leistungsniveau[10] lässt sich alle zwei Jahre in einem Gestaltungswettbewerb des ZFA auf Grundlage dieser Prüfungsarbeiten begutachten.

Der ZFA im Prozess technologischer Innovationen

Abbildung 27: Das Zusammenwirken aller Beteiligten und Institutionen bei der ZFA-Prüfungsaufgabenerstellung

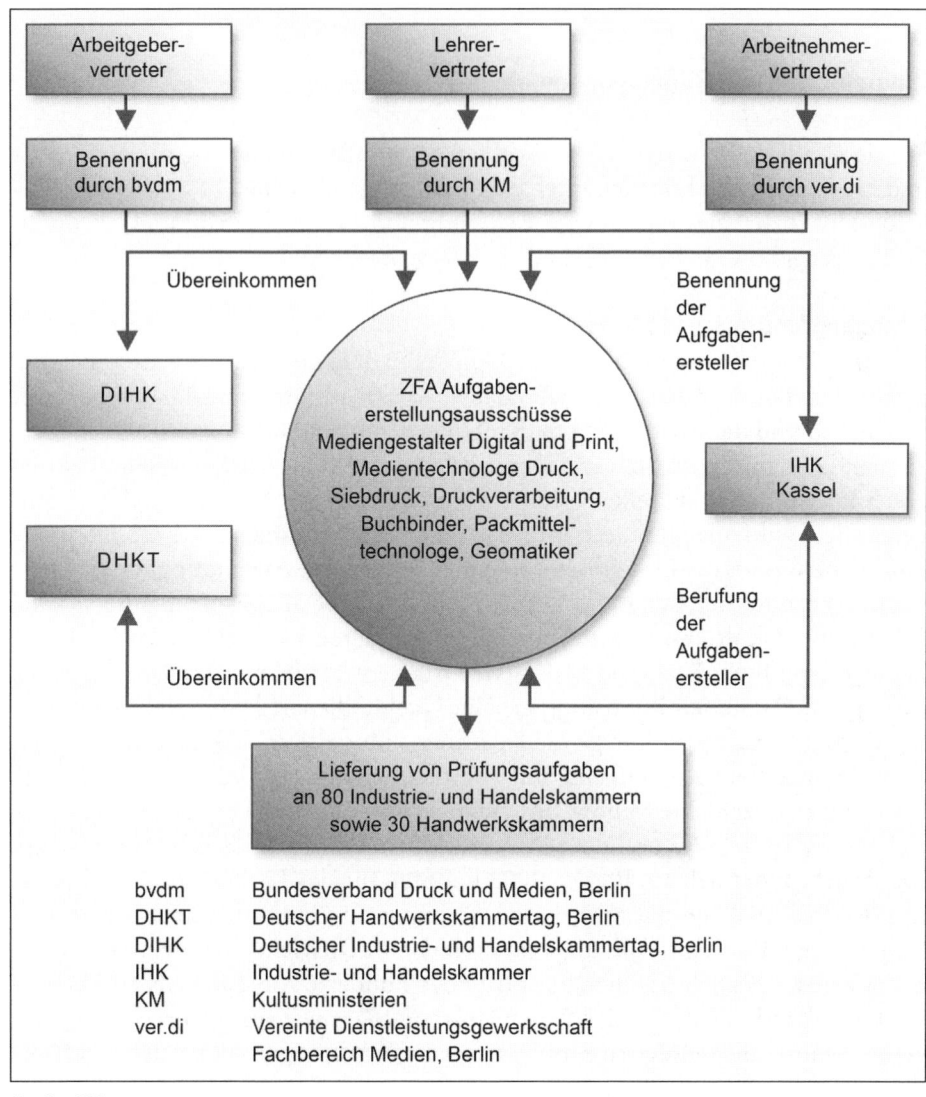

```
    Arbeitgeber-           Lehrer-            Arbeitnehmer-
     vertreter            vertreter             vertreter
         │                    │                     │
         ▼                    ▼                     ▼
     Benennung            Benennung             Benennung
     durch bvdm           durch KM              durch ver.di
         │                    │                     │
         │  Übereinkommen     │      Benennung der
         │                    │      Aufgabenersteller
         ▼                    ▼                     ▼
      DIHK          ZFA Aufgaben-              IHK
                    erstellungsausschüsse      Kassel
                    Mediengestalter Digital
                    und Print, Medien-
      DHKT          technologe Druck,          Berufung der
                    Siebdruck, Druck-          Aufgabenersteller
                    verarbeitung, Buch-
      Übereinkommen binder, Packmittel-
                    technologe, Geomatiker
                           │
                           ▼
              Lieferung von Prüfungsaufgaben
              an 80 Industrie- und Handelskammern
              sowie 30 Handwerkskammern
```

bvdm	Bundesverband Druck und Medien, Berlin
DHKT	Deutscher Handwerkskammertag, Berlin
DIHK	Deutscher Industrie- und Handelskammertag, Berlin
IHK	Industrie- und Handelskammer
KM	Kultusministerien
ver.di	Vereinte Dienstleistungsgewerkschaft Fachbereich Medien, Berlin

Quelle: ZFA

Die besondere Herausforderung im Bereich der Prüfungsaufgabenerstellung liegt in der immer stärkeren Spezialisierung der ausbildenden Betriebe. Naturgemäß reduzieren sich dadurch die in einem Ausbildungsrahmenplan niedergelegten und abprüfbaren Minimalanforderungen an eine Fachkraft gegenüber den gesamten für den betrieblichen Einsatz zu erwerbenden Kompetenzen. Daher ist es dringend erforderlich, dass sich die Erwartungshaltung aller Beteiligten an eine berufliche Erstausbildung an die Wirklichkeit anpasst. Sie kann nur einen Bruchteil der im Berufsleben benötigten Kompetenzen abbilden. Lebensbegleitendes

Lernen – in welchen Formen auch immer – ist eine handfeste alltägliche Anforderung an Facharbeiterinnen und Facharbeiter im 21. Jahrhundert.

Unterstützung von Bildungsinnovationen

Seit dem Jahr 2000 fördert der ZFA die Aus- und Weiterbildung in der Druck- und Medienbranche kontinuierlich durch Bildungsprojekte. Diese öffentlich geförderten Vorhaben unterstützen Lehrende und Lernende insbesondere durch digitale Angebote: E-Learning und Social-Media-Produkte.

E-Learning für Druck und Medien

Das Projekt »Mediengestalter/-in 2000plus«, an dem der ZFA als Projektpartner maßgeblich beteiligt war, trug viel dazu bei, dieses neuartige Berufsbild bekannt zu machen und die Ausbildung in den Unternehmen und Berufsschulen weiterzuqualifizieren. Wie im Beitrag über die Berufsausbildung in der Druckindustrie« von Rainer Braml und Heike Krämer in diesem Band geschildert, wurden in dem neuen Beruf »Mediengestalter/-in für Digital und Printmedien« 1998 nicht nur fünf Altberufe aus der Druckindustrie, sondern auch die Ausbildung für die Digitalmedienproduktion integriert. Dies führte zu manchen Kollisionen unterschiedlicher Betriebskulturen und zu innovationsbedingten wechselseitigen Defiziten in der Ausbildung. Während klassische Druckereibetriebe in Fragen von Webdesign und Databased Publishing großen Nachholbedarf hatten, fehlten in vielen Werbeagenturen grundlegende Kenntnisse über die duale Berufsausbildung, da bisher in diesem Segment eher mit Praktikanten und Studienabsolventen gearbeitet wurde. Fachliches Know-how fehlte eher in Grundlagen der Druckbranche, wie in Typografie und dem Printworkflow. Genau an diesen Stellen setzte das Projekt inhaltlich an. Bereits 2002 konnten für das Lerncenter des ZFA interaktive Lernmedien wie Web-based-Trainings zu Gestaltung und Typografie, Screendesign, Bilddigitalisierung und Farbenlehre entwickelt werden, die breiten Einsatz in der Branche fanden. Es entstanden hunderte von Tutorials zu Themen der Druckproduktion und der Weiterverarbeitung sowie ein entsprechendes Lexikon. Durch die gelungene Einführung von Diskussionsforen wurde frühzeitig der Fokus auf die Kommunikation unter Lehrenden und Lernenden gelegt.[11]

Dieser Ansatz wurde 2008 auf der Grundlage des Web 2.0 weiterverfolgt und mündete in den Aufbau der Mediencommunity.

Gemeinsames Lernen mit Social Media in der Mediencommunity

Die virtuelle Lehr- und Lernumgebung »Mediencommunity« (www.mediencommunity.de) zielt auf den Aufbau eines Wissensnetzwerks (Community of practice) für die gesamte Druck- und Medienbranche. Mittlerweile ist sie eine der größten Branchenwissensplattformen in Deutschland. Sie versteht sich als virtuelle Sammel- und Kommunikationsstelle zu allen Lerninhalten im Bereich

Druck und Medien. Daher wurden von Anfang an alle verfügbaren Inhalte wie Lexika, Tutorials, Unterrichtskonzepte, Lernmodule etc. in die Community eingefügt und gleichzeitig über »Web-2.0-Technik« zur Weiterentwicklung geöffnet. So entstanden neue »Wikis« und Lerngruppen zu bestimmten Fachthemen oder zur Prüfungsvorbereitung.

Der Unterschied zu anderen Ansätzen für »User-generated content« besteht in einer Integration in die Vorbereitung auf die bundesweiten Zwischen- und Abschlussprüfungen der Branche. Kampagnenartig arbeiten seit 2009 Auszubildende und Lehrende, unterstützt von Moderatoren der Community, zu den beiden jährlichen Abschlussprüfungen und der Zwischenprüfung zusammen. Angeboten werden jeweils ein Prüfungsvorbereitungswiki zur beitragsorientierten Wissenserarbeitung anhand der Prüfungsthemen und eine Lerngruppe zum gemeinsamen aufgabenbezogenen Lernen.

Mit diesem Konzept erreicht die Mediencommunity etwa 20% der Absolventinnen und Absolventen im Beruf Mediengestalter/-in Digital und Print mit jährlich über 3.200 neuen Ausbildungsverhältnissen (Stand: 2014).[12] Gleichzeitig versteht sich dieses Angebot als High-Level-Ergänzung zu den – von Azubis selbstorganisierten – Lerngruppen auf Facebook oder anderen Netzwerken.

Dieser Ansatz führt zusätzlich zu einer fortwährenden Erweiterung der Wiki-Inhalte in der Mediencommunity. Da die Prüfungsthemen laufend dem neuesten Stand der Ausbildung angepasst werden, entstehen zu jeder Prüfung neue Beiträge, die von den Moderatoren redigiert und in das fortwährende Angebot der Mediencommunity aufgenommen werden. Bereits bestehende Beiträge werden aktualisiert und ergänzt.

Hauptfeatures
Die Kernbereiche der Mediencommunity werden zum einen aus den Lexika, den Wikis und den Lerngruppen gebildet. Diese sind den jeweiligen Berufen zugeordnet. Zum anderen entstanden aus verschiedenen Projekten themenspezifische Wikis wie zur Druckveredelung und zur Mikrotypografie. Ergänzt werden diese um zusätzliche Lernmedien wie ein Deutsch-Englisches Fachwörterbuch (MedienEnglisch) sowie eine von den Nutzerinnen und Nutzern kommentierte und bewertete kategorisierte Linkliste (MedienLinks). Als weiterer Bereich steht das gebührenpflichtige Lerncenter mit medial hochwertigeren Lernressourcen zur Verfügung.

Themensetzungen
Die Themensetzung ist im Sinne einer Branchenlernplattform äußerst vielfältig. Sie deckt im Druckbereich den gesamten Printworkflow von der Vorstufe bis zur Weiterverarbeitung und Veredelung ab. Im Gebiet der Digitalmedien liegt der Schwerpunkt auf der Gestaltung. Softwareschulungen wurden aufgrund der zahlreichen kommerziellen Angebote nicht integriert.

Nutzer/-innen und deren Nutzungsgewohnheiten
In der Mediencommunity sind derzeit über 10.000 Nutzerinnen und Nutzer registriert. Darunter befinden sich allerdings zahlreiche Registrierungen, die nicht mehr genutzt werden, aber aufgrund der Kostenfreiheit nicht gelöscht wurden. Im Durchschnitt verzeichnet die Mediencommunity pro Tag über 1.800 Besuche mit durchschnittlich fünf Seitenabrufen. Vor den Prüfungen steigert sich die Zahl auf bis zu 4.000 Besuche pro Tag. In der sozialen Zusammensetzung bilden Auszubildende und Umschüler/-innen mit zusammen 77% die größte Gruppe der registrierten Nutzer. Lehrer/-innen und Ausbilder/-innen umfassen knapp 7%, Studierende 3,4% und Facharbeiter/-innen und Angestellte 5,4% der Mitglieder der Mediencommunity (Stand: 2017).[13]

Nutzungsbedingungen
Die Mediencommunity arbeitete bis 2017 nach einem »Fremium-Modell« (freie Angebote in Kombination mit bezahlpflichtigen Premiuminhalten). Die meisten Angebote, inklusive der zur Prüfungsvorbereitung, sind kostenfrei. Hochwertige Lernmedien wie Web-Based-Trainings werden in einem eigenen Bereich, dem Lerncenter, zusammengefasst und für eine geringe Nutzungsgebühr bereitgestellt. Diese Einnahmen decken die mit der Community verbundenen Ausgaben nur zu einem geringen Teil, der Rest wird im Rahmen der Förderung der beruflichen Bildung vom ZFA übernommen. Seit 2017 sind alle Angebote der Mediencommunity kostenfrei nutzbar.

Aktuelle Entwicklung
Nach Ende der Projektförderung kann die Mediencommunity zwar keine großen Steigerungen in der Reichweite erreichen, hält aber im Wesentlichen das Nutzungsniveau aufrecht. Neue Impulse sind mit der Umstellung auf ein »responsive design« für mobile Endgeräte, verbunden mit einer aktualisierten Gestaltung und der Integration von neuen Lernangeboten in Zusammenhang mit dem Projekt »*Social Augmented Learning*«[14] umgesetzt worden.

Ziel des Projektes »Social Augmented Learning« ist es, Social Learning, Mobile Learning und Augmented Reality zu verbinden und so neue Lehr- und Lernformen zu entwickeln. Im Projekt entstehen auf Basis eines Autorenwerkzeugs neuartige Lernanwendungen für die Ausbildung von Medientechnologen Druck. Technologisches Fundament dieser Lernmodule bildet die Augmented Reality, mit der Abläufe in der Druckmaschine für die Lernenden auf mobilen Endgeräten visualisiert werden. So wird ein tieferes Prozessverständnis ermöglicht. Interaktive Übungen an der Maschine unterstützen die Ausprägung von Handlungskompetenzen mit Bezug zu Arbeitsprozessen, Instandhaltung und Qualitätsanforderungen.

»Social Augmented Learning« ermöglicht sowohl das Lernen am 3-D-Modell als auch das Lernen in einer durch die »Technologie der Augmented Reality« erweiterten Lernumgebung. Lernende können private oder zur Verfügung gestellte

Abbildung 28: Nutzungsstatistik von www.mediencommunity.de für das Jahr 2017

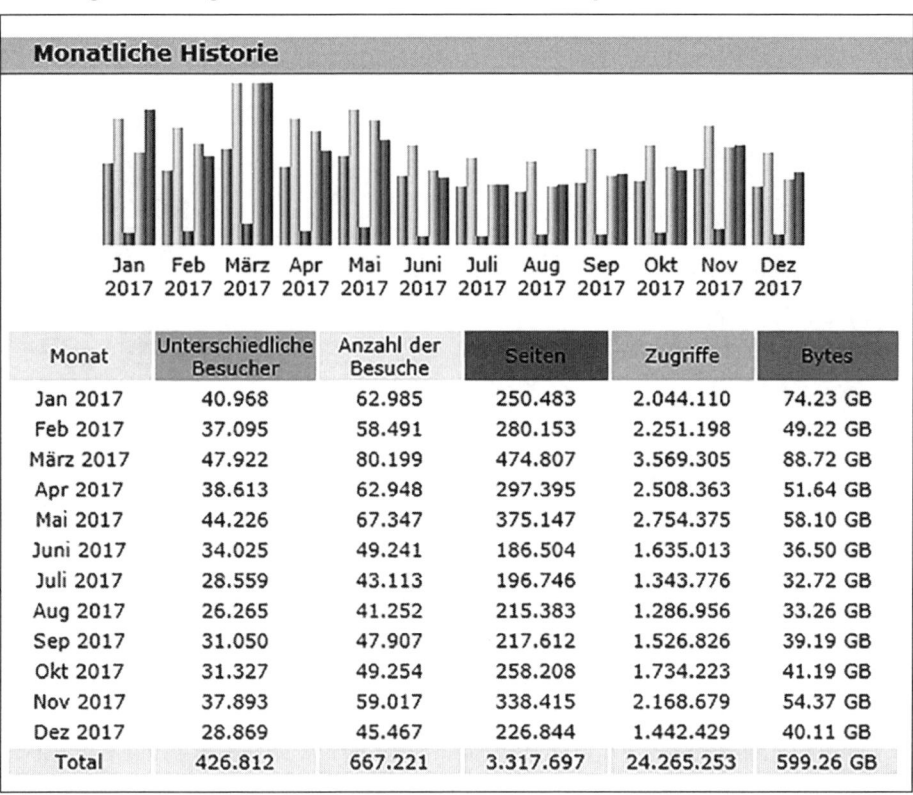

Monat	Unterschiedliche Besucher	Anzahl der Besuche	Seiten	Zugriffe	Bytes
Jan 2017	40.968	62.985	250.483	2.044.110	74.23 GB
Feb 2017	37.095	58.491	280.153	2.251.198	49.22 GB
März 2017	47.922	80.199	474.807	3.569.305	88.72 GB
Apr 2017	38.613	62.948	297.395	2.508.363	51.64 GB
Mai 2017	44.226	67.347	375.147	2.754.375	58.10 GB
Juni 2017	34.025	49.241	186.504	1.635.013	36.50 GB
Juli 2017	28.559	43.113	196.746	1.343.776	32.72 GB
Aug 2017	26.265	41.252	215.383	1.286.956	33.26 GB
Sep 2017	31.050	47.907	217.612	1.526.826	39.19 GB
Okt 2017	31.327	49.254	258.208	1.734.223	41.19 GB
Nov 2017	37.893	59.017	338.415	2.168.679	54.37 GB
Dez 2017	28.869	45.467	226.844	1.442.429	40.11 GB
Total	426.812	667.221	3.317.697	24.265.253	599.26 GB

Quelle: ZFA

Smartphones und Tablets zum selbstgesteuerten Lernen benutzen. So können Auszubildende eigenständig und flexibel, lernortunabhängig und jederzeit, aber dennoch inhaltlich geleitet, am virtuellen Drucksystem arbeiten und lernen. Bedien-, Service- und Wartungssituationen können am mobilen Gerät visualisiert und zur Darstellung interaktiver Aufgaben simuliert werden.

Die Lernanwendung, die diese Lernaktivitäten ermöglicht, ist gekoppelt an die Mediencommunity des ZFA, über die zudem weitere Lerninhalte sowie User-generated content eingebunden werden können. Verbunden mit den sozialen Features der Anwendung kann so ein höheres Maß an »inzidentellem« (beiläufigen) und »kollaborativem Lernen«[15] ermöglicht werden, bei dem sich Schüler selbständig über den Lernstoff austauschen und Inhalte erarbeiten.

Damit diese Lernformen nachhaltig Anwendung finden, entsteht im Projekt ein Autorenwerkzeug für Lehrpersonen, die bestehende Inhalte weiterentwickeln oder anpassen, aber auch eigene Module erstellen können. Zur Erprobung und weiteren Verbreitung im Rahmen der Berufsausbildung werden die hierfür notwendigen Kompetenzen schon im frühen Projektverlauf an Studierende des

Abbildung 29: Bereiche des Social Augmented Learning

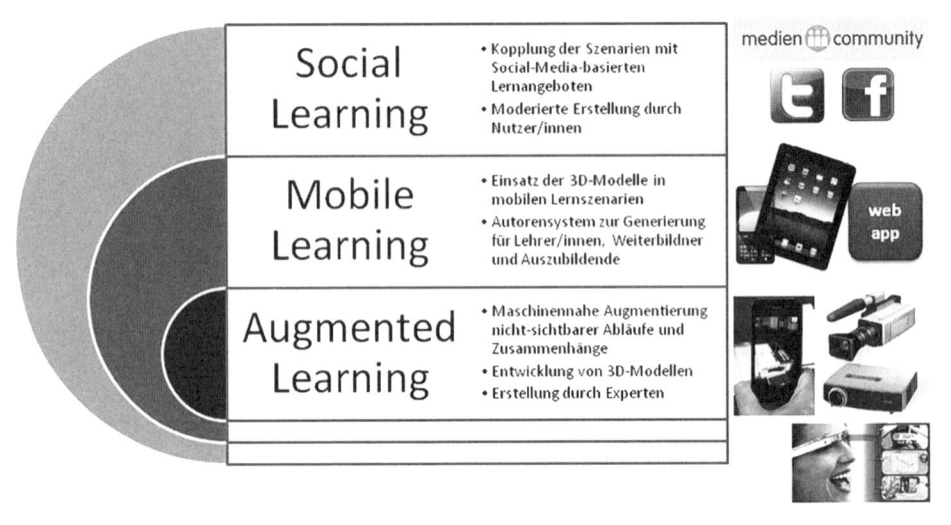

Social Learning
- Kopplung der Szenarien mit Social-Media-basierten Lernangeboten
- Moderierte Erstellung durch Nutzer/innen

Mobile Learning
- Einsatz der 3D-Modelle in mobilen Lernszenarien
- Autorensystem zur Generierung für Lehrer/innen, Weiterbildner und Auszubildende

Augmented Learning
- Maschinennahe Augmentierung nicht-sichtbarer Abläufe und Zusammenhänge
- Entwicklung von 3D-Modellen
- Erstellung durch Experten

Quelle: ZFA

kombinatorischen »Bachelor of Arts« und des »Master of Education« (Lehramt an Berufsschulen) mit dem Teilstudiengang Druck- und Medientechnik an der »Bergischen Universität Wuppertal« vermittelt.

Die Bausteine und Methoden des Lehr- und Lernkonzeptes sowie der entwickelten Anwendung können über das Projekt hinaus als beispielgebende Prototypen für die Entwicklung digitaler Bildungsangebote in anderen Aus- und Weiterbildungssituationen, Unternehmen, Branchen und Settings genutzt werden.

In den Erprobungen wurden die vier Lernmodule der im Projekt »Social Augmented Learning« entwickelten Anwendung in elf Berufsschulen, einer überbetrieblichen Ausbildungsstätte und zwei Ausbildungsbetrieben getestet. Insgesamt nahmen fast 200 Auszubildende sowie 39 Lehrende an diesen 19 Erprobungen und den anschließenden Fragebogenevaluationen teil. Eine erste Kurzschulung zum Autorenwerkzeug für angehende Lehrerinnen und Lehrer fand an der »Bergischen Universität Wuppertal« statt.[16] In Niedersachsen wurde 2017 eine Qualifizierung vom dortigen Lehrerfortbildungsinstitut angeboten und erfolgreich durchgeführt.[17]

An allen Standorten wurde die Lernanwendung sehr positiv aufgenommen. In spannend zu beobachtenden Prozessen integrierten die Lehrerinnen und Lehrer nicht nur die Anwendung erfolgreich in bestehende Lehrkonzepte, sondern auch den zugrunde liegenden Einsatz mobiler Endgeräte im Unterricht.

Nachdem im Projekt Social Augmented Learning (SAL) bestehende Lernwelten mittels Augmented Reality erweitert wurden, um neue Arten des Lehrens und Lernens zu ermöglichen, wurde dieser Ansatz seit September 2016 weiterentwickelt. Im Anschlussprojekt Social Virtual Learning (SVL) wurde, aufbau-

Der ZFA im Prozess technologischer Innovationen 159

Abbildung 30: Social Virtual Learning

Quelle: ZFA

end auf dem im SAL geschaffenen didaktischen und technischen Fundament, eine Virtual Reality Lernumgebung entwickelt. Derzeit arbeiten die fünf Projektpartner im Anschlussprojekt Social Virtual Learning 2020 an der technischen Weiterentwicklung des Autorenwerkzeugs und an Transfervorhaben in den Maschinen- und Anlagenbau.

In all diesen beschriebenen Projekten sind die Trägerorganisationen des ZFA, der auch die Projektkoordination innehat, aktiv beteiligt und ermöglichen eine enge Verzahnung von Technologieentwicklung und beruflicher Praxis.

Netzwerk stabilisieren und neue Herausforderungen

Die vielseitigen Tätigkeiten des ZFA sind ohne sein Netzwerk, ohne die Mitarbeit vieler Dutzend Fachexpert/-innen, Ausbilder/-innen, Lehrer/-innen und Aufgabenersteller/-innen über diesen langen Zeitraum nicht aufrechtzuerhalten, viele Vorhaben nicht realisierbar. Nur durch die oft ehrenamtliche Unterstützung dieser Branchenakteure kann der ZFA seine oben zitierten Ziele erreichen. Dieses Engagement ist – nicht nur in der Medienbranche – durch viele gesellschaftliche Entwicklungen gefährdet (geringere Verfügbarkeit der Fachexperten, Rückgang von Bereitschaft bzw. Möglichkeit zu ehrenamtlicher Arbeit etc.). Daher legt der ZFA sein Augenmerk besonders auf die Stabilisierung und Weiterentwicklung bestehender Netzwerke in der Branche. Neben der fortwährenden Herausforderung des Generationswechsels auf allen Ebenen wird es insbesondere darum gehen, das hohe Qualitätsniveau der dualen Ausbildung in Druck und Medien zu sichern. Hierfür bleiben die fortwährende Weiterentwicklung von Berufsbildern und die hohe Qualität der bundeseinheitlichen Prüfungen eine wichtige Voraussetzung. Gerade in Zeiten einer neuen Digitalisierungswelle (Industrie/Print 4.0) kommt es darauf an, sowohl neue Wege zu beschreiten als auch die Erfahrungen der letzten Jahrzehnte in die laufenden Veränderungen einzubeziehen.

Zudem wird der ZFA den Einsatz neuer Medien zur besseren Qualität und Attraktivität der Ausbildung in den Druck- und Medienberufen weiter unterstützen. Angehende Medienschaffende wollen die gesamte Palette der vorhandenen oder im Entstehen befindlichen Möglichkeiten nutzen – seien es Smartphone, Tablet oder Datenbrille. Die Verbindung von modernem attraktivem Medieneinsatz und qualitativ hochwertigen Lehr- und Lerninhalten beziehungsweise Informationen rund um die Berufe und die Ausbildung ist dabei ein wichtiger Erfolgsfaktor. Dabei geht es nicht darum, den neuesten Hype zu bedienen, sondern um die kontinuierliche zukunftsorientierte Weiterentwicklung der Branchenausbildung. Ob in Forschungsprojekten wie Social Virtual Learning, einer einjährigen Anschlussförderung an Social Augmented Learning, in dem der Einsatz von Virtual-Reality-Brillen erprobt werden wird, oder bei der anstehenden Rundum-Erneuerung des Webauftritts des ZFA steht der Nutzen für die Akteure der beruflichen Bildung im Mittelpunkt, seien es Auszubildende, Mitglieder von Prüfungsausschüssen oder Kammervertreter/-innen. Das Zusammenwirken dieser Zielgruppen des ZFA ist letztlich der Dreh- und Angelpunkt dualer Ausbildung.

Anmerkungen

¹ Aus dem »Vertrag über die Förderung der Berufsbildung in der Druck- und Medienindustrie« (ZFA-Vertrag) in der Fassung vom April 2001.
² Siehe www.zfamedien.de.
³ Vorläufer der heutigen Zeitschrift war das »Graphische Abc«, das erstmalig 1954 erschien.
⁴ Siehe www.prueferportal.org/html/1749.php.
⁵ Siehe die Festschrift: Zentral-Fachausschuss Berufsbildung Druck und Medien (Hrsg.): 60 Jahre ZFA. Festreden und Grußworte anlässlich des 60. Jubiläums des Zentral-Fachausschusses Berufsbildung Druck und Medien (ZFA) am 4. November 2009 im Atrium in Kassel, Kassel 2009; online: https://zfamedien.de/downloads/ZFA/60_Jahre_ZFA_2009.pdf.
⁶ Aus: 15. Tätigkeitsbericht (1986-1988) der IG Druck und Papier NRW (Auszüge; Seiten 154 und 155).
⁷ »Leitfaden für die Entwicklung schriftlicher Prüfungsaufgaben im Berufsfeld Drucktechnik.« Der Modellversuch »Aufgabenerstellung für schriftliche Prüfungen in der Druckindustrie« wurde von 1982 bis 1986 von Wilfried Reisse (BiBB) in Zusammenarbeit mit dem ZFA durchgeführt.
⁸ »›Situative‹ Aufgabentypen bilden praxis-, adressaten-, aktivitäts- und entscheidungsorientiert eine berufliche Situation ab und fragen für die Berufsausübung wesentliche Kompetenzen ab.« Zitiert nach www.ihk-aka.de/handlungsorientiertepruefung.
⁹ Siehe Beitrag zum Workshop und Leitfaden zur Textoptimierung unter https://zfamedien.de/aktuelles/150617-verstaendlichkeit-von-pruefungsaufgaben/.
¹⁰ Siehe zum Wettbewerb 2014: www.zfa-medien.de/impulse-ev/index.php.
¹¹ Siehe Abschlussbericht Mediengestalter/-in 2000plus, www.dlr.de/pt/Portaldata/45/Resources/a_dokumente/nmb/Abschlussbericht_002.pdf.
¹² König, Anne (2014): Mediencommunity 2.0. Aufbau und Betrieb eines Bildungsportals, Bielefeld.
¹³ Ebd.
¹⁴ Siehe www.social-augmented-learning.de.
¹⁵ In den im Projekt entwickelten Lernmodulen werden die geschilderten Aspekte des sozialen Lernens bei der Entwicklung von Schnittstellen zu bestehenden Kommunikationsplattformen wie der Mediencommunity, aber auch großen Sozialen Netzwerken, Wikis und Informationsdatenbanken, berücksichtigt. Dadurch soll ermöglicht werden, dass Lerngruppen (z.B. Berufsschulklassen) nicht nur in geführten Lerneinheiten, sondern auch abseits formaler Lernorte die Möglichkeit erhalten, untereinander zu kommunizieren, sich über Lerninhalte auszutauschen und Aufgabenstellungen kooperativ zu bearbeiten. Zusätzlich werden schon bei der Konzeption der Lernmodule weitere Techniken zur Interaktion und Kollaboration, auch während einer institutionellen Lerneinheit, entwickelt. So wird im ersten Lernmodul des Projektes eine Funktion zur visuellen Kommunikation zwischen einzelnen Benutzern auf Basis von grafischen Einblendungen realisiert, die der Nutzer durch einfache Touchgesten direkt am augmentierten 3-D-Modell auslösen kann. So kann er durch diesen Ping (einem virtuellen Fingerzeig gleich) die Aufmerksamkeit der anderen auf ein beliebiges Bauelement richten. Zudem kann er durch Wischgesten den Farbfluss im Farbwerk, z.B. vom Duktor bis zur ersten Auftragswalze, nachzeichnen – der dann wiederum synchron auf den Geräten seiner Mitschüler eingeblendet wird.
¹⁶ Siehe www.social-augmented-learning.de.
¹⁷ Siehe www.bszw.de/aktuelles/unterricht-4-0-lehrerfortbildung/.

Andreas Rombold
Berufsschullehrer organisieren sich zur Gestaltung der Aus- und Weiterbildung in Berufen der Printmedien

In der Berufsbildung sind es vor allem technische Innovationen, die zu veränderten oder gar neuen Berufsbildern und Ausbildungsinhalten führen. Diese ziehen eine Umsetzung in schulische Bundesrahmenlehrpläne durch die Lehrerschaft nach sich. Die hier überblicksartig dargestellte Geschichte der schulischen Berufsausbildung in der Druck- und Medientechnik ist daher einerseits ein Blick auf determinierende technische Entwicklungen, andererseits aber auch auf staatliche Regulative, die Handhabung an den Schulstandorten und Möglichkeiten der Einflussnahme durch die Lehrkräfte.

Beginn der schulischen Ausbildung grafischer Berufe

Der Beginn der schulischen Berufsausbildung im grafischen Gewerbe erfolgte in den meisten Regionen Deutschlands zu Beginn des 20. Jahrhunderts. Schon früh bemühten sich die Berufspädagogen um einen überregionalen fachlichen Austausch. 1913 luden Leipziger Kollegen zu einer Versammlung aller an deutschsprachigen buchgewerblichen Schulen wirkenden Fachlehrer während der »Internationalen Ausstellung für Buchgewerbe und Graphik« 1914 in ihre Stadt ein.[1] Lehrer aus 31 mitteleuropäischen Städten meldeten sich an, der Eintritt Deutschlands in den Ersten Weltkrieg am 1. August 1914 verhinderte aber das Treffen.

Auf der Basis der 1920 verabschiedeten »Lehrlingsordnung für das Deutsche Buchdruckgewerbe« entwickelten Arbeitgeber (Deutscher Buchdrucker-Verein e.V.) und Arbeitnehmer (Verband der Deutschen Buchdrucker) unter Mitarbeit von Gewerbelehrern in den 1920er Jahren einen Lehrplan, der allen grafischen Fachschulen als Richtlinie dienen sollte.[2]

Die Auflösung der freien Gewerkschaften am 10. Mai 1933 durch die Nationalsozialisten und, gemeinsam mit den Angestellten- und Arbeitgeberverbänden, ihre Zwangsintegration in die deutsche Arbeitsfront, hatte auf die Fachausbildung an den Schulen vordergründig wenig Einfluss, wohl aber die Katastrophe des Zweiten Weltkriegs. Dem Zusammenbruch der Wirtschaft folgten viele Betriebsschließungen. In den vier Besatzungszonen bildeten sich dezentrale Strukturen. Um zu einem Mindestmaß an vergleichbaren schulischen Abschlüssen zu kommen, wurde 1948 die Kultusministerkonferenz der westlichen Länder als zuständiges Koordinationsorgan gegründet, die allerdings keine Rechtssetzungsbefugnis hat. Ihre Entscheidungen müssen erst in gegenseitiger Abstimmung gebildet und von den einzelnen Bundesländern als landesrechtliche Rechtsvorschriften erlassen werden. Bereits 1949 vereinbarten die in der »Arbeitsgemeinschaft Graphischer Verbände« organisierten Druck-Unternehmer mit der 1948 gegründeten Industriegewerkschaft Druck und Papier eine Zusammenarbeit in Ausbildungs- und Prüfungsfragen. Sie gründeten einen paritätisch besetzten Fachausschuss, den ZFA, in dem für Druck- und verwandte Berufe bundeseinheitliche Zwischen- und Abschlussprüfungen konzipiert werden.

Wirtschaftlicher und gesellschaftlicher Aufbruch in der Nachkriegszeit

Die Wirtschaft entwickelt sich in der frühen Bundesrepublik zunehmend, die Betriebe suchen händeringend nach Auszubildenden und nach Fachkräften. Dazu steigert sich die Arbeitsproduktivität Ende der 1960er Jahre mithilfe des zunehmenden Einsatzes von Elektronik an Geräten und Maschinen enorm. In der Druckindustrie werden jetzt Rationalisierungsschutzabkommen zwischen den Verbänden und den Gewerkschaften getroffen, ein neues Betriebsverfassungsgesetz tritt 1972 in Kraft. Im Berufsbildungsgesetz von 1969 wird das Subsidiaritätsprinzip festgelegt, wonach der Staat in die Berufsausbildung dann eingreifen muss, wenn die Wirtschaft Ausbildungsbereiche vernachlässigt oder die Chancengleichheit für alle Jugendlichen gefährdet ist.

Der Wert beruflicher Bildung wird allgemeiner Bildung zunehmend gleichgestellt: »Berufliche Bildung ist nicht nur die betriebliche Lehre. Aufgabe der beruflichen Bildung ist es, den jungen Menschen systematisch hineinzustellen in eine Stufe der Vorbildung, Ausbildung, Weiterbildung. Diese Abschnitte stehen nicht isoliert. Sie müssen aufeinander abgestimmt sein und möglichst fließend ineinander übergehen, aufeinander aufbauen und weiterführen.«[3] An neu entstehenden Berufsschulzentren werden gymnasiale Oberstufenklassen eingerichtet, die sich als zweiter Bildungsweg an junge Facharbeiter wenden. Chancengleichheit soll durch staatliche Unterstützung finanziell Schwacher hergestellt werden.

Gründung von Technikerschulen für Drucktechnik in Stuttgart, München und Nürnberg

Trotz der misslichen Raumsituation vieler Schulen ist die Entwicklung in den 1960er Jahren dynamisch. In Stuttgart startet 1968 der erste Kurs einer zunächst eineinhalbjährigen Technikerschule. Ab dem 4. Kurs wird noch ein viertes Semester hinzugefügt. Die Lücke zwischen Meisterschule und Ingenieurschule, die ab 1971 zur Fachhochschule mit achtsemestrigem Studium ausgebaut wird, ist damit geschlossen. Voraussetzung zur Teilnahme ist ein abgeschlossener grafischer Beruf mit anschließend zweijähriger Tätigkeit. Der Lehrstoff wird mit Vertretern der zeitgleich gegründeten Technikerschulen in Nürnberg und München sowie dem Bundesverband Druck festgelegt. Er orientiert sich zunächst stark an der Ingenieurschule. Die Einbettung in den »Zweiten Bildungsweg« ab 1972 stärkt auch allgemeinbildende und mathematisch-naturwissenschaftliche Inhalte. Den Technikern wird mit Abschluss der Ausbildung die Fachschulreife zugesprochen. Ab 1973 kann parallel auch die Fachhochschulreife erworben werden.

Durch die Lehrplanrevision 1999 ändern sich die Eingangsvoraussetzungen für die Technikerschulen. Zum Einstieg wird jetzt die Fachschulreife benötigt, mit dem erfolgreichen Abschluss wird automatisch die Fachhochschulreife zuerkannt.

Anpassung der Meisterausbildung – vom Gewerbe zur Industrie

An den meisten bundesdeutschen Standorten waren Meisterschulen im grafischen Gewerbe bis Ende der 1970er Jahre berufsbegleitend organisiert. Auf den IHK-Abschluss konnten sich die Facharbeiterinnen und -arbeiter im Abend- und Samstagsunterricht vorbereiten.

Mit der Weiterentwicklung vom Lehr- bzw. Ausbildungsmeister zum »Industriemeister Druck« werden einige Meisterschulen zu Vollzeitschulen, der Samstag fällt als Unterrichtstag weg. Stuttgart geht diesen Weg zum Beispiel ab dem Schuljahr 1977/78. Facharbeiter aus Druck- und Vorstufen-Berufen sowie Buchbinder (Handwerk und Industrie) absolvieren eine einjährige Praxis- und Theorieausbildung, die durch Betriebsbesichtigungen und Exkursionen zu Zulieferern angereichert ist. Über 40 Wochenstunden bringen manche Teilnehmer an die Grenzen ihrer Belastbarkeit.

Die Absolventen erwerben Kompetenzen, die von der Industrie erwartet und durch sehr gute Einstellungschancen honoriert werden: »In den fachlichen Bereichen brachten uns unsere Lehrer das Hintergrundwissen bei, welches wir benötigen, um kompetent unsere zukünftigen Aufgaben zu bewältigen. Neue Bereiche wie Kalkulation, Betriebsabrechnung und Arbeitsvorbereitung ließen uns endgültig über den Tellerrand blicken und die Zusammenhänge der verschiedenen Tätigkeiten erkennen. Nicht zuletzt die zahlreichen Exkursionen und die vielen Diskussionen mit den Klassenkameraden sorgten für eine Menge neuer Informationen.«[4]

Die Grafik-Design-Ausbildung

Mitte der 1950er Jahre wird Stuttgarts »Graphische Zeichenklasse«, seither als Halbjahreskurs der Berufsvorbereitung dienend, mit einem völlig neuen pädagogischen Konzept versehen. Sie erhält den Status einer »Berufsfachschule für Zeichnen und angewandte Grafik«. Als baden-württembergische Besonderheit können die Schüler in drei Ausbildungsjahren einen anerkannten Berufsabschluss als Grafischer Zeichner oder Grafiker erwerben. 1978 wird die Grafikabteilung zur Berufsfachschule Grafik-Design mit Abschluss: »Grafik-Design-Assistent« (später: »Staatlich geprüfter Grafik-Designer«). Sie erhält einen neuen Fächerkanon, der mit Deutsch, Mathematik und Englisch, bei Beibehaltung zeichnerischer und kunstgrafischer Inhalte, auf eine Stärkung der Allgemeinbildung Wert legt. Ab jetzt ist es möglich, parallel auch die Fachhochschulreife zu erwerben. Das Stuttgarter Modell dient als Vorbild für zahlreiche Schulgründungen in Baden-Württemberg und anderen Bundesländern, ein Großteil davon sind schulgeldpflichtige Privatschulen.

Einen vergleichbaren Abschluss bieten einige Bundesländer mit dem »Gestaltungstechnischen Assistenten« an, bei dem ebenfalls in dreijähriger Ausbildung ein in der Schule vermittelter Berufsabschluss erreicht werden kann.

Die neuen Medien verlangen den vormals rein print-orientierten Grafik-Designern ab den 1980er Jahren völlig neue Fähigkeiten ab. Kunstgrafische Ausbildungsinhalte werden durch Softwaretools von Layout-, Grafik-, Bildbearbeitungs- oder auch Animationsprogrammen ersetzt, deren Arbeitsergebnisse crossmedial genutzt werden können. Talent wird als Eingangsvoraussetzung einer grafischen Ausbildung neu definiert. Trotz der beidseitig vorhandenen technischen Ausstattung mit einer immer stärkeren Verschmelzung von Entwurf und Ausführung bleibt es das konzeptionell-gestalterische Denken, das den ausgebildeten Grafik-Designer vom Mediengestalter abgrenzt.

Schulvarianten: BGJ und BFS

Von Teilen der Industrie und des Handwerks gefordert, vielfach aber auch in Verbands- und politischen Gremien aufs Heftigste bekämpft, wird in mehreren Bundesländern Ende der 1970er Jahre ein einjähriges Berufsgrundbildungsjahr (BGJ) oder eine einjährige Berufsfachschule (BFS) für Fotografen, Drucker und Siebdrucker sowie Buchbinder und für die Druckvorstufenberufe (Druckvorlagen- und Druckformhersteller, Flexograf, Reprograf und Schriftsetzer) eingerichtet. Die Schülerinnen und Schüler haben überwiegend Vorverträge zur Übernahme ins zweite Jahr eines Ausbildungsverhältnisses. Besonders die Buchbinderinnung und die Fotografen hatten sich mit mehreren Eingaben für dieses rein schulische erste Ausbildungsjahr stark gemacht, das die Betriebe von der besonders kostenintensiven anfänglichen Einlernzeit entlastet. Berufsschullehrer aus mehreren Bundesländern arbeiteten einen Bundesrahmenlehrplan für das Berufsfeld Drucktechnik aus: »Nach schwierigen Verhandlungen zwischen der Wirtschaft und der Lehrerarbeitsgruppe der KMK trat dieser Rahmenlehrplan als Empfehlung für die Bundesländer am 19.05.1978 in Kraft.«[5] Der Unterricht ist in zwei Theorie- und drei Praxistage aufgeteilt, in denen die Schüler betriebsnah ausgebildet werden. Besonders bei den Fotografen erfreut sich die Einrichtung durch ihre solide praktische Grundbildung ungebrochen hoher Akzeptanz. Alle Fachklassen erstellen im Jahreslauf kleinere und größere Projektarbeiten.

Berufsneuordnungen als Reaktion auf technische Entwicklungen

Die Setzer müssen sich ab den 1970er Jahren neuen Herausforderungen stellen: »Nach dem Besuch bei Linotype waren wir gespannt, was uns die in der Frankfurter Innenstadt gelegene Firma Monotype bieten würde. Und – wir wurden nicht enttäuscht: Fotosatz und Bleisatz friedlich nebeneinander. Einerseits die ›Monophoto 600‹, sicher ein System mit Zukunft, andererseits Einzelbuchstaben-Gießmaschinen. Obwohl uns die immer noch guten Verkaufszahlen dieser bewährten Maschinen bestätigt wurden, kamen uns, besonders nach den Vorführungen der Fotosatzsysteme, doch erhebliche Bedenken an der Zukunft des Bleisatzes.«[6]

Die Stuttgarter Zeitung mustert 1976, wie wenig später alle deutschen Zeitungen, ihre alten Linotype-Bleisetzmaschinen aus und installiert die erste voll integrierte Fotosatzanlage zur Zeitungsproduktion in der BRD. 1978 werden die ersten Druckplatten aus einem Datenbestand belichtet.

Durch die enormen technischen Umwälzungen in der zur grafischen Industrie entwickelten Branche werden Mitte der 70er Jahre viele Berufsbilder von Arbeitgeber- und Arbeitnehmervertretern neu überarbeitet.[7] Das Prüfungswesen und die Ausbildungsüberwachung bleiben in der Regie der Kammern. Einige Berufe verschwinden, andere werden mit neuen Inhalten versehen, Splitterberufe auf wenige Ausbildungsorte konzentriert. Man versucht, den Berufen eine möglichst breite gemeinsame Grundbildung zu geben. Technische oder strukturelle Umwälzungen, die eine Umschulung innerhalb des Berufsfeldes notwendig machen, sollen so erleichtert werden. Die in Berufsbildern festgehaltenen betrieblichen Ausbildungsinhalte sind die Basis der in Bundes- und Landeslehrplänen fixierten Lernziele schulischer Fachtheorie und Fachpraxis. Die Lehrer vermitteln jetzt »Schlüsselqualifikationen«. »Problemlösendes Denken« steht als höchstes Lernziel im Mittelpunkt der didaktischen Überlegungen.

Nicht allen gefällt das enge Verbandskorsett, das einer pädagogischen Entfaltung zuwider zu laufen scheint: »Alle Ordnungsmittel der Ausbildung, das heißt die Tätigkeitsmerkmale der Berufe, die geforderten Kenntnisse und Fertigkeiten, die Prüfungsordnungen und Kompetenzen werden außerhalb der schulischen Befugnisse ausgehandelt und festgelegt – die Schule hat sich den jeweilig veränderten Lagen anzupassen. Dabei muss ihr Bildungsangebot umso weitreichender sein, je rascher die technische Entwicklung die Änderung der Berufsbilder verlangt. Die Erwartungen gegenüber der Schule sind eindeutig: Die Schule hat Erfolg zu haben. Das ist eine ebenso naive wie festgefahrene Ideologie, unter deren herrischem Zwang alle Lehrerarbeit steht.«[8]

Am 1. Oktober 1980 kommt es zwischen den Tarifparteien zu einem Vertrag über die »Förderung der Berufsausbildung in der Druckindustrie«. Die Tarifparteien verpflichten sich darin zur gemeinsamen Lösung von fachlichen Fragen der Berufsausbildung und zur Fortführung der bundeseinheitlichen Prüfungsaufgabenerstellung in ihrer paritätisch besetzten Plattform ZFA (damals: Zentral-Fachausschuss für die Druckindustrie).[9]

Die Digitaltechnik revolutioniert das Gewerbe

Die mittlerweile etablierten Fotosetzsysteme vereinfachen die Film- und Druckformherstellung derart, dass sich der Offsetduck immer mehr zum beherrschenden Druckverfahren entwickelt. 1983 überschreitet er erstmals 50% des Produktionswertes. Konkurrenz erwächst seither aus neu entwickelten digitalen

Techniken. Agfa Gevaert, IBM, Xerox und Canon bieten digitale Drucksysteme an, die vorerst nahezu ausschließlich in der Bürotechnik eingesetzt werden, ihr Entwicklungspotenzial für grafische Produkte aber bereits erkennen lassen. In der Farbauszugstechnik graben Trommelscanner den Reprokameras die Aufträge ab.

Drucker und Setzer verlieren ihre Alleinstellungsmerkmale und werden Teil einer immer vielschichtigeren Kommunikationsindustrie.

Die Vielzahl nicht kompatibler Computermodelle mit unterschiedlichen Betriebssystemen, die Datenübermittlungen zwischen Agenturen, Satz- und Reprobetrieben sowie den Druckereien behindern, führt ab 1988 in der Druckbranche zur Einführung des plattformübergreifenden Standards PostScript. Drei Jahre später kommt es zum endgültigen Durchbruch der Text-Bild-Integration durch die immer leistungsfähigere PC-Technik, der relativ günstige Flachbettscanner vorgeschaltet sind.

Veränderungsdruck durch Text-Bild-Integration
Visionär hatte die IG Druck und Papier die Zusammenführung von Text- und Bildbearbeitung in einem Vorstufenberuf, dem Druckvorbereiter, schon seit 1981 gefordert. Das Ansinnen wird vom bildungspolitischen Ausschuss des Bundesverbands Druck noch 1992 vehement abgelehnt. Den jahrhundertealten Beruf des Schriftsetzers aufzulösen, können sich auch die Kammern noch nicht vorstellen. In vielen Setzereien, in denen sich das berufliche Denken traditionell zwischen Zeilen und Spalten abspielt, tut man sich mit dieser Vorstellung wie auch mit dem durch die neue Technik gegebenen Kreativpotenzial ebenfalls nicht leicht.

Die Schulen suchen, je nach technischer und personeller Ausstattung, der Entwicklung Rechnung zu tragen: »Es zeichnet sich ab, dass durch die starke Dynamik des Fortschritts in der Elektronik in den neunziger Jahren eine Neugruppierung aller Berufe vor dem Druck vorgenommen werden muss. Beispielsweise verschwinden die Grenzen zwischen Satz- und Bildverarbeitung immer mehr. Schulintern wird diesem Wandel jetzt schon Rechnung getragen.«[10]

1987 werden von den Tarifpartnern in Zusammenarbeit mit dem »Bundesinstitut für Berufsbildung« (BiBB) die Druckberufe neu geordnet. In der Drucker-Abschlussprüfung wird nur noch ein Druckverfahren praktisch abgeprüft. Damit wird der Entwicklung der meisten Betriebe Rechnung getragen, die nach der Umstellung auf den Offsetdruck ihren Hochdruck mittlerweile ganz eingestellt haben. Allerdings sind wieder Fertigkeiten in der Druckformherstellung verlangt. Der Druckformhersteller bleibt dessen ungeachtet als eigenständiger Beruf noch bis 1995 bestehen.

Das gesteigerte Umweltbewusstsein der Bevölkerung führt zu verstärkten Auflagen durch die Behörden. Umweltschutz wird auf Jahre zum großen Thema bei Verbänden und Gewerkschaften. Die von ihnen angebotenen Ökologie-Symposien und Seminare sind ausgebucht. Lösemittel und Druckfarben werden von den Berufsgenossenschaften unter die Lupe genommen und mit Entsorgungs- und Verarbeitungsrichtlinien versehen.

Das Thema findet auch in den Lehrplänen der Schulen verstärkt Eingang und stößt bei vielen Schülerinnen und Schülern auf großes Interesse. Eine systematische Bestandsaufnahme ihrer chemischen Gefährdungspotenziale machen viele Druckbetriebe aber erst nach Einführung eines ab 1994 aufgrund von EU-Richtlinien verlangten Umwelt- und Öko-Auditsystems.

Die Schule als Bildungspark

Die Lehrer der Johannes-Gutenberg-Schule (JGS) Stuttgart organisieren Symposiumsveranstaltungen, bei denen hochkarätige Referentinnen und Referenten aus Wirtschaftsunternehmen, Agenturen und Hochschulen vor bis zu 300 Gästen auftreten. Damit versuchen die Kollegen den Kontakt zum aktuellen Geschehen zu halten und das eigene Profil zu schärfen. Die Themen: »Gold und Silber im Offset« (1984), »Text- und Bildverarbeitung« (1985), »Zukunftorientierte Repro- und Drucktechniken« (1985), »Der Drucker bestimmt seine Marktposition selbst« (1986), »Typografie optimal« (1987), »Optimale Vorlage – Optimale Wiedergabe« (1988), »Oberflächenveredelung in und nach dem Druck« (1988), »DTP-Scanner, High-End oder Lowcost?« (1990) und »Die Feuchtung im Offsetdruck« (1990) gestalten sich zu Events der regionalen Druck- und Grafikszene. In diese Reihe zählen auch Firmenschulungen für Lehrer und Schüler in den Bereichen Fotografie und Drucktechnik. »Wenn uns die Lieferindustrie nicht tatkräftig helfen würde, könnten wir unseren Bildungsauftrag nicht erfüllen«,[11] bemerkt der Schulleiter.

Die vom baden-württembergischen Kultusministerium Mitte der 1980er Jahre in Auftrag gegebene Studie zum Thema »Auswirkungen der Computertechnologie« führt zur Erkenntnis, dass das Handling mit den neuen Kommunikationstechniken nicht nur industriell genutzt, sondern auch bestimmend für die Alltagsgesellschaft der Zukunft werden wird. Als Konsequenz muss im Schuljahr 1986/87 jeder Lehrer im beruflichen Schulwesen, egal ob ihn Teile der Technik bereits tangieren oder nicht, in seiner unterrichtsfreien Zeit an zwei von Kollegen erteilten mehrwöchigen PC-Grundkursen teilnehmen. Mit entsprechender Rechnerausstattung wird Computerunterricht in allen Berufs- und Fachschulklassen ab 1989/90 als Pflichtunterricht durchgeführt. Der Zwang zur permanenten Weiterbildung führt an vielen Schulstandorten Mitte der 80er Jahre zu einer Abkehr vom Klassenlehrer-Prinzip, bei dem ein Lehrer in seiner Berufsschulklasse alle Fächer unterrichtete, egal ob er diese nun studiert hatte oder nicht. Durch die Einführung des Fachlehrer-Prinzips ist den Kolleginnen und Kollegen die Möglichkeit gegeben, sich in ihrem speziellen Tätigkeitsfeld fit zu halten.

Jahrhundertwerk: Neue Lehrpläne

1989 führen die Kultusministerien auf der Basis der neuen Berufsausbildungspläne fachsystematisch und lernzielorientierte Lehrpläne ein, um die in den letzten Jahren entstandenen neuen Techniken aufzunehmen. In Baden-Württemberg wird aus Fachkunde Technologie, Praktische Fachkunde verändert sich zu

Technologie Praktikum, Fachrechnen heißt jetzt Technische Mathematik. Fachzeichnen wird nur noch innerhalb der Technologie vermittelt. Dafür etablieren sich Rechtschreiben und vor allem Computertechnik als eigenständige Unterrichtsfächer (durch die Kultushoheit der Länder ist die Fächerorganisation und -bezeichnung in den Bundesländern uneinheitlich). Fächerübergreifender Unterricht ist das Schlagwort der Stunde. Er erfordert detaillierte Absprachen zwischen den Kollegen: »In einer sich ständig spezialisierenden Arbeitswelt übernimmt die Berufsschule einen immer wichtigeren Kernbereich der beruflichen Ausbildung. Von der Industrie »für alles verantwortlich gemacht«, was einzelne Betriebe selber für die Ausbildung nicht mehr leisten können und angesichts der leeren Kassen der öffentlichen Haushalte, stehe die Schule in einem Spannungsverhältnis. Für die Verantwortlichen steigere sich diese Problematik oft bis zu einer Zerreißprobe. Deshalb kann eine Neuordnung der beruflichen Ausbildung mit diesem Lehrplan nicht abgeschlossen sein.«[12] Die von Kultusminister Gerhard Mayer-Vorfelder apostrophierte »Jahrhundertrevision« der Lehrpläne wird kaum zehn Jahre Bestand haben.

Mit der Differenzierung der Buchbinder in eine handwerkliche und eine stärker maschinelle Fertigung wird es für die Schulen erforderlich, beide Zweige sowohl in ihrer maschinellen Ausstattung als auch in ihrer fachlichen Ausbildung vom programmierbaren Schneiden bis zu vielen gängigen Heft- und Bindetechniken angemessen zu versorgen. Der Beruf wird in fast allen Bundesländern zu Landesfachklassen zusammengefasst. Mit der späteren Weiterentwicklung zum Medientechnologen Druckverarbeitung im Jahr 2011 entfernt sich die industrielle Ausbildung vom ebenfalls neu geordneten handwerklichen Buchbinder.

Ausbildungsreform in der Medienvorstufe
Immer stärker wird der Ruf vieler Druckvorstufenbetriebe nach einer Ausbildung, die Text- und Bildverarbeitung umfasst. Dies erfolgt endlich 1995 mit dem neuen Ausbildungsberuf Werbevorlagenhersteller, in den Ausbildungsinhalte des Druckvorlagenherstellers und des Schriftsetzers integriert werden. Bereits ein Jahr später wird das Berufsbild zum Werbe- und Medienvorlagenhersteller erweitert. Parallel wird der Schriftsetzer aber weiterhin bis 1998 als Monoberuf ausgebildet.

Einige Agenturen und Verlage geben sich mit den Inhalten des Werbevorlagenherstellers noch nicht zufrieden. Hanns-Peter Schöbel, zuständig für den Pre-Press-Bereich im Hause Burda, dessen Nachrichtenmagazin Focus rein digital erstellt wird, geht die Neuorganisation nicht weit genug. Die Tendenz der Druckvorstufe zur Medienvorstufe führt ihn in Zusammenarbeit mit der IHK Lahr/Freiburg und der Gewerbeschule Lahr zu einem Berufsbild »Medienoperator«, das er im Juli 1995 an der JGS Stuttgart Schul-, Verbands- und Oberschulamtsvertretern vorstellt. Seine Visionen beinhalten neben didaktischen auch methodische Überlegungen zur Vermittlung der neuen Inhalte. Sie stoßen die öffentliche Diskussion an und führen zu überregionalen Verbandsaktivitäten:

»1. Bereicherung der Ausbildung durch Projekt- und Teamarbeit;
2. Einbeziehung der Lehrer in den aktuellen praktischen Prozess und fortwährende Aktualisierung der Ausbildung durch angepasste Projektaufgaben und
3. Know-how-Transfer in kleinere Unternehmen hinein, die sonst gar nicht oder zu spät mit der aktuellen Entwicklung Schritt halten können.«[13]

1998 ist es dann soweit. Nach organisatorischer Vorarbeit des Bundesinstituts für Berufsbildung (BiBB) mit seinem agilen Referenten Rainer Braml einigen sich die Vertreter des Bundesverbands Druck und der IG Medien auf einen einzigen Druckvorstufenberuf, den »Mediengestalter für Digital- und Printmedien«. Die Ausbildungen Werbe- und Medienvorlagenhersteller, Reprohersteller, Schriftsetzer, Reprograf und Fotogravurzeichner, drei Jahre später auch der Notenstecher, gehören damit der Vergangenheit an. Der »Mediengestalter für Digital- und Printmedien« erhält die Fachrichtungen Medienberatung, Mediendesign, Medienoperating und Medientechnik, um auf die enorme Vielfalt betrieblicher Anforderungen differenziert eingehen zu können. Zusätzlich ist die Ausbildung erstmals modular aufgebaut, das heißt, die Betriebe können sich neben einer Reihe von verpflichtenden Ausbildungsinhalten weitere Lernbausteine nach ihrer speziellen Ausrichtung aus einem umfangreichen Auswahlkatalog zusammenstellen.

Der »Mediengestalter für Digital- und Printmedien« umfasst neben der Druckvorstufe auch absolut neue Tätigkeitsfelder aus dem Non-Print-Bereich wie Internet-Seitenerstellung, CD-ROM-Produktion, Digitalfotografie und Videobearbeitung. Für viele dieser neuen Techniken hatte es zuvor noch keine Berufsausbildung gegeben. Mit dem »Mediengestalter für Digital- und Printmedien« haben die Vertreter der Druckindustrie einschließlich ihrer Verbände eine Möglichkeit, am Bereich der »Neuen Medien« zu partizipieren. Der Beruf gilt bei Wirtschaftsvertretern und Politikern als großer Wurf und wird von den Jugendlichen begeistert angenommen. Fast 40% der Ausbildungsverhältnisse werden von Betrieben abgeschlossen, die nicht dem Berufsfeld Drucktechnik angehören.

Für viele Betriebe ist es zunächst schwierig, den für ihren Betrieb geeigneten Ausbildungsgang festzulegen. Vonseiten der Verbände, der Kammern und auch der Schulvertreter ist in den ersten beiden Jahren viel Beratungsarbeit vonnöten.

Nicht leicht tut man sich auch an den Schulen damit, den neuen Beruf adäquat zu unterrichten. Klassenbildungen zum Schuljahresanfang sind erschwert, weil die Auszubildenden oft ihre eigene Spezifikation nicht kennen. Auf einmal haben altgediente Setzerlehrer Mediengestalter-Azubis aus Agenturen zu unterrichten, die ausschließlich interaktive Computerspiele fertigen und weder etwas mit Drucktechnik zu tun haben, noch etwas darüber hören wollen. Dazu verdoppelt sich binnen drei Jahren die Zahl der Auszubildenden. Ein Lehrbuch wird von einigen Baden-Württemberger Kollegen erst geschrieben. 2001 werden an der JGS Stuttgart parallel zehn Mediengestalterklassen mit im Schnitt über 30 Schülern eingeschult. Mit Unterstützung der Oberschulämter holen die Schulleitungen aus der Industrie dringend benötigte Fachleute als Lehrerinnen und Lehrer, die über Kenntnisse in den neuen Techniken verfügen und in Sonderkursen ins Lehramt eingeführt werden. Bezeichnenderweise besitzen die jungen Kollegen nicht mehr eine ausschließlich berufspädagogische und/oder ingenieurwissenschaftliche Vorbildung mit drucktechnischer Orientierung, sondern es werden auch diplomierte Grafik- und Medien-Designer sowie Informatiker zur Ausbildung in der Medienvorstufe eingestellt. Durch die Schnelllebigkeit der vielgestaltigen technischen Innovationen und Software-Entwicklungen entsteht vor allem bei den Lehrern der neuen Medien ein permanenter Fortbildungsbedarf.

Der im Jahr 2000 verabschiedete und 2007 überarbeitete Bundesrahmenlehrplan ist nicht mehr lernzielorientiert, sondern, gegliedert in Lernfelder, kompetenz- und handlungsorientiert aufgebaut. Dadurch ändert sich auch die Unterrichtsmethodik. Der Digitaldruck erscheint erstmals bei den Mediengestaltern, kurz darauf auch bei den ebenfalls neu geordneten Druckern als Schwerpunkt. Die Lehrer sind im Unterricht oft auf die Fachkompetenz spezialisierter Auszubildender angewiesen und werden verstärkt zu Bildungsmoderatoren und -organisatoren. In Unterrichtsprojekten werden planerische und soziale Fähigkeiten gestärkt. Projektkompetenz wird erwartet und in Baden-Württemberg sogar im Schulzeugnis als benotetes Fach ausgewiesen. Der Unterricht zielt auf eine höhere Eigenverantwortung der Schüler ab und auf ihre Kompetenz, Lernprozesse selbst zu organisieren.

Die Gründung der LAG Medien

Als Leipzigs zentrale Funktion für die Druckbranche im Gefolge der politischen und wirtschaftlichen Veränderungen nach dem Zweiten Weltkrieg verloren gegangen war, suchten interessierte Drucktechnik-Lehrer aus den unterschiedlichsten Ausbildungsstätten in Westdeutschland neue Kontakte aufzubauen, was dort wiederum durch die föderative Struktur des Bildungswesens erschwert wurde. Schulübergreifende Arbeitsgemeinschaften entstanden in einzelnen Bundesländern. Zentrale Kontakte ergaben sich, für wenige offizielle Vertreter, über die Prüfungsaufgabenerstellung beim ZFA oder bei der Arbeit an Bundesrahmen-Lehrplänen, für die Baden-Württemberg die Koordination bzw. Federführung im »Berufsfeld Drucktechnik« innehat. So war es der Initiative einzelner engagierter Kolleginnen und Kollegen überlassen, alle vier oder fünf Jahre im Rahmen der Düsseldorfer Drupa eine breitere Lehrerschaft zu Symposien über pädagogische Fragen aufzurufen, deren Resonanz den Wunsch nach einer Institutionalisierung reifen ließ.

Am 9. November 1990, also nach der Wiedervereinigung, ist es so weit. Auf Einladung der Hamburger Kollegen Peter Brandt, Bernd Ollech und Klaus Rohleder finden 70 Pädagoginnen und Pädagogen aus ganz Deutschland den Weg in den Konferenzraum der Heidelberger Druckmaschinen AG und beschließen die Gründung einer Lehrerarbeitsgemeinschaft Druck und deren Eintrag ins Vereinsregister (heute LAG Medien). Das Bundesgebiet wird in fünf LAG-Bezirke

Zur Mitgliederversammlung 2010 und 20-Jahr-Feier kehrt die LAG an den Ort ihrer Gründung in Heidelberg zurück. In der vorderen Reihe die damals aktuellen Vorstände Marianne Taut und Christiane Jacobi aus Leipzig (dritte und vierte von rechts). In Reihe zwei Elke Hartung (zweite von links) vor Mario Ebermann, neben ihr ZFA-Geschäftsführerin Anette Jacob

unterteilt, ausgestattet mit eigener Vorstandschaft, die jeweils regionale Fachfortbildungen organisieren oder bei der Organisation der alljährlichen Bundesmitgliederversammlung behilflich sind:
- Bezirk 1: Hamburg, Mecklenburg-Vorpommern, Schleswig-Holstein
- Bezirk 2: Berlin, Brandenburg, Bremen, Niedersachsen, Sachsen-Anhalt
- Bezirk 3: Nordrhein-Westfalen, Rheinland-Pfalz, Saarland
- Bezirk 4: Bayern, Hessen, Thüringen
- Bezirk 5: Baden-Württemberg, Sachsen.

Den Hamburger LAG-Gründern folgen zunächst in drei-, später vierjährigem Rhythmus als Bundesvorstände Teams aus der ganzen Republik:
- 1990-1993 Peter Brandt, Bernd Ollech, Klaus Rohleder (Gründungsteam Hamburg)
- 1993-1996 Hans Derks (Köln), Reiner Sartor, Harald Lengert (Mönchengladbach)
- 1996-1999 Eike Hagemann, Thomas Dieudonné, Klaus Ferner (Saarbrücken)
- 1999-2002 Klaus Budde, Bernd Schneider, Otmar Clemerius (Düsseldorf)
- 2002-2005 Thomas Zimmer, Reinhold Störch, Stefanie Betzold (München)
- 2005-2009 Andreas Rombold, Reinhard Urbanke, Roman Wagner (Stuttgart) und Bernd Immen (Freiburg)

Berufsschullehrer organisieren sich zur Gestaltung der Aus- und Weiterbildung 173

Die Druckweiterverarbeiter beschäftigen sich beim Workshop 2015 in Hamburg mit der Produktion von Hardcover-Büchern. Links oben die neue Sprecherin Melanie Jetschik (Bielefeld) neben Vor-Vorgänger Ludger Flaskamp (Osnabrück)

- 2009-2013 Marianne Taut, Christiane Jacobi, Mario Ebermann (Leipzig) und Elke Hartung (Dresden)
- 2013-2017 Wilm Diestelkamp, Katharina Kaiser, Jörg Strehmann, Sandra Ulbrich und Dirk Zellmer (Berlin)
- 2017 bis 2021: Wilm Diestelkamp, Katharina Kaiser und Daniel Briesemeister (Berlin).

Die LAG wird schnell zum zentralen Ansprechpartner für die Tarifpartner, die Berufsgenossenschaften und andere Institutionen. Zentrales Veröffentlichungsorgan ist die Fachzeitschrift Druckspiegel, in deren monatlichen Ausgaben stets auch eine LAG-Rubrik mit Veranstaltungshinweisen und Berichten erscheint. Unter der Ägide des Münchner Vorstands wird zusätzlich eine Internet-Präsenz aufgebaut, die zunehmend zur wichtigsten Informationsquelle avanciert.

Außer dem fachlichen Austausch und der Fortbildung schreibt sich die LAG in der ersten Zeit die Gewinnung von Nachwuchslehrkräften auf die Fahnen. Diesem Ziel dienen Fortbildungen und Informationsveranstaltungen an der TH Darmstadt und an den in den 1990er Jahren eröffneten Ausbildungsuniversitäten in Chemnitz und Wuppertal.

Im Auftrag des Kultusministeriums Baden-Württemberg organisieren regionale LAG-Lehrer im Juni 1991 und nochmals 1994 an der Johannes-Gutenberg-Schule Stuttgart für 20 Leipziger und Dresdener Kolleginnen und Kolle-

Mit Kompetenzorientierung im Unterricht und in Prüfungsfragen beschäftigten sich die Kolleginnen und Kollegen im Workshop Berufliche Bildung 2015 in Berlin. Im Bild rechts Workshopsprecher Andreas Rombold (Stuttgart)

gen eine einwöchige Einführung in Struktur und Inhalt baden-württembergischer Lehrpläne. Diese sollen in Sachsen, das neben Pößneck/Thüringen und Ostberlin die einzigen DDR-Schulen für grafische Berufe unterhält, die Bildungsvorgaben aus der DDR-Zeit ersetzen. Computerfortbildungen, Firmenbesuche und Vorträge von Druckverbands-Mitarbeitern ergänzen das Programm. Die sächsischen Fachlehrer werden bei ihren schwäbischen Kollegen privat untergebracht, sodass sich ein anhaltender freundschaftlicher Kontakt entspinnt.

In einem 1995 in Hildesheim erarbeiteten Positionspapier fordern die LAG-Kollegen eine stärkere Akzeptanz schulischer Berufsausbildung: »Das sind neben der bisherigen Ausbildungsorganisation vor allem das schulische Berufsgrundbildungsjahr für die erste Ausbildungsphase und neu zu entwickelnde schulische Ausbildungsgänge mit staatlich anerkannten Berufsabschlüssen, in denen begleitende Betriebsprojekte und Praktika die Dualität von Theorie und Praxis herstellen.«[14] Die Kolleginnen und Kollegen fordern in diesem Papier für ihre Schulen autonomere Strukturen in der Planung und Organisation ihrer Arbeit: »Von besonderem Gewicht ist die Möglichkeit, durch Angebote beruflicher Weiterbildung eigene Haushaltsmittel zu erwirtschaften.«[15]

Besonders fruchtbar ist die Lehrer-Arbeitsgemeinschaft Ende der 1990er Jahre bei der Neuordnung der Berufe »Mediengestalter für Digital- und Printmedien«, Drucker und Siebdrucker. Den Fachberatern Andreas Rombold und Helmut Teschner vom federführenden Bundesland Baden-Württemberg gelingt hierbei

Berufsschullehrer organisieren sich zur Gestaltung der Aus- und Weiterbildung

Der Hauptgeschäftsführer des Bundesverbands Druck und Medien Dr. Paul Albert Deimel überreicht 2015 dem LAG-Vorsitzenden Wilm Diestelkamp einen Prozess-Standard Offsetdruck. Weitere Exemplare gehen zur Ausbildungsförderung an LAG-Kollegen in unterschiedlichen Standorten. Links im Bild der Autor Harry Belz, daneben die 2. LAG-Vorsitzende Sandra Ulbrich. Ganz rechts der BVDM-Bildungsreferent Theo Zintel

die Demokratisierung von Entscheidungsprozessen durch die Einbindung einer großen Zahl von Kollegen aus vielen Bundesländern, die von der LAG entsandt und finanziert werden. Auch ohne offizielles Mandat ihrer Kultusministerien können diese beratend in den Rahmenlehrplan-Sitzungen ihren Sachverstand einbringen.

Mittlerweile findet der wichtigste Teil der fachlichen Arbeit in den vier bereits in der Anfangszeit gegründeten Workshops (WS) Druck, Mediengestaltung, Weiterverarbeitung und Berufliche Bildung statt. In jährlich ein bis zwei fachlich oder pädagogisch orientierten Seminarveranstaltungen tauschen sich interessierte Kolleginnen und Kollegen aus oder bilden sich durch Vorträge externer Referenten aus Verbänden, Hochschulen oder Industrie weiter. Die Verantwortung für die Organisation und inhaltliche Ausgestaltung liegt beim jeweiligen Workshopsprecher, der sich auf die Mitarbeit seiner oft langjährigen Teilnehmerinnen und Teilnehmer stützt. Besonders die an kleinen Standorten Lehrenden schätzen diese Möglichkeiten des fachlichen Austauschs.

In den Jahren 2012 bis 2015 ging es zum Beispiel im WS Mediengestaltung um Interaktivität in digitalen Unterrichtsmedien und Mobile Applications, aber auch um berufliche Kompetenzen wie die Entwicklung von Fonts oder um Tendenzen im mobilen Webdesign.

Möglichkeiten der Standardisierung im Druckprozess, maschinentechnische Fragestellungen, der Digitaldruck und die auch für Medientechnologen Druck und Siebdruck immer größere Bedeutung der Druckvorstufe waren im WS Druck die beherrschenden Themen der letzten Jahre. Zu vielen dieser Themen erarbeiteten sich die Kursteilnehmer Lernsituationen für den Unterricht, oder sie tauschten vorhandenes Material gegenseitig aus.

Der WS Druckweiterverarbeitung widmet sich einem breiten technologischen Spektrum, von der individuellen handwerklichen Buchbinderei bis zur industriellen Hochleistungsproduktion im Akzidenz-, Buch- oder Zeitungsbereich. So fanden seit 2011 Workshops zur Umsetzung der neuen Rahmenlehrpläne für Medientechnologen Weiterverarbeitung mit dem Modul Versandraumtechnik, zur Lernortkooperation und zur Restaurierung und Digitalisierung von Büchern statt.

Im Kontakt mit Prüfungsausschussmitgliedern des ZFA und Mitarbeitern in den Bundesrahmenlehrplankommissionen, zum Großteil selbst Mitglieder in der LAG, werden in allen Workshops Prüfungs- und Lehrinhalte diskutiert und kritisch analysiert.

Vor allem geänderte Bedingungen in den Bereichen Didaktik und Methodik, aber auch Veränderungen, die sich aus fachlichen oder organisatorischen Entwicklungen ergeben, werden im WS Berufliche Bildung thematisiert. So richten Thüringer Kollegen 2014 in Pößneck einen Workshop zum Thema Persönlichkeits- und Medienrecht aus, 2015 setzen sich Kollegn in Berlin mit dem didaktischen Ansatz der Kompetenzorientierung in Unterricht und Prüfungen auseinander, während sie sich 2016 in Stuttgart der speziellen Unterrichtsanforderungen in Flüchtlingsklassen mit ihren sprachlichen und formalen Herausforderungen annehmen.

Der kollegiale Austausch mit anderen europäischen Ausbildungsstätten führte die LAG-Kolleginnen und -Kollegen teilweise mehrfach nach Amsterdam, Bozen (Landesberufsschule für Handel und Grafik), in die Schweiz (Schulen und Betriebe in Basel, Bern und Zürich) und Straßburg (Lycée Professionnel Gutenberg). Deren Pädagogen nahmen zum Teil auch an LAG-Workshops in Deutschland teil. Auch eine Reihe von Fach- und Berufsschulklassen konnten bei ihren Exkursionen von diesen internationalen Kontakten profitieren.

Mit über 350 Mitgliedern wurde die LAG in ihrem über 25-jährigen Bestehen zum gefragten Bildungspartner für Verbände, Gewerkschaften, ZFA, Berufsgenossenschaften, Zulieferbetriebe und andere Institutionen.

Anmerkungen

[1] Beilage in der Fachzeitschrift »Deutscher Buch- und Steindrucker«, Juni 1913.

[2] Jakob Bass: Das Buchdruckerbuch, Verlag Heinrich Plesken, Stuttgart 1930, S. 845.

[3] Perspektiven zur beruflichen Bildung vom Gewerkschaftstag der IG Druck und Papier, Stuttgart 1968, S. 5.

[4] Gemeinsames Vorwort zur Jahrespublikation der Meisterschüler der Johannes-Gutenberg-Schule, Stuttgart 2000, S. 9.

[5] Informationsdienst des Bundesverbandes Druck e.V., Zeitschrift Der Siebdruck 2/79, S. 128.

[6] Peter Heber: Exkursionsbericht eines Kursteilnehmers, Jahrespublikation des Meisterkurses 73/74 der Johannes-Gutenberg-Schule, Stuttgart 1974.

[7] Siehe den Beitrag von Rainer Braml und Heike Krämer in diesem Band.

[8] Dr. Eberhard Frank, Stellvertretender Schulleiter der Johannes-Gutenberg-Schule Stuttgart: Festschrift zur Einweihung des Neubaus, Stuttgart 1976, S. 17

[9] Siehe dazu den Beitrag von Anette Jacob und Thomas Hagenhofer in diesem Band.

[10] Festschrift zum 85-jährigen Jubiläum der Johannes-Gutenberg-Schule Stuttgart, 1988, S. 11.

[11] Der Stuttgarter Schulleiter Manfred Dorra in der Zeitschrift druck print 12/83, S. 702.

[12] Pressemitteilung der JGS Stuttgart im Deutschen Drucker, Heft 33/89, S. 35.

[13] Hanns-Peter Schöbel: Medienoperator – Neues Qualitätsprofil für die Medienvorstufe, in: Der Druckspiegel 8/95, S. 718.

[14] Lernort Berufsschule – Perspektiven einer ganzheitlichen Bildung, Positionspapier der Lehrerarbeitsgemeinschaft Druck e.V., Göttingen 1995, S. 4.

[15] Ebd.

Teil 4:
Erinnerungen von Zeitzeuginnen und Zeitzeugen des Strukturwandels

Mitglieder der IG Druck bei der DGB-Frauendemonstration Ende der 1970er Jahre

Constanze Lindemann/Harry Neß
Beschäftigte der Druckindustrie kommen zu Wort[1]
Zeitzeugen des Strukturwandels erinnern sich

Impulse, Anliegen und Fragestellungen

Welche Bedeutung die biografische Erfassung von Berufserfahrungen in der Druck- und Mediengeschichte hat, wurde zum ersten Mal 2008 für eine breitere Fachöffentlichkeit in Leipzig auf der IADM-Jahrestagung[2] zur Sprache gebracht, als Dr. Thomas Keiderling aus einem Projekt der »Innovations- und Biografieforschung im Buchdruck und Buchhandel« referierte.[3] Wie im hier vorliegenden Band anhand unterschiedlicher Beiträge nachvollziehbar gemacht worden ist, hat sich die Technik in der Druckindustrie seit den 1970er Jahren revolutionär verändert. Aber es gibt aus generativen Gründen immer weniger Zeitzeuginnen und Zeitzeugen, die noch darüber Auskunft geben können, wie sich die Umbrüche von der Analog- zur Digitaltechnik vollzogen haben, ob es eine Anpassung ohne oder mit Alternativen war.

Es ist wenig bekannt, wie die Betroffenen individuell und/oder kollektiv mit technologischen Veränderungen umgegangen sind. Mit diesem Kenntnisstand begann der Vorstand des IADM systematischer zu recherchieren, zu dokumentieren und zu veröffentlichen, was dieser Wandel technologisch, biografisch, ökonomisch, politisch und mental für Zeitzeugen in ihrem beruflichen und privaten Umfeld bedeutet hat.

Ein zweiter Impuls, schriftliche Archivquellen zur Druck- und Mediengeschichte durch mündliche Aussagen von Zeitzeugen zu ergänzen, kam 2009 von den in der Einleitung bereits genannten Veröffentlichungen zur »Strukturbruchthese«.[4] Darin wird deutlich, wie sich die nachgewiesenen Prozesse als Teil einer grundlegenden Gesamtveränderung in der alten Bundesrepublik auf allen gesellschaftlichen Feldern über einen längeren Zeitraum kontinuierlich entwickelt hatten. Auf die mit diesem Wandel verbundenen Fragen für Betriebe, Berufe, Einkommen, Arbeitsplätze, Aus- und Weiterbildung versuchten die Betroffenen und politischen Akteure in den Gewerkschaften neue Antworten zu geben, die Beschäftigung, Einkommen und den beruflichen Status in dem jeweiligen Wirtschaftszweig, hier in dem der Medienindustrie, sichern sollten.

Strategien, um diese notwendigen Antworten zu geben, wurden und werden im beruflichen und politischen Alltag der betroffenen Personen und der Gewerkschaftsorganisation immer wieder überprüft und entsprechend angepasst.[5] Im Zentrum stand und steht bis in die Gegenwart von jeder Generation im Beruf, dass

- ausgerichtet und bezogen auf die eigene Arbeitsleistung dieser ein sozialer Wert und genau definierte Kompetenzen zur Problemlösung zugeordnet werden,

- die Sicherung der Bedeutung des beruflichen Wissens und der eigenen Fähigkeiten im Arbeitsprozess durch Abgrenzung von berufsfremden Tätigkeiten angestrebt wird,
- formal geordnete Ausbildungsprozesse, Zugangsvoraussetzungen, Fachprüfungen und Berufsbezeichnungen rechtlich geschützt und in einem umfassenden Berufsverständnis institutionalisiert werden,
- auf die Bewahrung beruflicher Traditionsbestände zur Stützung des eigenen Berufsstolzes besonders Wert gelegt wird,
- die Ausgestaltung und Stabilisierung kommunikativer Netzwerke eine hohe Bedeutung behalten und diese Beziehungen ritualisiert gepflegt werden,
- qualifizierte Fachkräfte an die berufsverbandliche Interessenorganisation gebunden werden, um die Chancen zur Erreichung von gesteckten Zielen zu verbessern.[6]

Doch wie formen sich nun diese, die Professionalität stützenden Strukturmerkmale jeweils für die Angehörigen der in einer Branche zusammengefassten Berufe aus? Nachweisbar ist anhand der Aktenlage, dass sie unterschiedlich erfolgreiche Präventionsstrategien zur Sicherung ihrer beruflichen Standards entwickelten.

Auf diesem Hintergrund erschließen sich die historischen Ursachen und Folgen des technologischen Wandels nur bedingt, sondern dafür wird die Einbeziehung noch einer weiteren Quellengruppe benötigt: die Aussagen von Zeitzeugen. Sie sind von besonderem Interesse, denn sie standen und stehen mit ihren Erfahrungen und Erinnerungen in der noch andauernden Ambivalenz zwischen beruflicher Beharrung und technologischem Fortschritt.

Ein erster Schritt dazu war die in der Einleitung bereits angesprochene Jahrestagung des IADM von 2014, auf der von den Referenten betont wurde, dass die Forschungen zum Strukturwandel von der Druck- zur Medienindustrie erst am Anfang stünden und die Zukunft der Entwicklung zu einer internetbasierten Multimediawelt noch völlig offen sei. Die mit einer Podiumsdiskussion von leitenden Angestellten und Gewerkschaftsvertretern beendete Konferenz nahm daher auch nur den Verlauf der Umstrukturierung in den entsprechenden Druckunternehmen auf und wies punktuell praktizierte Strategien der Betriebsräte in den Betrieben und Interessenorganisationen nach. Dabei skizzierten die Beteiligten aber auch bereits die noch vertieft zu bearbeitenden geschichtlichen Forschungslücken in der Übergangs- und Zwischenzeit des Einsatzes analoger und digitaler Techniken, der »Gleichzeitigkeit des Ungleichzeitigen«[7] in allen damit verbundenen Bezügen des Beruflichen.

Hinwendung zur Oral-History-Forschung

Die Einbeziehung des Forschungsansatzes der Oral History zur Analyse der Vorgänge in der Druck- und Medienindustrie in dieser Periode der zweiten Hälfte des 20. Jahrhunderts stützt sich auf Erfahrungen, die in verschiedenen Projekten bereits zur Anwendung kamen:

1. Da ist zum einen die Beschreibung der Geschichte, insbesondere der Nachkriegsgeschichte und des Untergangs des Druckhauses Tempelhof in Berlin, zu nennen, in der auf eindrucksvolle Weise Mitarbeiterinnen und Mitarbeiter zu Wort kommen, um ihre Sicht auf den Verlust ihrer Arbeitsplätze und den Widerstand dagegen offenzulegen.[8] Dabei ging es mit den dokumentierten längeren Interviewaussagen um die »Verarbeitung früherer Erlebnisse und Erfahrungen« und deren aktuelle Einbindung in eine »Erinnerungskultur«[9] der Druck- und Medienbranche, vor allem aber darum, die Beschäftigten der Druckindustrie für vorhersehbare weitere Betriebsschließungen und Arbeitsplatzverluste zu sensibilisieren und darauf aufbauend Grundlagen für Gegenstrategien zu entwickeln.
2. Zum anderen wurde das Projekt »Zeitzeugen der Buchwirtschaft«[10] des »Instituts für Kommunikations- und Buchwissenschaft« der Universität Leipzig einbezogen, das im Rahmen einer Feldforschung seit 1999 Aussagen von Beschäftigten der Druck- und Medienindustrie nach der Wiedervereinigung gesammelt hat.
3. Darüber hinaus wurden wichtige methodische und inhaltliche Hinweise für die Realisierung des strukturierten Vorgehens aus jüngeren Veröffentlichungen zur Gewerkschaftsgeschichte gewonnen, wie z.B. die aus »Triumpherzählungen«[11] und die »Vom Erinnern an den Anfang«.[12]

Eine zur Strukturierung und Durchführung des Zeitzeugenvorhabens gebildete Arbeitsgruppe[13] entschied sich für Gruppen- und Einzelinterviews von Experten. Die in den Gruppeninterviews Befragten konnten entweder aus dem Umfeld des »Internationalen Arbeitskreises für Druck- und Mediengeschichte« oder aus dem »ver.di Fachbereich Medien, Kunst und Industrie« gewonnen werden. Für die Einzelinterviews wurden darüber hinaus zwei im letzten Drittel des 20. Jahrhunderts aktive und führende Funktionäre der IG Druck und Papier/IG Medien einbezogen, die sich zu einem thematisch vorbereiteten Gespräch über diese Periode des technologischen Wandels bereit erklärten. Sie alle waren in der zeithistorisch zur Rede stehenden Umbruchphase in einer beruflich oder organisatorisch »spezifischen Funktion« und zählten zu der ausgewählten Zielgruppe, die qualitativ mit einem »bestimmten (professionellen) Erfahrungswissen«[14] an die gestellten Fragen herangehen konnte.

Das Vorbereitungsteam erwartete, dass bei qualitativen Befragungen – im Gegensatz zu standardisierten Interviews oder Fragebögen der quantitativen Sozialforschung – mit einer »relativ offenen Gestaltung der Interviewsituationen die Sichtweise des befragten Subjekts eher zur Geltung«[15] käme. Die Entscheidung für Gruppeninterviews wurde außerdem von den Erwartungen erweiterter Möglichkeiten getragen, da sie – wie in anderen Forschungsprojekten nachgewiesen – »kostengünstiger und reich an Daten« sind, die Gruppenteilnehmer sich in den Antworten gegenseitig stimulieren und über die Fragestellungen des Forschungsinteresses hinaus in der »Erinnerung von Ereignissen« unterstützen.[16] Das heißt, dass die Teilnehmenden von »einer sozialen Dynamik der Meinungsbildung«[17] geleitet sind und in der Zusammenführung der Aussagen die Gemeinsamkeiten, Differenzen und Widersprüche zwischen den Berufsgruppen prägnanter sichtbar werden.[18]

Die Vertreter der betrieblichen Produktions- und Entscheidungsstufen wurden in vier unterschiedlichen Diskussionsgruppen zusammengefasst, die jeweils aus leitenden Angestellten, Journalisten, Vertretern der Vorstufe (Schriftsatz und Zylinderkorrektur) und der Drucktechnik (Hoch-, Tief- und Flachdruck) bestanden.[19] Da alle Interviewer einen beruflichen Hintergrund aus einer betrieblichen Berufsausbildung, die meisten sogar einen aus der Druckindustrie mitbrachten, konnte für die Zeitzeugen leichter ein Klima des Vertrauens und der Offenheit in den Gesprächen hergestellt werden. Dies brachte es mit sich, dass sich die Interviewer auch mit eigenen inhaltlichen Beiträgen einbrachten und somit den Diskussionsverlauf punktuell beeinflussten.

Die dokumentierten Aussagen, darauf ist bei allem inhaltlichen Optimismus gegenüber dem umfangreichen Material relativierend hinzuweisen, spiegeln nicht völlig unbeeinflusst die erlebten Ereignisse wider, sondern bringen natürlich auch Einschätzungen hervor, wie sie sich bis heute[20] mit den vielen, über eine lange Zeit hinweg vorgenommenen Bewertungen in Kollegengesprächen, Presseorganen und Berichten als Kollektivgeschichte zusammengefügt haben. Bei der Bewertung der biografisch hinterlegten Erzählungen ist deshalb zu berücksichtigen, dass in »der Rekonstruktion einer referenziellen ›realen‹ Chronik« der Lebensgeschichten nur sehr schwer zu differenzieren ist zwischen dem, was zum »Erzählten« und was zum »Erlebten« zählt.[21] Es gilt, dass in solch traditionsbewusstem und mythenbesetztem Milieu wie dem der Druck- und Papierbranche – und das über alle »Zerstrittenheit und Zerrissenheit verschiedener Kollektive« hinweg – ihre differenzierte Sichtweise auf Erinnertes für die Berufsangehörigen immer auch die Funktion hat, dem »kulturellen Gedächtnis«[22] des Berufsstolzes weitere Elemente hinzuzufügen. Sie versuchen unausgesprochen, darüber den gesellschaftlichen Berufsstatus der Vergangenheit in die Gegenwart und Zukunft zu verlängern.

Durchführung und Dokumentation der Interviews

Der methodische Fokus der gestellten Fragen lag bei allen Interviews[23] zuerst auf der Darstellung der individuell erfahrenen Berufsbiografie, dann in dem Versuch der Rekonstruktion technologischer und organisatorischer Veränderungen und Folgen für die unterschiedlichen Berufsgruppen sowie drittens auf dem Rückblick auf strategische Reaktionen aus Sicht der gewerkschaftlichen und betrieblichen Interessenvertretung. Thematisch relevante Orientierungspunkte waren zu verallgemeinernde Lehren aus Einflüssen der Digitalisierung für das Kollektiv der Betriebsangehörigen, das Verhältnis von technologischen Innovationen und beruflicher Interessenvertretung und im Besonderen die Erfahrungen der Auseinandersetzungen zur Erreichung des RTS-Tarifvertrages (Tarifvertrag über Einführung und Anwendung rechnergesteuerter Textsysteme) und der 35-Stunden-Woche. Bei der Aufforderung zum Erzählen interessierte schließlich auch, ob das Neue und bisher Unbekannte für den Beruf als unausweichlicher Eingriff gesehen wurde oder ob auch vermeintliche bzw. real erscheinende Alternativen ins Kalkül der eigenen Optionen des reaktiven Handelns einbezogen wurden. Damit sollten die Gespräche auch gleichsam unausgesprochen in »das Archiv vergangener Zukünfte«[24] zur Berufsgeschichte der Druck- und Medienindustrie vordringen.

Eine weitere Gruppe von (Nach-)Fragen zielte darauf ab, näher auszuloten, wie weit die Interviewten individuell den Prozess der Umgestaltung zu einem bestimmten Zeitpunkt überschauten: Was wussten sie über die Folgen neuer Technologien und welches Risiko war damit für den Arbeitsplatz, das Einkommen und den beruflichen Status verbunden? Zum Beispiel wurde bei den Vertretern des Managements gefragt: Wie veränderten sich die Entscheidungsstrukturen zur Einführung neuer technologischer Systeme, besonders durch die Digitalisierung? Und stand ein großer Konkurrenzdruck zur Modernisierung der Branche dahinter?

In diesem Kontext bewegte sich dementsprechend auch das Interesse zur Nachfrage an die Gewerkschaftsvorsitzenden: Wie kommunizierten die aktiven Gewerkschafterinnen und Gewerkschafter, besonders die Betriebsräte, die Entwicklung hin zur Digitalisierung mit der Gewerkschaftsführung? Dazu gehörten selbstverständlich auch die Reflexion über die großen Streiks von 1978 (RTS-Vertrag) und 1984 (Einführung der 35-Stunden-Woche), die Mobilisierung der Gewerkschaftsmitglieder und die dadurch verursachten Mentalitäts- und Statusveränderungen in den unterschiedlichen Berufsgruppen.

Zum Abschluss der Interviews ging es bilanzierend immer um eine Einschätzung der Zukunft in der Medienbranche, um die Arbeitsbedingungen und die Interessenorganisation. Welcher Rat kann heutigen Beschäftigten in den Betrieben und/oder Mitgliedern der Interessenorganisation gegeben werden, wenn es in der Medienindustrie wieder wie in den 1970er bis 1990er Jahren zu tiefgreifenden Veränderungen in der Organisation und in der Technik kommt? Dies gilt besonders im Zusammenhang mit digital gesteuerten Produktionsprozessen, Stichwort Industrie/Arbeit 4.0.

Aus der dabei zutage tretenden »Ungewissheit des Zukünftigen«[25] bleibt die Möglichkeit virulent, dass sich daraus – breiter aufgestellt – Orientierungen zum Aufbau beruflicher Struktur- und Steuerungselemente in der Multimediaindustrie entwickeln lassen.

Beschäftigte der Druckindustrie kommen zu Wort

An den Anfang der inhaltlichen Wiedergabe der Zeitzeugenaussagen wurden die in den Betrieben tätigen Akteure gestellt. Dabei wurde von den Interviewern besonders Wert darauf gelegt, ein Gespür dafür zu bekommen, was in dem Dreieck zwischen Individuum, dem Kollektiv der Berufsangehörigen und der Betriebsorganisation in Zeiten des technologischen Wandels passierte. Die vier Gruppeninterviews wurden kursorisch jeweils mit ihren wichtigsten Kernaussagen unter folgenden Überschriften zusammengefasst:
- Druckindustrie zwischen Traditionsversprechen und technischem Fortschritt
- Handeln der Akteure mit organisierten Präventionsmaßnahmen
- Unsichere Prognosen zur beruflichen Zukunft in der Medienindustrie.

In allen vier Diskussionsgruppen und Einzelinterviews wurde diese Gliederung bei der Auswertung angewandt, um für die Leser den synoptischen Vergleich und die Bewertung zu erleichtern.

Die Einzelinterviews mit den ehemaligen Gewerkschaftsvorsitzenden eines Bundeslandes und der Gesamtorganisation wurden gestaffelt an den Schluss gestellt, weil rückblickend vom Besonderen des Betriebes und der Beschäftigten hin zum Allgemeinen der Interessenorganisation die Unterschiede und Gemeinsamkeiten strategischer Orientierungen strukturell fassbarer werden. Die Ausführungen der beiden Gewerkschaftsvorsitzenden wurden nur leicht redigiert und mit gleichen Überschriften wie die Gruppeninterviews versehen, wofür eine Umstellung bestimmter Textpassagen vorgenommen werden musste.

Die von Constanze Lindemann mit Tonträgern aufgezeichneten Interviews hat Manuela Ruscheck transkribiert. Vom Selbstverständnis her standen die Interviewten zu dem kollektiven Ergebnis und zu ihren subjektiven Wahrnehmungen der Vergangenheit, sodass sie zustimmten, namentlich zitiert zu werden. Nur die erwähnten Firmen, Organisationen, Gruppen, Einzelpersonen und Orte wurden – wo nötig – aus rechtlichen Gründen von den Autoren der hier vorgelegten Veröffentlichung maskiert. Bei der Wiedergabe der Aussagen von Gesprächsteilnehmern sind immer die Anfangsbuchstaben der Vor- und Nachnamen synonym eingesetzt.

Ausgewählte und kommentierte Wiedergabe der Gruppen- und Einzelinterviews

Gruppeninterviews

Erste Gruppe: Leitende Angestellte bzw. Geschäftsführer[26]

> **Befragte:** *Peter Neumann* (PN), ehemals Geschäftsführer der Saarbrücker Druckerei und Verlag GmbH, *Hanns-Peter Schöbel* (HPS), ehemals Leiter der Vorstufentechnik bei Burda, Offenburg
> **Interviewer:** *Harry Neß* (HN), *Ernst Heilmann* (EH), ehemals Offsetdrucker, Axel Springer Verlag, Ahrensburg, Betriebsrat, Gewerkschaftssekretär IG Medien und ver.di

Druckindustrie zwischen Traditionsversprechen und technischem Fortschritt

Die befragten leitenden Angestellten und Geschäftsführer kamen meist aus der Branche selbst und verfügten über die Basiskompetenzen einer Berufsausbildung. Daraus leitet sich ab, dass sie in der Produktion fachlich mitreden konnten und ein Bewusstsein davon hatten, in welchen Zeiten des Wandels sie standen.

> PN: »Ich habe in einem Betrieb gelernt, die 250 Jahre alte Universitätsdruckerei, da spürte man noch so das 19. Jahrhundert. Da war Traditionsempfinden, da war auch alles noch so, wie man das eben kennt. 500 Jahre Setzer. Aber das ist ja heute weg; es gibt ganz allgemein diese Tradition nicht mehr.«

Spätestens seit den 1960er Jahren war klar, dass der »technologische Fortschritt« (PN) vor dem grafischen Gewerbe nicht Halt machen würde. Eine besondere Dynamik gewann dieser Prozess noch durch das neue Medium Fernsehen und vor allem das Farbfernsehen; denn nun gingen Illustrierte und später auch Zeitungen dazu über, Bilder und Grafiken farbig zu drucken, im Tiefdruck und Rollenoffset. Dagegen gab es Argumente wie die, dass man keine Bildzeitung machen wollte, Vorbehalte gegen Farbigkeit und die dazu notwendige Plattentechnik.

Aber auch sonst wurden die leitenden Angestellten im laufenden Betrieb ständig dadurch herausgefordert, dass neben dem noch vorhandenen Buchdruck – auch gegen Widerstände – immer stärker die Offsettechnik Einzug in den Betrieben hielt. Die Übertragung von Daten und Filmen ins Druckprodukt trug nach ihren Aussagen nicht »automatisch zur Qualität« (HPS) bei. Dieses Thema wurde von den Gruppenteilnehmern immer wieder aufgegriffen. Dabei wurde die die Zeit überdauernde Qualitätsfrage unterschiedlich, aber bezüglich vergangener Arbeitsabläufe in der Regel negativ bewertet.

> PN: »Generell muss man natürlich sagen, wir haben uns da ganz allgemein in einem Qualitätsniedergang befunden. Vor dem Krieg hat es ja auch schon Bildbände gegeben, im Tiefdruck und im Offsetdruck. Aber die Schrift, darauf legte man Wert, wurde nachträglich im Buchdruck gemacht, weil man dafür tiefe Schwärze haben wollte, eine klare Konturierung. Schauen Sie sich heute an, was wir haben: nur noch Grau in Grau, viel zu kleine Schriften.«

So eindeutig haben sich andere Gesprächsteilnehmer nicht geäußert, sie sahen die Herausforderungen für ihre damalige Arbeit mehr darin, dass überhaupt unterschiedliche Verfahren, Andruckverfahren, Maschinen und Vorstufentechniken zum Einsatz kamen, die in ihrer Summe nur schwer zu einem vorher vom Kunden definierten Produktergebnis führten. Spannungen zwischen den Berufen und Abteilungen der unterschiedlichen Produktionsstufen schlugen je nach der eigenen Profession in den Argumentationssträngen der Interviewten im Gruppengespräch immer wieder durch. Ganz nach Auftragsstruktur – mehr Bild- oder mehr Satzanteile im zu fertigenden Produkt – war den Betriebs- oder Abteilungsleitern klar, dass mit der Einführung des Fotosatzes die Entscheidung für die Umstellung vom Buchdruck auf den Offsetdruck forciert wurde. Oft auch durch Kunden initiiert kamen zwar neue Techniken zum Einsatz, aber die Beschäftigten waren darauf nur unzureichend vorbereitet. Reporter mussten nun farbige Fotos liefern, Korrekturen in der Reproduktion oder im Tiefdruck am Druckzylinder waren sehr zeitaufwändig, sodass vorher kleine Abteilungen personell verstärkt werden mussten. Dafür gab es oftmals in den 1960 und 1970er Jahren gar nicht genügend Personal, wie die Befragten rückblickend feststellten. Das bedeutete, dass es für die Unternehmen neben dem Einkauf neuer Technik immer auch um die Frage gehen musste, wie sie dafür ihr Personal qualifizieren konnten.

> PN: »Also was die Wirtschaftlichkeit betrifft, da war uns klar, dass es hier ein Lernprozess ist. Wir haben natürlich eine kurze Unterweisung gegeben, aber das andere war ›learning by doing‹. Man kommt ja nur auf die alte Leistung, wie man sie früher hatte, wenn man Routine bekommt. Und Routine bekommt man nur, wenn man erst mal Erfahrungen gemacht hat, alle Fehler, die passieren können.«

Manche Unternehmen gliederten ihren Satzbereich in dafür neu gegründete Firmen aus, um kostengünstiger produzieren zu können. Diese Rechnung ging wohl häufiger nicht auf, aus ganz unterschiedlichen Gründen.

Die Entwicklung zur Digitalisierung kam aber auch nicht für alle Betriebe und innerbetrieblich für alle Abteilungen gleichzeitig, sodass von den leitenden Angestellten kein bestimmter Zeitpunkt, zu dem die ganze Druckindustrie erfasst sein würde, fixiert werden konnte. Erinnert wurde von ihnen daran, dass die Betriebe mit dem verstärkten Einzug von Elektronik in die Produktionskette immer häufiger vom Einschicht- zum Zwei- und Dreischichtbetrieb umstellen würden. Das bedeutete eine höhere Belastung für das Management in der Organisation der Betriebsabläufe. Außerdem empfanden alle vom Auf und Ab der permanenten Innovationen in der Technik Betroffenen dieses zunehmend als zusätzliche Belastung. Rat zur Bewältigung der damit verbundenen Probleme holten sie sich bei Herstellerfirmen oder bei nicht in regionaler Konkurrenz stehenden Betrieben, die die entsprechenden Verfahren bereits praktizierten.

> PN: »Alle drei Jahre mussten wir neue, fortschrittlichere Programme haben. Da kam es jetzt gar nicht auf die Qualität der Schriftzeichen unbedingt an, sondern da kam es vor allen Dingen darauf an, dass alles variabel genug ging. Das war unser Problem, dass wir ständig neue Programme oder fortschrittlichere Programme haben mussten.«

Aber die Entscheidungen in Betrieben liefen wohl auch deshalb so ungleichzeitig, weil es unterschiedliche Prognosen bezüglich der zukünftigen Entwicklung in der Druckindustrie und der notwendigen Investitionen gab.

> HPS: »Die Betonung liegt auf Wirtschaftlichkeitsrechnung. Man kann nicht einen Prozess bloß wegen der Technik anstoßen, weil es der Nachbar macht, sondern man muss wissen, ob man die Aufträge hat, ob man das Geld hat zur Investition, ob man das durchsteht, bis das läuft und so weiter.«

Im Ergebnis waren die technologischen Umstellungen für die Kapitalbasis vieler Unternehmen sicherlich verheerend, sie verlangten von den Führungskräften immer wieder Rechtfertigungen und verschärften die Konkurrenz am Markt.

> PN: »Wir haben in den Jahren natürlich Verluste gemacht, wir konnten das ja nicht unseren Kunden in Rechnung stellen, dass wir da in der Montage und überhaupt im Satz unsere Probleme hatten, dass es nicht so flüssig ging, wie es früher der Fall war. Das musste also mit einkalkuliert werden, vom Wirtschaftlichen her. Naja, wir hatten zum Beispiel das Glück, dass wir einen Auftraggeber hatten, wo wir noch gute Preise bekamen. Das musste kompensiert werden eben durch die anderen Aufträge, die wir hatten. Und das war auch ein bisschen mit einkalkuliert. Klar, ich habe in einem Jahr eine Million Überschuss gehabt und habe dann in einem Jahr auch 500.000 Miese gehabt. Nun waren wir ja in einem größeren Verbund von mehreren Druckbetrieben und Verlagen, da ließ sich das insgesamt doch ausgleichen.«

Von Fall zu Fall verstärkten die Kunden, wie aus einem Großbetrieb berichtet wurde, diese Gesamtsituation des Umbruchs, indem sie den Betrieb dazu zwangen, bestimmte neue Verfahren einzuführen.

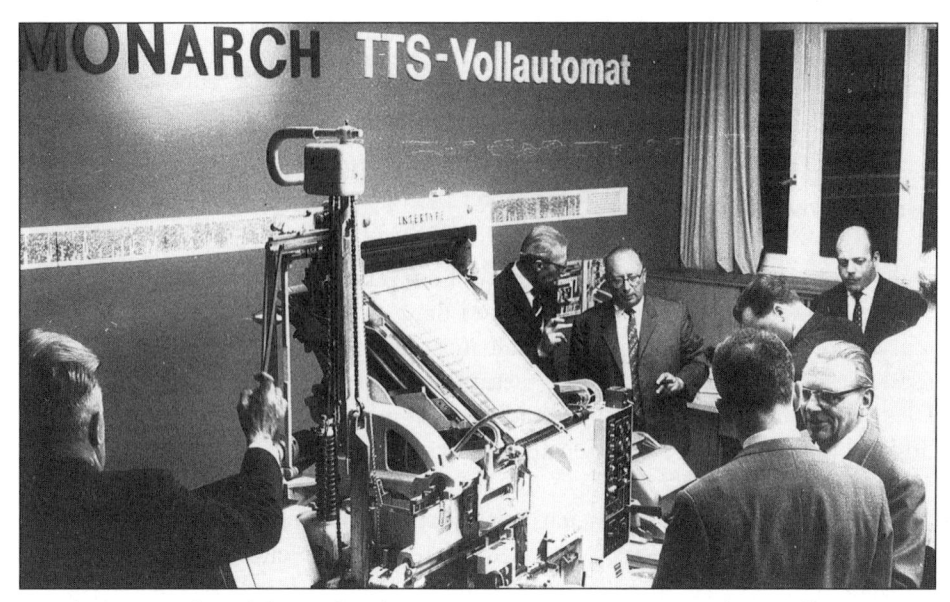

Besichtigung und Vorführung bei der INTERTYPE: TTS-Setzmaschine Vollautomat, Monarch, Oktober 1963

> HPS: »Der Kunde, nicht die Geschäftsleitung, nicht die Technik« (gab den entscheidenden Ausschlag für zu tätigende Investitionen, H.N.). »Wir haben dann extra neue Leute eingestellt, um dieses Wissen reinzubekommen, um den Kunden gerecht zu werden.«

Diese Übergangszeit von der analogen zur digitalen Technik war extrem schwierig und brachte zahlreiche Fehleinschätzungen und Verwerfungen mit sich.

Handeln der Akteure mit organisierten Präventionsmaßnahmen

Innerhalb von zehn bis 15 Jahren mussten – ganz in Abhängigkeit von der vorhandenen Kapitaldecke einer Druckerei – die Betriebsabläufe einmal und sogar mehrfach total verändert werden. Etwa im Dreijahresrhythmus wurde von den betrieblich Verantwortlichen im Management der Druckunternehmen die Arbeit umorganisiert, wenn es um Veränderungen in den Betriebsabläufen und die Anschaffung einer neuen Technologie ging. Wie einschneidend das für die unterschiedlichen Berufe mit hohem Professionalisierungsgrad in den unterschiedlichen Phasen der Automatisierung gewesen sein muss, wird von einem Gesprächsteilnehmer auf den Punkt gebracht, der sich auf eine Tätigkeit des Handsetzers in der Vorstufe bezieht, nämlich nach dem Druck den Bleisatz aufzulösen und in den Setzkasten abzulegen.

> PN: »Also entscheidend gerade beim Satz: früher musste ja abgelegt werden. Im Grunde war das ein völlig unproduktiver Vorgang. Damit ließen sich natür-

> lich Leerzeiten, wenn eben kein Auftrag da war, gutmachen. Jetzt war plötzlich eine ganz andere Situation da. Jetzt wurde Satz produziert und im Grunde nur weiterverarbeitet. Vorher waren das alles Einzelkämpfer gewesen, jeder hatte seinen Bereich: Es war ein großer Unterschied zwischen Maschinensetzern und Handsetzern, den Akzidenzsetzern. Die machten ja Gestaltung, die hatten sowieso freie Hand.«

Der Zwischenschritt vor der automatischen Texterfassung waren die analoge Texterfassung auf Schreibmaschinen und dann die Übertragung auf Lochstreifen, mit denen der Maschinensatz halbautomatisch gesteuert wurde. Die dafür teilweise neu eingestellten Datentypistinnen mussten allerdings bald wieder entlassen werden, da immer mehr Kunden begannen, ihre Texte selbst zu erfassen und auf Disketten den Betrieben anzuliefern.

> PN: »Das war der erste Bereich, wo wir merkten: Aha, für den sind wir nicht mehr zuständig. (…) Das entwickelte sich dann so weiter, dass wir Ende der 1980er Jahre praktisch die Texterfassung zumachten. Das betraf in diesem Fall eben wirklich nur diese Angestellten. Das waren ja meistens Doppelverdiener, die Frauen. Sie kriegten auch ihre Abfindung, das traf sie jetzt nicht so stark. Facharbeiter mussten wir nicht entlassen. Wir haben dann natürlich nicht zusätzlich eingestellt; wir haben den natürlichen Abgang genutzt. (…) Jetzt saßen alle an einem Montagetisch, die Texterfassung war ja nun automatisch, der Text lag vor und musste jetzt nur in der Montage weiterverarbeitet werden, zusammengebracht werden mit Klischees beziehungsweise nachher mit dem Film.«

Im Verlauf dieser Umstellungen wurden beim Wechsel auf digitale Techniken des Fotosatzes und der Reproduktionsfotografie in manchen Betrieben auch fachfremde IT-Spezialisten eingestellt, um über sie das vorhandene Personal zu lehren, den Umgang mit digitaler Datenerfassung und -steuerung professioneller zu beherrschen. Oftmals liefen die Entscheidungsprozesse nach den überzeugend vorgetragenen Erzählungen der leitenden Angestellten fast hinter dem Rücken der Aufsichtsräte und Geschäftsleitungen, denn diese hatten zwar die betriebliche Gesamtverantwortung, aber »keine Ahnung von den Dingen« (PN), vom operativen Geschäft. Das ging anscheinend bis hin zu dem Beispiel des Leiters eines bedeutenden Buchdruckmaschinenherstellers, der nicht wissen sollte, dass eine Offsetmaschine entwickelt wurde, die von den Konstrukteuren zur leichteren Einarbeitung von Druckern mit den gleichen Bedienungselementen wie die Buchdruckmaschine versehen worden war. Hier wurde ergänzend erwähnt, dass auf dem Feld der Offsetmaschinen die DDR Ende der 1960er Jahre schon weiter war und diese Maschinen deshalb von den Betrieben in der Bundesrepublik importiert wurden. Dass es bei dieser Einschätzung der ehemaligen Druckereileiter nur um eine gegenwärtige Aufwertung der eigenen Entscheidungsmacht ging, kann nicht mit Sicherheit ausgeschlossen werden. Aufgrund des hohen Arbeits-

Gruppeninterviews: Leitende Angestellte bzw. Geschäftsführer

anfalls stimmten – nach den gegebenen Berichten – wohl auch meist die Belegschaften der Anschaffung neuer Technologien der Bild- und Satzherstellung zu. In jedem Fall schien scheint es in allen Produktionsstufen nun zu einer Beschleunigung der Arbeitsprozesse und gleichzeitig zu einer Nivellierung des Qualifikationsprofils der Mitarbeiter gekommen zu sein: Die Maschinensetzer gingen in der Mehrzahl an die Bildschirme und die anderen, wie auch teilweise die Drucker, in die Montage. Aber selbst mit einer durchgeplanten Arbeitsvorbereitung in der Vorstufe, also bei der Zusammenfügung von Bild und Text, lief vieles dabei nicht reibungslos zusammen.

> HPS: »Also wir haben nicht die Bilder in den Text reinmontiert, sondern den Text in die Bilder, weil wir viele Bilder hatten. Es gibt diesen und jenen Weg. Was Sie erwähnt haben, dass es eine Materialschlacht war, die war es wohl, also für eine DIN-A4-Seite oder auch größer haben wir bis zu 20 bis 25 Filme gebraucht, einzelne Filme, das ist ein Ding.«

Interessant ist die betriebswirtschaftliche Optimierung der Arbeitsvorbereitung und Qualitätskontrolle am Beispiel der Vorstufe eines großen Unternehmens, in dem mit Zustimmung des Betriebsrates die Produktionsstrecke und die Verantwortlichkeit der Mitarbeiter verändert wurden. Nur 15 Prozent wollten dabei nicht mitmachen, »aus diesen 300 Leuten fünf kleine Betriebe zu machen« (HPS).

> HPS: »Wir haben nicht fünf kleine Betriebe gemacht, wir haben aber Teams gebildet, die autark waren und die ganze Produktkette abgebildet haben. Das war ein Riesenerfolg. Für die Mitarbeiter, die es gerne gemacht haben, die alle in Positionen kamen, die Verantwortung übernehmen mussten für ihre Produkte, für ihre Arbeitszeit, wann sie in Urlaub gehen. (..) Natürlich im Laufe der technischen Entwicklung hat sich das jetzt wieder nivelliert, weil es insgesamt weniger Leute sind, aber das ist ein Prozess, an dem man beschreiben kann, was Organisation kann.«

Nach der Phase des Fotosatzes kam die der ›Apple Macintosh (Mac)‹-Computer, mittels derer das Bild mit dem Satz auf einer Ebene vom Vorlagenhersteller/Mediengestalter auf dem Bildschirm zusammengebracht werden konnte, was die klassische Montage überflüssig machte. Wie schon früher aber brachten die ständig neuen Steuerungsprogramme immer eine Fülle an Problemen für die betrieblichen Mitarbeiter. Erst im Interview werden die damit verbundenen psychischen und intellektuellen Zumutungen als solche von den Verantwortlichen auch erkannt.

> HPS: »Ich muss heute gestehen, ich habe den Mitarbeitern Dinge zugemutet, von denen ich heute erst begreife, was ich da gemacht habe, indem ich gesagt habe (…): Jetzt kaufen wir das. Dann haben wir das hingestellt und dann mussten sie damit fertig werden, die Termine blieben. (…) Sie haben es bewältigt,

> aber es war nicht leicht. Das ist das Problem mit neuen Programmen, und die kamen laufend, danach laufend Schulungen natürlich, im Satz genauso wie bei uns, in den anderen Bereichen der Vorstufe.«

Unsichere Prognosen zur beruflichen Zukunft der Medienindustrie

Neben den betrieblichen Aufgaben übernahmen die innerbetrieblichen Entscheider aber auch ehrenamtliche Arbeiten in Prüfungsausschüssen und hielten Fachvorträge, um Zeichen der neuen Zeit in Richtung digitaler Technik und dafür erforderlicher Berufsbilder zu setzen. Sie wollten nach ihren Berichten andere Berufsangehörige, angesichts deren sehr starker Verhaftung mit den herkömmlichen analogen Techniken, dafür sensibilisieren, in dieses berufliche Umfeld persönlich und beruflich mit Fort- und Weiterbildung zu investieren. In diesen Kontexten war für sie die Beobachtung nachhaltig, dass die Verantwortlichen in den Betrieben zunehmend mit Nachwuchskräften konfrontiert wurden, die im Wissen und Können den in den alten Techniken praktisch Erfahrenen überlegen waren.

> PN: »Die haben ja heute eine ganz andere Denke. Die sind ja in einer ganz anderen Welt aufgewachsen und leben in einer ganz anderen Welt. Ich sehe das an meinen Enkeln. Ich glaube nicht, dass die dieses Problem haben. Bei uns ging es ja vom Handwerk zur industriellen Fertigung, erst mechanisch, dann automatisch. Also diese Entwicklung haben sie nicht mitgemacht und sie haben ja auch ganz andere Zukunftsvisionen.«

Dabei haben sich ihrer Einschätzung nach im Vergleich zu der Zeit, in der sie selbst beruflich aktiv waren, die Rahmenbedingungen grundsätzlich verändert. Das machen sie u.a. fest an der zunehmenden Beschleunigung in Arbeitsprozessen, der Tarifflucht der Unternehmer, der geringeren Organisationsbereitschaft der Arbeitnehmer, dem Verlust an sozialer Kompetenz und der ausschließlichen Orientierung an der Wirtschaftlichkeit des Handelns.

> HPS: »Ich sehe das eigentlich, dass wir an einem neuen Wendepunkt stehen. Einmal, dass die Digitalisierung immer intensiver wird und dass die Prozesse anders händelbar sind, das ist 4.0. Ich würde eine Untersuchung des Marktes machen, wie sich die Kunden heute verhalten und welche Entwicklung dort abzusehen ist. Daraus ergibt sich ein Konzept, wie Mitarbeiter geschult werden müssen. Da kann ich auch ableiten, ob und wie ich investiere.«

Insgesamt äußerten die Manager sich positiv und optimistisch zur Bewältigung und Gestaltung der Zukunft in der Druckbranche. Es wird weiterhin Zeitungen geben, das gedruckte Buch wird gebraucht. Nur wird die Verbindung von Bild und Text in der Reproduktion vielleicht zukünftig nicht mehr »Drucken« heißen.

Zweite Gruppe: Journalisten[27]

Befragte: *Rainer Butenschön* (RB), Neue Presse, freigest. BR-Vorsitzender, Verlagsgruppe Madsack, *Ursula Königstein* (UK), Frankfurter Neue Presse, freigest. BR-Vorsitzende Frankfurter Societäts Medien GmbH, *Henrik Müller* (HM), ehemals Siegener Zeitung, Westfalenpost, Die Feder, Druck+Papier
Interviewer: *Harry Neß* (HN), *Ernst Heilmann* (EH)

Druckindustrie zwischen Traditionsversprechen und technischem Fortschritt

Die interviewten Journalisten gaben einen kurzen Überblick, wie für sie – grob gegliedert – die Stufen der Veränderungen in den Arbeitsabläufen einer Zeitungsredaktion in und nach dem Einstieg in die Digitalisierung aussahen.

> UK: »Wir haben ja bis dahin unsere Texte in die Schreibmaschine geschrieben, das Manuskript abgegeben. Das war es. Wir hatten einen Laboranten, der hat uns die Filme entwickelt, er hat uns die Fotos, die Abzüge hergestellt, die Klischees nachher. Abends durften wir dann Umbruch machen. Ja, das wurde dann auf Papier umgestellt. Nachher gab es den Klebeumbruch und später dann gar keinen Umbruch mehr, sondern alles am Bildschirm. Das war dann aber ein paar Jahre später. (…) Das heißt, die Redakteure waren dann die Setzer, die waren die Bildbearbeiter und die waren auch die Metteure anschließend. (…) Je weiter die Technologie fortschritt, desto mehr Arbeit wurde in die Redaktion verlagert.«

Geschätzt wurde, dass alles sich in einem Zehnjahresrhythmus veränderte und es wohl auch in der Geschwindigkeit der Umstrukturierung Unterschiede gab, abhängig von den Unternehmenszielen des jeweiligen Verlagshauses, aber auch davon, ob es sich um Lokal-, Landes-, Bundes-, Sport-, Kultur- oder andere Redaktionen handelte. Vielleicht auch aus dem zeitlichen Abstand scheint vieles selbstbestimmter und entspannter, scheint der Überblick über das Gesamtgeschehen der Text- und Seitenerstellung transparenter gewesen zu sein.

Bis in die 1990 Jahre hinein hat man, so berichteten die Journalisten und die Journalistin, in den Zuständigkeitsbereichen voneinander abgegrenzter gearbeitet. Die Abstimmung erfolgte streng hierarchisch mit dem Ressortleiter und dann mit dem Chefredakteur. Man nahm selbst öfter – im Vergleich zu heute – interessante Außentermine wahr und war mindestens einmal in der Woche daran, abends mit den hoch geachteten und in ihrer Arbeit respektierten Metteuren zusammen erst »am Blei« und später durch Kleben der Filme den Umbruch der Zeitungsseiten zu machen. Ansonsten hatten die Redakteure mit der Technik relativ wenig zu tun. Sie rissen ihre Nachrichten aus dem »Ticker«, schrieben ihre Artikel auf »IBM-Kugelkopf«-Schreibmaschinen, und beim – im Rückblick betrachtet – langsamen Einzug der neuen Technik übertrugen die Sekretariate die Texte in die Computer. Aber dann richtete sich, aufgrund der erweiterten Möglichkeiten am

Computer und des Kostendrucks, der Blick der Betriebsorganisation verstärkt auf die Redakteure. Das Resümee zu diesem Prozess fällt nüchtern aus.

> UK: »(...) Weil die Redakteure ja relativ teuer sind, (...) sollten die Kosten, koste es, was es wolle, runter, da spart man; deshalb kam die Redaktion dran.«

Handeln der Akteure mit organisierten Präventionsmaßnahmen

Ganz unterschiedlich reagierten die angestellten Journalisten, die oftmals selbst ein abgeschlossenes Hochschulstudium, eine qualifizierte Ausbildung und ein Volontariat hinter sich hatten, auf die technologischen und organisatorischen Herausforderungen an ihrem Arbeitsplatz und damit an ihrer Person. Eher wohl bei den älteren Mitarbeiterinnen und Mitarbeitern waren die Widerstände anfänglich stark, da die Unternehmer selbst skeptisch waren, ob diese Umstellung von der analogen Technik auf eine stärkere Digitalisierung die inhaltliche Qualität der Produkte nicht beeinträchtigen könnte. Die möglichen Vorteile waren noch nicht erkennbar.

> RB: »Da galten wir als Bremser halt, aber merkwürdigerweise kam der Unternehmer, also der Arbeitgeber, mit der Technologie selber nicht so richtig in die Hufe. Das war dann auch erstaunlich. Ich glaube nicht, dass wir das gebremst haben, sondern er selber war so träge mit der Einführung. Als wir dann selber schreiben mussten, das war in der Tat der absolute Horrortrip, über Wochen; weil – wir kamen mit der Technologie nicht so richtig klar, unser Layout kam mit der Technologie nicht so richtig klar. Und das waren Überstunden ohne Ende und Nerven ohne Ende, die wir da gelassen haben.«

Die Journalisten hatten inzwischen in manchen Unternehmen »technische Redakteure« an ihrer Seite, da die Satzherstellung in der Vorstufe einen großen Teil der Schriftsetzer zur Umstellung gezwungen hatte. Der zwischen den Tarifpartnern ausgehandelte »RTS-Tarifvertrag« (Rechnergesteuerte Textsysteme, H.N.) garantierte für Schriftsetzer einen Bestandsschutz. Das hat wohl zumindest im Übergang die schlimmsten Auswüchse der unabwendbaren Arbeitsplatz-, Status- und Einkommensverluste abgefedert. Teilweise wurden für die Beschäftigten Lösungen gefunden, wie eine Umsetzung in andere Abteilungen (Layout, Mettage, kaufmännische Bereiche), Umschulungen oder Entlassungen mit entsprechenden Abfindungen.

> HM: »Der RTS-Kampf war 1978, da ist der Tarifvertrag durchgesetzt worden. Der Prozess, den ich jetzt beschreibe, der war dann, sage ich mal '79, 80, 81, wo man versucht hat, die Redakteure so dran zu gewöhnen. Da gab es solche, die sagten: Nee, damit möchten wir nichts zu tun haben. Und es gab welche, die konnten das nicht schnell genug kriegen. (....) Dann fingen auch freie Mitarbei-

Ende der 1970er Jahre kamen die ersten Bildschirmarbeitsplätze in die Redaktionen

ter an, Manuskripte (....) gleich in den Bildschirm zu schreiben. Es gab solche Redakteure und solche, jene die sich schon immer über die Technik geärgert hatten und sagten: Das können wir besser. Und andere, die ›nein‹ gesagt haben.«

Um die Journalisten für die auf sie zukommenden Aufgaben am Computer besser einzuarbeiten, gab es neben dem bekannten ›learning by doing‹ unterschiedliche Formen, wie Computerzeitschriften, die vom Betrieb bezahlt wurden, eine konzeptionell vorbereitete innerbetriebliche Weiterbildung und Computerkurse. Für viele blieb aber, bei der Kapitulation vor der digitalen Technik und ihren Folgen für die Betriebsorganisation, nur die Alternative der einseitigen Kündigung und des Wechsels in eine völlig andere Tätigkeit außerhalb der Druckindustrie.

Später stellten sich die anfänglichen Probleme mit der neuen Technik am Bildschirm in den Augen der dabeigebliebenen Redakteure aber nicht mehr nur als Nachteile dar, die Vorteile für die Ausübung ihres Berufs traten in den Vordergrund.

RB: »Man kann viel besser umformulieren oder alles verwerfen und neu schreiben. Man muss da nichts mehr kleben, sondern Copy und Paste einsetzen. Man bekommt auch die Nachrichten, wenn sie auflaufen, in Echtzeit.«

Nun war die Professionalisierung natürlich größer und die Programme wurden immer komplexer, sodass irgendwann über die reine Texterfassung auch das Layout eigenständig übernommen werden musste, das heißt, die ehemals zu Layoutern umgeschulten Schriftsetzer verschwanden wieder aus den Redaktionen.

> HM: »Oh, jetzt können wir (Redakteure, H.N.) plötzlich die Zeilen ausschließen. Da konnten wir genau auf Zeilen schreiben, 40 Zeilen bestellt, 40 konnte man am Bildschirm sehen. Das war zwar noch nicht ›Wysiwyg‹, also What you see is what you get, die Schrift, wohl aber der exakte Zeilenfall. Da haben sie dann zugegriffen.«

Dies bedeutete für sie auf der einen Seite mehr Zeit für die Recherche, aber auf der anderen Seite eine Arbeitsverdichtung; denn im Laufe der Zeit kamen über immer mehr Informationskanäle Texte hinzu, die zu Artikeln für unterschiedliche Online-Medien umgewandelt werden mussten und müssen. Gleichzeitg wurde das Korrektorat abgeschafft. Umstrukturierungen in der Arbeitsorganisation reduzierten die Autorität und Autonomie der Journalisten in der Redaktion. In den letzten Jahren hat die Einrichtung eines Newsroom oder Newsdesk, d.h. die organisatorische Zusammenfassung und Vernetzung der Einzelarbeitsplätze, nach dem Eindruck der Interviewten immer mehr die Ressortzuständigkeit aufgeweicht und die Steuerung der Teamarbeit und der inhaltlichen Prioritätensetzung beim jeweiligen Format der Drucksache übernommen. Nach Überwindung der ersten Probleme mit der neuen Technik erschien diese partiell nun auch im positiveren Licht, doch spätestens nach der Jahrtausendwende begann sich dieser Eindruck wieder verstärkt einzutrüben.

> UK: »Je weiter die Digitalisierung fortschritt, umso mehr Arbeit hat sich in die Redaktion verlagert. Eigentlich ist von ›der Technik‹ so gut wie nichts mehr übrig geblieben, also von der Vorstufe. Das ist schon ein Problem, weil der Redakteur zum tatsächlichen Schreibtischtäter wird, also zumindest die Lokalredakteure, die das ja vorher nicht so kannten. Man braucht heute auf keinen Termin mehr zu gehen, sonst bekommt man die Kurve nicht und wird abends nicht rechtzeitig fertig. Allein der Aufwand, die Seiten zu bauen, die Artikel zu formatieren, die Bilder auf die Seite zu heben, Bilder zu formatieren, die Bilder von der Kamera und so – diese ganzen Sachen, die haben sich ja alle in die Redaktion verlagert, sodass die eigentliche Schreibarbeit sich immer mehr auf freie Mitarbeiter verlagert hat.«

Unter diesen Vorbedingungen wurden von den Interviewten immer mehr ihre eigenen Ängste um den Arbeitsplatz, die Konkurrenz untereinander, die Auslagerung von Raum und Zeit in der Text- und Bildproduktion und damit die Gefährdung der eigenen inneren Haltung im und zum Beruf angesprochen.

Gruppeninterviews: Journalisten 197

Anfänge des Ganzseitenumbruchs im Laufe der 1980er Jahre

> RB: »Wenn wir jetzt mal sagen, der aufrechte Gang ist eine wichtige Voraussetzung für einen guten Journalismus, dann fehlen dafür alle Voraussetzungen. Wenn man in die Redaktion reinguckt, (...) wo in den letzten zwei Jahren nochmal kräftigst umstrukturiert wurde und wird, da bekomme ich das Schlottern vor Angst.«

Unsichere Prognosen zur beruflichen Zukunft in der Medienindustrie

Mit der Integration von immer mehr Tätigkeiten aus der Druckvorstufe und der Zunahme an elektronischen Informationsquellen hat sich die technische und inhaltliche Bedeutung der redaktionellen Arbeit für den wirtschaftlichen Erfolg des Zeitungs- bzw. Zeitschriftenverlages erhöht. Aus Kostengründen wird zunehmend die redaktionelle Arbeit an freie externe Gestaltungsbüros vergeben, lokale Arbeit auf freie Mitarbeiter übertragen und überregionale Informationen werden von Nachrichtenagenturen eingekauft. In den Redaktionen der Verlagshäuser selbst ist durch die Verschmelzung von Inhalt und Technik eine ständige Verdichtung von Entscheidungen eingetreten und mehr Selbstorganisation erforderlich geworden.

> RB: »Man ist einer Flut von Informationskanälen ausgesetzt, die es in der Weise früher gar nicht gab. Man muss jetzt nicht nur für das Format Zeitung

Agenturmaterial wurde noch lange Zeit auf Papier redigiert

> schreiben und denken, sondern man muss, kaum dass man auf einem Termin war, sofort in der Kategorie Nachricht denken, die man jetzt bei uns an den Newsdesk einspielt. Da ist die Nachricht und der Newsdesk entscheidet dann, über welche Vertriebskanäle diese Nachricht läuft. Die Organisationsformen der Redaktionen haben sich verändert, aber was ich sagen wollte, ist, dass man jetzt nicht nur mehr Input hat, sondern auch mehr Output liefern muss. Und zwar, man kann für Twitter nicht so schreiben wie für die Zeitung. Dass es jetzt heißt, Online first, also als allererstes wird in Online-Kanälen gedacht und geschrieben, das ist eine andere Schreibform. Es ist alles deutlich verknappt und ist natürlich in keiner Weise ausrecherchiert, eigentlich.«

In welche Richtung sich diese Beanspruchung weiterentwickeln wird, darauf will sich nach den Erfahrungen der letzten 40 Jahre niemand festlegen. Festgestellt wird nur, dass auf Arbeitnehmer- wie auf Arbeitgeberseite das Interesse an einer Anbindung an Interessenorganisationen und Tarifverträge schwindet, sodass der folgende Disput der Diskussionsgruppe das ganze Dilemma eines Wirtschaftszweiges zeigt, in dem am Beispiel Arbeitszeit das Vertrauen in getroffene Vereinbarungen ausgehöhlt und in die eigene berufliche Zukunft ungewiss geworden ist.

> »UK: Das mit der geordneten Arbeitszeit hat sich in der Realität überhaupt nicht durchgesetzt. Wir arbeiten noch genauso viel, eher mehr als vorher. Das einzige, was wir haben, ist länger Urlaub und eine bessere Bezahlung, auf dem Papier, intern mehr freie Wochenenden.
> HM: Doppelt so viel Urlaub, im Vergleich zu den 1970er Jahren.
> UK: Ja, aber.
> HM: Bei einer Fünftagewoche?
> UK: Ja, auf dem Papier, ja.

HM: Ja, was heißt auf dem Papier?

UK: Ja, guck dir doch mal die Realität an.

HM: Also ich kenne aber auch eine Reihe von Redaktionen, die fünf Tage arbeiten. Ich meine, was und wie lange die an dem einzelnen Tag arbeiten, das sei jetzt mal dahingestellt, aber die Fünftagewoche gilt.

UK: In der normalen Lokalredaktion existiert die Fünftagewoche auf dem Papier, aber in der Realität meistens nicht.

HM: Würdest du denn sagen, dass das ein Spezifikum von euch ist?

UK: Nein, das ist kein Spezifikum, das ist in meiner Umgebung, in den Kollegenkreisen, das ist ganz normal. Wenn kein Personal da ist, da kannst du nicht immer einen freien Mitarbeiter hinschicken, dann machst du das halt selber und so.

HM: Ja.

UK: Ich sehe doch, was ich gearbeitet habe; heute bin ich ja freigestellt. Aber ich sehe, was die Kollegen machen. Die haben dann zum Teil 30, 40, 50 freie Tage, die schieben sie vor sich her, weil sie die zwar bekommen, aber keine Zeit haben, diese zu nehmen, weil keiner da ist, der die Vertretung macht.

HM: Und wie macht ihr das mit denen, werden die bezahlt oder?

UK: Das wissen wir noch nicht. Die stehen erst mal da, die freien Tage, in der Hoffnung, dass man zwei Monate oder ein Vierteljahr früher in Rente gehen kann.

EH: Also gibt es Arbeitszeitkonten?

UK: Nein, auch nicht.

HM: Nein, die schreiben sie ja nicht auf.

UK: Die freien Tage werden festgehalten.

HM: Dann wird der Zettel weggeschmissen.

UK: Ja, irgendwann also, wie gesagt, meistens in der Hoffnung, dass man ein Vierteljahr früher in Rente gehen kann. Es gibt auch Kollegen, also wir hatten einen Kollegen gehabt, der konnte ein halbes Jahr früher daheimbleiben.«

Dritte Gruppe: Facharbeiter der Druckvorstufe[28]

Befragte: *Bernd-Ingo Drostel* (ID), ehemals Druckhaus Tempelhof, Stereotypeur, Zylinderkorrektur, BR-Vorsitzender, *Kurt Haßdenteufel* (KH), ehemals Schriftsetzer, Betriebsrat bei der Saarbrücker Zeitung, danach Hauptvorstand IG Druck und Papier und IG Medien, *Viktor Kalla* (VK), ehemals Frankfurter Rundschau, Schriftsetzer, BR-Vorsitzender, *Joachim Reschke* (JR), ehemals Schriftsetzer, Bergedorfer Zeitung
Interviewer: *Ernst Heilmann* (EH), *Constanze Lindemann* (CL), *Harry Neß* (HN), *Ralf Roth* (RR), Feingeräteelektroniker; außerplanmäßiger Professor für Neuere Geschichte an der Goethe-Universität Frankfurt am Main

Druckindustrie zwischen Traditionsversprechen und technischem Fortschritt

Es gab drei entscheidende Schritte, in denen die gesamte Vorstufe verändert wurde. Zuerst kamen die mit Lochbändern elektronisch gesteuerten Setzmaschinen, danach der Fotosatz und dann die Text-Bild-Integration am Bildschirm. In den Gesprächen brachten die Interviewten (drei ehemalige Schriftsetzer und ein Stereotypeur) immer wieder historisch eingefärbte Anekdoten zur Sprache, die besonders auf den Berufsstolz, die Organisationsstärke und die Besonderheiten der Branche vor der elektronischen Text- und Bildbearbeitung Bezug nahmen. Die »alten Ullsteiner« (Druck und Verlagshaus Tempelhof, H.N.) hätten noch erzählt, dass früher »die Maschinensetzer mit Zylinder und weißen Handschuhen gekommen sind«, die sie vor der Maschine abgelegt haben (ID).

> ID: »Wenn sie die Finger von der Tastatur genommen haben und aufgehört haben zu arbeiten – fünf Minuten später war die Geschäftsleitung unten und hat gefragt, was sie für Forderungen haben.«

Diese Zeiten des Herausgehoben-Seins, des beruflichen Prestiges waren nun schon lange mythologisierte Geschichte. Die Realität sah inzwischen anders aus.

Die Berufe der Vorstufe und des Drucks waren durch den Umgang mit dem Blei hohen gesundheitlichen Gefährdungen ausgesetzt. Als Gegenmittel zur Gefahr der Bleivergiftung gab es kostenlos vom Unternehmen für jeden Mitarbeiter im Satz, der Stereotypie und im Druck täglich eine Tüte Milch.

> ID: »Ich weiß, dass mein Großvater noch eine Bleivergiftung gehabt hatte. Selbst als Lehrling haben wir noch eine Tüte Milch bekommen. (..) Das heißt, ich hatte auf einmal 20 Tüten, weil die Gesellen haben alle nur Bier getrunken, die haben mir das alles hingepackt. Zuhause war meine Großmutter froh, dass ich ihr die Milch geben konnte.«

Dadurch, dass die Maschinensetzer sich anfangs, so in den 1970er bis 1975er Jahren, aus Gründen der Dequalifizierung weigerten, die für die Setzmaschinen vor-

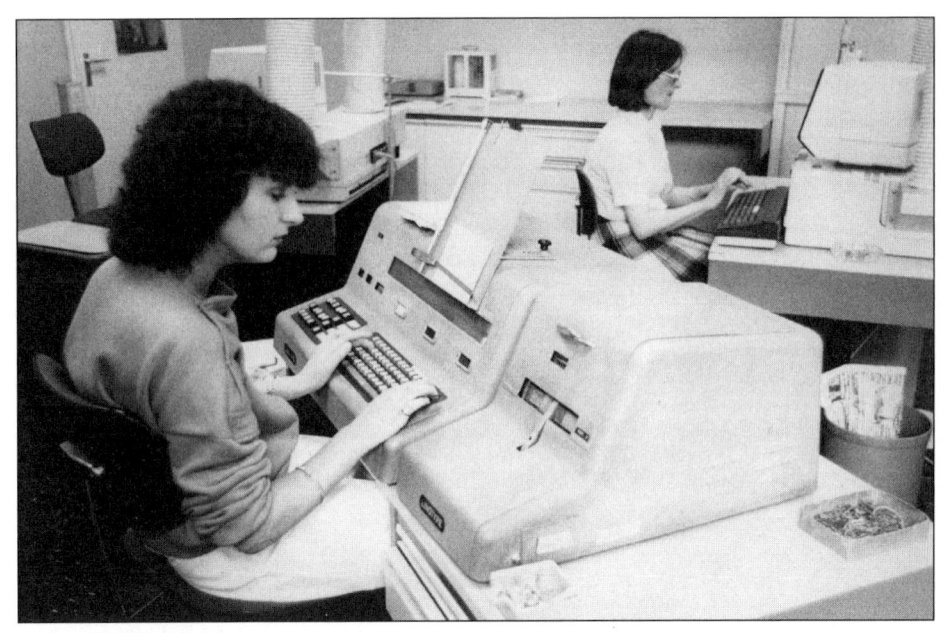

Die Lochstreifen zur Steuerung der Setzmaschinen, die die Perforatortasterinnen Anfang der 1970er Jahre produzierten, kündigten das Ende des Bleisatzes an

bereitenden Arbeiten des Perforierens und Stanzens zu übernehmen, kamen nach den Berichten der Befragten zunehmend Berufsfremde in die Betriebe. Schnell waren die TTS (Teletypesetter)-Abteilungen der Texterfassung »fest in den Händen von weiblichen Kolleginnen« (KH). Aber Anfang der 1970er Jahre gab es demnach auch noch gar keine Probleme für diejenigen, die diesen Wandel nicht mitvollziehen wollten, denn als Maschinensetzer fand man relativ schnell in der Region einen anderen Arbeitsplatz im Beruf: »Man konnte an einem Freitag rausgehen und hatte am Montag mit Sicherheit eine neue Stelle.« (VK)

Für die anderen hieß das aber nun, den Anschluss an die technische Entwicklung nicht zu verpassen.

JR: »Dass der Bleisatz erledigt war, das haben wir alle selbst gesehen. Perforatoren und Stanzerinnen hatten wir für die TTS-Maschinen; die waren schon mal da. Das heißt, jetzt mussten die Maschinensetzer Perforator-Taster werden. Das heißt, die Damen saßen da, haben sich nebenbei unterhalten und klapperten zehn Finger blind. Das mussten wir auch lernen, das war (wegen einer anderen Tastaturoberfläche, H.N.) nicht so einfach. Dann sind wir natürlich auch zum Zehnfingerkursus; dann musstest du in zehn Minuten 2.200 Anschläge zustande bringen, mit ungefähr fünf Fehlern, ansonsten hast du die Prüfung nicht bestanden. Das war der Knackpunkt. Da saßen wir alle zusammen und haben Lochbänder gestanzt. Dort habe ich mir gedacht, was hast du eigentlich gelernt, Schriftsetzer, du hast gestaltet, und jetzt machst du hier Löcher in gelbe Streifen, mein Gott.

Fotosatz Anfang der 1980er Jahre

> Dann bin ich aber auf den Gedanken gekommen, das kann ja nicht das Ende der Entwicklung sein. So ging das dann immer weiter. Zuerst hat man immer was geschrieben, auf einen grauen Bildschirm. Da konntest du zwar sehen, aber du wusstest nicht, was hinten rauskommt. Dafür waren die Montierer da. Die hatten Messer, schnitten das zusammen und klebten das dann irgendwo hin. Die beste Erfahrung eigentlich war, wie wir uns dann endlich entschieden hatten, ›Macs‹ zu kaufen. Da konntest du dann eins zu eins oder vergrößert sehen, was du jetzt gerade tust.«

Eine Schwierigkeit von vielen war die noch bis in die 1980er Jahre andauernde Parallelität von Blei- und Fotosatz. Spätestens als mit der Einführung des Fotosatzes die Setzmaschinen aus den Druckereien verschwanden, veränderten sich neben der Arbeitsvorbereitung auch die Autoritätsverhältnisse innerhalb der Abteilungen einzelner Betriebsteile.

> VK: »Plötzlich waren die EDV-Leiter die Könige. Die technischen Leiter haben von denen gesagt bekommen, was geht mit dem System und was geht nicht. Die haben das auch als Entwertung empfunden. Es gab in der Hierarchie Veränderungen, die das Tempo bestimmt und die Inhalte bestimmt haben. Das waren jetzt nicht mehr die auf der technischen Seite, die technischen Leiter unbedingt, sondern das wanderte in die EDV. Das gab große Reibungspunkte im Betrieb selbst.«

Montage

So wurden unter anderem die oft nur befristet eingestellten »Perforator-Tasterinnen« mit einem »hohen Rationalisierungseffekt« entlassen (VK). Und es begannen die Herstellerfirmen der Fotosatzmaschinen immer mehr auf das Betriebsgeschehen Einfluss zu nehmen. Sie warben mit der höheren Produktionsgeschwindigkeit, der zunehmenden Unabhängigkeit der Setzereien von den Facharbeitern und den Kosteneinsparungen, vor allem aber konnten sie von Gerätegeneration zu Gerätegeneration ihre neuen Programme verkaufen und die qualifizierten Serviceleistungen ihres Unternehmens unmittelbar mit der Arbeitsfähigkeit des Personals in der Druckerei verzahnen. Es sollte im Betrieb niemanden mehr geben, der eigenständig Reparaturen an den Geräten vornehmen konnte, wie das berichtete Beispiel von H.H., einem »Fotosatz-Freak« (ID), zeigt.

> ID: »Das war der Kaiser des Fotosatzes im Haus; ja, so hat er sich selber auch bezeichnet. Also erst haben die Kollegen ihn so genannt. Hat er angenommen, so wie Beckenbauer, so war er eben der Kaiser. Er konnte alles. Der war sogar an der Uni und hat Referate gehalten über den Fotosatz. Als das mit H. anstand, haben wir ihn runter zum Betriebsrat geholt. Dann war da auch noch ein witziges Gespräch. Um euch die Figur dieses H. mal nahe zu bringen: Er erklärte dem Betriebsrat, das ist wunderbar, dass wir eine neue Anlage bekommen. Er ist der Meinung, dass die Kollegen sich im Urlaub schulen lassen sollten, so wie er das gemacht hat, so wie er sich das angeeignet hat. Da hat er vom Betriebsrat den Arsch unheimlich voll bekommen. Wo wir gesagt haben:

> Bist du denn verrückt, erst erarbeitet ihr das, was da gekauft wird, und dann soll noch selber geschult werden, dass weitergearbeitet werden kann? Gibt es nicht. Also dann kam ein H. auch zu S., zu H. (Fotosatzunternehmen, H.N.). (…) Also H. kam auch zur Schulung. Jetzt platzte die Bombe: Den haben die nach vier Tagen zurückgeschickt, mit dem Ergebnis also, mit einem Schreiben an die Geschäftsleitung, dass er nicht lernfähig sei. Wir waren alle wie von einer Bombe getroffen. Die ganzen Kollegen haben sich kaputtgelacht darüber. Dann haben wir erfahren: Der hatte nicht zugehört, der hat nicht auf die gehört. Die haben gesagt: Nichts anfassen, nur die Arbeit machen und sowie irgendwas am Gerät ist, kommt einer und repariert das oder stellt das klar. Und er hat immer wieder dran rumgeschraubt und rumgefummelt, da haben die ihm nach drei bis vier Malen gesagt: So, ab zurück. Der Kaiser war tot und er ist mit einer Abfindung gegangen, weil er auch ein ziemlich alter Heini war. Die haben sich alle über den kaputtgelacht. Er ist dann mit einer Abfindung von 40.000 DM im beiderseitigen Einverständnis aus dem Druckhaus ausgeschieden.«

Dem Anschein nach wurden zumindest in diesem Fall Außen- und Inneninteressen von Zulieferern und Produzenten zu einer schwer trennbaren Einheit, die zu einer geringeren Würdigung von informell erworbenen Kompetenzen eines Mitarbeiters führten. Überhaupt schien nun mit dem Einzug der allumfassenden Digitalisierung in der Vorstufe eine neue Arbeitsteilung in den Zeitungshäusern auf der Produktionsebene erforderlich geworden zu sein, denn ein Teil der Setzer ging in die technische Redaktion und machte dort den Seitenumbruch. Aber auch das sollte mit Einführung des Macs und der Verbesserung der Arbeitsprogramme am Bildschirm nur von begrenzter Dauer gewesen sein. Ihre Arbeiten integrierten nun die Redakteure in den Seitenumbruch.

> VK: »Also die Bild- und Textintegration war ja der Schlusspunkt. Insofern gab es die Reprofotografen, die jetzt die Bilder bearbeitet haben, die die Zeitungsfotografen geliefert hatten, ob es ein Freier oder ein Festangestellter war, war ja egal; für ihre Arbeit war das egal. Das war der letzte Schritt zum Ganzseitenumbruch, Text- und Bildintegration. Insofern haben die noch länger Bestand gehabt in ihrer Organisationsstruktur, bei uns zumindest, als die anderen Abteilungen, die schon aufgelöst waren. Die hatten allerdings nur die Perspektive bei uns, die sind in der Plattenherstellung gelandet, teilweise, oder im Umbruch. Das war der Fluchtweg für die, aber ihre Qualifikation als Reprofotograf war dann nicht mehr gefragt, weil die Bildbearbeitungsprogramme dann auch in der Vorstufe so gut waren, dass die Fotografen erst mal selber ihre Bilder bearbeitet haben und im System zur Verfügung gestellt haben. Also dieser Zwischenschritt war dann auch nicht mehr nötig. Dieser qualifizierte Beruf ist im Grunde damit auch verschwunden, die Kolleginnen und Kollegen mussten im Betrieb untergebracht werden.«

Gruppeninterviews: Facharbeiter der Druckvorstufe

Anfänge der Montage am Bildschirm

Einzig die Anzeigen blieben im Layout noch die Domäne der ehemaligen Setzer, der technischen Redakteure; denn die dafür erforderlichen Gestaltungsaufgaben verlangten weiterhin nach einer typografischen Professionalität.

Handeln der Akteure mit organisierten Präventionsmaßnahmen

> VK: »Es war ja nicht so, dass wir damals völlig unvorbereitet gewesen sind, sondern wir wussten schon, in welche Richtung das gehen wird, dass es unseren Beruf, aber auch unsere Stellung in der Produktion massiv verändern wird. Also es hatte immer so einen berufsspezifischen Aspekt, aber auch einen gewerkschaftlichen Aspekt, weil wir immer wussten, wir haben eine zentrale Stelle in der Produktion: Ohne uns kann nicht produziert werden. Das war infrage gestellt, aufgrund dieser neuen Technik, wenn man es ein bisschen weitergedacht hat.«

Dort, wo es Betriebsräte in den Druckereien gab, lag auf ihnen eine hohe Verantwortung. An ihnen lag es nach eigener Darstellung, die Beschäftigten auf die neuen Herausforderungen vorzubereiten und mit ihnen nach innerbetrieblichen Lösungen für den Erhalt der Arbeitsplätze zu suchen. Die Ausgangslage für einen Rationalisierungsschutz war günstig: Den Berichten nach waren die meisten Facharbeiter fast vom ersten Tag ihrer Ausbildung an Mitglied in der Gewerkschaft und blieben es meist dann noch, wenn sie zu Abteilungs- oder Produktionsleitern aufgestiegen waren. Die Betriebsräte holten sich für ihre geplanten Interventionen Rat in anderen Druckereien, besuchten Zulieferfirmen und luden sogar aus ausländischen Unternehmen Fachleute ein, in deren Firmen bereits die technologischen Umstellungen stattgefunden hatten. In den Betrieben kam es, so wurde erzählt, spätestens seit Mitte der 1970er Jahre zu intensiveren Diskussionen über den Fotosatz mit Flachbildscannern. Es herrschte eine große Angst vor ins Haus stehenden Entlassungen und davor, dass die Unternehmer die Gelegenheit nutzen würden, um das »Facharbeiterprivileg« (VK) zu schleifen.

> ID: »Dann kam der erste Hieb, indem die Geschäftsleitung gesagt hat: Wir wollen eine neue Fotosatzanlage kaufen, von S.-H. in K. Das wollten die uns einfach so überknallen. Da haben wir gesagt: Da machen wir nicht mit. Erst mal rechtzeitig und umfassend informieren. Ja, wir müssen ganz schnell kaufen, das ist eine günstige Sache. Dann haben wir gesagt: Das Spielchen kennen wir, interessiert uns nicht. Sie können kaufen, Sie können es hinstellen, aber Sie dürfen nicht daran arbeiten lassen. Solange bis der Betriebsrat seine Forderung nicht durchgesetzt hat, gibt es unsere Zustimmung nicht. Dann hatten wir als erstes verlangt, die Kollegen zu informieren, in Ruhe. Dass eine Abordnung des Betriebsrates zu H. rüberfährt, um sich die Anlage anzugucken und mit den Ingenieuren zu reden. Da haben wir tolle Sachen erlebt. Dann kommen wir zurück, dann entscheiden wir und dann geht es los. Was passiert mit den Kollegen? Welche Arbeitsmöglichkeiten gibt es dann an Bildschirmarbeitsplätzen? Es gab ja schon Richtlinien. Also wir sind rüber zu H. gefahren, haben vorher die Kollegen informiert. War schon eine ziemliche Unruhe gewesen, als wenn das vom Himmel gefallen war, auf einmal. (…)
>
> Wir sind zu H. rüber. Die haben uns schön nett begrüßt und uns alles gezeigt. Dann haben wir gesagt: So, das ist das Neueste vom Neuen hier. Da hat uns der Ingenieur erklärt: Von der Anlage werden jetzt noch drei, vier, fünf Stück verkauft, dann liegt die nächste Generation schon in der Schublade drin. Da habe ich zum ersten Mal gemerkt, wie der Hammer fällt, das, was wir auf Gewerkschaftsschulungen gelernt haben, also die technologischen Revolutionen, die waren einmal so weit auseinander und jetzt sind sie quasi da. Das heißt, wenn das Eine verkauft wird, liegt das Andere schon in der Schublade; auf Deutsch, dann geht das ganze Spiel von vorne los. Wo viele Firmen dabei kaputtgehen, weil sie einfach nicht mehr mithalten können. Ohne die Technik können sie nicht existieren auf dem Markt. Am Ende hat er (der Ingenieur, H.N.) erfahren, dass wir im Grunde genommen die Betriebsräte sind. Der hatte geglaubt, wir sind ein Teil der Geschäftsleitung mit Abteilungsleitern, die rübergeschickt worden sind. Er musste dann selber lachen am Ende.«

Wie in vielen Großbetrieben kam es dann erst einmal zu einem Haustarif bzw. zu einer Betriebsvereinbarung, wie die Fortsetzung der Geschichte zeigt.

> ID: »Naja, dann kamen wir zurück und dann haben wir mit der Geschäftsleitung ausgehandelt, wie wir uns das vorstellen: Also sämtliche Kollegen fahren zur Schulung, alle. Bestandschutz für den Arbeitsplatz der Kollegen, dann wol-

len wir, da es noch keinen Tarifvertrag gab für Arbeiten am Bildschirm, sondern nur Richtlinien, dass wir die fest als Haustarif einbauen, als Betriebsvereinbarung. Also Arbeitsplatzgestaltung, ergonomische Arbeitsplatzgestaltung, Schutz vor den Rem-Werten, Beleuchtung, also sämtliche Details mit Sitzgelegenheit und welche Ausrichtung –, dass wir danach arbeiten. So und dann auch einen Zeitplan festlegen. Die Kollegen konnten ja nicht alle auf einmal rüber, das wurde ausgewählt. Das haben wir alles durchbekommen. Mit den Kollegen mussten wir auch reden, ihnen einschärfen, dass dann die Pausen einzuhalten sind und die Augenpausen, die in den Richtlinien drin stehen. Dass es wirklich danach laufen soll.«

Dies konnte aber nur ein betriebsspezifischer Zwischenschritt – vielleicht mit Modellcharakter – sein, um für die Beschäftigten ihre Professionalität bei der kleinbetrieblich- und mittelständisch aufgestellten Struktur der Druckindustrie neu zu definieren. Für die gewerkschaftliche Interessenorganisation wurde es nun bei der Unruhe in den Druckereien Zeit, tariflich bundesweite Gesamtlösungen zu suchen, die jedoch bei den Unternehmern einen starken Widerstand hervorriefen, sodass es zu einem über Wochen dauernden Streik kam. Im Rückblick war das aber für die Vertrauensleute und Betriebsräte schwierig durchzusetzen, denn es erforderte eine Aktivierung der Betroffenen für ihre eigenen Interessen und eine Sensibilisierung der Öffentlichkeit für das Ziel einer zumindest in den nächsten Jahren gegebenen Arbeitsplatzsicherheit in der Druckindustrie.

JR: »Ja, also da war meiner Ansicht nach dieser Streik ein ganz großer Weckruf für die Setzer. Die fühlten sich teilweise ganz schön sicher alle, und auf einmal wurde denen erzählt: Hey Leute, wir haben für das, was ihr in Zukunft macht, noch nicht einmal einen Tarifvertrag. (…) Da gibt es nichts drüber und da haben wir den Streik in der Fußgängerzone von B. gemacht, die Leute informiert, dass hier mit der B. Zeitung irgendwas nicht stimmt. Danach waren das auch Fortbildungs- und Informationsveranstaltungen, wie es überhaupt weitergehen soll.«

In den Betrieben war es, wie mehrfach erwähnt wurde, keine Selbstverständlichkeit, Solidarität zwischen den verschiedenen Berufsgruppen für ein geschlossenes Handeln herzustellen. Das hatte vor allem seinen Grund in der unterschiedlichen Entlohnung der Berufsgruppen.

VK: »Diese 120 Prozent, die die Setzer hatten, nämlich diese bessere Bezahlung, zumindest für die Maschinensetzer und Korrektoren, waren bei den übrigen Facharbeitern im Betrieb immer eifersüchtig beguckt worden. Auch immer infrage gestellt: Wieso die und wieso nicht wir?«

Filmherstellung, 1970er Jahre

Außerdem hatte über die erwähnten Haustarife hinaus ein Teil der in der Vorstufe Beschäftigten schon eigene Perspektiven für sich entwickelt, die ihnen mit der durch Arbeitgeber unterstützten EDV-Qualifizierung zukünftig den Arbeitsplatz und die Autorität im Unternehmen sichern sollten.

> VK: »Vom Satz zum Beispiel her, um die EDV-Leute dabei zu unterstützen, bei der Programmierung, bei den Versuchen, jetzt also die Technik weiterzuentwickeln. Das waren alles Kolleginnen und Kollegen, die im Grunde rausgegangen sind und von uns mehr oder weniger als solche betrachtet wurden: Die haben es geschafft. Die haben ein viel breiteres Spektrum an Wissen, auch was die EDV-Anwendungen angeht, wie es funktioniert. Die sind neidvoll betrachtet worden von denen, die da nicht zum Zug gekommen sind. Also diese Ausschreibungen, die da gemacht worden sind, waren so, dass sich ganz viele beworben haben, aber eben nur wenige genommen worden sind. Das war so ein Ausleseprozess, der da stattgefunden hat, der ja nicht ohne Konflikte gelaufen ist.«

Es war also für die Interessenorganisation eine Gemengelage, die es mit Veranstaltungen, persönlicher Ansprache und Veröffentlichungen zu einer bundesweiten Streikfront zu formieren galt. Dies gelang, weil unter den Gewerkschaftsmitgliedern die Vermutung vorherrschte, dass die Verleger mit der Einführung der neuen Technik darauf hinauswollten, die »Arbeitsorganisation« zu verändern, »diese starke Stellung der Setzer, die hoch organisiert waren, selbstbewusst waren, zu schwächen« (VK). Bei den hart geführten Streiks zur Erreichung des RTS-Tarifs antworteten die Verleger mit einem Aussperrungsbeschluss, an den sich aber nur wenige ihrer Verbandsmitglieder hielten. Die Belegschaften antworteten mit Aktionen, wie sie zum Beispiel in einer Anekdote aus dieser Zeit erzählt wurde.

VK: Bei uns gab es eine schöne Situation. Also wir sollten ausgesperrt werden. Haben das abends erfahren, dass die Geschäftsleitung …; wir hätten es nicht für möglich gehalten, dass die sich es traut, aber sie hat sich getraut. Dann sind wir, haben ja nachts Telefonkette gemacht. Als morgens um sechs Uhr dieser Aussperrungsbeschluss dann verkündet werden sollte, (…) waren wir so viele Leute im Betrieb wie zu normalen Zeiten nicht. Also wir haben alles rangekarrt. Wir waren alle um sechs Uhr drin, und wir haben gesagt, wenn wir schon mal drin sind, übernehmen wir auch mal die Produktionsmittel, haben gesagt: Wir machen jetzt Zeitung. Das war im Übrigen ein ganz politischer Akt: Die Hessische Verfassung verbietet die Aussperrung und wir hatten in der Nacht schon ein Extrablatt gemacht, wo wir die Bevölkerung drauf hinwiesen, dass keine R. erscheint, aber nicht, weil wir streiken, sondern weil ausgesperrt wird; dass wir den Betrieb besetzt haben, um die Hessische Verfassung zu verteidigen. Wir verteidigen die Verfassung, das war die Überschrift. Dann haben wir diese Zeitung gemacht, nicht nur einmal in diesem Format. Wir haben angefangen, dann haben die die Stromzufuhr gekappt. Da haben wir Glück gehabt, dass die U.-Druckerei damals noch in Gewerkschaftshand gewesen ist. Dann haben wir in der U.-Druckerei alles fertig gemacht, umbrochen und haben diese Zeitung gemacht.«

Sie wurde dann auch von Zeitungsträgern an die Abonnenten und die Zeitungsläden verteilt, obwohl »(…) die ja immer die wirklich im Arsch Gekniffenen« sind, »wenn gestreikt wird. Wir haben 20 Pfennige, wenn ich mich erinnere, bekommen. 10 Pfennig hat der Zeitungsträger davon bekommen, 10 Pfennig haben wir bekommen. Wir haben damit so viel Geld eingenommen in diesen paar Tagen, dass wir die englischen Bergarbeiter unterstützt haben, dann den Konflikt in der Fleet-Street (Zeitungsstreik in Großbritannien, H.N.). Wir haben massenhaft Geld auf dem Konto gehabt, tausende von Mark damals eingenommen mit dieser Zeitung. Die ist gegangen, wir konnten gar nicht so viel drucken. Das letzte Geld – bei der restlichen Auflösung der Technik waren nochmal 560 Euro übrig, die habe ich noch auf dem Konto der Commerzbank gefunden – das haben die Kollegen versoffen am letzten Tag, als wir ein Abschiedsfest gemacht haben.«

Retusche, 1970er Jahre

Mit Stolz wird über den eigenen Erfolg in diesem Streik berichtet. Offensichtlich hat die Wirkung der Entschleunigung der technischen Entwicklung durch einen die sozialen Risiken minimierenden Tarifvertrag bis in die Gegenwart hinein gehalten. Aber zwischendurch, in den 1980er Jahren, wurde eine zweite Front aufgemacht, mit der zentralen Forderung und dem Kampf um die 35-Stunden-Woche. Der damit verbundene Streik war nicht so populär, denn es gab zunehmend eine Massenarbeitslosigkeit und im Druck wie auch in der Vorstufe wurden die Belegschaften in der alten Bundesrepublik immer kleiner.

> VK: »Es wird in immer kürzerer Zeit, uns war das ja alles plastisch vor Augen, sowohl durch die Maschinen im Druck als auch durch die Vorstufe, in immer weniger Zeit mit immer weniger Leuten immer mehr produziert. Da wollen wir unseren Anteil haben, wir brauchen eine neue Runde Arbeitszeitverkürzung. Das war in den Gewerkschaften selbst umstritten, sind ja am Ende auch nur zwei übrig geblieben, die 1984 dann angefangen haben zu streiken, weil die anderen lieber die Vorruhestandsregelung des Bundesarbeitsministers in Anspruch genommen haben. (…) Ja, und es gab eine Spaltung innerhalb der Gewerkschaften, es gab eine Spaltung innerhalb der Kollegenschaft in den Druckbetrieben. (…) Wenn man jetzt gefragt hätte, in der ersten Phase bei den politisch nicht so Überzeugten, die den Streik mit vorbereitet hatten: Für was streikst du? Dann hätten die in der Vorstufe, sag ich jetzt mal, gesagt: für die 35-Stunden-Woche. Die anderen hätten gesagt: Damit wir endlich mal eine neue Lohnstruktur kriegen, die unsere Leistung angemessen berücksichtigt, und das sind die 120 Prozent.«

Gruppeninterviews: Facharbeiter der Druckvorstufe

Folgender »Argumentationsstrang« (KH) war nach den Aussagen wohl letztlich entscheidend und führte zu einer weitgehenden Geschlossenheit innerhalb der gewerkschaftlich organisierten Mitglieder:

> KH: »Es wird auf absehbare Zeit weniger Facharbeiter, weniger Berufstechniker brauchen, also brauchen wir die Arbeitszeitverkürzung. Das war für alle einleuchtend, eigentlich. Da hat es auch mit dem Streik, wo es wiederum Aussperrungen gab, keine Probleme gegeben, also Organisations- oder andere Probleme, die Leute zu aktivieren, das war gut, 13 Wochen …«

– so lange dauerte 1984 die Auseinandersetzung. Der Erfolg war trotz der Länge und Härte des ausgetragenen Interessenkonflikts bescheiden: Erst einmal wurde nur die 38,5-Stunden-Woche erreicht. Der nun gültige Tarifvertrag ließ außerdem zu, was die Interviewten unisono bedauerten, dass von Betrieb zu Betrieb, von Abteilung zu Abteilung unterschiedliche Formen der Arbeitszeitverkürzung praktiziert werden konnten. Das erhoffte Ziel, mit einer starken Arbeitszeitverkürzung mehr Arbeitsplätze zu erhalten, wurde verfehlt, sodass der Abbau von Arbeitsplätzen mit der Zunahme einer Digitalisierung aller Unternehmensteile weiterging.

> KH: »Was wäre gewesen, wenn wir lammfromm nichts getan hätten, also das kann man sich ja gar nicht vorstellen, wie dramatisch das ausgegangen wäre. Dass wir keine 100-Prozent-Erfolge erzielt haben, ist jedem klar. Aber es war wichtig, zur damaligen Bewusstseinsbildung der Kolleginnen und Kollegen, das hat ja auch sehr stark zum Zusammenhalt beigetragen: Dass man da gemeinsam gekämpft hat, sag ich mal ganz einfach.«

Erst 1995 kam es nach weiteren Arbeitskämpfen durch eine Einigung der Tarifpartner zu einer tariflichen Absicherung der 35-Stunden-Woche. Aber dieser lange Streik hatte für die gewerkschaftlich organisierten Arbeitnehmer in den Druckereien wohl noch einen positiven und nachhaltigeren Effekt: den der größeren Aufmerksamkeit und geschlossenen Aktivierungsbereitschaft für ihre Interessen. Als Beleg wird dafür die Situation von 1989 herangezogen, als zum ersten Mal die Arbeitgeberverbände die Tarifverträge kündigten, um die Besetzungsregelungen an den Druckmaschinen zu kippen und den Samstag als normalen Arbeitstag wieder einzuführen.

> VK: »Wir haben auf Knopfdruck und aus den Erfahrungen von '84, innerhalb von 14 Tagen eine Mobilisierung hinbekommen. So was haben wir noch nie gehabt. Und ich habe auch noch nie erlebt, dass es so viel Solidarität gegeben hat. (…) Da lassen wir uns nichts mehr nehmen, von dem, was wir haben. Das hält bis heute. (…) Insofern hat sich alles gelohnt, glaube ich. Auch die persönlichen Erfahrungen in dieser Zeit als Gewerkschafter sind natürlich auch für das weitere Arbeiten und das Diskutieren in den Gewerkschaften unersetzlich.«

Unsichere Prognosen zur beruflichen Zukunft in der Medienindustrie

Den Interviewten fällt es sehr schwer, sich unter den momentanen Produktionsbedingungen in der Medienindustrie vorzustellen, wie eine berufliche Zukunft in ihr aussehen könnte. Das wird darauf zurückgeführt,

> JR: »(…) dass viele Mitarbeiter oder Kollegen in der Druckvorstufe so eine Einzelkämpfermentalität entwickelt haben, dass sie nur für sich und ihre Gruppe und gar nicht mehr gucken, was in dem ganzen Bereich passiert. Einer sitzt und macht Internetanzeigen, der glaubt, dass es die Lösung für ihn ist. Der Andere arbeitet mit ›Indesign‹ für bestimmte Prospekte und so was. Irgendwie halten die sich alle für sicher. Deswegen gar keine Diskussion. Außerdem ist ja noch was Gravierendes voll daneben – die Schichten verschieben sich. Die Leute fangen um 10 Uhr vormittags an, bis 18 Uhr oder 17:30 Uhr. Da hast du vom Vormittag nichts und vom Abend nichts, bist am nächsten Tag bei Bedarf wieder früh da.«

Die schnelleren Geschwindigkeiten in der Produktion, die Tatsache, dass immer weniger Betriebe noch tariftreu sind, die geringer werdende Zahl von Beschäftigten, veränderte Berufsbilder und das Preisdumping der Satzhersteller und Druckereien untereinander werden u.a. als Ursachen dafür gesehen, dass es mit der Druckindustrie und den in ihr sicher Beschäftigten weiter nach unten geht. Aber eine wichtige Ursache für die zunehmend schwierige Situation am Arbeitsmarkt wird nicht mehr auf einen Wirtschaftszweig hin analysiert, sondern als Folge der Arbeitsmarktreformen um das Jahr 2005 gesehen, mit denen die tariflich gesicherten Normalarbeitsverhältnisse zurückgedrängt und die Gewerkschaften geschwächt wurden. Nach Auffassung der Diskussionsgruppe wird es nötig, darüber zu sprechen, wie gesamtgesellschaftlich das Verständnis darüber entwickelt wird, »wie wir künftig arbeiten und leben wollen (…); wir brauchen eine Neujustierung in der Arbeitszeitfrage« (VK). Eine länger dazu dauernde Diskussion, wie das gewerkschaftlich zu initiieren wäre, brachte ein Mitglied der Diskussionsleitung zusammenfassend auf den für ihn entscheidenden Punkt.

> EH: »Es ist sicherlich richtig, seit der 35-Stunden-Woche gab es kein gesellschaftspolitisches Projekt der Gewerkschaften mehr. (…) Es steht weiterhin die Frage der Regelung der Arbeitsverhältnisse an, aber dann auf gesellschaftlicher Ebene, der gesetzlichen Grundlagen. Das zu gesellschaftlichen Projekten machen, wird allerdings nur gelingen, wenn es den Gewerkschaften auch gelingt, in den Betrieben die notwendige Solidarität zu entwickeln.«

Vierte Gruppe: Drucker[29]

Befragte: *Ottmar Bürgel* (OB), ehemals Buch- und Offsetdrucker, Bielefeld, Gewerkschaftssekretär der IG Medien/ver.di, *Andreas Meißner* (AM), Berliner Druckerei (Ost-Berlin), seit 1991 Axel Springer Verlag, Berlin, Tiefdrucker, Betriebsrat, *Heinz Jürgen Riekhof* (HJR), ehemals Drucker, Axel Springer Verlag, Hamburg
Interviewer: *Ernst Heilmann* (EH), *Constanze Lindemann* (CL), *Harry Neß* (HN), *Ralf Roth* (RR)

Druckindustrie zwischen Traditionsversprechen und technischem Fortschritt

Ob Tiefdrucker, Offsetdrucker, Flexodrucker oder Digitaldrucker, besonders die Älteren kamen meist über den Weg einer Buchdruckerlehre in das »grafische Gewerbe«. Sie wurden häufig von einem anderen Ausbildungswunsch herkommend auf den Druckbereich in der Produktion umgelenkt.

> OB: »Ich wollte ursprünglich Schriftsetzer lernen. Da waren die Ausbildungsplätze bereits vergeben. Das war ein Betrieb damals von 140 Beschäftigten ungefähr, da wurden dann die Ausbildungsplätze per Vitamin B vergeben. Da hat das halt eben nicht geklappt mit dem Schriftsetzer, und man hat mir angeboten, ich könnte doch eine Ausbildung als Buchdrucker machen. Dann habe ich, bevor ich sage, ich werde arbeitslos, das Angebot angenommen. Habe dann in der Tat in einer der ersten Berufsschulstunden erfahren, dass der Buchdruck auf dem sterbenden Ast ist. Habe mir da aber erst mal noch keine großen Gedanken gemacht, weil in dem Betrieb, in dem ich gelernt habe, da lief der Buchdruck noch richtig gut. Da hatten wir eine ganze Batterie an Heidelberger Schnellpressen stehen. (…) Noch als Auszubildender habe ich mich hingesetzt und mal gerechnet, als dann die erste Roland 4-Farben aufgestellt wurde: Was heißt eigentlich die ›R. 4-Farben‹ im Verhältnis zu den Schnellpressen im Buchdruck? Bin dann zu einer Rechnung gekommen, die ich mal aufgemacht habe, dass die ›R. 4-Farben Ultra‹ im Format 100 x 140 etwa 22 Schnellpressen ersetzt hat. Das heißt natürlich 22 Drucker. Bei einer Schnellpresse waren alles ausgebildete Drucker und bei der Roland 4-Farben war es so, da waren zwei Drucker und zwei Helfer, das war die Maschinenbesetzung, die damals tarifvertraglich geregelt war.«

Man war stolz auf die Qualität der eigenen Arbeit; sie gab dem erlernten Beruf neben dem Einkommen einen ideellen Wert mit herausgehobenen Kompetenzen, mit Prestige und Autorität. Genannte Beispiele von Druckerzeugnissen in der Diskussionsgruppe sind vierfarbige und mit Schmuckfarben versehene Möbelkataloge und Kunstkalender.

> HJR: »Ich weiß noch, ein Auftrag, da sind wir dann immer ins Museum nach Lübeck gefahren. Haben Andrucke gemacht mit den verschiedenen Farben und haben das verglichen mit dem Originalbild in dem Museum.«

Die Akzidenzdruckerei der Saarbrücker Zeitung. Blick in den Schnellpressensaal, um 1955

Und man war sich über die anerkannte Fachkompetenz hinaus der persönlichen Stärke und der relativen Autonomie durch den hohen gewerkschaftlichen Organisationsgrad bewusst. Die Beschäftigten befanden sich in einer Art kollektiver Schutzgemeinschaft, die bei größeren unternehmensstrategischen Überlegungen, wie der zunehmenden Ausgliederung von Betriebsteilen, von der Druckereileitung in den Entscheidungsprozess einbezogen werden musste.

> AM: »Dass der Vorstand dann geäußert hat: Wir müssen leider die Druckereien in Tochterunternehmen umwandeln; aber der zweite Halbsatz war: aber wir bleiben tarifgebunden. Weil die wussten genau, was sonst passiert.«
> HJR: »Ja, die wussten ja immer, dass wir streikfähig waren.«

Drei drastische Beispiele wurden von den Befragten darüber hinaus gegeben, aus denen ableitbar ist, wie gesundheitlich belastend bei allem Berufsstolz und gefühlter Stärke der gewerkschaftlichen Interessenvertretung die tägliche Arbeit in der Druckerei war: Lärm, Dämpfe, Vibration, Staub, Kraftanstrengungen, Konzentration etc. Das erste Beispiel beschreibt den Druck von Abonnentenkarten mit Zählwerk:

Gruppeninterviews: Drucker **215**

> HJR: »Das war so ein Streifen, ich weiß nicht, da waren sieben oder acht Zählwerke drin, weil die nachher auseinandergeschnitten wurden. Dann musstest du als Drucker immer genau aufpassen, dass die auch wirklich richtig weiterzählten. Wir haben zweischichtig gearbeitet, also dann nachher gegen Mitternacht, wenn man anfing, müde zu werden, das war schon eine besondere Aufgabe. Das war noch Buchdruck. Und bei jedem Durchlaufen unter dem Zylinder bekamen die Dinger Druck, dann sprangen sie weiter, wenn sie sprangen.«

In der Hochdruckruckrotation war allein die Farbeinstellung eine große Herausforderung und mit Risiken eines Unfalls verbunden. Man muss sich das anhand des zweten Beispiels wie folgt vorstellen:

> HJR: »Ja, an der Buchdruckrotation: Exemplar rausnehmen, angucken, da fehlt ein bisschen Farbe, reinlaufen, eine Schraube drehen an dem Farbkasten. (…) Ja, in den Lärmbereich der Rotationsmaschine, wo das dong, dong, dong, dong, dong geht.«
> EH: »Wieviel Zonenschrauben gab es für eine Seite?«
> HJR: »28, glaube ich, waren das, und dann oben in die obere Etage der Maschine, musste man reinklettern und da waren vielleicht so 50 cm Platz da, wo die Papierbahn drüber lief. Da musste man sich dann reinzwingen und dann da mit dem langen Arm stellen und so.«

Ein drittes Beispiel kommt aus der engen Zusammenarbeit von Druckerei und Weiterverarbeitung:

> OB: »Das ging ja so vonstatten, dass die Bogen geschnitten wurden, dann wurden die auf einen Stapel gestellt in der Weiterverarbeitung und dann kriegten unsere Kolleginnen damals, die kriegten so einen Holzkasten um den Hals gehängt und gingen dann um lange Tische, haben sich dann die einzelnen Sachen da immer runtergenommen und haben so die Kataloge zusammengetragen, (…) Bogen für Bogen. (…) Jeden einzelnen und dann auch noch auf eine Palette wieder abgesetzt, wenn sie einmal rum waren. (…) Wir haben nämlich mal die Kilogramm zusammengerechnet, die die am Tag transportierten, das waren 800 kg. Wir sind auf den Trichter gekommen, weil diese Möbelkataloge wurden nicht auf dünnem 80-Gramm-Papier gedruckt, das war meistens so ab 135-Gramm-Karton aufwärts. Das hatte hinterher ein richtiges Gewicht.«

Um die Mitte der 1960er Jahre begannen einige Buchdrucker auf den Tiefdruck umzuschulen, und ca. 1969 begannen auch immer mehr Kleinbetriebe ihre Produktion vom Buchdruck auf den Offsetdruck, ein Flachdruckverfahren, umzustellen. Das war ein »Wahnsinnsschritt« (HJR), denn wenn die Schnellpresse in der Höchstgeschwindigkeit stündlich 4.000 Bogen auswarf, so waren das bei einer Offsetmaschine »dann 11.000 in der Stunde«(HJR). Dafür wurden neue Offsetdrucker eingestellt, die dann ›learning by doing‹ die Betriebsleitung darin unterstützten, innerbetrieblich die Buchdrucker auf die neue Technik umzuschulen. Und es klingt auch etwas Neid durch, denn alle, die beruflich in der Druckindustrie bleiben wollten, wussten, dass der Offsetdruck den Buchdruck immer stärker verdrängen würde. Eine gefühlte Entwertung der Professionalität ging damit einher.

> OB: »Mir ist so ein Begriff im Hinterkopf, wo ich das auf den Punkt bringen würde, nach dem Motto: Die Buchdrucker waren Künstler und die Offsetdrucker waren Götter. Die wurden auch so behandelt seitens der Geschäftsleitung, das war die neue Richtung, um die es ging. Die Leute wurden gehegt und gepflegt.«

Da gab es sicherlich auch Konflikte, denn die Berufsangehörigen beider Techniken hatten fachlich in der Vergangenheit wenig voneinander gehalten, mussten sich aber nun im Interesse der gemeinsamen Arbeit im Drucksaal bei unterschiedlich langen Einrichtungszeiten der Maschinen vor dem Druck arbeitsorganisatorisch miteinander verzahnen.

> OB: »Also das war ein schleichender Prozess, das ging nicht von jetzt auf gleich. Es wuchs zunehmend zusammen, je mehr Buchdrucker umgeschult wurden zum Offsetdruck. Die haben zwangsläufig mit den Offsetdruckern zusammengearbeitet. Die Offsetdrucker haben dann gemerkt – ich übertreibe das jetzt mal –, Buchdrucker sind auch Menschen. Die haben auch ein Auge für Farbe, das war eigentlich der Vorteil des Buchdruckers gegenüber dem Offsetdrucker. Der wurde ja landauf, landab als ›Wasserpritscher‹ bezeichnet, weil die Brillanz im Buchdruck eine ganz andere war. Also das ist dann zusammengewachsen. Da hat man hinterher kaum noch Unterschiede gemerkt.«

Handeln der Akteure mit organisierten Präventionsmaßnahmen

Eine Überraschung für die in der Interviewergruppe Anwesenden war in den Berichten über Berufsverhältnisse vor der deutschen Einheit, dass offensichtlich in der DDR nicht nur gute Offsetmaschinen gebaut und in die Bundesrepublik exportiert wurden, sondern dass auch im Vergleich nach 1989 erkennbar war, dass technologisch in beiden Staaten auf dem Gebiet der Drucktechnik vieles parallel verlaufen war und manche Firmen in Westdeutschland sogar einen technologischen Rückstand gegenüber der ehemaligen DDR hatten. Aber das galt wohl in besonderem Maße nur für die von der »ZENTRAG« staatlich geförderten Druckereien.

> AM: Von der Technologie her war die DDR ja führend. Die haben die P.P.-Variante schon gebaut, du kennst es ja auch. (…) Also die großen Offsetanlagen haben sie gebaut, Mitte der 1970er Jahre. Also P. P. hat angefangen, ich

Zylindergravur im Tiefdruck

glaube 1972/73 mit den ersten großen Offsetmaschinen in 8er-Turmbauweise. Die haben sich bis heute nicht geändert; der einzige Unterschied (ist), dass das Feuchtwerk ein bisschen anders aussieht. Sie haben drei Auftragswalzen gehabt, wir haben leider nur noch zwei. (…) Der Fotosatz ging los 1978, 1979, da haben wir in der DDR mit dem Fotosatz angefangen. (…) Von der Fachlichkeit her war man vom Tiefdruck wesentlich bessere Technik schon gewohnt, als ich sie (nach der Wiedervereinigung, H.N.) vorgefunden habe. Also für mich war das erst mal ein Schritt zurück in die Steinzeit. Wo ich bei S. angefangen habe, diese uralten Buchdruckmaschinen. Wir hatten auch alte Maschinen, so aus den 1930er und 1940er Jahren mit zwei Werken, wo nur schwarz-weiß gedruckt wurde, aber ansonsten von der Technik her war das ja tiefste Steinzeit. Dann mit dem Offsetdruck in Spandau (Berlin, H.N.), da war das natürlich ein Vorteil. Ich war nicht der einzige, der aus dem Tiefdruck kam, es waren nur die Maschinenführer da, weil die die Affinität zur Technik hatten, zum elektronischen Regelsystem und allem, was dazugehört. (…) Ich sage mal, S. ist da wahrscheinlich extrem, das ist nicht viel anders, als es ein ›VEB Betrieb‹ war. Ich habe mich bloß gewundert, wie die jahrelang eine Zeitung rausbekommen haben. Das war mir schleierhaft. Auch so unter den Kollegen, ja klar war das am Anfang, haben die so ein bisschen gepiekt gegen die Ossis, so ein bisschen, aber spätestens mit dem Umzug nach Spandau hatte sich das dann erledigt. Ja, ist natürlich so mit dem Umgang miteinander. Früher konnte ich mit dem Werkleiter anders umgehen, als das denn bei S. war, – aber sind auch alles Menschen.«

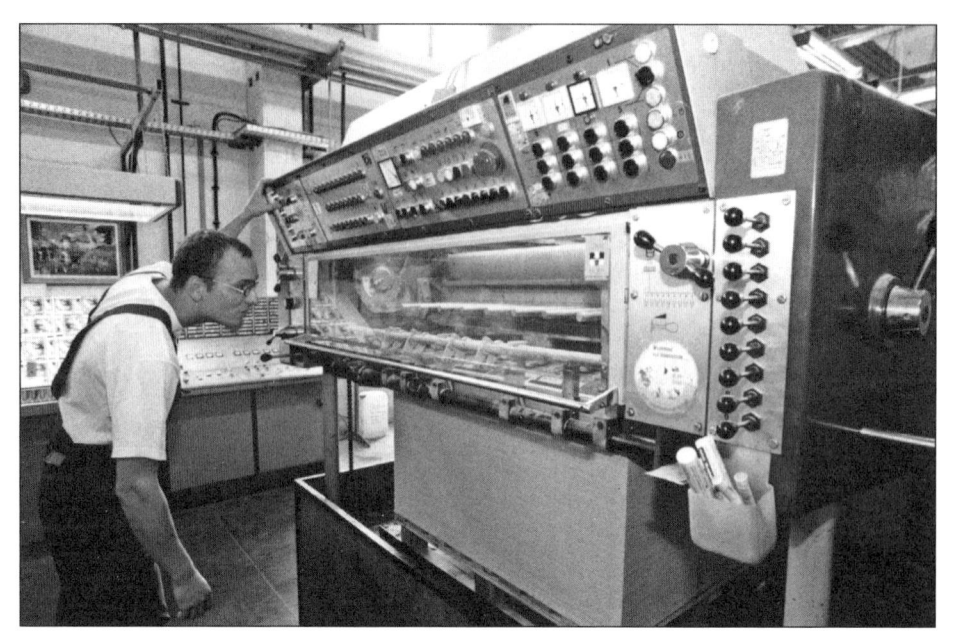

Drucker bei Masterpack in Crimmitschau, 1999

In den 1970er und 1980er Jahren stellte sich die Situation nun auch in den Drucksälen der alten Bundesrepublik so dar, dass – infolge zunehmend besserer Kompatibilität der digitalen Filmherstellung mit den Druckplatten in der Offsettechnik – mit Entlassungen und Altersregelungen Personal abgebaut wurde. Für die in den Betrieben verbleibenden Drucker nahm die Arbeitsbelastung nicht nur durch die höheren Druckgeschwindigkeiten zu, sondern auch durch die Vielfältigkeit der Aufträge und Kundenansprüche, die einen ständigen Umbau, eine Neueinrichtung und Umrüstung der Maschine erforderlich machten.

> OB: »An meinem persönlichen Beispiel habe ich das an meinem eigenen Körper gemerkt. Ich habe fünf Jahre studiert, obwohl ich in kleineren Druckereien gearbeitet habe. Das war aber dann Buchdruck und so was alles dazugehört. Und hinterher, als ich bei der Firma bei St. in W. angefangen habe, nach dem Studium, da durfte ich neu drucken lernen. Das war definitiv so. Die Technik in den fünf Jahren hat sich dermaßen rapide weiterentwickelt. Ich habe dann am Ende an der Maschine gearbeitet, wo ich mit Wendung (in der Druckmaschine im Schön- und Widerdruck jedes Bogens, H.N.) zu tun hatte. Das kannte ich vorher gar nicht. Das war auch automatisch voreingescannt, die Farben und diese ganzen Geschichten, das kannte ich vorher auch nicht. Es war ein vollkommenes Umlernen beim Drucken.«

Gruppeninterviews: Drucker

Einziehen der Papierbahn

Unter diesen Voraussetzungen musste die Interessenvertretung der Arbeitnehmer angepasst reagieren, denn diese hatten für ihre eigene Zukunft keine Alternative als den Betrieb, in dem sie ihre Festanstellung hatten.

> AM: »Dann muss man schon als Betriebsrat ganz schön aufpassen, dass man die Stammbelegschaft noch in Lohn und Brot hält. (…) Ich habe also mit allen Versammlungen gemacht, für alle, mit jedem Einzelnen gesprochen, für manche auch eine Bewerbung geschrieben, weil sie es nicht alleine hinbekommen haben. Die sich dann eben in andere Abteilungen, wo wir sie auch wirklich in den nächsten Jahren brauchten, in der Weiterverarbeitung und im Papierlager, qualifizieren wollten.«

Aber die Ausgangslage hatte sich seit den 1970er Jahren grundsätzlich verändert. Ein Thema des tariflichen Regelungsbedarfs, das neben dem Gesundheitsschutz immer wieder angesprochen wurde, waren die Besetzungsregeln an den Maschinen, das Verhältnis zwischen Druckern und Helfern/Fachhilfsarbeitern bei zunehmendem Automatisierungsgrad der Technik: immer schwankend zwischen Teamarbeit bei unterschiedlicher Bezahlung und der klassischen Aufgabenverteilung mit entsprechend gestaffelten Lohngruppen von Linienführer, Maschinenführer, Gehilfe, Junggehilfe und Helfern. Aus der Vorstufe im Vergleich zu den Verhältnissen in den Drucksälen wurde für die Beschäftigten dort eher eine negative Entwicklung konstatiert.

Weiterverarbeitung bei Masterpack in Crimmitschau, 1990er Jahre

> OB: »Bloß, da ist denn doch innerhalb der Betriebe ein Stück was schiefgelaufen. Das fing an mit der Maschinenbesetzung, also pro Rollenwerk welche Besetzung an Druckern und an Hilfsarbeitern. Die Druck und Papier war die einzige Gewerkschaft, die eine Hilfsarbeiterbesetzung, eine feste Besetzungszahl hatte. Das hatte noch nicht mal die IG Metall gehabt. An dem wollten die Unternehmer immer klappern, indem sie gesagt haben: So, jetzt ist die Maschine technisch ausgereift, revolutioniert. Die Steuerung usw. ist alles einfacher geworden. Jetzt wollten sie von der Besetzungsregelung weg. Wir haben gekämpft vor der Einigungsstelle und vor dem Arbeitsgericht. Wir haben Recht bekommen, dass unsere Besetzung beibehalten wurde. (...) Aber das war von Betrieb zu Betrieb unterschiedlich, obwohl wir in der Arbeitsgruppe Tiefdruck beschlossen hatten, zusammenzuhalten, uns gegenseitig zu informieren und an einem Strang zu ziehen. Da hat es doch Geschäftsleitungen gegeben, die dann Kollegen weichgekocht haben. Die Maschinenbesetzung war der erste Schritt bei den Unternehmern.«

Anfänglich war in der Aufgabenbeschreibung entsprechend dem Professionalisierungsstatus der Drucker in der Haltung und Hierarchie noch eine klare Abgrenzung zu den Helfern deutlich. Dann kam es aber mit zunehmender Automatisierung zu einer neuen Ausgangslage, zu einer kleineren personellen Besetzung an den Maschinen. Zwischenlösung war für sie gemäß dem Rat ausländischer Betriebsräte häufig, manchmal gegen Widerstände von Facharbeitern, eine festgelegte Teamarbeit von Helfern und Druckern.

Weiterverarbeitung, 1980er Jahre

> HJR: »Und zwar haben wir mit vereinbart, (…) dass Drucker, wenn nicht genug Helfer da sind, auch Helfertätigkeiten machen müssen. (…) Ohne Abstufung bei gleichbleibendem Lohn. Also wenn ein Helfer fehlt, konnte ein Drucker die Helferarbeit mitmachen für den gleichen Lohn, aber gut. Einige haben es ganz strikt getrennt und haben dann gesagt: Leute, bin ich der Helfer? Und andere haben gesagt: Okay, machen wir eben mit.«
>
> AM: »Haben wir jetzt eigentlich erst bei den letzten vollautomatischen Maschinen gemacht, dass wir gesagt haben: Ab dem dritten Turm, vorher sind nur Drucker dran, aber ab dem dritten Turm kommt immer ein Drucker oder ein Helfer dazu. Wo der Arbeitgeber aber gesagt hat: Bei diesen vollausgestatteten Maschinen, seid mir nicht böse, kann ich mit dem Helfer nichts mehr anfangen.«

Die meisten Helfer hatten eine Ausbildung als Handwerker oder wurden im Gefolge des großen Werftensterbens (zum Beispiel in Hamburg) in den 1980er Jahren eingestellt. Den gelernten Schlossern und Elektrikern fiel die neue Tätigkeit wie auch das solidarische Verhalten leicht.

> HJR: »Die waren Metaller und die hatten natürlich ein gewerkschaftliches Bewusstsein. Die haben mit den Druckern zusammengearbeitet.«

Mit der technologischen Weiterentwicklung der Maschinen und strukturbedingten Auslagerungen von Betriebsteilen kam es nach unterschiedlich langen Intervallen über das Jahr 2000 hinaus zu dem Problem der sich immer wiederho-

Nach dem Andruck an der Rotationsmaschine erfolgen die Korrekturen über den Computer (1996)

lenden Personalreduktion. Manche Helfer konnten zu Druckern mit einem anerkannten Ausbildungsabschluss umgeschult werden. Andere wurden in andere Abteilungen versetzt oder gingen in die vorgezogene Rente.

Die zweite innerbetriebliche Steuerungsfrage in Zeitungsdruckereien war die nach den Hilfstätigkeiten in der Weiterverarbeitungs-Abteilung, in der verschiedene Teile der jeweiligen Ausgabe zusammengetragen und eingelegt werden mussten. Dies wurde im Betrieb eines Befragten jahrelang so gelöst, dass bis zu 400 Frauen auf Abruf am Freitag in die Weiterverarbeitung kamen. Das Sortieren und Zusammenlegen ist dann nach einer Übergangsphase mit Festverträgen ersetzt worden durch eine Technologie, die diese Aufgabe schneller und noch kostengünstiger übernehmen konnte.

> AM: »Wir haben jetzt die Anlagen in Spandau, die installiert wurden 1993, da waren natürlich auch neue Weiterverarbeitungsanlagen mit Newslinern, wo man schon ein bisschen was einstecken konnte. Wir haben vor ein paar Jahren nochmal nachgerüstet mit Prolinern, wo man eben 15 oder 20 Prospekte noch reinwerfen kann. (…). Ja, es wird angelegt. Man hat einen Anleger, wo die vorgefertigten Exemplare eingelegt werden, das wird aber leider alles durch Fremdfirmen gemacht: Erstens hatten wir kein eigenes Personal, und zweitens ist so ein Druckauftrag zweimal die Woche, vielleicht auch dreimal.«
> HN: »Was hat das bedeutet für die Kolleginnen und Kollegen in der Weiterverarbeitung?«

Gruppeninterviews: Drucker

Heidelberger GTO Druckmaschinen bei der Druckerei Drescher, Leonberg 1998

> AM: »Naja, die Linienführer und die Maschinenführer sind bei uns immer noch alles die eigenen Leute, aber die Arbeitskräfte, die einlegen, sind studentische Hilfskräfte oder sonst irgendwas, früher war das Teilzeitarbeit. Wird jetzt alles durch Leiharbeit und Werkverträge abgedeckt.«

Ganz nach Betriebsgröße und eingesetzter Drucktechnik verändert sich das kommunikative Verhältnis spürbar zwischen den Arbeitgeber- und Arbeitnehmervertretern. Zwar waren manche Betriebe nicht mehr tariftreu, die Leiter hatten aber aufgrund der Erfahrung mit Arbeitskämpfen immer noch großen Respekt vor der gewerkschaftlich organisierten Belegschaft.

> AM: »Meistens auch beim Streik bei den großen Tarifrunden zum Manteltarifvertrag und Lohntarif. (…) Wir haben keinen tarifgebundenen Tiefdruck mehr. Bei den Zeitungsdruckereien, also als gewerkschaftlicher Vertrauensmann hat man auch die Streikorganisation. Das hat bei uns nicht der Betriebsrat gemacht, das ist auch heute noch so, das machen die Vertrauensleute. Hatte denn aber auch zur Folge, dass im Nachhinein, nach dem Streik, ich glaube 2005, der Betriebsleiter dann irgendwas an Arbeitsorganisation oder irgendwas im Betrieb umstellen wollte, da hat er erst mal die Vertrauensleute zum Kaffee eingeladen, bevor er überhaupt zum Betriebsrat gegangen ist. Der wusste genau, wenn die nicht mitspielen, dann dreht sich hier nichts mehr. Da braucht er gar nicht zum Betriebsrat zu gehen.«

*Masterpack,
Crimmitschau,
1999, Verkleben der
Verpackungen an
der Maschine*

Aber auch ihnen gelang es bei aller betrieblichen Entscheidungsbeteiligung und dem Stolz darüber letztlich nicht, den technischen Fortschritt zu entschleunigen. Zwar hatten sie immer wieder die Bedingungen für die eigene Gesundheit der Beschäftigten u.a. durch Schall- und Vibrationsschutz, durch andere Lösungsmittel und automatische Farbsteuerung am Arbeitsplatz verbessert, aber durch die immer höheren Laufgeschwindigkeiten und Zylinderbreiten, durch Schichtarbeit, Verschleiß und erhöhten Leistungsdruck wurde das wieder relativiert.

> OB: »Letztendlich die ganze Debatte altersgerechte Arbeit. (…) Da haben wir allerdings tarifvertraglich leider noch keine Regelungen, die so richtig greifen. Die gehen in die Richtung, dass man beispielsweise in den Druckereien Maschinenführer so gut wie gar nicht mehr vorfindet, die älter sind als 55, wenn sie überhaupt noch so alt werden. Weil sie es einfach nicht mehr schaffen.«

Gruppeninterviews: Drucker

Unsichere Prognosen zur beruflichen Zukunft in der Medienindustrie

Drei Grundpositionen drücken sich in den Schlussstatements der interviewten Drucker zur Zukunft ihres Berufs aus. Das geht von dem Verschwinden des Druckerberufs und dem Attraktivitätsverlust durch schlechte Arbeitsbedingungen und Löhne, über eine Gegenstrategie durch ›life long learning‹, bis hin zu der Prognose, dass man sich darauf einstellen muss, dass die heute noch getrennten Arbeitsbereiche und Berufe zunehmend zusammenwachsen. Arbeitszeitverkürzung, Zusammenschlüsse zur Interessenwahrnehmung und berufsüberschreitende Qualifikationsprofile werden als eine mögliche Antwort zur zukünftigen Sicherung des Professionalisierungsstatus gesehen. Hier Einschätzungen im Originalton:

> OB: »Also ich würde einem jungen Kollegen heute nicht mehr so begeistert empfehlen, Drucker zu werden. Das hat mehrere Gründe. Das hat einmal mit der Zunahme des Leistungsdrucks zu tun. Zum Zweiten hat es damit zu tun, dass die Tarifsicherheit einfach nicht mehr so gegeben ist, landauf, landab. Es gibt viele Betriebe, die nicht mehr tarifgebunden sind, wo teilweise junge Drucker unter Bedingungen arbeiten, da sträuben sich mir die Haare. Da gibt es Mehrfarbenmaschinen bis hin zu 10-Farben-Aggregaten, wo jemand als Maschinenführer für 13,50 Euro dran steht. Das kann es nicht mehr sein. Deshalb kann ich das keinem empfehlen.«

> HJR: »Ich würde eher sagen, den Leuten raten, Leute bleibt immer am Ball. Informiert euch, macht euch ein Bild, wie es aussehen kann in der Zukunft. Schult nach, versucht so viel wie möglich an Wissen ran zu bekommen, vorausschauend in die Zukunft zu gucken. Eben auch möglichst sich zusammenzuschließen mit anderen Kollegen, gewerkschaftlich oder auch auf Ortsebene und so. Dann einen Ausblick schaffen und gucken, wie man die Zukunft mitgestalten kann. Wie gesagt, wir haben es auch immer gemacht, wir sind immer zur Drupa gefahren und haben uns die neuesten Entwicklungen angeguckt. Ich weiß nicht, in den 1990er Jahren (…) gab es ein Horrorbild einer neuen japanischen Rotationsdruckerei, wo ein Drucker drei Rotationsmaschinen bediente, weil, wenn die erst mal läuft, so sagten die Hersteller, dann läuft sie. Dann muss man nur ab und zu hingucken, ob irgendwas nicht mehr richtig ist.«

> AM: »Ja, Drucktechnologie. Die jungen Leute sollten dranbleiben und sollten sich nicht drauf versteifen, dass sie ihr ganzes Leben als Drucker arbeiten, sondern sollten sich so umfassend qualifizieren, dass sie auch die Vorstufe beherrschen und auch die nachgehenden Abteilungen. Denn die Zukunft wird sein, dass der Maschinenführer im Tiefdruck die Maschine in der Weiterverarbeitung führen kann. Nur so kann ich sehen, dass ich in Zukunft meine Arbeit behalte: Immer dranbleiben an der technologischen Entwicklung.«

Einzelinterviews mit ehemaligen Gewerkschaftsvorsitzenden

Interview mit Franz Kersjes[30]

> **Der Befragte:** *Franz Kersjes* war von 1980 bis 2001 Vorsitzender der IG Druck und Papier und IG Medien in Nordrhein-Westfalen.
> **Interviewer:** *Harry Neß* (HN), *Jürgen Prott* (JP), ehemals Schriftsetzer, Journalist, Soziologe

Druckindustrie zwischen Traditionsversprechen und technischem Fortschritt

Harry Neß (HN): Die Landesebene, durch dich repräsentiert, interessiert uns. Wann hast du das erste Mal gedacht: Hu, da ist ja was, da kommt ja was Riesiges auf uns zu, eine Welle? Und in welcher Position warst du damals?

Franz Kersjes (FK): Ich möchte erst einmal etwas vorausschicken, wie früher die Verhältnisse im Beruf waren. Ich bin ja kein gelernter Setzer, sondern Klischeeätzer. Ich habe 1955 in einer kleinen Klischeeanstalt in Köln diesen Beruf erlernt. Das war ein Betrieb mit 20 bis 25 Facharbeitern. Was mich bereits in der ersten Zeit meiner Ausbildung beeindruckt hat, war, wie die Gehilfen, die Facharbeiter miteinander umgegangen sind. Wir hatten in dem Betrieb schon 1955 die 40-Stunden-Woche, weil die Belegschaft das so wollte. Morgens um acht Uhr war Arbeitsbeginn und etwa die erste Stunde standen die Kollegen in dem großen Ätzraum, wo ich meinen Ausbildungsplatz hatte, zusammen und diskutierten. Da wurde nicht gearbeitet, da wurde diskutiert, und so ab neun Uhr gingen sie dann an die Arbeit. Ich habe oft erlebt, dass der Geschäftsführer im Laufe des Tages kam und den Abteilungsleiter ansprach: Hör mal, wir müssen heute Abend Überstunden machen, da kommen noch Anzeigen, die sollen morgen in einer Tageszeitung erscheinen, also dringende Aufträge. Die Kollegen haben gar nicht drüber diskutiert. Dann nach einer gewissen Zeit, sagte der eine zum anderen: Machen wir heute Abend länger? Naja, heute Abend, aber maximal zwei Stunden. Dann war die nächste Frage, die erörtert wurde: Was gibt es zu essen und zu trinken? Also kurzgefasst: Ich habe in meiner Lehrzeit schon die Überzeugung gewonnen, dass meine älteren Kollegen, die Gehilfen, Macht hatten. Unvorstellbare Macht im Vergleich zu den heutigen Verhältnissen. Das lag aber auch daran, dass die Fachkräfte gebraucht wurden. Die Nachfrage nach Facharbeitern war in dem Bereich Chemigrafie, Bildherstellung, aber sicherlich auch im Bereich Satz und in den anderen Bereichen, relativ groß. Ich kann mich auch erinnern, als meine Lehrzeit zu Ende war, da sagten einige Kollegen zu mir: So, Franz, den Betrieb kennst du jetzt, du musst nun mal einen anderen Betrieb kennenlernen. Und dann haben sie mir freie Stellen genannt. Das Erste war, was ich machen musste: Ich musste zu dem zuständigen Kollegen des Vorstandes im gewerkschaftlichen Ortsverein gehen und fragen: Hör mal, Hans, ich will zum Peukert wechseln, was muss ich da fordern? Er hat mir dann gesagt: Ich emp-

Franz Kersjes (Mitte) beim Gespräch mit Harry Neß (links) und Jürgen Prott in den Räumen des Karl-Richter-Vereins, Berlin, 18.11.2015

fehle dir, das und das zu fordern. Ich bin dann dahin und die erste Frage, die der Chef mir stellte, war: Sie haben sich beworben und ich frage Sie: Sind Sie in der Gewerkschaft? Ich sagte: Ja. Und der Chef antwortete: Dann ist alles gut.

In diesem Betrieb waren alle Beschäftigten gewerkschaftlich organisiert. Ich habe dann auch in dieser Firma einmal erlebt, dass jemand eingestellt wurde, der kein Gewerkschaftsmitglied war. Ob ihr das glaubt oder nicht: Der war ein knappes Vierteljahr beschäftigt. Aber mit dem hat niemand gesprochen. Das hat er nicht ausgehalten, der war isoliert, der gehörte nicht zu uns. Ich will nur daran erinnern, das waren meine Eindrücke, die ich in den ersten Jahren im grafischen Gewerbe, es gab ja noch keine Druckindustrie, gewonnen habe. Ich habe dann mehrfach die Stelle gewechselt. Das war dann immer damit verbunden, dass, wenn ein Neuer eingestellt wurde, nach ein, zwei Wochen die übrigen hin zur Geschäftsleitung gingen und sagten: Hör mal, da ist ein Neuer gekommen, der verdient ja fast so viel wie wir, wir brauchen auch mehr Lohn. Wir hatten Übertarife, heute auch unvorstellbar, die lagen bei 120, 140 Prozent, also weit über dem Tarif. (Der Facharbeiter-Ecklohn war 100 Prozent. H.N.)

Ich habe mir dann später, Ende der 1960er, Anfang der 1970er Jahre, als sich vieles aus technologischer Sicht veränderte, die Frage gestellt: Warum haben wir eigentlich Macht verloren? Das ist nicht mehr so wie früher, denn mit dem Einsatz neuer Techniken sowohl in der Druckvorstufe und auch in der Satzherstellung konnten viele Aufträge wesentlich schneller durch Einsatz der Elektronik bewältigt werden. Und dann ist mir aufgefallen, dass es mit der Solidarität, also dem Zusammenhalt nach dem Grundsatz ›Wir gehören zusammen‹, allmählich bergab ging. Es wurde sichtbar: Arbeiter sind auch Konkurrenten. Da waren einige, die besonders gerne vom Unternehmer eingestellt wurden. Das war auch im Bereich in Köln unter den Kollegen bekannt, wer ein guter Farbätzer war. So hab ich damals schon den Eindruck gewonnen, mit der Konkurrenz-Situation wächst auch die Angst, den Arbeitsplatz zu verlieren. Und das heißt auch, die Solidarität wurde durch die Entwicklung ein Stück aufgespalten. Auch die Unternehmer haben begriffen, ihren Vorteil zu nutzen.

HN: Du hast ja eben von der Entwicklung gesprochen, als du gesehen hast, dass so eine Endsolidarisierung auch mit den neuen Technologien einherging. Da würde ich gerne noch mal nachfragen: Wie verlief dieser Prozess?

FK: Meinen Beruf habe ich selber mitvernichtet. In den 1970er Jahren haben wir im ZFA (Zentral-Fachausschuss Berufsbildung Druck und Medien, H.N.) die Ausbildung zum Druckvorlagen- und Druckformhersteller beschlossen und da war der Klischeeätzer weg. Da wurde die Ausbildung ja auch gestuft. Je nach Fachrichtung konnte man sich dann schon während der Ausbildung ein Stück qualifizieren in eine bestimmte Richtung. Das war aber auch erforderlich. Ich muss euch sagen, ich habe in meiner Lehrzeit und auch danach fast wöchentlich auch außerbetrieblich Kommunikation unter unseren Kollegen und Kolleginnen erlebt.

In den großen Betrieben, da war die Rationalisierung am stärksten: Bauer-Druck, DuMont Schauberg, also die Zeitungsbetriebe. Und dann wurde auch informiert und diskutiert, wie sich das technisch, inhaltlich verändert hat. Viele Arbeiten mussten immer per Hand gemacht werden. Nun spielte die Elektronik eine große Rolle bis hin zum RTS-Tarifvertrag.

Dahinter stand ja immer die Rationalisierung, die Beschäftigung von weniger Arbeitnehmerinnen und Arbeitnehmern. Und dagegen versuchten wir uns zu wehren. Wir haben das aber nie umfassend durchgesetzt, auch nicht im RTS-Tarifvertrag. Wir hatten nach meiner Erinnerung die simple Vorstellung: Wenn durch den Einsatz neuer Techniken die Aufträge schneller abgewickelt werden können, dann darf niemand entlassen werden, dann wird die Arbeitszeit verkürzt. Wenn wir also keine 200 Stunden mehr brauchen für die Produktion am Tag, sondern nur noch 180, dann heißt das auch Arbeitszeitverkürzung. Und dieses Ziel hat die IG Druck und Papier eigentlich in dieser starken Vorstellung nicht realisiert, auch nicht durch den RTS-Tarifvertrag.

Handeln der Akteure mit organisierten Präventionsmaßnahmen

HN: Warst du da schon, in der Position, für die Gewerkschaft hauptamtlich tätig?
FK.: Ich bin groß geworden im »Deutschen Senefelder Bund«.

Jürgen Prott (JP.): Spartengewerkschaft?
FK: Ja, das war eine Gewerkschaft der Bildhersteller. 1965 habe ich zur Wiedervereinigung gesagt: Die IG Druck und Papier ist in den Schoß des Senefelder Bundes zurückgekommen. Wir waren jede Woche zusammen, Arbeitskreise und

Versammlungen. Ich war ja dann erst Jugendgruppenleiter in Köln. Jeden Donnerstag hatten wir Jugendabend mit den unterschiedlichsten Geschichten, fachspezifisch, bis hin zu Bert Brecht und Filmvorführungen. Also diese Kommunikation, die war sehr, sehr intensiv, sehr reichhaltig und da wurde dann auch über wachsende Probleme gesprochen. Ich bin 1971 Sekretär des Landesbezirks Nordrhein-Westfalen geworden und war dann bis 1980 unter anderem verantwortlich für die gewerkschaftliche Bildungsarbeit. Wir waren der erste Landesbezirk, der von dem üblichen Kathederstil in der Bildungsarbeit abgerückt ist. Wir haben einen Teamer-Arbeitskreis gegründet, und wir haben dann als Teamer die Seminare gestaltet. Eine ganz andere Herangehensweise als zuvor. Ich war jetzt erstaunt am letzten Wochenende in Hörste, da wurde uns dann erklärt, wie die Bildungsarbeit in ver.di, auch im Fachbereich 8 aussehen soll, und was sie vorhaben, wie das und wo das gemacht werden soll. Ich habe mich nicht zu Wort gemeldet, weil ich befürchtete: Da ist einer 14 Jahre in Rente und der will uns erzählen, wie Bildungsarbeit laufen muss. Und da habe ich mich denn doch gescheut.

HN: Warst du da schon hauptberuflich tätig?
FK: Ja, ab 1971 hauptberuflich.

HN: Was hat sich dadurch für dich verändert in Bezug auf die neuen Technologien und die Bildungsarbeit? Wie sah denn die Kommunikation aus zwischen dem Hauptvorstand in Stuttgart und euch, die noch näher dran waren an den Betriebsräten?
FK: Wir hatten alle Freiheiten. Wir wurden nicht gegängelt. Uns wurde nicht gesagt, was man tun oder lassen soll, sondern wir haben durch intensive Diskussionen im Vorstand, im Teamer-Arbeitskreis und auch vor Ort versucht, uns besser kennenzulernen. Ich habe da auch immer die Überzeugung vertreten: Bildungsarbeit beginnt nicht erst im Seminar, im Lehrgang. Bildungsarbeit muss im Grunde genommen jeden Tag stattfinden, durch Diskussionen mit Kollegen und Kolleginnen im Betrieb, im Ortsverein, in der Jugendgruppe, in der Fachgruppe und durch Fragen.

Ich habe auch nie besonders intensiv agitiert, das war zwar manchmal nötig, in Streiksituationen, aber ich bin immer an die Menschen herangegangen mit Fragen: Die Probleme habe ich doch auch. Ja, wo sind denn die Ursachen? Kann man was dagegen tun? Mein Ziel war, sich besser kennenzulernen, Begegnungen zu organisieren, zu fördern und in den Begegnungen über sich selbst zu reden, über Ängste, über Vorstellungen, über die allgemeine Situation. Dadurch ist Vertrauen entstanden. Ich sage mal so, klingt vielleicht ein bisschen arrogant, ich habe mal in einer großen Betriebsversammlung erlebt, das war auch in einer Streiksituation, wo ich dann die Position der Organisation vertreten musste. Es gab ziemliche Unzufriedenheit und in der Diskussion, die spitzte sich dann so ein bisschen zu, da stand auf einmal einer auf und sagte: Hört mal, der Franz ist einer von uns, dem könnt ihr vertrauen. Das war das höchste Lob für mich. Einer von uns.

HN: Das kann ich mir denken, ja. Sag mal, gab es dann sozusagen in Bezug auf die technologischen Veränderungen von eurem Landesverband oder überhaupt von den Landesverbänden eine Strategiediskussion, wie man damit umgeht, außer dieses Nähe zeigen, diese Kommunikation, dieser Austausch mit den Betriebsräten, dieses regelmäßige Treffen, dieses sich Kennenlernen, Vertrauen zueinander zu haben?

FK: Ja, ich kann jetzt die Arbeit im Detail in Landesverbänden wie Bayern oder Niedersachsen oder Berlin nicht beurteilen. Das wäre auch ein bisschen anmaßend. Aber selbstverständlich haben wir meist betriebsbezogen diskutiert. Also nicht von oben herab nach der Devise: Ihr müsst, ihr sollt das und das tun, sondern, was passiert in dem Betrieb, da stehen Entlassungen an, da werden Abteilungen geschlossen oder ausgegliedert.

Es entstanden zunehmend Probleme mit dem Flächentarifvertrag, also dass Tarifnormen in allen Betrieben der Branche, die tarifgebunden sind, aber auch darüber hinaus, uneingeschränkt Gültigkeit haben sollten. Das funktionierte, ja klingt jetzt ein bisschen hart, im Laufe der Zeit immer weniger. Die Gewerkschaften haben ja auch selber dazu beigetragen, indem sie vereinbart haben: Also gut, in den Betrieben, die nicht in der Tarifbindung sind, wollen wir einen Firmentarifvertrag. Wir hatten in Nordrhein-Westfalen, glaube ich, an die 80 Firmentarifverträge mit Betrieben, die aus dem Arbeitgeberverband ausgetreten waren oder überhaupt noch nicht in der Tarifbindung waren. Und dabei bestand natürlich die große Gefahr, dass wir betrieblich teilweise zu unterschiedlichen Lösungen kommen sollten. Also der eine Betrieb meinte: Nee, wir müssen kürzer arbeiten in der Abteilung, oder: Die Abteilung fällt ganz weg. In einem anderen Betrieb war möglicherweise genau das Gegenteil der Fall.

Ich will mal zur Situationsschilderung aus späteren Jahren einen Fall nennen: Mohndruck in Gütersloh. Da hatten wir einen Firmentarifvertrag mit der Firma damals Anfang der 1970er Jahre erkämpft. Als im Frühjahr 1989 die IG Medien entstand, wollte der Bertelsmann Konzern diesen Firmentarifvertrag mit der IG Medien nicht erneuern, und die rechtlichen Möglichkeiten standen damals in der Tat gegen uns.

Das ist heute anders, also wenn heute die Organisation mit anderen verschmilzt, dann gibt es da eine Fortsetzung der vertraglichen Möglichkeiten. Mohndruck wollte aber keinen Firmentarifvertrag mehr. Der Bertelsmann Konzern hatte in Ostdeutschland einen neuen Betrieb gekauft und trat nun bei der Belegschaft in Gütersloh an mit der Forderung: Wir müssen wöchentlich zukünftig zwei Stunden ohne Bezahlung arbeiten; die Rendite liegt bei 10 Prozent und wir brauchen 15 Prozent. Wir haben natürlich Versammlungen gemacht, Gespräche geführt, alles Mögliche gemacht. Aber dann hat Mohndruck einen ganz einfachen Trick angewandt. Sie haben jedem Beschäftigten, das waren damals noch etwa 3.000 Arbeitnehmer, jedem Beschäftigten einen Brief mit der noch mal kurzen Erläuterung und der Aufforderung geschickt, sich persönlich einverstanden zu erklären mit den zwei Stunden Mehrarbeit – ohne Bezahlung. Und was mich damals

Franz Kersjes auf dem 15. Ordentlichen Gewerkschaftstag der IG Druck und Papier, 8.-13. April 1989 in Hamburg

erschüttert hat, deshalb spreche ich das heute noch mal an: 93 Prozent der Betroffenen haben dieser Regelung zugestimmt, 93 Prozent!

HN: Ihr musstet es ja nun zu so einem operativen Handel zusammenbündeln, irgendwie die einzelnen Betriebsinteressen und die Landesverbandsinteressen?
FK: Ja, aber das wurde immer schwieriger.

HN: Ja, wie habt ihr das hinbekommen, für ein bestimmtes strategisches Ziel, mit dieser technologischen Veränderung fertig zu werden, dann doch eine Gemeinschaft herzustellen?
FK: Also wir haben im Gegensatz zu heute fast immer die Gelegenheit genutzt, in Betriebsversammlungen aufzutreten, um darzustellen, wo die Ursachen der Probleme liegen und welche Vorstellungen wir haben, um die Probleme in den Griff zu bekommen. Also die Informationsarbeit in Nordrhein-Westfalen, behaupte ich, war annähernd optimal. Wir hatten noch 80 Ortsvereine und aus dem ehrenamtlichen Bereich kamen natürlich auch viele Fragen, die beantwortet werden mussten. Ich weiß nicht mehr, in wie vielen Versammlungen ich fast täglich gewesen bin. Information, Kommunikation, das war das Entscheidende.

JP: Ich möchte noch mal gerne die ganze Diskussion zuspitzen auf die Problematik des RTS-Tarifvertrages. Meine Frage richtet sich an den Tarifpolitiker Franz Kersjes: Wenn du dich nochmal zurückerinnerst, an das, was man vielleicht die

Schlachtordnung nennen könnte, wie verschiedenartig oder wie gemeinsam hast du damals, habt ihr damals die Arbeitgeberseite erlebt? Wie ist deine Erinnerung?

FK: Ja, da eine Pauschalität herzustellen, bezogen auf die Verbände, ist schwierig. Es gab in jedem Verband solche und solche. Noch am ehesten kompromissfähig waren nach meiner Erinnerung die Druckunternehmer, weil ihnen wahrscheinlich doch die Probleme am stärksten unter den Händen brannten, also betriebsbezogen.

Die Verleger, die waren sich im Vergleich zu den Druckunternehmern häufig uneinig. Es wurden auch getrennte Verhandlungen geführt, die waren nicht immer an einem Tisch. Da eine Differenzierung herzustellen, würde ich nicht unbedingt wagen wollen. Es gab große Unterschiede, es gab auch betriebliche Unterschiede.

JP: Lass mich das gerade auf der betrieblichen Ebene zuspitzen. Reden wir mal über Nordrhein-Westfalen. Du hast über die vielen Jahren mit unterschiedlichen Verlegern zu tun gehabt, mit der WAZ Gruppe, mit Neven DuMont. Du hast eben schon das Beispiel Mohndruck erwähnt, das sind ja nun ganz verschiedene Unternehmerkulturen, wenn man so will. Mir hat mal ein alter Haudegen aus unserer Organisation gesagt, ein Betriebsratsvorsitzender: Also mir sind die patriarchalischen Eigentümerunternehmer Bauer, Burda, Springer, meinetwegen Neven DuMont immer noch lieber als diese technokratischen Typen, die gar keine Beziehung haben zum Produkt und zur Geschichte, etwa ihrer Zeitung. Hat es eine solche Differenzierungslinie gegeben, wie muss ich mir das vorstellen?

FK: Also mal ein Beispiel, B. Köln, der H.B. Verlag. Der Herr B. war der Eigentümer mit seinen Konsorten. Den haben wir vor Ort oder auch in Tarifverhandlungen nie gesehen. Wir mussten immer mit den Managern verhandeln. Und die Manager standen unter dem Druck des Eigentümers. Der hatte eine Devise ausgegeben und die Manager eierten nun da rum und mussten feststellen, dass sie das bei uns nicht durchsetzen konnten. Und dann gab es betriebliche Konflikte, das war der Regelfall. Und das war auch bei den meisten Zeitungsverlagen so. Du hast die WAZ erwähnt, da gab es zwei Geschäftsführer; wenn ich zu dem einen ging, weil die Kollegen mich beauftragt hatten, jetzt musste mal mit dem reden und so, ja dann habe ich einen Termin gemacht. Ich kann mich erinnern, dass mich der eine Geschäftsführer fragte: Herr Kersjes, wieviel Macht bringen sie mit? Mit anderen Worten: Muss ich Angst vor Streiks haben? Habe ich natürlich immer bejaht. Aber nicht immer zogen die Kollegen mit, weil, wie gesagt, die Konkurrenzsituation, die Meinungen in den Belegschaften, differenzierend zunahmen.

JP: Das ist genau die nächste Frage. Auf beiden Seiten gab es praktisch Differenzierungen?

FK: Ja.

JP: Und jetzt die Frage: Wo verliefen die Differenzierungslinien auf der gewerkschaftlichen Seite? Ist das eine Frage der Berufsgruppen, hier die Maschinenset-

zer, die die meiste Angst hatten um ihre Arbeitsplätze, da die Drucker, die möglicherweise, was die Arbeitsplatzsicherheit anging, nicht so betroffen waren. Am Rande liefen noch mit die Journalisten, die aber von der Zahl her nicht so groß waren. War das eine Differenzierungslinie? Oder die Frage, wie man in dem Tarifkonflikt vorgeht, war das mehr eine Frage, auch so der politischen Überzeugungen, dass jemand sagt, wir wollen kämpfen, und ein anderer sagt: Nein, es ist doch vielleicht besser, wir versuchen es mal mit der ausgestreckten Hand der Verhandlungen. Wie hast du das in Erinnerung? Man kann ja nur erfolgreich einen Tarifvertrag durchkämpfen, wenn man einigermaßen geschlossen ist und genau weiß, wo man hin will; aber es sind ja eben doch Differenzierungen da. Wo verliefen die Hauptlinien?*

FK: Also wenn ich die Gruppen nehme, die Berufsgruppen nehme, da gab es eine beträchtliche Konkurrenz zwischen den Maschinensetzern und den Facharbeitern in den übrigen Bereichen. Das war im Übrigen der Grund, warum sich 1952 der Senefelder Bund gegründet hatte. Die Maschinensetzer hatten 120 Prozent und die Forderung aus anderen Berufsgruppen kam: Warum wir eigentlich nicht? Wenn auch vielleicht nicht so pauschal, aber je nach Bedeutung und Fähigkeiten müssten wir doch auch differenzieren.

JP: Und die Hilfsarbeiter spielten überhaupt keine Rolle, mussten sich hinten anstellen?

FK: Im grafischen Gewerbe spielten, nach meiner Erinnerung, Hilfsarbeiter kaum eine Rolle.

JP: Buchbinder?

FK: Die liefen auch nur am Rand. Es gab also entscheidendes Konfliktpotenzial zwischen Druckern und Maschinensetzern und zwischen Maschinensetzern und Bildherstellern. Aber im Verlaufe des Einsatzes neuer Techniken veränderte sich das natürlich in den jeweiligen Gruppen. Es gab die Kolleginnen und Kollegen, wie wahrscheinlich überall, die sagten: Komm, lass uns doch nochmal reden. Die also Angst vor dem Streik hatten und die Konsequenzen möglicherweise fürchteten: Wenn wir streiken, dann entlässt der Chef und macht die Bude dicht. Also es war noch nicht so extrem wie heute.

Ich will mal ein Beispiel einbringen. Magdeburger Volksstimme, eine Tageszeitung, gehört zum Bauer Konzern. Der Konzern hat in Magdeburg den Verlag mit dem Druckereibetrieb aufgespalten in nun etwa 20 Einzelbetriebe. Maschine A ist ein Betrieb, Maschine B ist ein Betrieb, die Reinigungsfrau ist ein Betrieb, der Kopierer ist ein Betrieb. Die Beschäftigten sind kaum noch in der Lage, einen Betriebsrat zu gründen: wegen der geringen Personenzahl. Ja, das ist das Ergebnis einer Entwicklung, die in Ansätzen schon in den 70er und vor allen Dingen auch in den 80er Jahren spürbar war. Innerhalb der Gruppen bildete sich eine Konkurrenzsituation, ich sag es mal ein bisschen vereinfacht, zwischen den Kämpfern und denen, die Angst hatten.

JP: Und heute den Gleichgültigen vielleicht? Dass man vielleicht sagen kann, die Maschinensetzer wollten kämpfen, weil sie das gelernt hatten und weil sie am stärksten betroffen waren, und die Drucker wollten es nicht, weil es denen relativ gut ging?

FK: Ja, so kann man das für einen bestimmten Zeitlauf sehen, allerdings die Entwicklung bei den Maschinensetzern hat die bei den Druckern eingeholt. Das hat sich dann nicht mehr so stabilisiert.

HN: Da würde ich nochmal nachfragen. Es gibt ja parallel Entwicklungen in anderen europäischen Ländern, USA, Großbritannien, Frankreich, wie auch immer. Habt ihr das irgendwie auf dem Schirm gehabt? Da gab es ja auch Erfahrungen mit Klassenkämpfen, in dem Sinne, wie du sie beschrieben hast.

FK: Wir hatten zwei internationale Organisationen: Die IGF, die Internationale Grafische Föderation, weltweit, und die EGF, die Europäische Grafische Föderation. Ich durfte mehrere Jahre in den Gremien mitwirken. Ihr werdet es vielleicht nicht glauben, das stärkste Streitthema in diesen Gremiensitzungen war das Thema Mitbestimmung. Die Engländer wollten von Mitbestimmung nichts wissen.

HN: Nur die Arbeitnehmer nicht, ja?

FK: Nein. Da gibt es nichts mitzubestimmen. Wir können nur durch Kampf ein bisschen Sicherheit erreichen, mit bestimmten Regeln. Zusammengefasst und verkürzt: Die Uneinigkeit in diesem europäischen oder weltweiten Gremium war spürbar. Wir sind zwar immer freundlich miteinander umgegangen und haben abends auch mal einen gesoffen. Das spielte keine Rolle; aber nun war auch der Organisationsgrad in den grafischen Gewerben in Spanien und Italien, auch in Frankreich, vergleichsweise schwach. Es gab ja Konkurrenz im eigenen Land. Die eine grafische Organisation war dieser Auffassung, die andere jener Auffassung: Einheitliche Tarifnormen für alle – ist völlig unmöglich, da was zu regeln, also müssen wir uns jeden Betrieb selbst in die Verhandlungen holen.

HN: In Frankreich jetzt?

FK: Ja. Grundsätzlich waren die internationalen Organisationen immer hilfreich: Meinungsaustausch, Erfahrungsaustausch, Überlegungen, was machen wir und so, das war schon hilfreich. Ich will das nicht abwerten, aber zu einer gemeinsamen Strategie sind wir nie gekommen. Das zeigt sich im Übrigen auch heute beim Europäischen Gewerkschaftsbund. Das ist eine Katastrophe, das kannst du vergessen.

HN: Ich würde ganz gerne, was du angesprochen hast, auf die Tarifauseinandersetzung zurückkommen. Wie ist euch das in der Bundesrepublik gelungen, die unterschiedlichen Berufsgruppen für bestimmte Ziele zusammenzubinden?

FK: Ja, also auch ergänzend bei dem Arbeitskampf um die Arbeitszeitverkürzung.

Einzelinterviews: Franz Kersjes

HN: 1984 dann, später, ja?

FK: In den 13 Wochen Arbeitskampf hatten wir in Nordrhein-Westfalen 144 Betriebe im Streik, also auch Betriebe unter zehn Beschäftigte. Die Disziplin, die den Zusammenhalt und die Kampffähigkeit entscheidend begründet hat, die ist irgendwie im grafischen Gewerbe gewachsen. Es wurde auch mit Beispielen aus der Vergangenheit gearbeitet, um Solidarität herzustellen. Auch die Konkurrenzsituation der Betriebe spielte eine Rolle. Da war der eine Laden, da habe ich festgestellt, hier muss ich nur rufen, dann sind die Beschäftigten draußen, und dann war da der andere Laden. Die machten lieber gar keine Versammlung, um nicht gefordert zu werden. Als denn die einen draußen waren und die anderen drinnen blieben, dann entstand zunehmend die Diskussion: Warum machen wir da eigentlich nicht mit, sind wir zu feige und so? Also die Kampfbereitschaft wurde auch hergestellt und gefördert durch Beispiele. Das spielte im lokalen Bereich eine Rolle. Wenn ich heute Köln sehe, da kann ich kaum noch eine Druckerei feststellen. Die sind alle verschwunden, wegrationalisiert.

HN: Aber vielleicht sagst du das nochmal mit Beispielen aus der Vergangenheit. Was heißt das, dass du die motiviert hast?

FK: Also die Forderungen des Hauptvorstandes haben nach meiner Erinnerung keine Rolle gespielt. Sondern entscheidend ist immer die unmittelbare Nähe zu den Beschäftigten. Ich hatte, muss ich mal so sagen, großes Vertrauen, andere allerdings auch. Es war wahrscheinlich spürbar, wie ehrlich man miteinander umgegangen ist. Ich habe zum Beispiel nie nur die Vorteile, wenn wir bestimmte Forderungen durchgesetzt haben, betont, sondern ich habe auch immer betont, was passiert eigentlich, wenn wir nichts tun oder wenn wir uns weigern, weil bestimmte Gründe dagegen sprechen. Also Solidarität herzustellen ist nach meiner Erfahrung immer nur möglich, wenn man nah bei den Kolleginnen und Kollegen ist. Das ist das, was ich in ver.di so bedaure, diese Nähe gibt es nicht mehr, es ist ein Apparat.

HN: Aber diese 1978er-Situation nochmal, das hat dir eingeleuchtet, dass wir streiken müssen?

FK: Ja, natürlich.

HN: Und welche Beispiele hattest du so aus der Vergangenheit, dass du sagen konntest, da war ja schon mal eine Situation oder deshalb gehören wir zusammen. Was meintest du mit Beispielen aus der Vergangenheit?

FK: Ja, wir hatten in den 1950er und 60er Jahren im grafischen Gewerbe vorbildliche, tarifliche Regelungen. Deshalb hatte die IG Druck und Papier in der Zeit auch noch den Ruf, die kampfstärkste Organisation im DGB zu sein. Aber der drohende Verlust dieser Vereinbarungen, der hat überzeugt und hat begründet: Nee, da müssen wir uns wehren.

Titel der Sonderausgabe 5/78 der vom Hauptvorstand der IG Druck und Papier herausgegebenen Zeitung druck und papier

Quelle: Bibliothek der Friedrich Ebert Stiftung

JP: Dann war das ein ziemlich harter Kampf, der hat alle mögliche Kraft gekostet. Es gab Streiks, es gab Aussperrungen; während eines solchen schwierigen Prozesses, so kann ich mir das als Außenstehender vorstellen, fängt man vielleicht auch an zu zweifeln. Ist der Weg unser Ziel? Der RTS-Vertrag lässt keine Wünsche offen oder würdest du im Rückblick sagen, also wenn wir nochmal am Anfang stünden und wir könnten diesen Kampf nochmal führen, diese Auseinandersetzung mit diesem Ziel, wir hätten einen anderen Weg einschlagen sollen? Wie siehst du das heute?

FK: Also, in jedem Kampf gibt es Zweifel. Wenn ich kämpfe, habe ich immer Punkte, wo ich zweifele, ob die Lösung, die Aktionen oder die Forderungen richtig sind oder man was anderes machen muss. Der Zweifel gehört zum Kampf, das muss man ehrlicherweise sagen, da gibt es kein Vertun. Natürlich gab es auch während der Verhandlungen und beim Abschluss Kritik bei den Betroffenen, natürlich gab es die Kritik. Also, wie gesagt, was ich vorhin ganz am Anfang mal sagte: Die Forderung nach Rationalisierung darf nicht zum Verlust auch nur eines Arbeitsplatzes führen. Die haben wir ja nicht durchgesetzt, das ist alles in der Praxis sehr differenziert zu betrachten. Also gab es Kritik. Ich kann das jetzt nicht mehr im Detail hervorholen, in welche Richtung die ging, aber auch nach dem Kampf war keine totale Befriedigung bei den Betroffenen.

JP: Wie ist es bei dir? Es hat zum Beispiel Kritik daran gegeben, dass es der IG Druck und Papier nicht gelungen ist, in diesem RTS-Tarifvertrag einen verbindlichen Kündigungsschutz durchzusetzen. So wie du das eben angedeutet hast, keiner darf entlassen werden aufgrund der technischen Veränderung, das war euer Ziel. Ihr habt es nicht erreicht.
FK: Richtig.

JP: Denkt man nicht manchmal darüber nach: Wir haben dieses Ziel des Kündigungsschutzes vielleicht auch deshalb nicht erreicht, weil wir einen falschen Weg gegangen sind, wir an den Weichenstellungen nicht richtig agiert haben, dass vielleicht nicht immer nur die andere Seite schuld ist, sondern man selber Chancen nicht gesehen hat? Oder war tatsächlich nicht mehr drin, weil die Kräfteverhältnisse das nicht hergegeben haben?
FK: Ja, ja, das war natürlich für die meisten eine große Enttäuschung, das hatten wir uns als Hauptziel vorgenommen. Das haben wir aber so nicht erreicht. Ja, wie bewerte ich das heute? Es gab in der IG Druck und Papier eine sehr unterschiedliche Verhaltensweise in den Landesbezirken. Es gab innerorganisatorische Kritik, ich will jetzt keine Landesbezirke nennen, so lebhaft ist mir das nicht in Erinnerung, wer da so oder so votiert hat: Warum habt ihr nicht mehr gekämpft und warum ist der Betrieb nicht mit rausgenommen worden?

Es gab, so kann man es, glaube ich, sagen, in dieser Zeit in der Organisation teilweise auch eine stärkere Zerrissenheit. Das hatte unterschiedliche Ursachen. Wie in jeder Gewerkschaft gab es auch in der IG Druck und Papier Bürokraten und es gab Kämpfer. Es gab welche, die sehr schnell auf einen Kompromiss mit dem Ziel aus waren, schnell den Arbeitsfrieden wiederherzustellen. Es gab immer auch Bedenkenträger. Die Anzahl dieser Kolleginnen und Kollegen war in den Landesbezirken unterschiedlich. Das hat aber dazu geführt, dass die erforderliche Gemeinsamkeit nicht immer in allen Situationen vorhanden war. Das muss man selbstkritisch, organisationskritisch so sehen.

HN: In welchen Situationen?
FK: Im Arbeitskampf oder in den Vorbereitungen von Arbeitskämpfen.

JP: Darf ich noch einmal nachhaken? Hattet ihr damals, die ihr Verantwortung getragen habt, in der Großen Tarifkommission, im Hauptvorstand, eigentlich den Eindruck, da sind von der Basis so vorwärtstreibende Faktoren, dass wir, die

die Gesamtverantwortung haben, in eine schwierige Situation kommen, aufpassen müssen, dass wir das, was wir da losgetreten haben, in irgendeiner Weise noch kontrollieren können?

FK: Ich weiß nicht, ob das für euch von Belang ist. Loni Mahlein war nach meiner Erinnerung ein hervorragender Vorsitzender. Wenn in der Tarifkommission oder im erweiterten Vorstand diskutiert wurde, hat er zugehört. Der Loni hat sich nie hingesetzt und hat gesagt: So und so wird es gemacht. Er hat zugehört und am Schluss hat er in seiner Zusammenfassung die wesentlichen Aspekte vorgetragen.

Ähnlich habe ich das auch bei Detlef Hensche erlebt. Detlef war nie der Diktator, der sich in Vorbesprechungen, in der Vorbereitung auf Verhandlungen oder auch in der Tarifkommission hinstellte und sagte: So wird's gemacht. Detlef, noch stärker als Loni, konnte zuhören, und wenn er dann eine Einschätzung gewonnen hatte von mehrheitlichen Meinungen, Strömungen, Überlegungen, dann hat er die zusammengefasst und nochmal abschließend zur Diskussion gestellt. Dass oben was beschlossen wurde und dass das als Diktat nach unten gegeben wurde, das hat es in der IG Druck und Papier nie gegeben.

Unsichere Prognosen zur beruflichen Zukunft in der Medienindustrie

JP: Ich will in Erinnerung rufen, wie stark doch auch die IG Druck und Papier durch die Arbeitskämpfe der 70er und 80er Jahre gelitten hat, im Hinblick auf die Entwicklung ihrer Mitgliederzahlen. Ich habe mir das mal rausgesucht, im Jahr 1974 hatte die IG Druck und Papier 165.000 Mitglieder und im Jahr 1985, also auch nach dem Arbeitskampf um die 35-Stunden-Woche, waren es noch 140.000 Mitglieder. Nun hat also eine Mitgliederentwicklung immer verschiedene Gründe. Meine Frage: Wie hast du das wahrgenommen? Dieser Schwund der Mitgliederzahl der Organisation und damit möglicherweise in die Zukunft gerichtet, auch der Kampfkraft der Organisation und der Fähigkeit, am Leben zu bleiben.

FK: Also, dass Mitglieder unsere Gewerkschaft aus Protest verlassen haben, das mag im Einzelfall vorgekommen sein, aber in Erinnerung ist mir so was nicht. Die Mitgliederverluste waren im Wesentlichen bedingt durch Arbeitsplatzabbau.

JP: Was ihr nicht verhindern konntet durch den RTS-Vertrag?

FK: Ja, ja, natürlich. So kann man das sehen, so ist das auch. Was man in späteren Jahren vielleicht auch noch dazu sagen muss, ist, die Tarifpolitik musste sich ändern und mehr betriebsbezogen agieren. Also viele Betriebe in den letzten 20 Jahren sind aus dem Arbeitgeberverband ausgetreten oder haben einen neuen Arbeitgeberverband gegründet, der gesagt hat: Wir schließen keine Tarifverträge, wir gehen keine Tarifbindung ein. Das hat uns natürlich die Arbeit sehr erschwert, um überhaupt verlässliche Regelungen im Rahmen von Tarifverträgen hinzukriegen.

JP: Kann man auch sagen, diese Öffnungsklauseln, die ja durch die IG Metall-Tarifverträge im Wesentlichen kamen, führt das dazu, dass ein Arbeitnehmer im

Auf der DGB-Demonstration in Stuttgart, 19.10.1985

Betrieb sagt: Über meine Arbeitsbedingungen und mein Einkommen entscheidet nicht die Gewerkschaft, sondern der Betriebsrat hier?

FK: Was mich sehr beschwert, ist die Politik der Gewerkschaften seit Beginn der Ära Schröder: Wir müssen Sozialpakte vereinbaren, Arbeitgeber und Gewerkschaft. Es gab das Bündnis für Arbeit. Es gab bei der IG Metall Anfang dieses Jahrtausends schon Regelungen, die sahen vor, dass wir Tarifvereinbarungen machen unter der Bedingung, wenn Entlassungen drohen, dann verzichten wir auf bestimmte tarifliche Vereinbarungen.

JP: Lohnabsenkungen auch, Lohnabsenkungen gegen Arbeitsplatzgarantie?

FK: Diese kompromisslerische Politik, die hat den Gewerkschaften meines Erachtens sehr geschadet. Darauf haben wir uns nie eingelassen. Ich kann mich noch erinnern an den Arbeitskampf um die 35-Stunden-Woche; da gab es gleichzeitig einen Arbeitskampf bei uns und bei der IG Metall. Schlichter bei den Metallern war Norbert Blüm. Die hatten dann in der Sache das Gleiche vereinbart wie wir, die 38-Stunden-Woche. Aber wenn im jeweiligen Betrieb Probleme entstehen, darf auch samstags gearbeitet werden.

Als wir durch unseren Schlichter mit dem Ergebnis konfrontiert wurden, haben wir gesagt: Mit uns nicht. Und das ist wenig an die Öffentlichkeit gekommen, wir haben es zwar dann im Kollegenkreis häufig diskutiert. Ein ganz markanter Unterschied, bei der Arbeitszeit, beim Tarifvertrag über Arbeitszeitverkürzung zwischen Metall und uns; denn wir retten keinen Arbeitsplatz durch Verzicht auf die Fünf-Tage-Arbeitswoche. Wenn wir dem Arbeitgeber entgegenkommen, verzichten wir auf eine betriebliche oder tarifliche Leistung auch nur vorübergehend, ihr könnt sicher sein, damit rettet ihr keinen Arbeitsplatz. Das gibt es nicht. Es geht vielleicht mal ein paar Monate oder zwei, drei Jahre gut, aber der Betrieb ist immer an der Rendite orientiert, und wenn die Rendite nicht stimmt, dann könnt ihr hier verzichten wie ihr wollt. Dann könnt ihr auch auf den Tarifvertrag verzichten, dann seid ihr noch viel schneller weg als mit Tarifvertrag. Da war, glaube ich, unsere Gewerkschaft nicht nur in Nordrhein-Westfalen, sondern auch an der Spitze und auch in anderen Landesbezirken sehr klassenbewusst.

HN: Vielleicht nochmal so zum Schluss: Stehen wir technologisch im Moment bei der Digitalisierung wieder in so einer technologischen Zeitenwende wie bei der Digitalisierung der Druckbranche?

FK: Ja, mit Sicherheit.

HN: Was würdest du heute darauf antworten, wenn ein junger Gewerkschaftssekretär, ein junger Vorsitzender zu dir käme: Sag mal, was soll ich strategisch machen, habe ich überhaupt noch die Chance, mit Industrie/Arbeit 4.0, also der Verschmelzung von Mensch und Maschine, irgendwie strategisch, operativ umzugehen?

FK: Das Wichtigste, was uns stark gemacht hat und was für mich heute noch gilt, ist die Entwicklung von Solidarität. Das kann man auch betrieblich organisieren, da brauche ich nicht den ganzen Apparat. Miteinander reden, miteinander offen über die Probleme, die jeden von uns bewegen, zu reden. Ich habe oft genug gesagt, unser größter Feind ist die Angst in den Köpfen unserer Kolleginnen und Kollegen. Diese Angst müssen wir bewältigen. Das ist sehr schwierig, weil die Gesellschaft ja auch auseinandergedriftet ist, das ist ja leider so.

Wenn man manchen jungen Menschen fragt: Hör mal, hast du schon mal über Solidarität nachgedacht? So bekommt man oft zur Antwort: Was ist das denn? Jetzt mal ein bisschen überspitzt. Die Erfahrungen anzustreben: Wir wollen mal gucken, ob wir nicht was gemeinsam bewegen können. Das können kleine Dinge sein im Betrieb oder bei anderen politischen Gelegenheiten. Die Lügen unserer Gegner zu entlarven. Sonia Mikich fällt mir ein, Journalistin in Köln. Die hat mal gesagt in einem wunderschönen Interview: Wenn mir einer was erzählt, dann frage ich mich anschließend als Erstes, warum hat er mir das gesagt? Was will er? Ich habe auch so diese Erfahrungen gemacht, dass es vielen Kolleginnen und Kollegen vielleicht nicht möglich ist, weil sie die Erfahrungen nicht haben, Fragen zu stellen. Also konsumieren viele alles, was über Fernsehen, Zeitungen geliefert wird, ohne mal zu hinterfragen: Was soll das eigentlich? Was ist das jetzt mit den Flüchtlingsgeschichten? Warum sind die Zeitungen voll? Wissen alle nichts Näheres, ist alles Spekulation oder Mutmaßung, aber was ist denn damit beabsichtigt? Will man uns ruhigstellen? Will man uns Angst machen oder warum gibt es keine Alternative? Was können wir tun?

HN: Da hast du vorhin gesagt, mit der Schröderschen Politik hätte sich was verändert. Kannst du das nochmal sagen, was aus deiner Sicht qualitativ neu gelaufen ist oder stattgefunden hat?

FK: Ja, der Schröder hatte ja verkündet, wir brauchen Sozialpakte zwischen Arbeitgeber- und Arbeitnehmerverbänden. Sie sollen sich zusammensetzen und gemeinsam nach Lösungen suchen, mit dem Ziel, die Produktionskapazitäten zu erhalten, die Produktion zu steigern, Umsätze zu sichern und die internationale Wettbewerbsfähigkeit auszubauen. Das Ergebnis war, wie das Beispiel bei der IG Metall und sicherlich noch viele andere Beispiele zeigen: Es wurden Kompromisse ausgehandelt, die aber auf Dauer für die Beschäftigten keine Sicherheit brachten.

JP: Ja. 2011, Franz, hast du ein Buch mit dem Titel geschrieben, 10 Jahre ver.di.[31] Da habe ich ein Zitat gefunden, wo du sagst: Die bisherigen Methoden und Strukturen der Gewerkschaften sind nicht zukunftsfähig. Die Methoden nicht und die Strukturen nicht. Das ist ein großes Wort, da knüpft sich natürlich sofort die Frage an: Welche Methoden und welche Strukturen sind denn nun deiner Vermutung nach zukunftsfähig?

FK: Also ich sag dir mal, ich bin jetzt 14 Jahre im sogenannten Ruhestand und habe immer noch recht guten Kontakt zu meinen Kolleginnen und Kollegen. Bin auch als Rentner schon in Betriebsversammlungen gewesen und mich rufen auch nicht selten Kollegen oder auch Kolleginnen an und sagen: Franz, kannst du mir mal helfen? Und ich frage: Was ist? Ja, ich habe im Bezirksbüro ver.di angerufen und da hat mir der Mensch am anderen Ende der Leitung gesagt: Ich bin nicht zuständig. Es entsteht der Eindruck: Die Gewerkschaft ist nicht mehr nah bei den Mitgliedern. Also die Nähe fehlt.

Ich habe mir, das vielleicht so spontan am Rande, kürzlich einige Stunden den ver.di-Bundeskongress im Fernsehen angeguckt, und zwar über die Internetleitung von ver.di. Ich glaube am dritten Tag, da ging es um die Debatte, wie die vorliegenden, eingereichten Anträge verändert werden können, also wann darf das gemacht werden? Wer darf das machen? Was muss dann geschehen und so weiter. Da habe ich mir gesagt: Franz, das ist kein Bundeskongress, das ist ein Behördenkongress. Das heißt, ver.di ist nach meiner Beobachtung und meiner Erfahrung sehr geprägt vom Denken im Öffentlichen Dienst. Aber so, wie wir das damals gemacht haben, nahe bei den Mitgliedern, fast täglich mit denen reden, Probleme aufgreifen und gemeinsam nach Lösungen suchen und nicht sagen: Du musst das so und so machen, sondern sie einbeziehen in die denkbaren Ziele und Möglichkeiten. Das fehlt heute weitestgehend.

Interview mit Detlef Hensche[32]

Der Befragte: *Detlef Hensche* (DH) war von 1975 bis 1990 Mitglied im Geschäftsführenden Hauptvorstand der IG Druck und Papier, zuständig für Tarifarbeit, 1990-2001 Vorsitzender der IG Medien.
Interviewer: *Harry Neß* (HN), *Jürgen Prott* (JP)

Druckindustrie zwischen Traditionsversprechen und technischem Fortschritt

HN: Kannst du dich erinnern, in welcher Position du damals warst, als du das erste Mal mit diesen technologischen Veränderungen konfrontiert wurdest, als du sagtest, da ist irgendwas, was mir neu ist?

DH: Das war mit meinem Anfang bei der IG Druck und Papier. Ich bin im September 1975 in den Geschäftsführenden Vorstand in der IG Druck und Papier gewählt worden. Vom ersten Tag an war ich auch im Sog der Technologiedebatte der Gewerkschaft. Begonnen hatte die innergewerkschaftliche Diskussion bereits Ende der 1960er Jahre. Der damalige Leiter der Abteilung Tarifpolitik, Erwin Ferlemann, später Vorsitzender, hatte, glaube ich, Ende der 1960er, Anfang der 1970er Jahre eine kleine Broschüre vorgelegt, »Elektronik und Druckindustrie«, in der im Grunde hellsichtig alles das beschrieben war, was dann auch gekommen ist. Schon in den 60er Jahren hatte zuvor der Vorgänger von Erwin, Richard Burkhardt, der Leiter der Abteilung Tarifpolitik, in zahlreichen Debat-

Detlef Hensche (3.v.l.) auf dem 3. Gewerkschaftstag der IG Medien, Bielefeld 1995

tenbeiträgen auf die Entwicklung aufmerksam gemacht. Also insofern war das das dominante Thema gleich unmittelbar nach meinem Arbeitsbeginn. Wobei erstmal die Lohnrunde 1976 im Vordergrund stand und in einen beachtlichen Streik und Aussperrung mündete. Aber übrigens auch die Wucht dieses Lohnstreiks ist im Grunde nur erklärbar auf dem Hintergrund des technischen Wandels. Die Kerntruppen der IG Druck und Papier fühlten sich mit Recht bedroht durch die technische Entwicklung. Das war im Grunde schon Allgemeingut.

HN: Also du meinst die Druckvorstufe sozusagen, die Setzer und so?
DH: Also das Herz der IG Druck und Papier, das waren Schriftsetzer, die hochgradig organisiert waren und die auch über entsprechende Machtpositionen im Betrieb verfügten. Das ist damals der Flaschenhals im Betrieb gewesen, die Satzherstellung, die mit dem entsprechenden Einfluss und Bewusstsein aus dem Betrieb geprägt war, die die Gewerkschaftsarbeit ganz wesentlich dominierte. Wenn man mal die Liste der Betriebsratsvorsitzenden durchgeht, der Mitglieder des Hauptvorstandes, der Tarifkommission, die Hauptamtlichen der IG Druck und Papier, das waren zu 80 Prozent alles ehemalige Schriftsetzer: Im Grunde war das die Seele der Organisation. Und die Härte der Auseinandersetzung um die Lohnprozente Anfang 1976 war ein Vorbote des Technologiekonflikts.

Ich erinnere mich so plastisch daran, weil, wenige Wochen nach meinem Arbeitsbeginn fand die jährliche Herbsttagung der zentralen Tarifkommission statt. Unmittelbar vorher war Helmut Schmidt, der damalige Bundeskanzler, aufgefallen durch seine Äußerungen, die Gewinne von heute seien die Investitionen von morgen und die Arbeitsplätze von übermorgen. Das war das zentrale Thema in der Herbsttagung der Tarifkommission, weil im Betrieb das Bedingungsverhältnis von Gewinn, Investition und Arbeitsplätzen genau umgekehrt erlebt wurde. Und das war so ein Stückchen Aufbegehren gegen den damals eingeleiteten wirtschaftspolitischen Wechsel vom gepflegten *Keynesianismus* zur angebotsorientierten Wirtschaftspolitik unter Helmut Schmidt. Und das hatte auch ein bisschen dazu beigetragen, dass die IG Druck und Papier im Grunde diesen Wechsel nicht tolerieren konnte und mochte. Daher auch die Schärfe der Auseinandersetzung.

Aber im Hintergrund stand schon immer aus der Sicht der tragenden Kräfte dieser Gewerkschaft der Konflikt um die neue Technik; denn das war allen seit Ende der 1960er, Anfang der 1970er Jahre klar, sofern man es nicht völlig verdrängte: Es geht dem Beruf ans Leder.

Nein, die Technologie zu verhindern, das heißt die Ablösung des Bleisatzes durch den elektronisch gesteuerten Lichtsatz, dass wir diese Ablösung verhindern könnten, das hat keiner so gesehen und war auch nicht das Thema. Darüber waren wir uns klar, dass das kommt. Es gab ja auch mittlerweile internationale Erfahrungen, und nicht wenige Verleger sind mit ihren Betriebsräten im Schlepptau in die USA gefahren oder nach Schweden und haben Betriebe besucht, in denen der Fotosatz bereits Wirklichkeit war.

Geprägt vom Lohnkampf: Demonstration in Essen, 1. Mai 1976

JP: Und manche kamen ganz begeistert zurück?
DH: So ist es. Was im Kern erhalten werden sollte, die alte Arbeitsteilung, auch die alte grafische Kompetenz, wenn auch am anderen Gerät und mit anderer Technik, aber das sollte 'rübergerettet werden. Ein Widerspruch. Es mag sein, dass wir uns alle damals Illusionen gemacht haben, dass das so reibungslos funktioniert. Was wir nicht gesehen haben, dass unter der Hand im Grunde das berufliche Selbstverständnis und die berufliche Kompetenz nicht völlig losgelöst vom Material, vom Arbeitsstoff gesehen werden können. Und auch wenn »das Monopol des Schriftsetzers«, wie es damals von Verlegern polemisch eingebracht wurde, im neuen System erhalten werden sollte – was ja auch in Grenzen geschehen ist, durch Besetzungsregelungen im Tarifvertrag –, unter der Hand haben sich der Beruf und die Arbeit geändert, und das, wenn du so willst, ist vielleicht ein Stück Widerspruch, ja.

HN: Darf ich nochmal nachfragen? Du hattest eben gesagt, dass die Druckereibesitzer und Verleger nach USA und Schweden gereist sind, um sich über die neuen Technologien zu informieren?

DH: Es gab auch eine hochrangig besetzte Delegation des Hauptvorstandes, die durch die USA gereist ist und die von Betrieb zu Betrieb gewallfahrtet ist. Es gab eine lange Zeit während der Tarifverhandlung immer wieder Vorstöße, nicht zuletzt aus dem Hamburger Raum, das sogenannte Label, eine Errungenschaft der US-amerikanischen Gewerkschaften, auch in unserem Tarifvertrag durchzusetzen. In der Textilindustrie gibt es das in den USA, dass im Tarifvertrag der Bekleidungsindustrie festgelegt ist, wir verarbeiten keine Baumwolle, die nicht in den Vorstufen der Produktion unter dem Regime gewerkschaftlicher Tarifverträge hergestellt worden ist. Die bekamen dann auch ein Label aufgedrückt. Es war damals Uwe Körner, der auch mit in den USA dabei war, der immer wieder eingebracht hat, eigentlich müssten wir ja ein Label vereinbaren.

Also ich muss vorausschicken, das haben wir dann allmählich geahnt, was ja auch Wirklichkeit geworden ist, dass das Monopol der grafischen Gestaltung nicht mehr in den Betrieben der Druckindustrie geblieben ist. Schon alleine im Konzern des Zeitungsbetriebes ist das in die Redaktion, in den Verlag, in ein anderes Unternehmen abgewandert. Der Kunde der Druckindustrie, der einen Macintosh bedienen konnte, hat alsbald die Druckvorlage selbst geliefert. Das heißt, die Betriebsmauern sind porös geworden. Was heute allgemeiner Diskussionsstand ist, das hat sich damals bereits abgezeichnet. Genau diese Gefahr, die wir damals schon gesehen haben, dass das abwandert, heute in Satzstudios, die nicht tariflich gebunden sind, oder wie gesagt beim Kunden landet, das wollten wir damals mit der Diskussion um das Label verhindern, indem im Tarifvertrag steht: »Es wird nur das auf der Druckmaschine weiterverarbeitet, was unter dem Regime des grafischen Tarifvertrages erzeugt worden ist.« Der Mut ist dann letztlich nicht so weit gegangen, dass wir das ernsthaft gefordert haben, aber das war eine Frucht der USA-Reise.

JP: Detlef, ich möchte nochmal ganz kurz zurück auf die internationale Ebene, beispielsweise in Großbritannien. Das ist doch dort auch eine außerordentlich scharfe Auseinandersetzung gewesen. London, Fleet Street, Murdoch, also wenn man sich so zurückerinnert an diese Kämpfe dort, das hat ja ein bisschen was von Bergarbeiter-Streik gehabt, wenn ich es mal etwas holzschnittartig vereinfache. Haben eigentlich diese englischen Erfahrungen, die Auseinandersetzungen, die es in Großbritannien gab, für euch und die Wahl eurer Strategie, die Zuversicht, Kräfte wirklich bündeln zu können, einen Einfluss gehabt oder nicht?

DH: Das Verhältnis zur englischen Gewerkschaft war gespannt. Im Herbst 1976 fand der Kongress der Internationalen Grafischen Föderation (IGF) statt, da sind die Engländer ausgezogen. Es stand eine Reform an, eine Satzungsreform dieser Internationale. Loni war der Präsident der IGF und die Briten mochten diese Satzungsreform nicht mittragen und sind während des Kongresses ausgezogen. Seitdem war bedauerlicherweise das Verhältnis zu Großbritannien etwas gespannt, die Brücken waren abgebrochen, weshalb wir mehr, aufgrund dieser Delegation in den USA, von den USA gelernt haben als von Großbritannien. In Klammern: Murdoch war erst später, das war erst nach 1978, der Times-Konflikt war fünf Jahre später.

Handeln der Akteure mit organisierten Präventionsmaßnahmen

HN: War das nur dem Hauptvorstand klar?
   DH: Nein.

HN: Wie habe ich mir das vorzustellen: Wie funktionierte dieser Austausch über die von dir angesprochenen Fragen zwischen der aktiven Mitgliedschaft, von den Betriebsräten über die Landesverbände zu euch und umgekehrt? Ging man mehr davon aus, wir können da etwas aufhalten oder zumindest, wir können es »sozialverträglich« mitsteuern?
   DH: Also, dass man es aufhalten kann, die Illusion hatte keiner. Das mag am Anfang der Diskussion noch so gewesen sein, vor meiner Zeit. Ich weiß, dass Erwin Ferlemanns eben zitierte Broschüre bei einigen damals Ende der 1960er, Anfang der 1970er Jahre auf Unwillen stieß. Er wurde beschimpft als Totengräber unseres Berufes, aber das war nur eine kurze Zeit, da gab es Illusionen. Aber als ich anfing, war das vorbei, da wusste jeder, was kommt. Er wusste es, weil fast alle Betriebe die Fühler ausstreckten, planten; das war das dominante Thema der Drupa und anderer Zusammenkünfte. Und was damals die IG Druck und Papier ausmachte, das war ein sehr lebendiges Spartenwesen; das ist ja im Grunde eine Gewerkschaft, die die Eierschalen der handwerklichen Vergangenheit nicht abgelegt hatte: Es gab die Maschinensetzersparte, die Handsetzersparte, alle Berufsfelder insbesondere der Vorstufe spiegelten sich auch in der Gewerkschaft wider; in einzelnen Fachgruppen und Sparten mit jährlichen Zusammenkünften wurde das auch diskutiert. Die IG Druck und Papier/IG Medien war neben ihrer Eigenschaft als Tariforganisation ganz wesentlich damals auch immer noch nach ihrem eigenen Selbstverständnis eine Berufsorganisation.

HN: Das finde ich berufsgeschichtlich sehr wichtig, aber vielleicht kannst du nochmal das Gesagte zur Kommunikation, also zwischen dem Hauptvorstand, Parteivertretern und den Betriebsräten und der Mitgliedschaft beziehen auf die zunehmende Angst vor diesen neuen Technologien?
   DH: Also erstmal, was die Bestandsaufnahme angeht, da gab es keine Meinungsverschiedenheiten. Und als ich anfing, gab es auch schon das Gerippe von Tarifforderungen. Die Positionen waren allgemein: Also erstens, wir können die Technologie nicht aufhalten, wir können sie allerdings hier und da betrieblich verzögern. Aber auch das wurde alsbald als nicht machbar beiseitegelegt, mit Recht auch.

JP: Ich darf da nochmal nachhaken. Eines ist mir noch nicht ganz klar, Detlef, du sagst, es war in der Organisation die Erkenntnis verbreitet, wir können am Ende diese Entwicklung nicht aufhalten. Aber die dann von dir genannten Forderungen zur Absicherung der erworbenen Besitzstände deuten doch eher darauf hin, dass damit eine Politik verfolgt wurde, die das eben doch wollte. Und letztlich war der Gegenstand dann am Ende dieses RTS-Tarifvertrages ja der Versuch, vielleicht nicht die Entwicklung vollständig aufzuhalten, aber sie doch zumindest zu verzögern, zu verlangsamen?

DH: Auf den Widerspruch komme ich gleich zurück. Also was die Geschwindigkeit angeht, muss ich sagen, da haben wir alle damals 1975/76 noch Illusionen gehabt, da waren wir schon der Meinung, das zieht sich länger hin. Die Umstellung hat sich im Zuge des Prozesses nochmal beschleunigt. Diese Einschätzung, was die Geschwindigkeit angeht, teilten wir auch übrigens mit den Verlegern und Unternehmern. Die waren auch der Meinung, so schnell geht das nicht. Sie mussten sich selbst eines anderen belehren lassen.

Im Vordergrund standen erstens der Berufsschutz und der Einkommensschutz. Wir wollten sicherstellen, dass diejenigen, die in der Satzherstellung tätig waren, ihren Beruf, ihren Arbeitsplatz im System des elektronisch gesteuerten Lichtsatzes nicht verlieren. Wir wollten zum zweiten sicherstellen, dass keiner eine müde Mark verliert durch einen anderen Arbeitsplatz, auch wenn die Qualifikationsvoraussetzungen und Belastungsvoraussetzungen andere sind. Wir wollten zum dritten sicherstellen, das war denn auch der Part der dju (Deutsche Journalisten Union, H.N.) in der IG Druck und Papier, dass die herkömmliche Arbeitsteilung zwischen Redaktionen und Technik gewahrt bleibt, dass Journalisten nicht gezwungen werden, den eigenen Setzer zu spielen. Und zum vierten wollten wir sicherstellen, dass die damals noch nicht voll erfasste Bildschirmarbeit nicht zu gesundheitlichen Schäden führt oder missbraucht wird zur Personalüberwachung. Das waren die vier Kernthemen. Die waren aber, als ich anfing, auch schon Allgemeingut.

HN: Nochmal eine Frage zu den Widersprüchen. Wenn die neue Technologie und ihre Folgen erkannt wurden, also die Kulisse aufgebaut war, gab es denn da unterschiedliche Strategieansätze in Bezug auf operatives Handeln, oder war alles etwas anarchisch, was ja auch oft in Organisationen der Fall ist?

DH: Ja, eher anarchisch, aber nicht ganz. Es gab einen Kern von Vorstellungen, das Bündel dieser vier Ziele war von Anfang an geschnürt: Berufs- und Arbeitsplatzschutz, Einkommenssicherung, Persönlichkeitsschutz und Gesundheitsschutz und Redaktion/Technik. Aber es gab immer wieder, insofern war die Tarifverhandlung auf unserer Seite ein Zickzackkurs, es gab immer wieder Zweifel, schaffen wir das denn überhaupt. Ich kann mich gut erinnern, dass der damalige Vorsitzende Loni Mahlein in stillen Stunden oft darüber grübelte, ob man gegenüber den Verlegern das Instrument der Besetzungsregeln durchsetzen kann. Die haben sich mit Händen und Füßen dagegen gesperrt. In der Druckindustrie wa-

Loni Mahlein spricht zu 2000 Kolleginnen und Kollegen im Hofbräuhaus, München, beim Streik der IG Druck und Papier, 6. März 1978

ren Besetzungsregeln als Bestandteil des Manteltarif-Anhangs seit der Jahrhundertwende zum 19./20. Jahrhundert gang und gäbe.

HN: Es gab ja eine Analogie zu den Maschinensetzern dazu.
DH: Ja, genau, das war für die Druckindustrie nichts Neues, aber für Verleger war das ein rotes Tuch. Die gingen ja auch davon aus, dass im Grunde die Vorstufe in den Verlag inkorporiert wird: Und wie kommen wir dazu, uns dann mit diesem Relikt aus der alten grafischen Industrie in Gestalt von Besetzungsregeln zu belasten? Da gab es in stillen Stunden bei uns oft Selbstzweifel, ob wir das nun wirklich schaffen. Dann gab es immer wieder Verstärker, die uns auf den Weg der Tugend zurückgeführt haben. Da war es sicherlich ein glücklicher Umstand, dass im normalen Turnus im Herbst 1977 der Gewerkschaftstag stattfand.

Die Verhandlungsaufnahme über die Besetzungsregelung hat sich fast zwei Jahre hingezogen, weil der Bundesverband Druck sich lange Zeit verweigerte. Dann weigerten sich Verlegerverbände. Zur ersten Verhandlung kam es im Sommer 1977 und da spürten wir nochmal diese Betonwand an Ablehnung, Ich weiß nicht, ob wir den Mut gehabt hätten, um das weiterzuverfolgen, wäre nicht im Oktober der Gewerkschaftstag gewesen, da ist wirklich die Summe der betrieblichen Erfahrungen nochmal richtig artikuliert worden.

HN: Die Betriebsräte haben sich dazu gemeldet, ja?
DH: Ja, sicher, alle Delegierten. Mittlerweile war das ja das Thema der ganzen Organisation. Wichtig dafür immer wieder im Hinterkopf behaltend: 80 Prozent

der Delegierten waren Schriftsetzer, also selbst unmittelbar betroffen. Diese haben dann auch nochmal richtig vom Leder gezogen und darauf bestanden, »da darf es kein Zurückweichen geben«. Das war auch nicht die offiziell verlautbarte Position, aber intern, also wenn man Zweifel hat, man muss es ja gar nicht artikulieren, man merkt das ja. So sind wir dann mit geradem Rückgrat aus dem Gewerkschaftstag wieder hinausgezogen.

HN: 1977 war das?
DH: Das war im Herbst 1977. Wir haben an den alten Forderungen festgehalten, unverändert, ohne jeden Erfolg bei den anschließenden Verhandlungen. So, und dann begann so ein Prozess, wie es ja bei jeder guten Tarifrunde ist, in der im Grunde das dialektische Verhältnis von Verhandlungsführung auf der einen Seite und betrieblichem Aufbegehren auf der anderen Seite sich jeweils bestätigt, verstärkt und hochschaukelt. Wir haben dann nach dem Gewerkschaftstag, nach der Folgeverhandlung Ende November, die Verhandlungen für gescheitert erklärt. Es gab damals nach dem Gewerkschaftstag die konstituierende Sitzung des Hauptvorstandes. Und dort wurde dann beschlossen, dass ab sofort betriebliche Warnstreiks als gewerkschaftliche Aktion legalisiert würden. Das war noch vor der Warnstreik-Rechtsprechung des Bundesarbeitsgerichts. Das wurde dann auch richtig so verstanden in den Betrieben, ab jetzt können wir nicht nur Überstunden verweigern, sondern können auch mal stundenweise die Arbeit niederlegen. Und siehe da, es geschah auch im großen Maße. Was uns wiederum Mut gab zu sagen, wir sind auf dem richtigen Weg.

HN: Was gab euch den Mut, dass ihr auf dem richtigen Weg seid? Dieses Gerichtsurteil oder ...?
DH: Nein, nein, die Warnstreiks, die fanden in unregelmäßigen Abständen statt, hier und da vom Landesbezirk gesteuert. Da haben Betriebe für zwei bis drei Stunden die Arbeit niedergelegt, manchmal auch mit Auswirkungen auf das Produkt, wenn sie in der richtigen Zeit waren. Das hat uns gefestigt in unserer Position.
Dann gab es wieder eine entscheidende Verhandlung im Dezember, man einigte sich auf Eckwerte, die dann allerdings auch wieder, wie der Kundige sehen musste, nicht so ganz koscher waren, immer wieder der entscheidende Punkt: die Besetzungsregelungen. Trotzdem hat die Verhandlungskommission gesagt, wir lassen uns darauf ein und verabreden eine Redaktionskommission, die dann im Januar tagte. Das war 1978, ja. Das war in der Tarifkommission schon sehr umstritten, weil einige die Sorgen hatten, diese Eckwerte entsprechen nicht ganz unseren Forderungen. Und so kam es dann auch. Als dann die Redaktionskommission über den Berg kam im Januar mit dem Papier, da gab es einen Aufschrei in der Organisation. Es trafen stündlich Telegramme beim Hauptvorstand ein. Wenige Tage später tagte dann die Tarifkommission, da wurde das Papier in der Tat verworfen, obwohl Erwin Ferlemann, damals für Tarifpolitik zuständig, als 2. Vorsitzender der Organisation an der Redaktionskommission teilgenommen

Demonstration 1981 zum Bundesarbeitsgericht zur Unterstützung von 29 Kolleginnen, die die gleiche Bezahlung wie ihre männlichen Kollegen erstritten

hatte, es auch verteidigte. Aber unserer Vorsitzender Mahlein spürte gleich, wohin das in der Organisation läuft. Die Tarifkommission hat das dann einstimmig verworfen und dann ging es gradewegs ohne Zögern, ohne Abweichen letztlich in den Arbeitskampf. Aber um nochmal auf die Frage zurückzukommen: Also im Grunde ist dieses halbe Jahr, ab Sommer 1977 so ein Zickzackkurs gewesen, zwischen Zweifeln, Selbstzweifeln, ob man das schafft, und dann wieder Zurückfinden auf den ursprünglich vorgezeichneten Weg. Und das immer auf dem Hintergrund von Signalen aus der Basis, mal war es der Gewerkschaftstag, mal waren es die Warnstreiks, die sich dann verdichteten, und zum dritten war es dann das kollektive Aufbegehren, als dieses sogenannte Mayschoß-Papier bekannt wurde. Also ich habe für meine Person gelernt, Tarifpolitik setzt prozesshaftes Denken voraus, anders funktioniert das nicht.

JP: Aber es brodelte damals schon ein bisschen in den Firmen.
   DH: Natürlich, die waren in der Auseinandersetzung um die rechnergesteuerten Textsysteme radikaler noch auf betrieblicher Ebene als unsereins, das ist richtig.

JP: Und die Frage nun also zu dieser Dialektik zwischen Initiativen aus den Betrieben und der strategischen Gesamtverantwortung der Großen Tarifkommission und des Vorstandes. Man kann das nachvollziehen, dass da sozusagen wie in einem System kommunizierender Röhren es einen Austausch gibt, weil man ja auch immer wissen muss, wie stark werden wir eigentlich gedrückt. Jetzt sprachst du von den Signalen, die es dann gab – da gab es Warnstreiks, da gab es Empörung, es kamen Telegramme, all diese Dinge. Meine Frage in diesem Zusammenhang ist, wie sicher kann sich eigentlich so eine strategische Zentrale, so ein Vorstand, eine große Tarifkommission sein, dass die Signale, die man empfängt, auch wirklich verallgemeinerungsfähig sind? Wart ihr euch da sicher, dass ihr immer die Signale bekommt, die dann später auch für die gesamte Kampfkraft der Organisation standen?

DH: Nein, natürlich nicht, es war jedes Mal immer ein Schritt ins Ungewisse, bei jeder Eskalationsstufe. Man darf ja natürlich nicht vergessen, das war auch immer ein Standardargument der Zweifler in den eigenen Reihen: Wir kämpfen hier, wir fechten hier einen Kampf für eine Berufsgruppe, die aber nur ein Teil der Organisation ist. Wenn gestreikt wird, dann müssen die Drucker mitstreiken, die gar nicht betroffen sind, und andere auch, Verlagsangestellte beispielsweise. Also das war immer ein Ritt über den Bodensee, ob das gelingen könnte. Es gab auch eklatante Schwächen. Ich darf das ja mal sagen, es ist Gott sei Dank nie nach außen gedrungen. Wir haben mit vier Schwerpunktstreiks am 28. Februar 1978 den Arbeitskampf begonnen: in Wuppertal, Düsseldorf, Kassel, bei der Süddeutschen in München im Buchgewerbehaus. In Kassel drohte der Streik nach vier Tagen zusammenzubrechen. Dann haben wir die Kasseler rausgenommen und haben erklärt, wir erweitern jetzt auf sechs Betriebe und haben Mainz und Wiesbaden dazugenommen. Das ist Gott sei Dank nie richtig rausgekommen; aber aus Kassel kamen ernsthafte Signale, wir halten es maximal 48 Stunden durch.

JP: Das heißt also, in der Spitze der Organisation, jedenfalls bei dem nachdenklichen Teil, war immer ein Zweifel mit im Spiel, wie stark die Kraft wirklich ist. Das will ich nochmal sagen: 80 Prozent der Delegierten eines Gewerkschaftstages waren Schriftsetzer. Das Ganze lief zwar, ich sag das jetzt mal ein bisschen flapsig, unter der Fahne »Solidarität ist unsere Kraft«, aber die Einheitsgewerkschaft umschließt verschiedene Berufsgruppen. Wenn man genauer hinguckte, sah man dann doch die Eierschalen noch dieser alten Handwerksgesellen-Tradition. Und wir haben das immer damals bei uns in der Ausbildung (erlebt), ich war noch im ersten Lehrjahr, da hörte ich schon die allerersten Sprüche, ich will dir nicht zu nahe treten, Harry, dass die Kollegen dann sagten: »Hast du schon gehört? In Brackwede gab es gestern ein Zugunglück, es gibt keine Menschenleben zu beklagen, nur ein Drucker ist auf der Strecke geblieben!« Diese ganzen Sachen, die immer so halb ernst und halb witzig gemeint waren, mit einem Wort die Frage: Wer kämpft an welcher Seite für wen, bringt mich zu meiner Frage nach der Schlachtordnung.

Diese Vorstellung, dass da homogene Blöcke gegeneinander kämpfen, muss man vielleicht nochmal ein bisschen aufdröseln. Wo verliefen damals nach deiner Erinnerung die Differenzierungslinien, a) bezogen auf Berufsgruppen, b) bezogen auf regionale Differenzierungen? Was ist da deine Erinnerung?

DH: Das eine habe ich schon gesagt. Wir waren gezwungen, um die Drucker zu werben, das sollte man übrigens nicht vergessen, die Rivalität, du hast sie erwähnt, liegt der Drucker tot im Keller, war der Setzer wieder schneller. Unterschiedliche Geschichten, dahinter steckte aber ein ganz ernsthaftes, böses Problem: diese verfluchte Lohnstruktur der Druckindustrie. Dazu muss man wissen, es gab den Facharbeiter-Ecklohn 100 Prozent, das bekamen alle, nur die Maschinensetzer bekamen 120 Prozent und die Korrektoren rund 107,5 Prozent, aber alle anderen, vornehmlich die Drucker, etwa die Maschinenführer, haben weiß Gott eine Verantwortung, die vergleichbar ist, mindestens einem Korrektor, wenn nicht einem Maschinensetzer, die bekamen 100 Prozent und diese Organisation hat sich zerrissen über 20 Jahre, wie bekommen wir eine neue, zukunftsfähige Lohnstruktur gebacken, die insbesondere auch den Druckern und ihrer Beanspruchung gerecht wird. Das ist uns bis 1978 nicht gelungen. Aber parallel zu der technischen Entwicklung lief auf einmal die Lohnstruktur-Debatte und das war insbesondere der Schub, den Druckern das Angebot zu machen, wenn wir das jetzt erreicht haben, dann seid ihr dran, das kam ja dann auch so.

HN: War da nicht eine Parallelität sozusagen, zwischen den Setzerberufen und den Druckerberufen? Bei den Druckerberufen begann ja ungefähr in dieser Zeit die Umstellung vom Buchdruck in Richtung Offsetdruck stärker zu werden.

DH: Das wäre ein Wechsel in die Zukunft gewesen. Die Umstellung von Buchdruck auf Offsetdruck war in der Tat eine Herausforderung, hatte aber nicht die verheerende Wirkung wie die Umstellung vom Bleisatz auf den Lichtsatz. Die Bearbeitungsbeanspruchung, der Berufsstolz, das berufliche Selbstverständnis wurden nicht geschmälert durch den Offsetdruck, die Besetzungsregelungen galten. Die Rationalisierungswucht, die den Offsetdruck betroffen hat, hat 25 Jahre, 30 Jahre später eingesetzt, durch automatische Farbzuführung und automatische Wassersteuerung. Das ging dann zulasten der Hilfskräfte, weniger zulasten der Drucker. Aber damals konnten die Drucker noch, wenn man so will, beruhigt und wohlgemut in die Zukunft blicken.

HN: Das wundert mich, weil du von diesem Handwerklichen gesprochen hast, aber das Handwerkliche im Offset doch sehr zurückgeht. Platte rein, Wasser einstellen, Farbe einstellen, aber diese ganze Zurichtung, wie die Buchdrucker berichtet haben, einen Tag sozusagen eine große Form, sag ich mal, 16 Seiten einrichten, Zurichtungen machen, Aufzug, anlaufen lassen, Andruck. Dafür hat man fast schon einen ganzen Arbeitstag gebraucht, war natürlich unvergleichbar.

DH: Das war aber damals noch nicht so sichtbar. Kann sein, dass ich mich jetzt irre, aber das technische, auch das Rationalisierungspotenzial im Druck, das hat sich erst im Grunde Ende der 80er Jahre und in den 90er Jahren verwirklicht, da hatten wir dann auch heftig zu kämpfen, auch um die Besetzungsregelung beispielsweise beim Offsetdruck. Aber die Umstellung vom Buch- zum Offsetdruck hat, was die Qualifikationsanforderungen und die Arbeitsbeanspruchung der Drucker angeht, eher zu einer Erhöhung geführt. Aber alles andere, was an Automatisierungsprozessen möglich war, vom Druckplatten-Einhängen bis zur automatischen Farbsteuerung, das war damals auf der Drupa zwar zu besichtigen, aber das war noch nicht produktionsreif.

JP: Nochmal zurück zu dieser Dimension der beruflichen statusmäßigen Differenzierung. Die Journalisten waren ja nun zahlenmäßig im Vergleich zu den anderen eher minoritär, am Rande und auch nicht so hoch organisiert, wenn ich mich richtig erinnere. Haben die in diesen ganzen Auseinandersetzungen irgendeine unterstützende oder konterkarierende Rolle gespielt?

DH: Eine eher unterstützende, aber auch im wachsenden Maß. Am Anfang war es schwierig, nicht bei uns; die dju war von ihrem Selbstverständnis als industriegewerkschaftliche Berufsgruppe voll im Boot. Da gab es keine Zweifel: Wir wollen uns nicht als Techniker missbrauchen lassen, wir halten an unserem Berufsethos fest, unser Job ist nicht das technische Handling im RTS-System. Da gab es überhaupt keine Zweifel. Die wenigen Journalisten unter den Delegierten auf dem Gewerkschaftstag beispielsweise haben immer eine Lanze gebrochen für eine lupenreine Verwirklichung der Tarifforderungen. Etwas komplizierter war der Umgang mit dem DJV (Deutscher Journalisten-Verband, H.N.): Da gab es in der Tat nicht wenige Journalisten, vom Ressortleiter an aufwärts natürlich, die ihren Frieden mit dem System gemacht hatten, die darin auch Vorteile sahen. Es wurde ja immer vorgegaukelt, der Redaktionsschluss, die Aktualität gewinnt, der Redaktionsschluss kann rausgeschoben werden, was können wir nicht alles mit der Zeitung bewegen, wenn wir näher dran sind. Auf diese Mythen sind viele reingefallen. Und es war für uns ein Segen, muss ich sagen, dass der DJV letztlich doch komplett mitgemacht hat. Er war auch in der Tarifgemeinschaft auf gewerkschaftlicher Seite mit dabei und hat dann auch im Grunde die Eskalationsstufen mitgemacht.

Anders als die DAG, die nach dem Mayschoß-Papier ausgeschieden ist und uns in den Rücken gefallen ist, hat der DJV trotz interner Schwankungen immer mitgemacht. Das war nicht immer ganz einfach; ich sag es mal etwas salopp, sie bei der Stange zu halten, aber es ist gelungen. Aber das war auch wichtig, dass der Technik signalisiert wurde, wir haben eine Einheitsfront einschließlich der Journalisten. Auch wenn sie nicht so ganz einheitlich war, das sollte man nicht unterschätzen, dass man das Gefühl vermittelt: Ihr seid aufgehoben in einer größeren Gemeinschaft. Im Verhältnis zu den Druckern blieb es im Grunde bei Appellen und dem Versprechen einer künftigen neuen Lohnstruktur. Es gab von Anfang an eine fünfte Forderung, einen Eckpunkt auch, die 35-Stunden-Woche. Es war uns klar, dass wir auch mit Besetzungsregelungen und allem anderen schlicht die quantitative Reduzierung der Arbeitsmenge nicht verhindern können. Deshalb war damals bereits ein Teil unserer Forderungen die 35-Stunden-Woche. Die haben wir nicht erreicht.

HN: Der Streik 1984 um die 35-Stunden-Woche nimmt eigentlich diese ganze Auseinandersetzung um den Technologieprozess wieder auf. Es ging da ja auch um Forderungen für mehr Freizeit, Hausarbeit, für Mütter, die ganze Frauenfrage wurde ja stärker dann auch thematisiert. Es ist interessant, dass ihr das schon 1978 mit auf dem Schirm hattet, also im Zusammenhang mit der technologischen Wende.

DH: Ja, wobei dieses fünfte Element unseres Forderungsbündels, gemessen an dem großen Aufbruch in den 80er Jahren, eher defensiver Natur war. Also mehr Freizeit, die Frauen, das spielte überhaupt keine Rolle, sondern es ging 1978 wirklich darum, schlicht durch Reduzierung der Arbeitszeit der Reduktion der Arbeitsmenge zu folgen.

JP: Ich will nur nochmal auf diese Regionaldifferenzierungen eingehen. Das Problem, man muss ja so einen Laden nicht nur zusammenhalten, was die Berufsgruppen angeht, sondern man hat ja auch regionale Traditionen und es ergeben sich in großen politischen Organisationen eigentümliche, für den Außenstehenden nicht immer nachvollziehbare Formen von Selbstverständnis, die an diese Regionalgeschichten der Verlage, der Druckerei und der Kollegen gebunden sind. Hat das eine Rolle gespielt damals bei euch?

DH: Ja, also ich muss mal vorausschicken, die IG Druck und Papier war eine föderale Gewerkschaft mit großen Landesbezirken und spätestens seit Anfang der 1960er Jahre hat es auch unter dem Dach des Föderalismus eine politische Polarisierung gegeben, sehr holzschnittartig und sehr vereinfacht – der Norden gegen den Süden. Die südlichen Landesbezirke, die Bayern, die Baden-Württemberger, die Hessen waren deutlich links profiliert, wohingegen die eher gesetzt sozialdemokratische Variante im Norden beheimatet war. Das ist sehr vereinfacht, aber es war so. Das merkte man auch immer auf Gewerkschaftstagen; eigenartigerweise hat das allerdings im RTS-Streik keine Rolle gespielt.

Der Konflikt war, wie konsequent auch hin zum Streik die Positionen artikuliert wurden, eine Antwort auf den Stand der betrieblichen Herausforderungen; also beispielsweise war ein Widerstandsnest, ein gallisches Dorf in Hamburg, Gruner + Jahr. Da gab es einige Betriebsfunktionäre, insbesondere die Betriebsratsvorsitzende Heike Issaias. Ich sehe und höre sie noch vor mir, die wirklich wie ein Derwisch immer wieder darum kämpfte, die Organisation um Himmels willen auf der Spur zu halten. Setzerin war sie nicht, aber sie war auch in der Vorstufe beschäftigt, sie war hautnah konfrontiert mit dem, was da technisch ablief. Gruner + Jahr war einer der Tiefdruck- und einer der Zeitschriftenbetriebe, die die Nase technisch immer ganz weit vorne hatten. Und so kam es dann, dass während der Verhandlungen Uwe Körner, Bezirkssekretär damals noch in Lübeck, Mitglied im Hauptvorstand, damals, eher auf der rechten Seite der Organisation, wirklich einer der konsequenten Verfechter war. Sodass andere sagten, es gab Sitzungen im Hauptvorstand, in denen es dann in verkehrten Fronten zu einer heftigen Auseinandersetzung zwischen Uwe Körner auf der einen und dem

Einzelinterviews: Detlef Hensche

Zweigestirn Mahlein und Ferlemann auf der anderen Seite kam, in der Uwe die konsequentesten Positionen bezogen hat.

HN: Wie erklärst du dir das?

DH: Die hautnahen Erfahrungen der betrieblichen Herausforderungen haben das bewirkt, denn Gruner + Jahr war ein dominanter Betrieb in Hamburg. Es gab bis auf den heutigen Tag Stimmen, die meinten, dass Uwe Körner damals auch gegen den Mahlein geputscht hätte. Ich habe das nicht so gesehen, sehe das heute auch nicht so. Aber es gab eine Auseinandersetzung, wie gesagt, die völlig verquer und gegenläufig war zu der politischen Grundeinstellung. Ein zweites Nest der Widerständigkeit war München, das war die Süddeutsche. Nicht umsonst waren die auch mit im Streik. Ein weiteres Nest waren dann Düsseldorf und Wuppertal. Aber das ist auch übrigens oft eine Personenfrage, man sollte das nie unterschätzen. Also wenn ein Rudi Dreßler, damals Vorstandsmitglied und Betriebsratsvorsitzender in Wuppertal, die Position vertritt, da geht man nicht so leicht daran vorbei.

HN: Bei dem Begriff Vorwärtsdrängen, was meinst du damit? Vorwärtsdrängen in der Anpassung an die Erkenntnis dieser neuen, technologischen Entwicklung oder was meinst du damit?

DH: Bezogen auf den Arbeitskampf. Es war uns von Anfang an klar, wenn wir unsere Forderungen ernst nehmen, kriegen wir das nicht im Verhandlungswege. Es war uns aber gleichzeitig klar, es gibt ein hartes Widerstandspotenzial, insbesondere bei den Verlegerverbänden. Es war uns zum Dritten klar, intern haben wir Probleme: Drucker beispielsweise, vier Gewerkschaften beteiligt, davon ein unsicherer Kantonist in Gestalt der DAG auf unserer Seite. Die musst du ja alle unter einen Hut bringen. Dann immer wieder auch interne Zweifel, die ich ja für völlig legitim halte. Solche Zweifel haben unseren Gottvater, Loni Mahlein, alle paar Wochen immer wieder geplagt. Das ist ja völlig selbstverständlich und wäre auch verantwortungslos, das nicht an sich heranzulassen. Und da waren Körner, der Bezirkssekretär aus Nord, eher ein rechter Sozialdemokrat, Rudi Dreßler eher auf der linken Seite der Sozialdemokratie stehend, die da Hand in Hand arbeiteten und von Stufe zu Stufe alles daran gesetzt haben, um intern sich leise artikulierende Zweifel zu überwinden. Das meine ich mit Vorwärtsdrängen.

HN: Die meisten Beschäftigten sind in Akzidenz-, in Klein- und Mittelbetrieben, warum nennst du immer die Verleger als Gegenfront?

DH: Damals bei den Verhandlungen?

HN: Ja, genau, wo waren die anderen, da muss es ja noch eine andere Fraktion gegeben haben, die nicht die Zeitungen, Druckverleger betroffen haben. Wie haben die sich denn da gestellt?

DH: Auf Unternehmerseite?

HN: Ja.
　DH: Das waren drei Verbände; der Bundesverband Druck, ich glaube, mit dem wären wir relativ schnell, auch nicht ohne Streik, aber leichter handelseinig geworden, zumal das rote Tuch – Besetzungsregelungen – für die Druckindustrie kein Novum war. Das hatten wir ja seit Jahrzehnten im Tarifvertrag gehabt, das hätte man noch ausdehnen können. Nein, nein, die eigentlichen Widersacher, die auch bei den Verhandlungen den Ton angaben, das waren die beiden Verlegerverbände.

HN: Zeitungs- und Zeitschriftenverleger?
　DH: Ja, genau und das merkte man auch, die gaben den Ton an.

JP: Da will ich nochmal nachhaken. Wie homogen war die andere Seite? Wie habt ihr damals, wie hast du insbesondere die Schlachtordnung auf der anderen Seite wahrgenommen? Mit wem konnte man ehrlich, verantwortungsbewusst, konsequent, wie auch immer, aber verlässlich Verabredungen machen und mit wem konnte man das nicht?
　DH: In der sich allmählich zuspitzenden Konfliktsituation begegnet dir die Gegenseite als ein homogener Block, da gibt es auch keine Differenzierungen. Ich glaube, die Gefahr der Binnendifferenzierung ist auf gewerkschaftlicher Seite größer, auch sichtbarer, als auf der anderen Seite. Die haben ihren Klasseninstinkt, da kannst du keinen rausbrechen. Du merkst das auf der betrieblichen Ebene. Prinzipale hießen sie ja früher, also Arbeitgeber, die noch einen professionellen Berufsbezug hatten, also Drucker, die auch gelernte Drucker waren. Die wussten um die Entwicklungen und wussten auch um die Gefahren, die auf das eigene Gewerbe zukamen. Sie waren ansprechbar für eine berufsbezogene Regelung.
　Dasselbe gilt für Zeitungsverleger, die wirklich von einem publizistischen Ethos beseelt sind, mit denen kann man auf betrieblicher Ebene wesentlich besser operieren als mit den dann irgendwo im Zuge der technischen Entwicklung immer mehr um sich greifenden Technokraten, die gestern im Maschinenbau tätig waren und heute eine Zeitung machen. Da gibt es nicht die Gemeinsamkeit der Profession und des professionellen Ethos. Das galt für das handwerklich geprägte Druckgewerbe genauso wie für Journalisten und Zeitungsverleger. Nur, wie gesagt, in Verhandlungen hast du eine Einheitsmauer. Übrigens nicht zu vergessen: Bei den RTS-Verhandlungen hat zum ersten Mal regelmäßig ein Abgesandter der Bundesvereinigung der Arbeitgeberverbände auf der Gegenseite, zwar nicht in den Verhandlungen, aber im Hintergrund gesessen. Also das war auch etwas gesteuert.

JP: Das war so eine Art Pilotindustrie. Die haben gemerkt, dass das, was in der Druckindustrie und Verlagsindustrie jetzt ausgehandelt wird, das kriegen wir in anderen Bereichen auch, oder?
　DH: Das war, also ich will das jetzt nicht alles überbewerten, aber das war ja ein Versuch, Rationalisierungsfolgen nicht allein in Gestalt von finanziellem Aus-

gleich und sozialer Abfederung hinzunehmen, sondern offensiv die Arbeitsorganisation im Rahmen des Tarifvertrages mitzugestalten.

JP: Manteltarifvertragselemente zu wählen?
  DH: Nicht zu vergessen, parallel dazu streikte die IG Metall in Baden-Württemberg, unter anderem um einen kollektiven Einkommensschutz. Ist leider nicht gelungen. Steinkühler hat damals die Verhandlungen geführt. Es sollten im Zuge der technischen Entwicklung individuell die Beschäftigten einen Abgruppierungsschutz genießen. Das haben sie durchgesetzt. Es sollte aber gleichzeitig der Level der betrieblichen Lohnsumme im Zuge technischer Entwicklungen nicht sinken. Es war eine etwas komplizierte Formel, die Steinkühler entwickelt hatte. Das wäre auch ein Stückchen Griff ins Eingeweide des Gegners gewesen. Aber das hat die IG Metall leider nicht durchgesetzt. Man muss sich zurückversetzen: 1978 war diese Teufelei der IG Druck und Papier und der IG Metall in Baden-Württemberg ein Stückchen Herausforderung für die Arbeitgeberseite, dass da möglicherweise die Herrschaft über die Arbeitsorganisation infrage gestellt wird.

JP: War es so, dass ein erheblicher Teil etwa der Zeitungs- und Zeitschriftenverleger doch eher auf eine äußerst brutale Rationalisierungspolitik gesetzt hatte?
  DH: Ja.

JP: Die Frage: wie hart muss man eigentlich kämpfen? Gab es eine Alternative zu dieser Streikorientierung?
  DH: Nein. Aber ich muss vorausschicken: Es ist richtig, auf betrieblicher Ebene hast du sehr unterschiedliche Handlungsbedingungen, und es gab Betriebe, die schon während der Tarifverhandlungen, lange im Vorfeld des Streiks, ihren Betriebsräten Angebote gemacht haben, das, was wir forderten, auf betrieblicher Ebene in Gestalt von Betriebsvereinbarungen zu regeln. Wir hatten unsere liebe Mühe und Not, da den Daumen drauf zu halten, das ist uns aber nicht überall gelungen. Als Betriebsrat hätte ich das wahrscheinlich auch gemacht. Es ist beispielsweise in Ludwigshafen geschehen; in Stuttgart haben die zwar keine Betriebsvereinbarung abgeschlossen, es war ein Betrieb, der ganz weit vorne war in der technischen Umstellung, aber sie haben angeboten, es informell so zu machen. Das waren dann natürlich Betriebe, die aufgrund des betrieblichen Angebots für den Fall eines Streiks, den wir für unabwendbar gehalten haben, nicht mehr als verlässliche Betriebe dastanden, ist ja völlig verständlich. Nur für die Grundsatzfrage der Organisation selbst, die im Grunde darauf angewiesen war, flächendeckend und zwar bundeseinheitlich einen Tarifvertrag zu bekommen, der überbetrieblich für alle gilt, war das partnerschaftliche Arrangement keine Option.

JP: Wegen der anderen Seite?

DH: Ja, weil das war uns klar, das geht nicht anders. Da gab es auch nie das Angebot auf der anderen Seite, lass uns doch mal versuchen, in anderer Form zurande zu kommen. Es sei denn, es hätte sich darauf beschränkt, hier und da den Arbeitsplatzverlust finanziell abzufedern. Die Angebote lagen auf dem Tisch: Sozialplangestaltungen in Tarifverhandlungen, Abfindungsregeln, Umschulungsangebote, das alles wäre tarifierbar gewesen – ohne Streik. Insofern würde ich jetzt immer noch sagen: Diese harte Gangart wurde uns aufgezwungen, weil es eben nicht unmaßgebliche, namentlich Verleger auf der anderen Seite gab, mit denen auf keinen Fall was zu machen war.

JP: Diese Erfahrungen mit dem RTS-Tarifvertrag, diese ganzen Auseinandersetzungen, diese Versuche, das irgendwie vernünftig hinzukriegen, am Ende die Notwendigkeit zu kämpfen, kurzum, was ist gut gelaufen, was nicht so gut, insgesamt, wenn du eine Bilanz ziehst?

DH: Also das ist natürlich höchst subjektiv. Ich sehe es zu 90 Prozent positiv, also insbesondere die Kernforderungen waren erreicht. Das Recht auf Kündigungsschutz haben wir nicht erreicht, aber damit haben wir uns letztendlich abgefunden, nachdem sich dann in den letzten Nächten herausstellte, dass wir die Besetzungsregelungen kriegen und die Vorrangregelung bei der Texterfassung. Es war dann auch so, dass im Grunde der Prozess der Umstellung auf elektronisch gesteuerten Lichtsatz verdichtet auf wahrscheinlich zwölf Jahre, im Wesentlichen ohne betriebsbedingte Kündigungen gegangen ist, also kein Schriftsetzer ist ins Bodenlose gefallen. Insofern war dann das Nichterreichen des Kündigungsschutzes hinnehmbar. Eine ärgere Lücke war, dass wir in der Arbeitszeitfrage nicht einen Millimeter weitergekommen sind, das hat uns im Grunde 1979 in eine Niederlage geführt, nach dem Stahlarbeiterstreik, und hat uns erst 1984 den Einstieg gebracht, nach einem langen, langen Arbeitskampf. Also das wäre auf der Negativseite zu verbuchen. Ansonsten war der Streik, finde ich, organisationspolitisch wichtig. Er wurde landauf, landab als Erfolg gesehen. Er war übrigens nicht teuer, teuer war der Lohnstreik.

HN: Der Lohnstreik 1976?

DH: Das war ja immer ein Schwerpunktstreik. Die Verleger haben es nicht geschafft, eine bundesweite Aussperrung hinzukriegen, sie haben es nicht geschafft über 48 Betriebe hinaus. Insofern sind wir glimpflich davongekommen, was die finanzielle Belastung angeht. Wichtiger ist halt die organisationspolitische Erfahrung eines Streiks, der dann auch, nachdem die Kollegen wieder in die Betriebe gegangen sind, wirklich als ein Erfolg angesehen wurde. Ich glaube, ohne diese Erfahrung, übrigens auch ohne die 1976er-Erfahrung, wäre die IG Druck und Papier vermutlich nicht den dritten Schritt gegangen, 1984 um eine Lohnstruktur und um die 35 Stunden zu kämpfen. Also das waren schon wichtige Lernerfahrungen.

Demonstration gegen Aussperrung in Köln, 1976

Unsichere Prognosen zur beruflichen Zukunft in der Medienindustrie

JP: Aber im Sinn der Mitgliederentwicklung hat das der Organisation, wenn ich die Zahlen richtig in Erinnerung habe, nicht so furchtbar viel gebracht. Die Frage ist, warum so viele Mitglieder verloren gegangen sind? Was kann man lernen für heute aus den damaligen Auseinandersetzungen?

DH: Meine Erfahrung ist per Saldo immer: eine Gewerkschaft, die die Mitglieder fordert, auch Solidarität zu zeigen und aufzubegehren, ist tendenziell eher ein Magnet zum Beitritt.

JP: Ist das nicht eher Wunschdenken?

DH: Nein, ich glaube nicht. Es läuft freilich nicht mechanisch ab. Du musst nicht oben den Streikgroschen reinwerfen und unten kommen die Mitglieder raus. Das leider nicht mehr, nein. Es gibt auch bei Streiks immer mehr Kollegen, die nicht organisiert mitstreiken, aber auch weiter nicht organisiert bleiben. Das ist eine Erfahrung der letzten 15 bis 20 Jahre, die viele Gewerkschaften machen.

JP: Oder viele, die treten dann schnell mal ein und sind dann in ein paar Wochen wieder weg?

DH: Ja, auch das gibt es. Ich bin der Meinung, das mag Wunschdenken sein, dass eine Gewerkschaft, die im Grunde Herausforderungen auch offensiv begegnet, tendenziell Mitglieder wirbt. Aber nicht im Sinne eines Mechanismus. Im

Übrigen, das ist kein Streikmotiv, damit das klar ist. Dazu ist das viel zu ernst und die Herausforderung für jeden einzelnen viel zu tiefgehend. Nein, ich will da noch was ganz anderes ansprechen, was uns nicht gelungen ist und wahrscheinlich nicht gelingen konnte: Wir reden jetzt immer über unsere Tarifforderungen und das Tarifergebnis, wenn ich jetzt eine Summe ziehe, war es positiv.

Aber wenn ich mal in den Mikrokosmos des beruflichen Wandels schaue, da muss ich sagen, da sieht es kalt aus. Wie verändern sich die Arbeitssituation und die Arbeitsbedingungen des in Blei arbeitenden Schriftsetzers hin zu dem am Datensichtgerät sitzenden Texterfasser und Textgestalter?

Wir haben damals einen Film gemacht, von (Wolfgang) Richter und (Hannes) Karnick: Erfahrungen mit der Zukunft, über den Streik, den RTS-Streik. Da kommt eine Szene vor, die finde ich unheimlich stark. Ein Kollege bei der Rheinischen Post, Streikbetrieb, Schwerpunktbetrieb, Schriftsetzer, streikt mit und kommt auch in Interviews und in Streikversammlungen deutlich vor. Seine Frau hält auf der Streikversammlung übrigens eine Rede, eine ergreifende Rede. Und dann schildert er seine berufliche Situation ein Jahr nach dem Streik und nach dem Tarifabschluss und kommt im Grunde, wenn man das mal nüchtern zur Kenntnis nimmt, zu einem verheerenden Ergebnis. Er beschreibt: Früher war er Maschinensetzer neben zehn anderen Maschinensetzern vor der Linotype, direkt nebenan war die Handsetzerei. Man hatte Berufsstolz, man wusste auch, man hat die Macht im Betrieb: Ohne uns läuft nichts, wir haben die berufliche Kompetenz und wenn wir 60 an der Zahl die Arbeit niederlegen, geht nichts mehr. Da kommt auch keine Zeitung, wir sind nicht ersetzbar, auch nicht durch die paar Vorgesetzten, die zwar Schriftsetzer gelernt haben, die das Handwerk auch noch können, aber es sind einfach zu wenige. Der Arbeitsprozess, die Arbeitsbedingungen fördern kollektive Widerständigkeit. Er schildert dann: Jetzt sitze ich auf einmal von heute auf morgen in einem Büro auf Teppichboden, in dem man nichts hört außer dem leisen Geklimper der Tasten. Vorne sitzt der Schichtleiter auf einem erhöhten Podest und wehe, du redest mal mit dem Nachbarn ein lautes Wort, das geht gleich durch den ganzen Raum und du bekommst einen stirnrunzelnden Blick des Schichtleiters. Du redest nicht mehr. Er schildert dann, wie im Grunde jede Kollektivität und Kollegialität unter diesen Arbeitsbedingungen verloren geht, der Berufsstolz zu Schanden geht, weil du merkst, was ich mache, kann jeder. Man geht auch nicht mehr nach Schichtende in die Kneipe, sondern strebt nach Hause. Was sich hier im Mikrokosmos abgespielt hat, an Auszehrung handwerklich geprägter professioneller Kompetenz, das konnten wir damals tarifvertraglich nicht einfangen und das haben wir auch in dieser Wucht nicht gesehen.

Ich denke oft an die Auseinandersetzung, wenn ich jetzt über den neuen Hype der Digitalisierung und Industrie 4.0 lese. Ich würde vielleicht etwas großspurig manchem Metaller sagen: Steig doch nochmal ein und lass mal Revue passieren, was die kleine IG Druck und Papier damals durchgemacht hat. Wo es hinläuft, wenn Berufe entleert werden und ihre eigentliche Kompetenz verlieren. Das hat weitreichende Folgen, nicht nur für die Gewerkschaft. Angesichts der zentralen Bedeutung, die die Berufsarbeit für unser Leben und für unsere Gesellschaft hat, wirkt das weit über die Arbeit hinaus. Und da würde ich sagen, weil du nach Positivem und Negativem fragst: Das haben wir nicht so gesehen. Vielleicht hätte man auch andere Haltegriffe einziehen können. Das ist das Negative.

HN: Gibt es nicht auch noch eine zweite Ursache für diesen Mitgliederrückgang? Und zwar diesen Entfremdungsprozess mit der immer größeren Organisationseinheit? Es war früher die IG Druck und Papier, dann kam die IG Medien, dann kam jetzt ver.di. Wird die Isolierung im Arbeitsprozess unterstützt durch eine Isolierung von der Interessenorganisation?

DH: Die Frage, was ist das Ei und was die Henne. Ich setze mal eine These dagegen: Wäre die IG Druck und Papier und die IG Medien nicht in der großen ver.di aufgegangen, sie existierte heute nicht mehr, denn die Mitgliederverluste haben wir als IG Druck und Papier erlitten. Ab Anfang der 1990er Jahre haben wir Jahr für Jahr zwischen 3 und 5, mal 8.000 verloren. Wir waren eine kleine Gewerkschaft, und das ging unverändert weiter. Das war der Grund, weshalb wir keine andere Lösung mehr sahen, als uns anders zu organisieren. Eine andere Option hätte es gegeben, wie die Holz und Kunststoff in die Metall zu gehen. Aber das wäre letzten Endes wurst gewesen. Das jetzt nur als Vorbemerkung.

Wenn ich deine Frage beantworten könnte, würde ich wie Frank Bsirske sagen: Ich weiß es nicht. Ich sehe die Probleme. Ich sah sie als Hauptbetroffener damals in den 1990er Jahren selbst. Ich kann nur zwei Erklärungsversuche liefern: Das Bindeglied für gewerkschaftlichen Zusammenschluss der Deutschen Industriegewerkschaften im DGB war zum einen die Industrie-Arbeiterschaft, die aufgrund des Arbeitsprozesses Tag für Tag und Stunde für Stunde Kollektivität erfahren hat, Seite an Seite gearbeitet hat, sei es am Montageband oder wo auch immer, im Drucksaal genauso oder in der Vorstufe. Und es gibt einen zweiten Bodensatz, der Kitt spendet und einlädt, sich zusammenzuschließen: das ist der gleiche Beruf. Das waren die handwerklichen Wurzeln und Prägungen der IG Druck und Papier. Beides geht aufgrund der von uns kaum zu beeinflussenden Entwicklung verloren bzw. verändert sich. Du hast nicht mehr die urtümlich Kollektivität spendende industrielle Arbeit, Seite an Seite, sondern der Prozess zerfasert, selbst die Betriebe zerfasern und werden durchlässig. Die Arbeitsprozesse, wenn ich das modern ausdrücke, organisieren sich in Wertschöpfungsketten, aber nicht mehr im Betrieb. Das heißt, die Betriebsmauern fallen weg und du hast nicht mehr den unmittelbaren hautnahen Bezug der Organisation zur beruflichen Bildung und zum beruflichen Selbstverständnis der Betroffenen. Also die industrielle Arbeit im Betrieb, die großbetriebliche Arbeit, die einheitsspendende großbetriebliche Arbeit geht verloren. Die können wir mit gewerkschaftlichen Mitteln nicht erhalten. Aber ich plädiere sehr dafür, sich des Berufsbezugs und der Professionalisierung stärker anzunehmen. Das kann ich als Großgewerkschaft, aber auch als Kleingewerkschaft machen. Das identitätsstiftende Potenzial des gleichen Berufs, der beruflichen Entwicklung, der Weiterentwicklung des Berufs und des Selbstverständnisses also, darin sehe ich nach wie vor ein Pfund. Das gilt es zu erhalten und über den beruflichen Wandel immer wieder neu aufzubauen. Also wenn ich sehe, beispielsweise bei der Charité, dass Pflegerinnen unter der Ägide von ver.di streiken, um einen Stellenschlüssel durchzusetzen, halte ich das für eine zukunftsfähige, unheimlich wichtige Forderung. Weil sie einsehen, nicht nur wir haben fürchterlichen Stress, zu ihrem Beruf gehört ja auch die Hinwendung zum Patienten und dazu brauche ich Zeit, dazu brauche ich Arbeitsbedingungen, die das überhaupt ermöglichen. Wenn ich Journalisten beim Portepee fasse, was ihre berufliche Arbeit eigentlich ist, dass sie auch Ruhepausen haben müssen, um mal nachzudenken, um sauber zu recherchieren; ich würde jeder Gewerkschaft den Rat geben, mit großen Ohren hinzuhören, wohin entwickeln sich berufliche Profile.

HN: Professionalisierungsmuster oder so?
 DH: Ja. Wo muss ich Haltelinien einsetzen beziehungsweise als Gewerkschaft zur Stelle sein, um im Prozess der Weiterbildung oder der beruflichen Erstausbildungen solche Fixpunkte zu setzen. Ich glaube, das wäre ein Kitt, um Solidarität zu stiften und damit vielleicht die Gewerkschaft wieder attraktiver zu machen.

HN: Das wäre ja schon fast das Schlusswort gewesen von dir. War das eben schon eine Erklärung dafür, was du eben gesagt hast, wie es weitergeht oder wie man weiter denken muss? Wie würdest du das heute sehen?
 DH: Es gibt noch einen weiteren Erklärungsversuch. Ich kann jetzt nur für die Druckindustrie reden, ich weiß nicht, welche Faktoren in der Bekleidungsindustrie maßgebend waren. Aber in der Druckindustrie haben wir zum einen einen Rückgang der Beschäftigtenzahlen gehabt, auch weiterhin. Das ist die Folge der technologischen Entwicklung. Bezeichnenderweise haben wir in den 1990er Jahren, während wir Jahr für Jahr oder von Quartal zu Quartal Mitglieder verloren haben, gleichzeitig einen wachsenden Organisationsgrad gehabt in den Betrieben; also das war Spiegelbild des Beschäftigten-Rückgangs. Zum zweiten, das soll man nicht unterschätzen, aber da bin ich wieder beim Mikrokosmos: Nicht nur die IG Druck und Papier hat unter der technischen Entwicklung gelitten, sondern die Druckindustrie ja auch. Ich sag es mal sehr zugespitzt: Die Druckindustrie ist ein sterbender Wirtschaftszweig.

 Das liegt zum Teil, zum überwiegenden Teil daran, dass Kommunikation und Speicherung sich in elektronische Medien verlagert und damit die schriftliche und die papierene Fassung marginalisiert wird. Aber es hat auch damit zu tun, dass sich die Druckindustrie, die Druckunternehmen das Monopol der grafischen Gestaltungskompetenz aus den Händen haben rinnen lassen, hin zum Kunden, hin zum Verlag, und damit das aufgegeben haben, was sie ausgemacht hat. Der Drucker vermietet heute seine Druckmaschine. Den Text bekommt er fertig geliefert und fertig gesetzt übrigens. Insofern – und das spüren die Kollegen auch – du identifizierst dich mit deinem Beruf, du identifizierst dich auch mit dem Betrieb, das ist die Fundgrube ewiger Sozialpartnerschaft auf betrieblicher Ebene. Du identifizierst dich damit auch mit dem Wirtschaftszweig. Wenn du siehst, dass der Wirtschaftszweig an Bedeutung und an Ansehen verliert, dann ist das nicht gerade ein Treibsatz, um gewerkschaftliche Widerständigkeit zu erzeugen, der Gewerkschaft beizutreten.

Anmerkungen

[1] Alle im Weiteren gemachten Ausführungen beziehen sich auf Constanze Lindemann/Harry Neß: Dokumentation des Zeitzeugenprojekts: Betroffene des Strukturwandels in der Druckindustrie erinnern sich. Berlin/Offenbach am Main, Juli 2018. Exemplare der Dokumentation befinden sich in den Archiven des Karl-Richter-Vereins e.V., der Johannes-Sassenbach-Gesellschaft, der Stiftung Menschenwürde und Arbeitswelt, des ver.di-Bundesfachbereichs Medien, Kunst und Industrie sowie des Zentral-Fachausschusses Berufsbildung Druck und Medien, mit deren Unterstützung die Vorbereitung und Durchführung des Zeitzeugenprojekts möglich wurde.

[2] Der »Internationale Arbeitskreis Druck- und Mediengeschichte« (IADM) besteht seit 1983, sein Vereinssitz ist Leipzig. Er veröffentlicht dreimal jährlich das »Journal für Druckgeschichte«, das dem »Deutschen Drucker« beigeheftet ist, gibt weitere Publikationen heraus und veranstaltet regelmäßig Tagungen zur Druck- und Mediengeschichte (s.u. www.arbeitskreis-druckgeschichte).

[3] URL: http://research.uni-leipzig.de/fernstud/Zeitzeugen/ (aufgerufen am 24.6.2015). Vgl. Thomas Keiderling: Innovations- und Biografieforschung zum Buchdruck und Buchhandel, in: Druckgeschichte 2.0 (Hrsg.: IADM und Deutsches Zeitungsmuseum). Wadgassen 2008, S. 50-60.

[4] Anselm Doering-Manteuffel/Lutz Raphael: Nach dem Boom – Perspektiven auf die Sozialgeschichte seit 1970. Göttingen 2008. Vgl. Knud Andresen/Ursula Bitzegeio/Jürgen Mittag (Hrsg.): »Nach dem Strukturbruch«? – Kontinuität und Wandel von Arbeitsbeziehungen und Arbeitswelt(en) seit den 1970er-Jahren. Bonn 2011.

[5] Matthias Leanza: Prävention. In: Benjamin Bühler/Stefan Willer (Hrsg.): Futurologien – Ordnungen des Zukunftswissens. Paderborn 2016, S. 155-167, hier S. 159.

[6] Vgl. Walter Georg/Andreas Kunze: Sozialgeschichte der Berufserziehung: Eine Einführung. München 1980, S. 145f.

[7] Paul Nolte: Gleichzeitigkeit des Ungleichzeitigen, in: Stefan Jordan: Lexikon Geschichtswissenschaft. Stuttgart 2002, S. 134-137.

[8] Egon Bannehr et al.: Die Eule läßt Federn. Das Ullsteinhaus 1926-1986 – Setzer, Drucker, Journalisten. Berlin 2012.

[9] Alexander von Plato: Zeitzeugen und die historische Zunft, in: BIOS, H. 1/2000 (13. Jg.), S. 5-29, hier S. 8.

[10] www.kmw.uni-leipzig.de/xxx/weitereprojekte/buchwissenschaft/zeitzeugen-der-buchwirtschaft.html. In den Druck- und Medienberufen noch oder ehemals Tätige werden auf ihre Biografie und persönlichen Erfahrungen hin befragt. Die von Seminarteilnehmern aufgezeichneten Gespräche werden verschriftlicht und vergleichend ausgewertet. Leider wird dieses Projekt zur Zeit nicht weiterverfolgt.

[11] Knud Andresen: Triumpherzählungen. Wie Gewerkschafter über ihre Erinnerungen sprechen. Essen 2014.

[12] Chaja Boebel/Stefan Müller/Ulrike Obermayr (Hrsg.)): Vom Erinnern an den Anfang: 70 Jahre Befreiung vom Nationalsozialismus – Was hat die IG Metall daraus gelernt? Darmstadt 2016.

[13] Zur inhaltlichen Vorbereitung der Veröffentlichung, der Entwicklung der Leitfäden und der Planung der Interviews traf sich am 24./25.6.2015 im (Ende 2015 geschlossenen) »ver.di – Institut für Bildung, Me-

dien und Kunst« in Lage-Hörste eine Arbeitsgruppe. Ihr gehörten für die geplanten Gruppen- und Einzelinterviews neben Constanze Lindemann und Harry Neß auch Ernst Heilmann (ehemaliger Offsetdrucker bei Axel Springer, Ahrensburg, Betriebsrat, ver.di-Gewerkschaftssekretär) und Jürgen Prott (ehem. Schriftsetzer, Journalist und Soziologe) an.

[14] Uwe Flick: Qualitative Sozialforschung – Eine Einführung. Vollst. überarb. und erw. Neuausgabe. Reinbek bei Hamburg 2007.

[15] Ebd., S. 194.

[16] Ebd., S. 250.

[17] Ebd., S. 259.

[18] Die Gruppeninterviews wurden am 9./10.11.2015 in den Räumen des Zentral-Fachausschusses Berufsbildung Druck und Medien (ZFA) in Kassel-Wilhelmshöhe geführt, die Einzelinterviews mit den ehemaligen Gewerkschaftsvorsitzenden am 17.11.2015 in Detlef Hensches Wohnung bzw. mit Franz Kersjes am 18.11.2015 in den Räumen des Karl-Richter-Vereins e.V. in Berlin. Interviewer waren in den Gruppeninterviews Constanze Lindemann, Harry Neß, Ernst Heilmann und Ralf Roth; in den Einzelinterviews Constanze Lindemann, Harry Neß und Jürgen Prott.

[19] Vertreter/innen des Produktionsbereichs Weiterverarbeitung/Buchbinderei aus dem letzten Drittel des 20. Jahrhunderts konnten für die Gruppeninterviews nicht erreicht werden.

[20] Harald Welzer: Das Interview als Artefakt, in: BIOS, H. 1/2000 (13. Jg.), S. 61.

[21] Ursula Apitzsch: Biografieforschung, in: Barbara Orth/Thomas Schwietring/Johannes Weiß (Hrsg.), Soziologische Forschung – Stand und Perspektiven. Ein Handbuch, Opladen 2003 S. 96-110.

[22] Alexander von Plato: Zeitzeugen und die historische Zunft, in: BIOS, H. 1/2000 (13. Jg.), S. 5-29, hier: S. 11.

[23] Vgl. Constanze Lindemann/Harry Neß: Dokumentation des Zeitzeugenprojekts, Berlin/Offenbach 2018, S. 8ff.

[24] Benjamin Bühler/Stefan Willer: Einleitung, in: Dies. (Hrsg.): Futurologien – Ordnungen des Zukunftswissens. Paderborn 2016, S. 9-21, hier: S. 18.

[25] Frank Becker/Benjamin Scheller/Ute Schneider (Hrsg.): Die Ungewissheit des Zukünftigen. Frankfurt a.M./New York 2016.

[26] Ort des Interviews: Zentral-Fachausschuss Berufsbildung Druck und Medien (ZFA) in Kassel-Wilhelmshöhe; Zeit: 9.11.2015, Dauer: 2 Std. 16 Min. Vgl. Constanze Lindemann/Harry Neß: Dokumentation des Zeitzeugenprojekts, 2018, S. 13ff. In diesem Gruppeninterview sind die Aussagen von Klaus Kroner – Ausbildung zum Buchdrucker bei Georg Stritt & Co., Grafischer Großbetrieb; Leiter der Hausdruckerei der Schriftgießerei, Fotosetzgeräte D. Stempel AG, beide Frankfurt am Main; Neotype-Druck Klaus Kroner, Offenbach am Main; Edition Kroner, Bad Vilbel – auf seinen Wunsch nur im vollständigen Wortlaut in der Dokumentation des Zeitzeugenprojektes, a.a.O., nachzulesen.

[27] Ort des Interviews: Zentral-Fachausschuss Berufsbildung Druck und Medien (ZFA) in Kassel-Wilhelmshöhe; Zeit: 9.11.2015, Dauer: 1 Std. 45 Min. Vgl. Constanze Lindemann/Harry Neß: Dokumentation des Zeitzeugenprojekts, 2018, S. 41ff.

[28] Ort des Interviews: Zentral-Fachausschuss Berufsbildung Druck und Medien (ZFA) in Kassel-Wilhelmshöhe; Zeit: 10.11.2015, Dauer: 2 Std. 9 Min. Vgl. Constanze Lindemann/Harry Neß: Dokumentation des Zeitzeugenprojekts, 2018, S. 68ff.

[29] Ort des Interviews: Zentral-Fachausschuss Berufsbildung Druck und Medien (ZFA) in Kassel-Wilhelmshöhe. Zeit: 10.11.2015; Dauer: 1 Std. 48 Min. Vgl. Constanze Lindemann/Harry Neß: Dokumentation des Zeitzeugenprojekts, 2018, S. 100ff.

[30] Zeit des Interviews: 18.11.2015, Dauer: 1 Std. 15 Min, Ort: Berlin (Räume des Karl-Richter-Vereins e.V.). Vgl. Constanze Lindemann/Harry Neß: Dokumentation des Zeitzeugenprojekts, 2018, S. 144ff.

[31] Gemeint ist ein Beitrag von Franz Kersjes auf der von diesem selber eingeführten Website (www.weltderarbeit.de) im März 2011.

[32] Ort des Interviews: Berlin (Wohnung von Detlef Hensche); Zeit: 17.11.2015, Dauer: 1 Std. 39 Min. Vgl. Constanze Lindemann/Harry Neß: Dokumentation des Zeitzeugenprojekts, 2018, S. 126ff.

Teil 5:
Archivarische und museale Präsentation der Zugänge zur Druckgeschichte

Wadgassen 2015: Mit der Vermittlung von Medien- und Informationskompetenz will das Deutsche Zeitungsmuseum neue Zielgruppen erschließen

Rüdiger Zimmermann
Das gedruckte Gedächtnis der Drucker
Zur Quellenüberlieferung gewerkschaftlich organisierter Arbeiter und Arbeiterinnen im grafischen Gewerbe in der Friedrich-Ebert-Stiftung[1]

»Es genügt, das kürzlich erschienene, systematische Verzeichnis der periodischen Ausgaben der Königlichen Bibliothek zu durchblättern, um zu bemerken, daß die Königliche Bibliothek die besten der in Frankreich, England und Amerika herausgegebenen ökonomischen Zeitschriften nicht enthält. Von der sozialistischen und Arbeiterliteratur muß schon ganz abgesehen werden. Jeder Ausländer, der die Erwartung hegt, in der größten Bücherei des klassischen Landes der Sozialgesetzgebung eine vollständige Sammlung der einschlägigen Literatur, wenn auch nur in deutscher Sprache zu finden, würde sich bitter enttäuscht sehen. In der Bibliothek fehlt zum Beispiel fast gänzlich die ungeheure gewerkschaftliche und sozialdemokratische Literatur.«[2]

Diese vernichtende Kritik fällte – fast auf den Tag vor hundert Jahren – das theoretische Organ der deutschen Sozialdemokratie. Der Autor, der russische Sozialdemokrat David Borisović Rjazanov, wusste, wovon er sprach. Er war zu jener Zeit neben Karl Kautsky vielleicht der beste sozialdemokratische Kenner der internationalen Literatur zu den sozialen Bewegungen.[3]

Wie gingen nun die Arbeiterorganisationen mit der staatlichen Gleichgültigkeit gegenüber den eigenen kulturellen Zeugnissen um? Die organisierte Arbeiterbewegung und Arbeiterkulturbewegung mit all ihren facettenreichen Ausprägungen suchten diese Defizite auszugleichen, indem sie an der Spitze und in der Breite eigenverwaltete Bibliotheken aufbauten, oft in Kooperation mit einem eigenen Archiv.

Die wertvolle Bibliothek der deutschen Sozialdemokratie wurde im Mai 1920 sogar vom Preußischen Ministerium für Wissenschaft und Volksbildung unter Denkmalschutz gestellt. Die Bestände der über tausend Arbeiter- und Gewerkschaftsbibliotheken lassen sich bis 1933 nur grob taxieren; Schätzungen gehen von ein bis zwei Millionen Bänden aus.[4] Sogleich nach der nationalsozialistischen Machtergreifung wurden die Quellenbestände der Arbeiterbewegung beschlagnahmt, ausgeraubt, verbracht, zerstreut.

Unmittelbar nach Kriegsende mussten Naturfreunde, Arbeiterwohlfahrt, die Sozialdemokratie, die Einzelgewerkschaften, der gewerkschaftliche Dachverband etc. im Westen völlig neu mit der schwierigen Rekonstruktion der eigenen kulturellen Überlieferung beginnen.[5] Während der 1950er Jahre kristallisierte sich unter Kulturverantwortlichen die Idee heraus, »man müsste, um die Lücken aufzufüllen, die der Nationalsozialismus ins Büchereiwesen der deutschen Arbeiterbewegung gerissen hat, eine Zentralbücherei der deutschen Arbeiterbewe-

Das gedruckte Gedächtnis der Drucker 267

gung mit öffentlichen Mitteln als eine Art Wiedergutmachung an der Arbeiterbewegung schaffen«. So die Formulierung des ehemaligen Leiters des Leipziger Arbeiterbildungsinstituts Valtin Hartig.[6]

Seit etwa 1960 verdichtete sich die Idee, diese »Zentralbibliothek« unter dem Dach der Friedrich-Ebert-Stiftung einzurichten. 1962 machte sich Willy Brandt für das Projekt besonders stark. 1969 war es dann soweit: In Bonn wurden innerhalb der ältesten deutschen Stiftung ein Archiv und eine Bibliothek mit großen Visionen und weitreichenden Zielen eingerichtet. Die deutschen und internationalen Gewerkschaftsorganisationen entzogen sich zunächst einer Mitarbeit.

Heute arbeiten im Archiv der sozialen Demokratie der Friedrich-Ebert-Stiftung und in der Bibliothek der Friedrich-Ebert-Stiftung gut 60 Beschäftigte mit einem festen Vertrag; dazu kommen etwa 20 Kolleginnen und Kollegen mit befristeten Arbeitsverträgen.[7] Die Gewerkschaften haben längst ihre Abstinenz gegenüber dem Bonner Historischen Forschungszentrum aufgegeben. Die Biblio-

Abbildung 31: Jubiläumsausgabe zum 50jährigen Bestehen des »Korrespondent«
Das Sprachrohr der organisierten Gehilfen und Organ des Verbandes der Deutschen Buchdrucker war von Leipziger Gehilfen schon vor der Gründung des Verbandes ins Leben gerufen worden

Quelle: Alle Abbildungen in diesem Beitrag stammen aus der Bibliothek der Friedrich-Ebert-Stiftung.

thek ist stolz darauf, die größte Gewerkschaftsbibliothek der Welt zu sein; für das Archiv gilt Ähnliches.

Inkorporiert in eine Bibliothek mit mehr als 700.000 Bänden und ein Archiv mit über 40 km laufenden Akten befindet sich eine einzigartige Überlieferung für das grafische Gewerbe. Es sind Bestände, die nicht die Sicht von Unternehmensverbänden und Arbeitgeberverbänden der Druckbranche spiegeln oder die faszinierende Technikgeschichte dokumentieren, es sind fast ausschließlich Bestände, die die Entwicklung aus Arbeitnehmersicht beleuchten. Genauer gesagt: aus Sicht der verschiedenen Gewerkschaften des grafischen Gewerbes. Es handelt sich um Bücher, Zeitschriften, Broschüren, Protokolle, Jahresberichte und Aktenmaterialien nicht nur von deutschen Gewerkschaften, sondern auch von internationalen Organisationen.

Die Bestände reichen aus der Mitte des 19. Jahrhunderts bis in die Jetztzeit. Es sind exzellente – leider viel zu wenig genutzte – Quellen, die für die historische und sozialwissenschaftliche Forschung von hoher Relevanz sind. Wie haben die älteren Quellenmaterialien überhaupt die Nazizeit überlebt? Wie haben sie die Bombardierung Deutschlands überstanden? Und wie sind sie überhaupt nach Bonn gekommen?

Es sind im Wesentlichen zwei Geschichten, die es zu erzählen gilt. Die eine abenteuerliche Geschichte handelt vom Ausrauben deutscher Gewerkschaftsbibliotheken durch die Nazis, dem Aufteilen der Bestände durch amerikanische und sowjetische Besatzungsmächte nach Kriegsende in Berlin, der Verbringung der Bestände in die USA, Heimkehr und Aufteilen des einmaligen Kulturgutes im Nachkriegsdeutschland und irgendwann der sicheren Ankunft im Hafen der Friedrich-Ebert-Stiftung. Die andere Geschichte handelt vom sicheren Hafen Schweiz, wo unter verschiedenen Dächern internationaler Gewerkschaftsorganisationen des grafischen Gewerbes über mehrere Jahrzehnte hinweg systematisch Quellenmaterialien zur Interessenvertretung der »Papierarbeiter und Papierarbeiterinnen« Europas, Deutschlands und Amerikas gesammelt wurden. Auch dieser Schatz wird heute in Bonn verwahrt, erschlossen und der wissenschaftlichen Nutzung zugänglich gemacht.

Der Beginn der ersten Geschichte – wir wissen es alle – wurzelt in der Zeit des nationalsozialistischen kulturellen Terrors gegen unliebsame Autoren und Organisationen und von ihnen betreute Bibliotheken im Mai 1933. Die nationalsozialistische Kulturpolitik (wenn man in diesem Zusammenhang überhaupt von Politik sprechen kann) zielte, bei allen Widersprüchen im Detail, nicht auf eine durchgängige Vernichtung des kulturellen Erbes ab. Ziel war es in der Regel, das geistige Erbe des politischen Gegners und des scheinbar rassisch Unterlegenen auszurauben, zusammenzutragen, zur Schau zu stellen, um es gleichsam zu beherrschen.[8] Insgesamt zeigte sich bei diesen Raubaktionen von Buchbeständen der Arbeiterbewegung, jüdischen Organisationen, Freimaurern und kirchlichen Organisationen das hinlänglich bekannte Bild nationalsozialistischer Herrschaftsausübung. Sich eifersüchtig bekämpfende Cliquen suchten ihren Teil der Beute zu erlangen. Auch die Gewerkschaftsbibliotheken gerieten in den Konflikt diverser NS-Einrichtungen. Ausgeraubte Bestände wurden an zwei Stellen in Deutschland konzentriert: im Archiv der NSDAP in München und in einer gewaltigen Büchersammlung (zeitweise mehr als 300.000 Bände) der Deutschen Arbeitsfront (DAF) in Berlin.

Während des Bombenkrieges um Berlin suchte die DAF die geraubten Bestände zu schützen und begann, die Bücher auszulagern. Sendungen gingen in das heutige Polen und in den deutschen Südwesten. Die in Berlin verbliebenen Bücher überlebten wie durch ein Wunder im alten Haus des Verbandes der Deutschen Buchdrucker in Berlin-Tempelhof in den weitläufigen Kellern.

Über viele Jahre hinweg war die Geschichte geraubter Bücher kein Thema. Das jahrelange Desinteresse hat sich seit den 1990er Jahren geradezu ins Gegenteil verkehrt: Die 1998 abgehaltene Washingtoner Konferenz über Vermögenswerte aus der Zeit des Nationalsozialismus und die »Erklärung in Bezug auf Kunstwerke, die von den Nationalsozialisten beschlagnahmt wurden«, illustriert den Paradigmenwechsel sehr deutlich. »Bestandsgeschichte und Provenienzforschung« – so der stellvertretende Direktor der Herzogin Anna-Amalia-Bibliothek auf einer der vielen Konferenzen der letzten Jahre – seien »eine politisch und moralisch herausfordernde Aufgabe, wenn Erwerbung und Verlust der Bücher mit Gewalt und Unrecht verbunden waren. Von Bedeutung sind dann nicht mehr nur Herkunft und Verbleib, sondern auch die Umstände des Verlustes und der Erwerbung solcher Bücher.«[9]

Der neue Forschungstrend half der Bibliothek der Friedrich-Ebert-Stiftung rasch, das Schicksal der geraubten Gewerkschaftsbibliotheken aufzuklären. Die in Berlin geretteten Gewerkschaftsschätze gerieten 1946 in den Interessenstreit der beiden großen konkurrierenden Supermächte. Die Bestände wurden aufgeteilt. Cirka 100.000 Bände gingen zunächst nach Offenbach in das sagenhafte Offenbach Archival Depot.[10] Dort lagerten Millionen von geraubten Büchern, die primär jüdischen Einrichtungen und Freimaurerorganisationen zurückgegeben wurden. Von Offenbach aus wurden die Gewerkschaftsbestände in die Kongressbibliothek nach Washington verschifft. In der amerikanischen Hauptstadt wuchsen unter den Verantwortlichen sehr rasch die Zweifel, ob die deutschen Gewerkschaftsmaterialien hier am richtigen Platz seien. Das Rückgabegeschenk von 387 großen Holzkisten mit 24.000 Kilo Büchern traf 1948 die westdeutschen Gewerkschaften völlig unvorbereitet. Trotzdem setzten sofort Planungen ein, die zurückgegebene »Kriegsbeute« auf Gewerkschaftsschulen, die Einzelgewerkschaften und den Dachverband aufzuteilen.

Dieses Titanenwerk gelang Richard Seidel,[11] gelernter Lithograf und in der Weimarer Republik Redakteur an der zentralen Gewerkschaftszeitung. Von den für die Einzelgewerkschaften bestimmten Büchern ging der Löwenanteil an die neugegründete Industriegewerkschaft Druck und Papier in die schwäbische Metropole. Anders ausgedrückt: 127 der Riesenkisten waren für die Einzelgewerkschaften bestimmt. 92 dieser Kisten gingen nach Stuttgart.

Der hohe »Druckanteil« spricht natürlich für die große kulturelle Wirkmächtigkeit der Gewerkschaftsorganisationen im grafischen Gewerbe. Über die liebevoll aufgebauten und gepflegten Fachbibliotheken der Buchdrucker, Buchbinder, Lithografen und Hilfsarbeiter wissen wir durch die erhaltenen Spezialkataloge ziemlich gut Bescheid. Die Berliner Bibliothek der Buchdrucker verzeichnete in den 1920er Jahren ca. 8.000 Bände.[12] Bereits zwei Jahre vor Ausbruch des Ersten Weltkrieges blickten die Münchener Buchdrucker stolz auf 3.000 Bände ihrer Bibliothek. Darunter befanden sich wertvolle typografische Zeitschriften.[13] Die Ortsgruppe Stuttgart im Bildungsverband der Deutschen Buchdrucker hielt zu ihrer besten Zeit 35 laufende Zeitschriften, darunter das »Archiv für Buchgewerbe und Gebrauchsgraphik«, die in Wien herausgegebene »Graphische Revue« sowie die »Schweizer graphischen Mitteilungen. Organ für die Interessen der Graphischen Kunst«.[14]

Der Weg der geraubten Gewerkschaftsbestände nach Stuttgart war extrem spektakulär und konnte erst in den letzten Jahren vollständig aufgeklärt werden. Weniger spektakulär war der Weg von Stuttgart nach Bonn. Ende der 1990er Jahre entschied der Vorstand der Industriegewerkschaft Medien, die gesamte Bibliothek der Gewerkschaft (Alt- wie Neubestände) der Friedrich-Ebert-Stiftung als Depositum zu übergeben. Der Bestand blieb Eigentum der Gewerkschaft. Allerdings: Bei Rückführung mussten die angefallenen Erschließungskosten erstattet werden. Eine ähnliche Entscheidung war kurz vorher für das Archiv der Industriegewerkschaft getroffen worden. Mithilfe der Deutschen Forschungsgemeinschaft wurden die bislang eher ungenügend erschlossenen Bestände katalogisiert und fachgerecht in allen relevanten Datenbanken nachgewiesen.[15]

Die Stuttgarter Bestände trafen in Bonn – um es bildlich auszudrücken – auf Quellenmaterialien der Internationalen Grafischen Föderation (IGF). Die Gewerkschaftsinternationale IGF gab bereits im März 1990 – anlässlich der Verlegung des Verbandssitzes von Bern nach Brüssel – ihr Archiv und ihre Bibliothek in die Obhut der Friedrich-Ebert-Stiftung.[16]

Die IGF war 1949 gleich nach dem Krieg in der Schweiz aus dem Zusammenschluss des Internationalen Buchdrucker-Sekretariats (IBS), der Internationalen Föderation der Buchbinder und verwandter Berufe (IBF) sowie des Internationalen Bundes der Lithografen, Steindrucker und verwandter Berufe (ILB) entstanden. Die bereits 1892, 1907 bzw. 1896 gegründeten Vorläuferorganisationen beschlossen auf ihrer ersten gemeinsamen Nachkriegskonferenz 1947 die Fusion zu einer Gewerkschaftsinternationale, die alle Berufe im gleichen Maß erfassen sollte.

Unter den handschriftlichen Dokumenten der Vorläuferorganisationen besitzen die Archivalien des Internationalen Buchdrucker-Sekretariats den höchsten Quellenwert. Neben Protokollen der Aufsichtskommission (1900-1930) und den Rundschreiben des Sekretärs (1893-1920) haben sich etliche Jahrgänge der Korrespondenz des Sekretärs mit Mitgliedsverbänden, Berufssekretariaten und Einzelpersonen aus den 1920er und 30er Jahren in hoher Vollständigkeit erhalten.[17]

Das gedruckte Gedächtnis der Drucker

Die gedruckten Pressequellen haben wir in einem eigenen Bestandsverzeichnis dokumentiert.[18] Es umfasst 350 Titel. Der IGF-Bestand zeichnet sich aus naheliegenden Gründen bei Schweizer Periodika-Titeln durch hohe Vollständigkeit aus. Gewerkschaftszeitschriften aus anderen Ländern sind weniger dicht repräsentiert. Gleichwohl stellen die Quellen für vergleichende internationale Studien zu den Arbeitsbeziehungen im grafischen Gewerbe eine solide Plattform dar.

Für die nationale sozialhistorische Forschung bleiben allerdings die »geretteten Bestände«, die der IG Druck und Papier (später: IG Medien) restituiert wurden, das Maß aller Dinge. Diese Materialien verschmolzen nach der Restitution mit den Eigenveröffentlichungen der neuen Industriegewerkschaft, in der sich die Sparten Buchdruck, Schriftgießerei, Flachdruck, Tiefdruck, Bildherstellung, Buchbinderei und Papierherstellung vereinigten.

Abbildung 32:
Die verschiedenen Berufsgruppen im Verband der Deutschen Buchdrucker waren in Sparten organisiert und gaben jeweils ihre eigenen fachtechnischen Zeitungen heraus

Allein das erstellte Periodika-Verzeichnis[19] dokumentiert 1085 Titel. Unter den historischen Titeln ragt das »Organ für die Gesamtinteressen der Buchdrucker und Schriftgießer Deutschlands« »Gutenberg« mit den Jahrgängen 1848 bis 1851 als älteste Gewerkschaftszeitschrift heraus. Die Wiedergründung der Buchdruckergewerkschaft nach einer schlimmen politischen Repressionsperiode dokumentiert ab 1863 der »Correspondent« (später: »Korrespondent für Deutschlands Buchdrucker und Schriftgießer«). Die »Buchbinder-Zeitung«, Organ des Verbandes der Buchbinder und Papierverarbeiter Deutschlands, ist von 1885 bis 1933 lückenlos vorhanden.

Nahezu vollständig findet sich das Blatt der gewerkschaftlich organisierten Lithografen, Steindrucker und Berufsgenossen im Bestand sowie das Verbandsorgan »Solidarität« der grafischen Hilfsarbeiter und Hilfsarbeiterinnen. Dazu kommt die Vielzahl der Spartenblätter des Buchdruckerverbandes, die die föderalistische Struktur der Gewerkschaft spiegeln, die den Verband letztlich so erfolgreich machte (Schriftgießer, Schriftschneider, Maschinenmeister, Stereotypeure, Korrektoren, Handsetzer – zu Letzteren siehe die Abbildung 32). Für Sozialhistoriker und Sozialhistorikerinnen von unschätzbarer Bedeutung sind die lückenlosen Protokolle, Geschäftsberichte und Jahrbücher der Verbände.

Wenn Historiker und Historikerinnen der Arbeiterbewegung über das grafische Gewerbe sprechen, so sprechen sie gerne von »den Druckern«. Gemeint sind in der Regel die gewerkschaftliche Organisation der Gehilfen und hier vor allem die Organisation der »freien« Gewerkschaften, die der Sozialdemokratie nahestanden. Natürlich ist die Bezeichnung »die Drucker« unscharf. Sie schließt die Unternehmer aus sowie die Nichtorganisierten und die gewerkschaftlichen Konkurrenzorganisationen. Bezogen auf die Gewerkschaftsorganisationen ist die Bezeichnung sinnvoll, denn in den freien Gewerkschaften der Buchdrucker und Lithografen waren über 90% der Gehilfen mit Ausbildung organisiert. Christliche Gewerkschaften spielten kaum eine Rolle.

Gleichwohl verfügt die Bibliothek der Friedrich-Ebert-Stiftung über eine lückenlose Überlieferung der christlichen Gewerkschaft Gutenberg-Bund mit ihrer Zeitschrift »Der Typograph«, die seit 1892 erschien und die in der Weimarer Republik (zur besten Zeit) von 3200 Mitgliedern bezogen wurde.

Warum investieren wir in unserer Stiftung so viel Geld für die Erschließung der Bestände? Und worin liegt der besondere Wert für die Forschung? Unser vornehmstes Ziel ist es, die historische Gewerkschaftsforschung zu stimulieren. Im grafischen Gewerbe verzeichnen wir einen kaum vorstellbaren Nachholbedarf: »In der wissenschaftlichen Literatur zur Geschichte der Arbeiterbewegung sind die deutschen Buchdrucker und ihre Gewerkschaft über das Stadium einer Fußnote, vielleicht noch eines Nebensatzes, kaum hinausgekommen.[20] Karl Michael Scheriau, von dem dieses ernüchternde Urteil stammt, hat als Autor der Arbeit »Kunstgenossen und Kollegen. Entstehung, Aufbau, Wirkungsweise und Zielsetzung der Gewerkschaftsorganisation der deutschen Buchdrucker von 1848 bis 1933« die einzige nennenswerte wissenschaftliche historische Arbeit von Re-

Abbildung 33:
Neben den regionalen und örtlichen Informationsblättern der Jugend in der IG Druck und Papier gab es auch eine regelmäßige Beilage im Zentralorgan der IG Druck und Papier

levanz der letzten Jahrzehnte überhaupt vorgelegt.[21] Diese Feststellung ist umso bemerkenswerter, als die Geschichte zur deutschen Arbeiterbewegung zu den am besten untersuchten Teildisziplinen einer kritischen Sozialgeschichte gehört.

Von einer in die Sozialgeschichte und Gesellschaftsgeschichte eingebetteten Darstellung des Verbandes der Buchbinder und Papierverarbeiter, des Verbandes der Lithografen, Steindrucker und verwandter Berufe und des Verbandes der grafischen Hilfsarbeiter und -arbeiterinnen sind wir noch weit entfernt. Kleinere Vorläuferorganisationen wie der Deutsche Xylografen-Verband oder der Notenstecher-Gehilfenverband sind gerade mal dem Namen nach bekannt.[22]

Der Quellenbestand des »gedruckten Gedächtnisses« bietet neben einem Fundament für Organisationsgeschichten eine ausgezeichnete Basis für weitere sozialhistorische Forschungsansätze. Exemplarisch soll dies an sechs Bereichen gezeigt werden, die eine Phantasie entstehen lassen, welche Bereiche noch beleuchtet werden können:

1. Berufsbildung im Druckgewerbe
2. Genderaspekte im Druckgewerbe
3. Arbeiterkunst/Arbeiterkultur
4. Tarifverträge als Quelle zur Sozialgeschichte
5. Festschriften und kollektives und kulturelles Gedächtnis
6. »Graue Literatur« als Indikator mentalitären Wandels im grafischen Gewerbe.
Einige wenige, knappe Ausführungen sollen genügen.

Zur Berufsbildung der Lehrlinge

Der Verband deutscher Buchdrucker hatte seit seiner Gründung in den frühen 1860er Jahren eine sozialpartnerschaftliche Linie verfolgt, wie sie sich bei den übrigen Gewerkschaften erst nach dem Ende des Zweiten Weltkrieges durchsetzte. Er verfolgte eine klare Politik der Arbeitsmarktregulierung – ja fast eine Politik des »Closed-shop«, die vor 1933 bei sozialistischen Gewerkschaftsvertretern mitunter auf massive Kritik stieß. Obgleich sich die Angehörigen des Buchdruckerverbandes in besonderem Maße mit ihrem Beruf identifizierten, war ihnen die Pflege der Qualität der Lehrlingsausbildung bis zum Beginn der Weimarer Republik fast gleichgültig (übrigens im Gegensatz zu den Lithografen).[23] Lehrlinge wurden bis 1920 bei den Buchdruckern quasi als Konkurrenz angesehen und nicht organisiert. Dies gehörte zur Politik des »closed shop«. Begünstigt wurden diese restriktiven Positionen dadurch, dass in der zweiten Hälfte des 19. Jahrhunderts unmittelbar nach erstrittenen Lohnerhöhungen auch die Zahl der ausgebildeten Lehrlinge deutlich stieg.[24]

Aus verschiedenen Gründen begann sich um 1920 die Einsicht durchzusetzen, dass nicht nur die Begrenzung der Lehrlingszahlen, sondern auch die Qualität der Ausbildung für den Buchdruckerverband von entscheidender Bedeutung sei. Bisher hatte sich der Verband im Wesentlichen darauf beschränkt, die Tätigkeit der gelernten Facharbeiter gegenüber den Ungelernten abzugrenzen und dafür zu sorgen, dass Facharbeitertätigkeiten nur von gelernten Gehilfen ausgeübt wurden. Wer Quellen zur Berufsbildung im Buchdruckergewerbe sucht, wird diese in der Zeitschrift »Typographische Mitteilungen« (mit der ungezählten Beilage »Das Fachschulwesen im Buchdruckgewerbe«) und Zeitschriften wie »Der Jungbuchdrucker« und in weiteren Veröffentlichungen des Bildungsverbandes der Deutschen Buchdrucker finden.

Zum Genderaspekt

Der gewerkschaftliche Buchdruckerverband gehörte zu den entschiedenen Feinden (anders kann man es nicht benennen) von Frauenarbeit in Ausbildungsberufen. In der Fachliteratur wird stets der gleiche Satz aus dem Jahr 1917 zitiert:

Das gedruckte Gedächtnis der Drucker

Abbildung 34: Die Zeitung des Verbandes der Buch- und Steindruckerei-Hilfsarbeiter und -Arbeiterinnen Deutschlands. Die am 3. März 1919 verstorbene Paula Thiede war die erste Frau, die zur Vorsitzenden einer Gewerkschaft gewählt wurde.

»Man kann es uns als sturmerfahrene Bekämpfer der langhaarigen Berufsgenossen und ihrer Importeure wahrlich glauben, daß wir alles, was nicht zur Zunft gehört, ins Pfefferland wünschen.«[25]

Gegenüber der Frauenarbeit verhielt sich der Verband absolut gleichgültig. Erst in den 1920er Jahren nahm die Organisation die erste Maschinensetzerin auf. Welche Seite man aus dem großen Buch der Geschlechterbeziehungen in Männerberufen aufschlagen mag, das Studium des Verbandsblattes »Der Korrespondent« bietet plastisches Anschauungsmaterial zum »Geschlechterkampf an der Setzmaschine«[26] in Hülle und Fülle.

Ein ganz anderer »Genderaspekt« zeigt sich bei den »ungelernten« Organisationen des Verbandes der Buchbinder und Papierverarbeiter Deutschlands und des Verbandes der grafischen Hilfsarbeiter und -arbeiterinnen Deutschlands. In der Gewerkschaftsorganisation der Ungelernten stieg der Frauenanteil zu Beginn der 30er Jahre auf über 70%. Die Hilfsarbeiterorganisation war die einzige nennenswerte deutsche Gewerkschaft, in der Frauen als Hauptverantwortliche »das Sagen« hatten. Paula Thiede (1870-1919) war die erste deutsche Gewerkschaftsvorsitzende auf nationaler Ebene überhaupt.[27] Der emanzipatorische Anspruch »linker Männer« stieß bei Frauen in Führungspositionen rasch an seine Grenzen. »Im Verband der graphischen Hilfsarbeiter- und -arbeiterinnen Deutschlands« und seinen Publikationen kann man wie in einem Laboratorium Anspruch und Wirklichkeit von Gewerkschaftern im Alltag analysieren. Vieles spricht. z.B. dafür, dass die innergewerkschaftliche Kritik, die Paula Thiede einstecken musste, weniger mit ihrer Person als mit traditionellem Rollenverhalten zu tun hatte.[28]

Arbeiterkunst/Arbeiterkultur

War bislang von der »Elite« (den gelernten Buchdruckern) und den Ungelernten im grafischen Gewerbe die Rede, so soll jetzt ein Blick auf den Verband der Lithographen, Steindrucker und verwandten Berufe geworfen werden. Mit über 10.000 Mitgliedern lag der Organisationsanteil bei weit über 90% aller im Gewerbe arbeitenden Gehilfen. Das Terrain zwischen Druckern und Lithografen war bis 1933 klar abgesteckt und es kam kaum zu organisatorischen Grenzstreitigkeiten.

Die Lithografen und Steindrucker waren – wie es die langjährige Archivarin der IG Medien einmal ausdrückte – »der Kunst zu sehr verbunden, um rechtzeitig eine Gewerkschaft zu gründen«. »Ähnlich wie die Buchdrucker des 17. und 18. Jahrhunderts« – so Helga Zoller – »empfanden sich die Lithographen und Steindrucker noch weit bis ins 19. Jahrhundert hinein als Fachleute besonderen Ranges, mehr als Künstler oder der Kunst verbunden denn als abhängig Beschäftigte«.[29]

Viele der Beschäftigten verloren dieses »Spezialbewusstsein« auch im 20. Jahrhundert nicht. Aus den Reihen der gelernten Lithografen stammten viele Künstler, deren prominentester Vertreter vielleicht Heinrich Zille war. In der reichen kulturellen Überlieferung der Sondernummern, Festzeitungen, Einblattdrucke zu den Gewerkschaftsfesten (Johannisfest, Senefelderfeiern etc.) finden sich viele Darstellungen, die vom großen Talent und Können der Beschäftigten Zeugnis ablegen, die mit fetthaltiger Kreide oder Tusche auf dem »Lithografiestein« zeichneten. Von reich ornamentierten und illustrierten Abbildungen, wie wir sie vom Historismus her kennen, über Arbeiten im Jugendstil hin zur schlichten Ikonografie im Sinne des Werkbundes finden sich viele Werke der Laienkunst. In der Regel kennen wir noch nicht mal die Namen der Künstler.[30]

Die organisierten Lithografen und Steindrucker »verwirklichten« sich im Rahmen der bemerkenswerten Fest- und Feierkultur ihrer Gewerkschaft. Die Grenze zwischen Handwerker und Künstler war hier – ähnlich wie im Mittelalter – fließend. Diese Zeugnisse der Alltagskultur sind in den letzten Jahrzehnten völlig in Vergessenheit geraten, und wir haben sie in der Friedrich-Ebert-Stiftung zusammen mit dem ver.di-Fachbereich Medien, Kunst und Industrie Berlin-Brandenburg und dem Karl-Richter-Verein regelrecht neu entdeckt und sie in Deutschland mehrfach in Ausstellungen gezeigt. Vor allem unter Kunsthistorikern und Kunsthistorikerinnen hat die Ausstellung eine breite Resonanz gefunden. Ausstellungsanfragen kamen sogar aus den Vereinigten Staaten. Es scheint, dass gerade für das neuerwachte Interesse an Arbeiterkunst und ihrer Ästhetik das überlieferte Quellenmaterial von der Forschung her ganz neu interpretiert werden muss.

Natürlich lassen sich die Arbeiten der »Gewerkschaftskünstler« auch anders interpretieren: ideologiekritisch und mentalitätshistorisch. Harry Neß hat in einer kleinen Besprechung der Ausstellung im »Journal für Druckgeschichte« in diese Richtung gewiesen und auf die »Identitätsprobleme« der Lithografen hingewiesen, die den Begründer der Lithografie, Alois Senefelder, in ihrer Kunst auf den Sockel hoben, »um der eigenen Profanisierung des industriellen Alltages und ihres Standes etwas entgegenzuhalten«.[31]

Abbildung 35:
Die Kultur der Festschriften im gewerkschaftlichen Bereich war nirgendwo so ausgeprägt wie bei den Vertretern des grafischen Gewerbes und ihren Bildungs- und Kulturorganisationen. Und die Lithografen und Steindrucker verstanden sich ganz besonders als Kunstgenossen unter ihren Kollegen

Tarifverträge in der Druckbranche als Quellen zur Sozialgeschichte

Über die Bedeutung von Verträgen zwischen Tarifvertragsparteien – besonders in der Druckindustrie – braucht an dieser Stelle nicht viel gesagt zu werden. Die einzigartige und besondere Struktur der industriellen Beziehungen im Gewerbe – die sogenannte Tarifgemeinschaft zwischen Druckereibesitzern und der gewerkschaftlichen Gehilfenorganisation – ist oft beschrieben worden.[32]

Tarifverträge sind keine Geheimquellen; sie werden in Tarifregistern (beispielsweise beim Bundesministerium für Arbeit und Soziales) geführt. Gleichwohl sind die Tarifregister für Längsschnittuntersuchungen (wegen ihrer Erschließung und Zugänglichkeit) nur schwer zu nutzen, da sie in der Regel nur für individuelle »Betroffenheitsanfragen« zur Verfügung stehen. Auch die Tarifparteien unterhalten eigene Tarifdokumentationen. Die überlieferte historische Tarifdokumentation der IG Medien wurde an die Bibliothek der Friedrich-Ebert-Stiftung übergeben. Darunter befinden sich auch die Tarifwerke, die über die Nazizeit gerettet werden konnten. Erstmals in Deutschland wurde ein komplettes Tarifarchiv vollständig auf der Stücktitelebene erschlossen. Eine ähnliche Tiefenerschließung gibt es für keine andere Branche.

Die Bibliothek der Friedrich-Ebert-Stiftung verwahrt über 2000 Tarifverträge. In der erschlossenen Sammlung finden sich der Entwurf zum allgemeinen deutschen Buchdrucker-Tarif aus den 70er Jahren des vorvorigen Jahrhunderts über die Gesammelten Entscheidungen der Tarif-Schiedsinstanzen, 1914 veröffentlicht vom Tarifamt der Deutschen Buchdrucker über diverse Reichslohntarife für Buchbinderarbeiten, hin zum Tarif für das deutsche Chemigrafie-, Kupfer- und Tiefdruckgewerbe von 1928 und die diversen Tarifordnungen gewerblicher Gefolgschaftsmitglieder der Nazi-Zeit sowie die ersten Reichstarife der unmittelbaren Nachkriegszeit.

Eigentlich kann man eine Sozialgeschichte der kollektiven Interessenvertretung ohne die Quelle Tarifvertrag nicht schreiben. Erinnert sei nur an die innergewerkschaftlichen Konflikte, als die Chemigrafen und Lithografen als hochqualifizierte Arbeiteraristokraten sich mit der Eingrenzung auf den Ecklohn gegenüber Korrektoren und Maschinensetzern diskriminiert fühlten, was in den 1950er Jahren zur temporären Abspaltung und zur Gründung einer eigenen Organisation (Deutscher Senefelder-Bund) führte. Dies war eine Sezession, die erst Ende der 60er Jahre geheilt werden konnte.

Gleichwohl werden Tarifverträge als sehr sperrige Quelle wenig genutzt; hier steht noch ein weites Feld für die Forschung offen. Wer die materielle Basis für Mentalitätsunterschiede und soziale Rangfolgen im Betrieb sucht, wird sicher unter den mehr als 2000 Tarifverträgen fündig.

Zur »Festschriftenkultur« und ihrer Bedeutung

Bei der Erschließung der Bestände der IG Medien und ihrer Vorläuferorganisationen hat die Bibliothek der Friedrich-Ebert-Stiftung einen ganz besonderen Schwerpunkt auf die Erschließung der Festschriften in der Druckbranche und ihrer Dokumentation gelegt.[33] Knapp die Hälfte der Festschriften aus dem gewerkschaftlichen Bereich, die wir überhaupt kennen, stammt aus dem Umfeld der Drucker, Schriftsetzer, Lithografen, Buchbinder etc. und ihrer Bildungs- und Kulturorganisationen.

In den lokalen Organisationen der Industriegewerkschaft Druck und Papier wurde die »Festschriftenkultur« auch dann noch gepflegt, als sich andere Gewerkschaften von ihrer Erinnerungsarbeit in der Zeit des Wirtschaftswunders längst verabschiedet hatten. Die Gründe liegen in den extrem föderativen und regionalen Strukturen mit starker Verankerung im lokalen Bereich, die für andere Gewerkschaften in dieser Form nicht existierte. Wir haben bereits 1998 659 Festschriften nachgewiesen, wohlwissend, von Vollständigkeit weit entfernt zu sein.[34] Die Festschriften reichen im wahrsten Sinne des Wortes von A (50 Jahre Maschinensetzerbezirk Aachen) bis Z (Festschrift zur 25-jährigen Gründungsfeier der Mitgliedschaft Zwickau des Verbandes der Deutschen Buchdrucker).

In der Bibliothek der Friedrich-Ebert-Stiftung haben wir die Festschriften lange Zeit nur als solide Basis für eine »demokratische Heimatgeschichtsschreibung« gesehen. Heute sehen wir diese Literaturgattung zusätzlich als wichtige Quelle, die neuere Strömungen in der Geschichts- und Kulturwissenschaft ganz hervorragend bedienen kann. Ich nenne nur die beiden Begriffe Erinnerung und Gedächtnis. Die Fragen »Wie wird Erinnerung, wie wird Gedächtnis überhaupt aufgebaut?« standen in den letzten Jahren im Mittelpunkt zahlreicher Fachkongresse und Symposien. Die Literatur zu diesem Thema ist kaum mehr zu überblicken. Als Forschungsgegenstand wird die Fragestellung von unterschiedlichen Disziplinen beleuchtet.

Ich möchte auf Details nicht eingehen. »Verkörpertes versus ausgelagertes Gedächtnis«, »kommunikatives Gedächtnis«, »kulturelles Gedächtnis«, »Speichergedächtnis«, »Erinnerungskollektive«, »Erinnerung als Legitimierungsressource« sind nur plakativ beschreibende Schlagworte.[35] Man kann die aktuelle Forschung nur motivieren, den Erinnerungsschatz der Festschriften im grafischen Gewerbe zu durchdringen, um zu analysieren, wie sich bei den Druckern dieses spezifische kollektive Gedächtnis als Speichergedächtnis aufgebaut hat und wie es durch die Veränderungen von Arbeitsprozessen vom Zerfall bedroht wird. Für die Gewerkschaften ergeben sich daraus zum Beispiel zentrale Fragen gewerkschaftlicher Identitätsbildung.

Zur »grauen Literatur«

Die Bibliothek der Friedrich-Ebert-Stiftung wird seit 1976 als Spezialbibliothek überregionaler Bedeutung von der Deutschen Forschungsgemeinschaft gefördert. Dieser Sammelauftrag bezieht sich auf die nichtkonventionelle Literatur (»graue Literatur«) von Parteien und Gewerkschaften. Die übernommene Stuttgarter Sammlung der IG Medien ergänzte die Sammlung der Stiftungsbibliothek somit passgenau. Unsere Bibliothek ist vollgepackt mit »Heftchen« und »Blättchen«, die man in Buchhandlungen nicht kaufen kann. Welche Bedeutung hat diese Literatur nun für die Forschung? Warum sammeln wir überhaupt diese Form der Literatur, die Universalbibliotheken nicht aufheben? Dazu kommt: Das Erschließen der nichtkonventionellen Literatur ist personalintensiv und teuer. Warum also der Aufwand? Einige Feststellungen sollen genügen.

Durch Automation und Rationalisierung gingen in der Druckindustrie in den 1980er Jahren ca. 30.000 Arbeitsplätze verloren. Wer Zeugnisse finden will, wie sich dieser Abbau auf die Stimmung der Betroffenen auswirkte, wer erforschen will, wie Berufsstolz und Zukunftsgewissheit in Wut und Resignation umschlug oder in realistische Akzeptanz einer sich radikal verändernden Welt, wird in der »grauen Literatur« rasch fündig werden. Natürlich sind wir bei den »Abwehrgefechten einer Arbeitnehmergruppe, die über 100 Jahre lang unter ungewöhnlich günstigen Bedingungen Gewerkschaftsarbeit auf der Basis eines weitgehend übereinstimmenden Arbeitsmarktinteresses mit den Arbeitgebern betrieben hatte«,[36] besonders gut bestückt. Besonders dominieren Materialien zum Arbeitskampf von 1978, als es um einen Tarifvertrag über die neuen rechnergesteuerten Satzsysteme (RTS-Tarifvertrag) mit weitreichenden Absicherungs- und Qualifizierungsbestimmungen ging. Die nichtkonventionelle Literatur bietet ungewöhnlich viele Belegstücke zum Thema Veränderung der Gesellschaft durch technologische Revolutionen weit über die Druckbranche hinaus. Allerdings: Man muss gelernt haben, (legitime) interessengeleitete Literatur angemessen zu interpretieren.

Zum ungedruckten Gedächtnis

War bislang vom »gedruckten Gedächtnis der Drucker« und anderer Beschäftigter im grafischen Gewerbe die Rede, so soll zum Abschluss noch ein knapper Blick auf den Archivbestand im engeren Sinne innerhalb der Friedrich-Ebert-Stiftung geworfen werden (Nachlässe und Organisationsakten). Peter Neumann hat 2007 in einem Forschungsüberblick »Nachlässe von Druckereien in öffentlichen Archiven. Wichtige Quellen zur Erforschung des Arbeiteralltages in der Druckbranche« berichtet: »Das Archiv der IG Medien – Druck und Papier befindet sich im Archiv der sozialen Demokratie der Friedrich-Ebert-Stiftung. Es ist bisher nur teilweise erschlossen und daher nicht vollständig zugänglich.«[37] Diese Aussage kann Ende 2008 substanziell modifiziert werden.

Der Altbestand der IG Medien, der sich aus den Teilbeständen IG Druck und Papier und Gewerkschaft Kunst zusammensetzt, ist mittlerweile komplett verzeichnet und lokal über die Archivdatenbank FAUST recherchierbar. Die Findbücher liegen in Bonn gedruckt vor. Forscher und Forscherinnen haben die Materialien mittlerweile vielfältig genutzt.

Die umfangreiche Überlieferung der IG Druck und Papier enthält in erster Linie die Sitzungsprotokolle, Korrespondenzserien und Rundschreiben der Gewerkschaftsgremien, welche deren Arbeit detailliert widerspiegeln. Darüber hinaus enthält dieser Bestand u.a. ausführliche Unterlagen zur Tarif-, Personen- und Berufsgruppen-, gewerkschaftlichen Betriebs- und Bildungsarbeit sowie zu Rechtsstreitigkeiten. Ferner sind auch die Kontakte zum DGB, zu den regionalen Untergliederungen, zur europäischen und internationalen Gewerkschaftsebene sowie zu gemeinwirtschaftlichen Unternehmen und branchennahen Institutionen durch Sitzungsprotokolle und Korrespondenzakten nachgewiesen. Insgesamt hat der Teilbestand der IG Druck und Papier einen Umfang von 210 laufenden Metern und eine Laufzeit von 1932 bis 1989, wobei der Hauptüberlieferungszeitraum erst Ende der 1960er Jahre beginnt.

Ergänzt werden die Überlieferungen durch eine umfangreiche Sammlung von Fotos, Plakaten, Fahnen und Tonträgern. Das Altschriftgut der IG Medien wird zudem durch die Überlieferungen aus den Landesbezirken (z.B. Landesbezirke Nord, Nordrhein-Westfalen, Berlin-Brandenburg), Bezirken (z.B. Bezirke Augsburg, Münsterland, Ostwestfalen) und Ortsvereinen (z.B. Köln, Delmenhorst) ergänzt. Die Benutzung dieser Dokumentationen ist aufgrund des Erschließungszustandes allerdings nur bedingt möglich. Der Bestand ist im Rahmen eines Hinterlegungsvertrages mit ver.di nach vorheriger Rücksprache und mit Zustimmung von ver.di jederzeit im Archiv der sozialen Demokratie einsehbar.[38]

Wir haben es also mit klassischen Benutzungsbedingungen von Archivalien zu tun. Welche Bedeutung der Bestand, der primär die gewerkschaftliche »Sicht von oben« eröffnet, für das strategische Handeln der Mediengewerkschaft und für die Geschichte der Arbeitsbeziehungen im Druckbereich in unserem Land hat, muss man kaum betonen. Der intrinsische Wert der Quellen kann gar nicht hoch genug eingeschätzt werden.

Ausblick

Wer die Bibliotheks- und Archivschätze nutzen will, muss damit rechnen, ein Forschungsinstitut zu betreten. Die Quellen sind »state of the art« erschlossen. Allerdings: Bibliothek und Archiv innerhalb der Friedrich-Ebert-Stiftung sind keine Dokumentationsstelle. Wer Schubladen erwartet, die man für bestimmte Themen herausziehen muss, unterliegt einem Irrtum. Das Gedächtnis der gewerkschaftlichen Organisationen im Druckgewerbe zu nutzen, bedeutet Mühe. Gleichwohl eröffnen die neuen technologischen Möglichkeiten revolutionäre neue Perspektiven, die nicht die Mühe ersetzen, aber die Arbeit vielleicht einfacher machen.

Auf der großen Konferenz im November 2007 in der Bayerischen Staatsbibliothek »Verfilmung und Digitalisierung. Bestandserhaltung schriftlicher Dokumente für die Informationsgesellschaft«[39] wurde erstmals die Perspektive von Bibliothekaren und Bibliothekarinnen diskutiert, das gesamte gedruckte urheberrechtsfreie Material bis ins 20. Jahrhundert hinein zu digitalisieren und der interessierten Öffentlichkeit im weltweiten Netz frei zur Verfügung zu stellen. Natürlich verlaufen diese Diskussionen noch extrem kontrovers. Dennoch: Es zeichnet sich eine neue große Revolution ab. Viele, die tagtäglich mit Büchern professionell umgehen, ahnen selbst nichts von diesen radikalen Veränderungen. Es besteht aus unserer Sicht allerdings die große Gefahr, dass die Gewerkschaften mit ihrem reichen kulturellen Erbe bei den großen Digitalisierungsprojekten regelrecht vergessen werden.

In der Bibliothek der Friedrich-Ebert-Stiftung versuchen wir gegenzusteuern und Gelder zur Quellenüberlieferung gewerkschaftlich organisierter Arbeiter und Arbeiterinnen im grafischen Gewerbe in der Friedrich-Ebert-Stiftung dafür einzuwerben, auch das Erbe der arbeitenden Menschen und ihrer Interessenvertretung sowie ihrer speziellen Sicht im Cyberspace zu verankern.[40] Vielleicht können wir als Hüter des »gedruckten Gedächtnisses der Drucker« auf späteren Konferenzen über weitere Fortschritte berichten.

Anmerkungen

[1] Bearb. Nachdruck aus: Harry Neß/Roger Münch (Hrsg.), Druckgeschichte 2.0. Festschrift. 25 Jahre Internationaler Arbeitskreis Druck- und Mediengeschichte, Saarbrücken 2008, darin: S. 35-49.

[2] Die Neue Zeit, Jg. 27, Bd. 1, Nr. 24 (12. März 1909), S. 383f.

[3] Zum Autor s. David Borisovič Rjazanov und die erste MEGA, Berlin 1997 (Beiträge zur Marx-Engels-Forschung: Sonderband; N.F., Bd. 1).

[4] Zum gesamten Komplex s. Rüdiger Zimmermann: Das gedruckte Gedächtnis der Arbeiterbewegung bewahren. Die Geschichte der Bibliotheken der deutschen Sozialdemokratie. 3. Aufl. Bonn 2008.

[5] In der DDR sah die Situation günstiger aus. Die Zusammenhänge sollen an dieser Stelle nicht ausgebreitet werden.

[6] Siehe Zimmermann, Das gedruckte Gedächtnis ..., a.a.O., S. 46.

[7] Archiv und Bibliothek zählen gemeinsam mit dem Karl-Marx-Haus in Trier und einer Forschungsgruppe der Abteilung Sozial- und Zeitgeschichte zum Historischen Forschungszentrum der Friedrich-Ebert-Stiftung.

[8] Die Arbeit von Lynn H. Nicholas: Der Raub der Europa. Das Schicksal europäischer Kulturschätze im Dritten Reich. München 1995, beleuchtet alle Facetten verbrecherischer Politik und ihrer Motive.

[9] Jürgen Weber: »Kooperative Provenienzerschließung«, in: Zeitschrift für Bibliothekswesen und Bibliographie, Jg. 51 (2004), S. 239. Als Pionierleistung für Gewerkschaftsbestände muss der Beitrag von Karl Heinz Roth und Karsten Linne hervorgehoben werden: »Searching for lost archives. New documentation on the pillage of trade union archives and libraries by the Deutsche Arbeitsfront (1938-1941) and on the fate of

trade union documents in the postwar error, in: International Review of Social History. Jg. 38 (1993), H. 2, S. 169ff.

[10] Siehe Rüdiger Zimmermann: Berlin – Offenbach – Washington – Bonn. Das Offenbach Archival Depot und die Gewerkschaftsbestände der Bibliothek der Friedrich-Ebert-Stiftung, in: AKMB (Arbeitsgemeinschaft für Kunst- und Museumsbibliotheken)-News. Informationen zu Kunst, Museum und Bibliothek, Jg. 8 (2002), H. 2, S. 11-17.

[11] Zu erwähnen sind Richard Seidels Arbeiten: Die Gewerkschaftsbewegung in Deutschland. Amsterdam 1927. Die Gewerkschaften nach dem Kriege. Berlin 1925; Der kollektive Arbeitsvertrag in Deutschland. Berlin 1921; Die Gewerkschaften in der Revolution. Berlin 1920; Gewerkschaften und politische Parteien in Deutschland. Berlin 1928.

[12] Karl Michael Scheriau: Kunstgenossen und Kollegen. Entstehung, Aufbau, Wirkungsweise und Zielsetzung der Gewerkschaftsorganisation der deutschen Buchdrucker von 1848 bis 1933. Berlin 2000, S. 81.

[13] Bücherverzeichnis der Bibliothek. Hrsg.: Verband der deutschen Buchdrucker München. München 1912.

[14] Bildungsverband der Deutschen Buchdrucker Ortsgruppe Stuttgart: Jahresbericht 1926/27, S. 10-11.

[15] Siehe Graue Literatur aus deutschen Gewerkschaftsbibliotheken. Ein Projekt der Deutschen Forschungsgemeinschaft (Text der Begleitbroschüre: Rüdiger Zimmermann und Rainer Gries). Bonn 2003.

[16] Siehe Christine Bobzien: Internationale Grafische Föderation (IGF), in: Internationale Gewerkschaftsorganisationen im Archiv der sozialen Demokratie und in der Bibliothek der Friedrich-Ebert-Stiftung. 3. erw. Aufl. Bonn 2005, S. 44.

[17] Ebd.

[18] Graphische Presse in der Bibliothek der Friedrich Ebert-Stiftung: Ein Periodikabestandsverzeichnis der Internationalen Grafischen Föderation/Friedrich-Ebert-Stiftung/Bibliothek. Bonn 1991.

[19] Zeitungen, Zeitschriften, Protokolle, Jahrbücher und Geschäftsberichte aus dem Bestand der IG Medien. Eine Dokumentation der Bibliothek der Friedrich-Ebert-Stiftung, bearb. von Katrin Stiller (Veröffentlichungen der Bibliothek der Friedrich-Ebert-Stiftung; 6). Bonn 1998.

[20] Karl Michael Scheriau: Kunstgenossen ..., a.a.O., S. 3.

[21] Der Nachweis wird geführt in: Bibliographie zur Geschichte der deutschen Arbeiterbewegung und zur Theorie und Praxis der politischen Linken (www.fes.de/bibliothek/themen-und-projekte/bibliographie-zur-geschichte-der-deutschen-arbeiterbewegung/).

[22] Die interessierte Fachöffentlichkeit muss sich weiterhin auf die alten Verbandsgeschichten stützen, die von den eigenen Funktionären geschrieben wurden. Emil Kloth: Geschichte des Deutschen Buchbinderverbandes und seiner Vorläufer. Bd. 1-2. Berlin 1910/1913. Hermann Müller: Die Organisationen der Lithographen, Steindrucker und verwandten Berufe. Bd. 1-2. Berlin 1917.

[23] Karl Michael Scheriau: Kunstgenossen ..., a.a.O., S. 108.

[24] Ebd., S. 163.

[25] Zitiert nach Richard Burkhardt: Ein Kampf ums Menschenrecht. Hundert Jahre Tarifpolitik der Industriegewerkschaft Druck und Papier und ihrer Vorläuferorganisationen seit dem Jahre 1873. Stuttgart 1974, S. 72.

[26] So die pointierte Zusammenfassung des Referates von Brigitte Roback auf der Jahrestagung des Arbeitskreises für Druckgeschichte 2002 in Leipzig im Journal für Druckgeschichte. Vgl. auch Brigitte Roback: Vom Pianotyp zur Zeilensetzmaschine. Setzmaschinenentwicklung und Geschlechterverhältnis 1840-1900. Marburg 1996.

[27] http://geschichte.verdi.de/persoenlichkeiten/paula_thiede.

[28] Siehe auch Helga Zoller: »Der Verband der graphischen Hilfsarbeiter und -arbeiterinnen«, in: Aus Gestern und Heute wird Morgen. Hrsg. von der Industriegewerkschaft Medien – Druck und Papier, Publizistik und Kunst aus Anlass ihres 125jährigen Bestehens, Stuttgart 1992, S. 103f.

[29] Siehe Helga Zoller: »Der Verband der Lithographen, Steindrucker und verwandten Berufe« in: Aus Gestern und Heute wird Morgen. Hrsg. von der Industriegewerkschaft

Medien – Druck und Papier, Publizistik und Kunst aus Anlass ihres 125jährigen Bestehens, Stuttgart 1992, S. 83.

[30] Peter Pfister: »Lithographien von Festschriften und Gedenkblättern des Verbandes der Lithographen und Steindrucker sowie der Senefelder-Gesellschaft. Eine kunsthistorische Betrachtung«, in: »Gott grüß' die Kunst!« Illustrationen und Festschriften der gewerkschaftlich organisierten Drucker, Setzer und Hilfsarbeiterinnen. Bonn 2006, S.11.

[31] Harry Neß: »Ausstellung über Feste der Steindrucker regt an zu Nachdenklichkeit«, in: Journal für Druckgeschichte, N.F. (2006), Nr. 4, S. 44.

[32] Karl Laschinger: Die Entwicklung der Gehilfenorganisation und Tarifgemeinschaft im deutschen Buchdruckergewerbe. Diss. Heidelberg 1927; Julius Blach: Die Arbeits- und Lohnverhältnisse im deutschen Buchdruckergewerbe 1914 bis 1925. Diss. Halle 1926. Matthias Otto: 25 Jahre »sozialer Friede« im Buchdruckergewerbe. Der Druckereibesitzer Georg Wilhelm Büxenstein war erfolgreicher Tarifpolitiker und risikofreudiger Förderer technischer Innovation«, in: Journal für Druckgeschichte. N.F. (2004), Nr. 1, S. 37-39.

[33] Die Friedrich-Ebert-Stiftung verfügt bei der Dokumentation lokaler Festschriften über eine lange Tradition. Angeregt von Helga Grebing legt das Forschungsinstitut der Friedrich-Ebert-Stiftung 1987 das Ergebnis intensiver Recherchen vor. Der Bearbeiter der Dokumentation, Christoph Stamm, hat auf die Bedeutung der Festschriften umfassend hingewiesen: »Die Festschriften können Informationen und Daten enthalten, die anderswo nicht oder wegen des Verlustes von Archiven und Unterlagen aller Art nicht mehr überliefert sind. Sie können Zeugnis ablegen über das Selbstverständnis ihrer individuellen oder kollektiven Verfasser oder Herausgeber.« S. Christoph Stamm: Regionale Fest- und Gedenkschriften der deutschen Arbeiterbewegung. Annotierte Bibliographie von Fest-, Gedenk- und ähnlichen Schriften regionaler und lokaler Organisationsgliederungen der deutschen Arbeiter- und Angestelltenbewegung bis 1985; mit Standortangaben. Bonn 1987, S. VII.

[34] S. Angela Rinschen: Festschriften der IG Medien und ihrer Vorläuferorganisationen. Ein Bestandsverzeichnis der Bibliothek der Friedrich-Ebert-Stiftung: Bonn, 1998. S. auch Angela Rinschen: Festschriften aus dem Bestand der IG Medien, Landesverband NRW. Ein Bestandsverzeichnis der Bibliothek der Friedrich-Ebert-Stiftung. Bonn 1998.

[35] Vgl. Aleida Assmann; Erinnerungsräume. Formen und Wandlungen des kulturellen Gedächtnisses. München 1999.

[36] Karl Michael Scheriau: Kunstgenossen ..., a.a.O., S. 222.

[37] Peter Neumann: Nachlässe von Druckereien in öffentlichen Archiven. Wichtige Quellen zur Erforschung des Arbeiteralltages in der Druckbranche, in: Journal für Druckgeschichte, N.F. (2007), Nr. 1, S. 43.

[38] Ich bedanke mich an dieser Stelle bei meiner Kollegin Katharina Böhm für die detaillierte Beschreibung der Verzeichnisarbeiten am Bestand der IG Medien.

[39] www.dfgde/forschungsfoerderung/wissenschaftliche_infrastruktur/lis/aktuelles/download/infoveranstaltung_digitalisierung_muenchen_071114.pdf.

[40] 2009 gewährte die Deutsche Forschungsgemeinschaft der Bibliothek der Friedrich-Ebert-Stiftung umfängliche Mittel, um die zentralen Organe der deutschen Einzelgewerkschaften im Kaiserreich und in der Weimarer Republik zu digitalisieren. Das Projekt konnte 2012 abgeschlossen werden (http://library.fes.de/gewerkschaftszeitschrift/). Unter den digitalisierten Quellen befinden sich alle freigewerkschaftlichen Organe der Vorläuferorganisationen der alten IG Druck und Papier (Buchdrucker, Lithografen, Hilfsarbeiterinnen und Hilfsarbeiter, Buchbinder nebst verwandter Berufe). Die Vereinte Dienstleistungsgewerkschaft ver.di hat in ihren Publikationen diesen Internetauftritt stark beworben. Vgl. Gunter Lange: Schatzkammer der Arbeiterbewegung, in: Druck + Papier, Jg. 150, Nr. 8 (Dezember 2012), S. 23.

Roger Münch unter Mitarbeit von Christian Göbel
Umbrüche und neue Herausforderungen in Druck-, Kommunikations- und Medienmuseen

> *»Wer in der Zukunft lesen will, muss in der Vergangenheit blättern.«*
> André Malraux

Wie vermitteln Kommunikations-, Medien- und Druckmuseen ihre Inhalte? Traditionelle Konzepte der Nachkriegszeit wichen Anfang der 1980er Jahre sozialhistorischen Ansätzen, die den Menschen und seine Arbeit in den Fokus der Vermittlungsarbeit rückten. Angesichts des umfassenden Prozesses der Digitalisierung sowohl der Kommunikation als auch der Medien stehen die Museen heute vor ganz neuen Herausforderungen. Der vorliegende Beitrag präsentiert einen chronologischen Überblick über diese Entwicklung, indem einschlägige Museen und ihre jeweiligen Lösungsansätze vorgestellt werden.

Problematisiert wird ferner die Frage, wie sich die klassischen Aufgaben eines Museums – das Sammeln, Bewahren, Forschen sowie Ausstellen und Vermitteln – unter den aktuellen Voraussetzungen noch erfüllen lassen: Wie können digitale Inhalte, Software etc. konserviert und langfristig abrufbar gehalten werden und inwieweit können derlei »Exponate« überhaupt adäquat ausgestellt werden? Unser Beitrag versteht sich als Diskussionsgrundlage, indem wir die Herausforderungen für die Museen benennen und erste Lösungsansätze beispielhaft vorstellen.

Herausforderungen an Druckmuseen von einst

In den 1950er und 1960er Jahren war die Welt der Druckmuseen noch in Ordnung. Die Kuratoren präsentierten ihre Exponate als »Meisterwerke der Technik«, wenn es sich um Maschinen und Gerätschaften handelte, bzw. als »Meisterwerke der Buchdruckkunst« bei Printprodukten wie Büchern, Zeitungen und Zeitschriften. Die Standard-Aufbewahrungsmöglichkeit für Druckwerke, gerne auch als *Flachware* bezeichnet, war die Vitrine. Mit höchster konservatorischer Sorgfalt aufgeblättert, ergänzt durch eine wissenschaftlich fundierte Beschriftung und durch gedimmtes Licht vor zu viel schädlicher UV-Bestrahlung geschützt, durften die Besucher die edlen Werke bewundern. Von einer Vitrine zur nächsten schlendernd konnte es jedoch durchaus schon damals passieren, dass der Normalbesucher den »weißen Tod« vor Augen hatte. Dieser in der Museumsszene sehr gebräuchliche Begriff umschreibt die einsetzende Langeweile beim Betrachten der bedruckten weißen Buchseiten und der häufig sehr ausführlichen Infotexte an den Wänden, die vertiefende Informationen boten.

Bei den dreidimensionalen Exponaten, auch als gegenständliche Quellen zur Druckgeschichte bezeichnet, kamen verschiedene Präsentationsmöglichkeiten zur Anwendung. Handelte es sich um kleinere Gerätschaften wie Winkelhaken, Ahle, Pinzette oder auch Druckstöcke aus Holz, Kupferplatten und Buchdruckklischees, wurde sehr häufig ebenfalls auf Vitrinen zurückgegriffen. Bei Druckpressen, Maschinen, Setzkästen und sonstigen Hilfsgeräten genügte eine Nische oder ein Sockel als Standfläche, meist mit dezentem Absperrband oder -kette vor allzu neugierigen Besucherhänden geschützt. Zusätzlich überwachten die als *Museumswärter* bezeichneten Mitarbeiter den korrekten Abstand zum Exponat und nicht selten wurde man mehr oder weniger dezent auf die dreisprachigen Schilder mit der Aufschrift »Bitte nicht berühren« aufmerksam gemacht. Selbstverständlich zeigten sich die dreidimensionalen Exponate in top gepflegtem und auf Hochglanz poliertem Zustand, so als wären sie frisch aus der Fabrik angeliefert worden. Etwaige Gebrauchsspuren, die auf einen langjährigen Einsatz in einer Druckerei hinweisen könnten, waren wegrestauriert. Ein Messingschild mit der Aufschrift des Schenkers oder Sponsors rundete das Gesamtbild ab. Einer der wichtigsten Vertreter dieser Gruppe von traditionellen Museen war damals das Deutsche Museum in München als reines Technikmuseum.[1] Auf dem Gebiet der Druckmuseen war das Gutenberg-Museum in Mainz, als Weltmuseum der Druckkunst, das Paradebeispiel für ein »traditionelles« Museum.[2] Nach Vorstellung der neu realisierten Museumskonzepte, die den Schwerpunkt Mensch, Arbeit, Analogtechnik ins Zentrum stellen, sollen abschließend neuere Entwicklungen dargestellt werden und Prognosen zur museumstechnischen Präsentation neuer Technologien entwickelt werden.

Musealisierung der Arbeit

Die »neuen Technikmuseen« in Deutschland, der Schweiz und in Dänemark wollten sich mit diesem Ansatz klar von den »alten Technikmuseen« abgrenzen, die die Exponate als »Meisterwerke der Naturwissenschaften und Technik« präsentierten. Anfang der 1980er Jahre entstanden in Europa zahlreiche Museumsprojekte, die sich mit den Themen »Technik und Mensch« beschäftigten, oder bestehende Museen wurden neu positioniert. Ausgehend vom Ansatz einer »Geschichte von unten« bemühte man sich, die Alltagsgeschichte(n) einem breiten Publikum museal zu präsentieren. Bei allen Projekten wurde versucht, die technik-, wirtschafts-, sozial- und kulturwissenschaftlichen Aspekte zu berücksichtigen. Angefangen vom Auf- bzw. Ausbau der Sammlung, über das Bewahren und Erforschen bis zum Präsentieren wetteiferten die Museumsteams, ihr jeweiliges Haus spannend, innovativ und besucherorientiert zu entwickeln. Dabei setzten die einzelnen Museen ihre Schwerpunkte, je nach thematischer Ausrichtung, mehr oder minder auf das Thema »Arbeit«. Bei den Neugründungen der 1980er Jahre spielten die Schlagworte »*arbeitendes*« oder »*produzierendes*« Museum eine zentrale Rolle. In Abgrenzung zu den traditionellen Museen, die durchaus die Maschinen in funktionsfähigem Zustand zeigen und vorführen konnten, wollten sie eine richtige Arbeitsatmosphäre innerhalb des Museums schaffen. Einige Beispiele, in denen Druckgeschichte eine Rolle spielte, können das illustrieren: Deren Konzepte werden hier nach Entstehung vorgestellt.

Mannheim: Landesmuseum für Technik und Arbeit

Einer der wichtigsten Vertreter dieses neuen Museumstyps war das Landesmuseum für Technik und Arbeit (LTA) in Mannheim, das heute den Namen »Technoseum« trägt. Im Frühjahr 1979 wurde in Stuttgart eine Arbeitsgruppe ins Leben gerufen, die erste Überlegungen zu Standort, Gebäude und Inhalten entwickelte.[3] Nach dem Beschluss des Baden-Württembergischen Ministerrats vom 30. Januar 1979, den Standort für ein solches Museumsprojekt ins nordbadische Mannheim zu verlegen, erarbeiteten Wissenschaftler und Museumsleute eine erste Vision. Nach zehnjähriger Planungsphase konnte das LTA 1990 eröffnet werden. Die Kuratoren wollten sich bewusst von den bereits existierenden Technikmuseen absetzen und versuchten daher, neue Forschungsergebnisse und museumspädagogische Konzepte umzusetzen. Diese Abkehr von der reinen Technikgeschichte wollte man auch im Namen des Landesmuseums, mit der Formulierung *Technik und Arbeit*, deutlich zum Ausdruck bringen. Lothar Suhling, der Gründungsdirektor des LTA, betonte deshalb, dass in den Konzepten der Begriff der Arbeit, der handwerklichen wie der industriellen, stets in seiner historischen Relativität zu sehen ist. Wörtlich heißt es bei ihm:

»Arbeit mit ihrer Brückenfunktion zwischen Mensch und Technik tritt gewissermaßen an die Stelle der alten naturwissenschaftlichen Einbettung von Technik, allerdings in einem qualitativ anderen Sinne. Auf der Basis des erweiterten Kulturbegriffs wird Arbeit jetzt – als eine unerläßliche Triebkraft bei der Generierung von Kultur – zu einem grundlegenden Medium des methodischen Zugangs zum Bezugssystem von Mensch, Maschine und Gesellschaft. Zwischen Arbeit in ihren verschiedenen Formen und Nichtarbeit wie Freizeit, Erholung, Kranksein spannt sich ein weites Feld an Themen, denen sich die neuen Technikmuseen verstärkt programmatisch zuwenden.«[4]

Hamburg: Museum der Arbeit

Fast zeitgleich zu den Plänen in Mannheim dachten die Mitglieder eines Museumsvereins auch in Hamburg daran, ein Museum mit stärker sozialgeschichtlicher Ausprägung zu schaffen. »Ende der 1970er Jahre entstand in Hamburg die Idee für ein Museum der Arbeit als Reaktion auf die gewaltigen Strukturveränderungen, denen die Arbeit in den industrialisierten Ländern und somit auch in Hamburg unterlag. Ein Anliegen der Initiatoren war es, Zeugnisse einer verschwindenden Industriekultur zu bewahren. Außerdem sah man in einem Museum der ›Geschichte von unten‹ eine Möglichkeit, die in den 1970er Jahren erhobene Forderung nach der Demokratisierung von Museen umzusetzen und ein

Hier wird nicht vorgeführt, sondern richtig gearbeitet! Blick in die Linotype-Abteilung des Museums der Arbeit, Hamburg 1993

›Museum für alle‹ zu schaffen.«[5] Ebenfalls nach einer langjährigen Planungsphase wurde 1990 offiziell das »Museum der Arbeit« in Hamburg gegründet. Doch schon zwei Jahre zuvor hatten die Kuratoren eine »lebensgeschichtliche Ausstellung« präsentiert, die auf Grundlage gegenständlicher Zeugnisse aus dem Nachlass eines Buchdruckers zusammengestellt war. Dieser in der damaligen deutschen Museumslandschaft neuartige Ansatz der Ausstellung »Ich habe keinen Traumjob gehabt. Karl Sauer – Annäherungen an das Leben eines Buchdruckers«[6] fiel auf fruchtbaren Boden. Eine rege Diskussion über die Thematik »Lebensgeschichten als Sammlungsaufgabe und Ausstellungsthema«[7] begann in der Museumsszene und ist bis heute ein Thema geblieben. Besonders die Präsentation galt für die damalige Zeit als sehr innovativ. Es stand der Mensch und Arbeiter Karl Sauer im Mittelpunkt, die ausgestellten Artefakte waren keine gut restaurierten Maschinen oder seltene Exponate, sondern alltägliche Gebrauchsgegenstände, Zeitungen, Bücher und Fotos aus dem Nachlass. Die Besucherreaktionen waren durchweg freundlich, überwiegend positiv und bisweilen enthusiastisch.[8]

Bei den Neugründungen der 1980er Jahre spielten aber auch die Schlagworte »*arbeitendes*« oder »*produzierendes*« Museum eine zentrale Rolle. In Abgrenzung zu den traditionellen Museen, die durchaus die Maschinen in funktionsfähigem Zustand zeigen und vorführen konnten, wollten sie eine richtige Arbeitsatmosphäre innerhalb des Museums schaffen. Vorbildlich gelang diese Umsetzung in Basel, in Odense und in Leipzig.

Basel: Schweizerisches Museum für Papier, Schrift und Druck

Die 1980 in der Schweiz eröffnete »Basler Papiermühle«, die heute den Zusatz »Schweizerisches Museum für Papier, Schrift und Druck« trägt, bezeichnete sich konsequenterweise als »Arbeitsmuseum«. Dieser Ansatz wurde bis heute nicht verändert. So fanden und finden in der ehemaligen Papiermühle aus dem Jahre

Neue Herausforderungen in Druck-, Kommunikations- und Medienmuseen

Man arbeitet nicht nur in der Basler Papiermühle, sondern produziert täglich handgeschöpfte Papiere für den Museumsshop, Basel 1992.

1453 keine reinen Vorführungen statt, sondern das dort beschäftigte Personal schöpft Papier, setzt, druckt und bindet Druckwerke selbst und museumsöffentlich, um sie anschließend im Museumsshop zu verkaufen. Die Besucher befinden sich im wahrsten Sinne des Wortes in einem »*arbeitenden* Museum«. Selbstverständlich dürfen Besucher auch selbst Hand anlegen und unter fachkundiger Anleitung vieles ausprobieren.

Unter Druckhistorikern hat sich für diese Art von Museum der Begriff der »musealen Werkstatt« etabliert. Sehr selbstbewusst nutzen die Schweizer Kuratoren dieses Alleinstellungsmerkmal auch als »Claim« auf ihrer Internetseite: »Papiermuseen gibt es viele. Druckmuseen auch. Uns gibt es nur einmal.«[9]

Odense: Vom »Grafischen Museum« zum »Medienmuseum«

Ebenfalls sehr konsequent begannen im dänischen Odense Kuratoren mit der Umsetzung der Idee eines »*produzierenden* Museums«. Das 1984 eröffnete »Danmarks Grafiske Museum« setzte gleich zu Beginn auf freie Mitarbeiterinnen und Mitarbeiter, die als Rentner zum größten Teil ehrenamtlich während der Öffnungszeiten an den alten Setz- und Druckmaschinen arbeiteten und mit den Besucherinnen und Besuchern kommunizierten. Neben den rein technischen Zusammenhängen erfuhren die Besucher auf diese Weise, durch die Gespräche mit den ehemals ausgebildeten Setzern und Druckern auch viel über deren Berufsleben. Diese authentische Komponente des Museumsbesuchs blieb bei den Besuchern nachdrücklich und auch nachweisbar anhand der Gästebucheinträge im Gedächtnis.

Im Jahre 1989 wurde das Museum in »Danmarks Grafiske/Press Museum« umbenannt und seit 2000 zum »Danmarks Mediemuseet« erweitert. Das große Zukunftsproblem für diese Art von Museen besteht allerdings darin, dass die fachkundigen Mitarbeiter aus der druckgrafischen Industrie bald nicht mehr zur Verfügung stehen werden und die nachfolgenden Generationen mit den Exponaten aus der Bleizeit nur noch sehr eingeschränkt umgehen können. So versuchen viele Museen mittels auditiver und audio-visueller Aufzeichnungen das Wissen dieser Mitarbeiter zu konservieren und in Medienstationen den Museumsbesuchern nahezubringen.

Leipzig: Museum für Druckkunst
Eines der interessantesten Museen der Gattung »arbeitender Museen« ist zweifelsohne das »Museum für Druckkunst« in Leipzig. Bereits kurz nach der Wende hatte sich der Initiator Eckehart SchumacherGebler, der selbst eine große Privatsammlung von druckhistorischen Exponaten besaß, mit Plänen für ein produzierendes Druckmuseum

Johannes Gutenberg überwacht die Arbeit der Handpressendrucker im Museum für Druckkunst, Leipzig 1996

beschäftigt. Nachdem er 1992 den ehemaligen VEB Offizin Andersen Nexö in der Leipziger Nonnenstraße aufkaufen konnte, begann zwei Jahre später mit der Gründung der »Werkstätten und Museum für Druckkunst gGmbH« die Aufbauarbeit.

»In den wirtschaftlich schwierigen Zeiten der ersten Nachwendejahre bleiben seiner nun ›Offizin Haag Drugulin‹ genannten Druckerei wenige Auftraggeber als potentielle Kunden und das Haus selbst befindet sich in einem desolaten Zustand. Mit dem Betrieb übernimmt Eckehart SchumacherGebler zugleich 18 Mitarbeiter, die trotz der schwierigen Auftragslage für mindestens zwei Jahre weiter beschäftigt werden müssen.«[10]

Für die Museumsbesucher war dieser Umstand natürlich ein wahrer Glücksfall, denn ein Besuch dieser musealen Werkstatt war und ist bis heute ein beeindruckendes Erlebnis: Die historischen Maschinen nicht im Vorführmodus, sondern im Arbeitsbetrieb zu erleben, die Mitarbeiter, die tatsächlich Druckwerke setzen und drucken, den Geruch von Farbe einzuatmen, die Lautstärke und Vibrationen der Maschinerien ertragen zu müssen, all dies vermittelt einen authentischen Eindruck von der Arbeitsatmosphäre. Doch auch in Leipzig, wo es aufgrund der großen druckhistorischen Tradition noch verhältnismäßig viele ehemalige Mitarbeiter aus der Druckbranche gibt, wird das Generationenproblem der Qualifikationen über kurz oder lang auftreten.

Neue Herausforderungen der 2010er Jahre

Für die meisten Druck- und Kommunikationsmedien ging die Entwicklung in der Druckbranche von der Analog- zur Digitaltechnik zu schnell. In den 1980er Jahren hatte man den Übergang vom Blei- zum Fotosatz und vom Hoch- zum Flachdruck noch sehr gut mit Exponaten dokumentieren können. In den meisten Ausstellungen waren die – zugegebenerweise optisch attraktiven – Pressen und Maschinen aus der Bleisatzära präsent. Hier und da begegnete man auch schon frühen Fotosatzgeräten und Kompaktanlagen. Doch bereits Anfang der 1990er Jahre konnte man erahnen, wie schnell sich durch die Digitalisierung des »Prepress-Bereiches«, also aller Arbeitsschritte, die vor dem eigentlichen Druck liegen, die ganze Branche grundlegend ändern sollte. Der traditionelle Fotosatz, die Reproduktionstechniken, die Bereiche der Bildproduktion und -verarbeitung bis hin zu gestalterischen Aufgaben war nun keine Domäne der Druckbranche mehr, sondern jeder halbwegs interessierte und technisch versierte Zeitgenosse konnte nun selbst Druckprodukte herstellen.

Seit Beginn der 2010er Jahre konnten die Museumsfachleute auf den Jahrestagungen des Deutschen Museumsbundes realisieren, dass in der Museumsszene darüber nachgedacht wurde, auf welche Art und Weise auf die Herausforderungen reagiert werden sollte. Hierzu werden im Folgenden zwei Beispiele genannt.

Mainz: Neue Inhalte in alten (sanierten) Mauern

Eines der ersten Druckmuseen, das sich intensiv und umfassend mit einer Neuausrichtung beschäftigt hat, war das »Gutenberg-Museum« in Mainz. Bevor jedoch über einen Relaunch für das Weltmuseum der Druckkunst nachgedacht wurde, hatten die politisch Verantwortlichen im Mainzer Rathaus die finanziellen Rahmenbedingungen abgesteckt. So sind im Investitionsprogramm 2013-2017 der Gebäudewirtschaft Mainz für die Neuausrichtung 3,8 Mio. Euro veranschlagt.[11] Vorbehaltlich der Gremienbeschlüsse könnten weitere 2,5 Mio. Euro bis 2019 hinzukommen, um damit das »Gutenberg-Museum« für das 21. Jahrhundert den neuen Anforderungen anzupassen.

Wie notwendig dies war, zeigte die Bestandsanalyse anlässlich einer Pressekonferenz im Mai 2014: Unverwüstliche Vitrinen aus den 1960er Jahren, fehlende Infrastruktur, mangelnde Barrierefreiheit und eine veraltete Präsentationstechnik schreien förmlich nach Veränderung. Mit dem Slogan »Neue Strukturen erfordern geänderte Architekturen« informierten die am »Szenografiekonzept«[12] beteiligten Mitarbeiter über die Neuausrichtung.[13]

Selbstverständlich werden Johannes Gutenberg, der Erfinder des Buchdrucksystems, und sein Hauptwerk, die 42-zeilige Bibel, auch weiterhin im Mittelpunkt stehen. Von diesem »Schatz« ausgehend werden zahlreiche Entwicklungsstränge quer durch das gesamte Museum gezogen. Die Besucherinnen und Besucher begeben sich auf eine Entdeckungsreise, durch die Inhalte neu miteinander vernetzt werden können.[14]

Das klassische Abteilungsdenken wird aufgegeben. Mit sinnlichen Erfahrungen werden alle Zielgruppen zu erreichen versucht. Unterstützt werden die Ausstellungsmacher vom renommierten Atelier Brückner aus Stuttgart.[15] Ausgehend von einer Analyse der im deutschsprachigen Raum beheimateten Konkurrenzmuseen wurde die zukünftige Grundausrichtung des Gutenberg-Museums in eine griffige Headline verpackt: Ein »Haus der stummen Bücher« wird zum »Haus lebendiger Geschichten«. Ausgehend vom Herzstück des Museums, der Schatzkammer, sollen die Exponate mittels szenografischer Inszenierungen[16] so vernetzt werden, dass die Besucher unterschiedliche Perspektiven einnehmen können. Das Gegenüberstellen von historischen und aktuellen Artefakten beispielsweise soll es erleichtern, komplexe Zusammenhänge besser zu begreifen. »Der Brückenschlag von einem altehrwürdigen Exponat [Beispiel Wachstafeln] zur Gegenwart [Beispiel iPad] macht Kontinuität und Veränderung erfahrbar.«[17]

Zwischenzeitlich wurden die Pläne zum Bau des »Bibelturms« ad acta gelegt. Die Mehrheit der Mainzerinnen und Mainzer haben in einem Bürgerentscheid am 15. April 2018 diesen Erweiterungsbau abgelehnt. Mit dieser Entscheidung kann das zentrale Element der neuen Museumskonzeption nicht realisiert werden. Fortsetzung folgt, oder auch nicht!

Wadgassen: Die Zeitung der Zukunft

Eine weitere Neuausrichtung von Druckmuseen findet im Saarland statt. Das »Deutsche Zeitungsmuseum – DZM«, 2004 in Wadgassen eröffnet, plant ebenfalls eine Neukonzeption der Dauerausstellung (siehe auch das Foto auf S. 265). Unter dem Arbeitstitel »Vom Redakteur zum Redaktroniker« wird der Wandel von den späten 1970er Jahren bis heute, der das Berufsbild der Printjournalisten prägte und noch weiter verändern wird, nachgezeichnet. Folgende Fragen stehen im Mittelpunkt: Welche Exponate müssen gesammelt und bewahrt werden? Wie können die Arbeitsbelastungen erlebbar gemacht werden? Welche szenographischen Mittel und Medieninstallationen sind geeignet, um das Thema anschaulich zu gestalten?

Der Schwerpunkt der Präsentation wird zeitlich ab den 2000er Jahren bis heute liegen. Nachdem das Internet durch die Entwicklung von Diensten wie World Wide Web und E-Mail einen entscheidenden Schub bekam, änderte sich anfangs allmählich, später umso rasanter die Art und Weise, wie Nutzer kommunizieren und sich informieren. Für diese Abbildung der »Digitalen Revolution« sollen in ihrer Entwicklung wichtige Meilensteine dokumentiert und mit Exponaten belegt werden. In den Mittelpunkt der Präsentation wird jedoch der Informationen generierende Mensch gestellt: Von ihm werden oft in einer Person Informationen aufgearbeitet, verbreitet, konsumiert, verarbeitet, bewertet und gespeichert. Früher, in der vordigitalen (analogen) Zeit, waren die Akteure in diesem Informationssystem klar zu benennen. Die Zeitungsunternehmen druckten täglich oder wöchentlich ihre Papierzeitung. Die Rundfunkanstalten sendeten rund um die Uhr und erreichten ihre Hörer in Echtzeit sowohl stationär als auch mo-

Neue Herausforderungen in Druck-, Kommunikations- und Medienmuseen

bil. Die Fernsehanstalten lieferten ergänzend das Bewegtbild über Antenne oder Kabel. In den letzten Jahren sind diese Grenzen verschwommen. Betrachtet man sich die Internetauftritte der Informationsanbieter, kann man meist keine gravierenden Unterschiede mehr erkennen. Texte, Bilder, Töne und Bewegtbilder, ergänzt durch Werbung, werden in einer Art und Weise sowie in einer Quantität offeriert, die die alten Unterscheidungen obsolet erscheinen lassen.

Medien- und Informationskompetenz im Deutschen Zeitungsmuseum
Das DZM wird sich zukünftig inhaltlich breiter gefächert aufstellen. Über die Presse- und Druckgeschichte hinaus soll die Präsentation Medien- und Kommunikationsgeschichte unter Einschluss anderer Massenmedien vermitteln. Stärker als in der bisherigen Form soll der Medienwandel, der uns vor allem in den letzten Jahren geprägt hat, thematisiert werden. Hierbei sollen im historischen Rückblick Kontinuitätslinien zur Gegenwart aufgezeigt werden.

Die Vermittlung von Medienkompetenz (mit dem Ziel, vor allem junge Besucher zur »Medienmündigkeit« zu erziehen) wird zukünftig eine zentrale Aufgabe des DZM werden; dies kann das Museum anders als andere Institutionen unter Einbeziehung historischer Kontexte und Entwicklungen leisten.

Seit Januar 2015 wurden die räumlichen, technischen und inhaltlichen Voraussetzungen für die Durchführung von Workshops zur Vermittlung von Medien- und Informationskompetenz geschaffen. In einer ersten Probephase wurden im zweiten Halbjahr 2015 Schulen angeschrieben, die sich als Projektpartner zur Verfügung stellen können. Speziell auf die unterschiedlichen Altersklassen abgestimmt, möchte das DZM Lehrerinnen und Lehrer bei der Medienerziehung unterstützen. Grundlegend für den Erwerb von Medien- und Informationskompetenz sind das Wissen über die existierenden Massenmedien und deren Informationsangebote sowie der kritische Umgang mit diesen Medienangeboten. Ergänzend werden die »klassischen«, stärker taktil ausgelegten Workshops beibehalten und sukzessive durch neue Angebote, die stärker die Bereiche Typografie und Gestaltung tangieren, ergänzt.

Darüber hinaus finden bereits seit Anfang März 2015 gemeinsam mit der Gesellschaft zur Förderung des Saarländischen Kulturbesitzes regelmäßige Veranstaltungen zur Medien- und Technikkompetenz für die Zielgruppe 70plus statt.

Die grundlegende und umfassende Überarbeitung der Dauerausstellung soll durch die museumspädagogischen Erfahrungen aus den oben erwähnten Workshops (zweite Probephase bis Ende 2017), ergänzt werden. Nach einer eingehenden Evaluation könnte ab Ende 2018 ein Grobdrehbuch mit gestalterischen und technischen Vorgaben sowie ein zeitlicher Ablaufplan, vorbehaltlich der Zustimmung des Kuratoriums und einer ausreichenden Budgetierung, vorgelegt werden. Für die Erarbeitung des Grobdrehbuchs sind die folgenden Überlegungen zu einem Mission Statement, also zu einem Leitbild des DZM, relevant:

Bei der Verwendung des Begriffs Zeitung wird auf die ursprüngliche Definition, zīdunge = Nachricht, Botschaft, zurückgegriffen.

Durch die integrale Präsentation der Technik- und Kulturgeschichte der Zeitung in Verbindung mit dem erlebnisorientierten, außerschulischen Lernort soll sich das neue DZM zu einem phänomenologischen Museum für Medien- und Informationskompetenz entwickeln. Die sammlungsorientierte Präsentation wird durch eine stärker themen- und besucherorientierte Präsentation ersetzt. Damit einhergehend wird als roter Faden eine Unterscheidung zwischen dem *Produkt* Zeitung und dem *Prinzip* Zeitung notwendig.

Das neue DZM sieht sich zukünftig nicht als »Bewahrer kulturhistorischer Schätze«, sondern möchte Orientierungswissen, Erfahrungswissen, Identitätswissen und Zukunftswissen vermitteln. Dieser Ansatz soll mit unseren heutigen technischen Möglichkeiten umgesetzt werden. Der Rundgang wird so aufgebaut, dass es eine durchgehende Geschichte mit verschiedenen Protagonisten geben wird. Dies ermöglicht es, den Rundgang zeitlich und inhaltlich so variabel zu gestalten, dass er für verschiedene Zielgruppen mit jeweils unterschiedlicher Verweildauer angeboten werden kann. Das eigentliche Erzählen wird auf zwei verschiedenen Ebenen angeboten. Bei einer Gruppenführung durch einen Museumsmitarbeiter konzentrieren sich die Besucherinnen und Besucher auf einen Menschen, der mit seiner eigenen Stimme, mit Gestik und Körpersprache die Besucher erreichen muss. Hier sollte ganz wesentlich der Dialog im Vordergrund stehen. Die auditive Führung, die vor allem für Einzelbesucher interessant ist, wird mittels einer Gratis-App für alle gängigen Systeme in digitaler Form angeboten.[18]

Als Motto hierfür dient ein Zitat von Martin Moszkowicz, Filmproduzent und Vorstandsvorsitzender von Constantin Film, der auf der Digital Life Design-Konferenz 2016 über das »goldene Zeitalter des Geschichtenerzählens« sagte: »Am Ende ist es immer wichtig, welche Geschichten wir erzählen, es ist egal, ob sie auf einer Kinoleinwand, einem Tablet oder einem Fernseher laufen.«[19]

Aussicht und Probleme zukünftiger Präsentation der Medientechnik

Die einschlägigen Museen stehen vor der großen Frage, wie zukünftig die Exponate der Medientechnik gesammelt, bewahrt, erforscht und präsentiert werden sollen. Früher war das museale Sammeln noch vergleichsweise einfach. Immer dann, wenn eine neue Technik sich durchzusetzen begann und die Innovationsphase von der Diffusionsphase, also der flächendeckenden Marktdurchdringung, abgelöst wurde, bekamen die Kuratoren massenhafte Angebote zur Übernahme der »alten« Techniken. Das war der richtige Zeitpunkt, die Sammlung mit den meist als Schenkungen angebotenen Artefakten zu ergänzen. Heutzutage ist die Situation viel schwieriger geworden. Zum einen haben sich die Innovationszyklen in der Medientechnik so rasant verkürzt, dass es selbst für Insider sehr schwer geworden ist, die »Schlüsselexponate« zu erkennen und zu erwerben. Zum anderen genügt es nicht mehr, nur das materielle Gerät, die Hardware, aufzubewahren, sondern die immateriellen Innovationen, die Software, müssen gespeichert werden. Und hier beginnen die zentralen Schwierigkeiten: Welche Trägermedien (Disketten, CD-ROM, Festplatten, virtuelle Clouds etc.) können die Betriebssysteme, die Programme und die Anwenderdaten so langfristig und vollständig speichern, dass auch die nachfolgenden Generationen von Museumsmitarbeitern sie lesen, nutzen und präsentieren können?

Selbst wenn diese Konservierungsprobleme gelöst wären, kommen auf die Museen neue Herausforderungen zu. Welche Möglichkeiten des Präsentierens, abseits der klassischen Vitrinenlösungen, bieten sich für diese Exponate an? Sicherlich genügt es nicht, das erste iPhone-Modell von 2007 mit einem Erklärtext in eine Vitrine zu legen. Wie bereits bei den Artefakten der »alten« Techniken entfalten auch die Exponate der heutigen Medientechniken erst dann ihren Reiz, wenn sie im betriebsbereiten Zustand zu besichtigen sind, eventuell auch ausprobiert werden können.

Bei den Endprodukten der grafischen Techniken, den gedruckten Büchern, Zeitungen und Zeitschriften, waren die Sammlungs- und Erhaltungsmöglichkeiten bisher denkbar einfach: Kaufen, Inventarisieren und ins Regal stellen. Aber wie soll man bei den digitalen Ausgaben der Medienverlage verfahren? Als Datei abspeichern? Und wenn ja, in welchem Format sollen/können die Inhalte abgespeichert werden? Oder den Screenshot ausdrucken? Aber wie verfährt man dann mit den eingebundenen Videos, die integraler Bestand einer jeden Nachrichtenseite sind? Ganz zu schweigen von der Werbung, die früher, als sie noch Reklame hieß, ebenfalls einen nicht unwichtigen Bestandteil der Zeitungen und Zeitschriften, sowohl aus wirtschaftlichen als auch aus gestalterischen Gründen, darstellte.

Neben all diesen Problemen und Überlegungen haben aber die Angebote der neuen Medientechniken im Museumsbereich auch vollkommen neue Chancen geschaffen. Immer intensiver und umfangreicher kommen nämlich in den Museen die auf Basis von mobilen Endgeräten (Smartphones, Tablets, Phablets) funktionierenden Apps zum Einsatz. Vor allem die Druck-, Kommunikations- und Medienmuseen sollten, wenn sie sich als phänomenologische Museen für Medien- und Informationskompetenz weiterentwickeln möchten, diese Chancen nutzen. Denn für die Besucherinnen und Besucher stehen weniger die musealen Sammlungs-, Bewahrungs- und Erforschungsaufgaben im Fokus, sondern ihr Interesse liegt selbstverständlich auf der Präsentation und der Vermittlung im Rahmen von Dauer- und Sonderausstellungen. Ziel muss es daher sein, allen Museumsbesuchern eine kostenlose App zum Download zur Verfügung zu stellen, die relevante Informationen in auditiver und visueller Form, mehrsprachig und mit Vertiefungsoptionen, anbieten. Inhaltlich sollte auch hier, ergänzend zum szenografischen Konzept, der Mensch im Vordergrund stehen. Daher sind bei der konkreten Umsetzung der auditiven Angebote die Techniken des Storytellings, des Geschichtenerzählens, anzuwenden, um einen emotionalen Zugang zu den Besuchern zu erreichen.

Diese Methode ist so alt wie die Menschheit und hat bis heute nicht ihren Charme verloren: Um ihr Wissen weiterzugeben oder vielleicht auch nur zur

Unterhaltung, hatten sich bereits unsere Vorfahren in Höhlen getroffen, am Lagerfeuer gewärmt und Geschichten erzählt. Ergänzend schufen sie Höhlenmalereien und Felszeichnungen, um die erzählten Geschichten zu illustrieren und mittels Bildern zu konservieren. Auch wenn die diesbezügliche Forschung verschiedene Deutungsansätze entwickelt und kombiniert hat, bleiben am Ende alle spekulativ. Keiner der Forscher war nämlich dabei und hat am Lagerfeuer lauschen können. Trotzdem ist es eine schöne Geschichte, nicht wahr?

Anmerkungen

[1] Vgl. hierzu Deutsches Museum von Meisterwerken der Naturwissenschaft und Technik. Führer durch die Sammlungen, München 1991.

[2] Weiterführende Informationen bietet Roger Münch: Gegenständliche Quellen zur Druckgeschichte. Eine kritische Bestandsaufnahme zur Problematik, druckgeschichtliche Exponate museal zu präsentieren, in: Ders. (Hrsg.), Studien und Essays zur Druckgeschichte. Festschrift für Claus W. Gerhardt. Wiesbaden 1997, S. 63-72.

[3] Vgl. Landesmuseum für Technik und Arbeit (Mannheim) (Hrsg.): Begegnungen mit der Technik in der Industriegesellschaft. Unv. Nachdruck der 1. Aufl. von 1980. Karlsruhe 1983.

[4] Lothar Suhling: Werden und Wandel von Technikmuseen aus konzeptioneller Sicht. Die neue Museumsgeneration am Beispiel des Landesmuseums für Technik und Arbeit in Mannheim, in: Beiträge zur Geschichte von Technik und technischer Bildung. Hrsg. von der Hochschule für Technik, Wirtschaft und Kultur. Folge 8. Leipzig 1994, S. 3-21, hier S. 11.

[5] www.museum-der-arbeit.de/de/das-museum-der-arbeit/geschichte/geschichte-ein-museum-fuer-alle.htm#.Vebfm5cngYo, zuletzt besucht am 2. September 2015.

[6] Rolf Bornholdt: Ein Mensch kommt ins Museum. Lebensgeschichte als Sammlungsaufgabe und Ausstellungsthema. Mit Beiträgen von Rolf Bornholdt, Heike Jäger, Rainer Noltenius und Ulrich Raschke. Museum der Arbeit, Hamburg 1990.

[7] Ebd.

[8] Ebd., S. 28.

[9] www.papiermuseum.ch/de/museum/, zuletzt besucht am 2.9.2015.

[10] Museum für Druckkunst (Hrsg.): 20 Jahre Museum für Druckkunst. 1994-2014. Leipzig 2014, S. 11.

[11] Roger Münch: Gutenberg-Museum: Neue Inhalte in alten (sanierten) Mauern. Relaunch für das Weltmuseum der Druckkunst, in: Deutscher Drucker, 14 (2014), S. 42.

[12] Ein Szenografiekonzept beinhaltet »alle Maßnahmen, die eine beabsichtigte oder zufällige Anordnung oder Raumbildung in öffentlich zugänglichen Räumen darstellen, die dem Zweck des Ausstellens in Museen dienen«. Vgl. hierzu auch www.dasa-dortmund.de/fachbesucher/szenografie-in-der-dasa/allgemeine-informationen/, zuletzt besucht am 14.6.2016.

[13] Ausdruck der PowerPoint-Präsentation vom 9.5.2014. Erstellt vom Dezernat für Bauen, Denkmalpflege und Kultur, Gutenberg-Museum und Gebäudewirtschaft Mainz. 52 Seiten.

[14] Ebd., S. 12.

[15] Vgl. www.atelier-brueckner.de/de, zuletzt besucht am 14.6.2016.

[16] Unter szenografischen Inszenierungen versteht man in Ausstellungen vor allem raumbildende Maßnahmen, die dazu dienen sollen, die Vermittlungsziele mittels bühnenbildnerischen Installationen zu vermitteln.

[17] Ausdruck der PowerPoint-Präsentation vom 9. Mai 2014, S. 19.

[18] Seit Januar 2015 erhältlich im iTunes Store und bei Google Play.

[19] http://dld-conference.com/events/creativity-explosion, zuletzt besucht am 14. Juni 2016.

Teil 6:
Zur aktuellen Relevanz der erfahrenen Umbrüche und Übergänge

»Dieser Betrieb wird bestreikt«

Frank Werneke

Umbrüche auf dem Weg von der Druck- zur Medienindustrie
Aktuelle Auseinandersetzungen um Zukunftsstrategien bezüglich Druckindustrie 4.0 und deren Vorgeschichte

Technologischer Umbruch mit Rationalisierungsfolgen

Untersuchungsgegenstände dieses Buches sind die Folgen technischer Entwicklungen in der Druckindustrie, insbesondere die Auswirkungen durch die Umstellung von Blei- auf Fotosatz in den 1970er Jahren. Da diese Phase in den vorderen Teilen ausführlich beschrieben ist, soll im Folgenden der Blick in die Gegenwart gerichtet werden – mit einem Ausblick auf die mittelfristige zukünftige Entwicklung in der Druckindustrie.

Da man aber nicht erklären kann, warum wir heute da sind, wo wir sind, ohne eine Bewertung der vergangenen Entwicklungen vorzunehmen, sollen zudem wichtige Aspekte, Veränderungen und Umbrüche seit den 1980er Jahren aus kritischer gewerkschaftlicher Sicht dargestellt werden. Zunächst wird auf die technischen Umbrüche eingegangen, die Einfluss auf die wirtschaftliche Situation und die Beschäftigtenentwicklung hatten und bis heute haben.

Was heute unter Digitalisierung verstanden wird, ist für die Druckindustrie kein Fremdwort, sie hat seit 25 Jahren Erfahrung damit, insbesondere was die Folgen für die Beschäftigten angeht: Anforderungen an Aus- und Weiterbildung ändern sich rasant, ganze Tätigkeitsbereiche und Berufe fallen weg, Arbeitsplätze werden vernichtet. Diese Entwicklung stand und steht unmittelbar oder mittelbar im Zusammenhang mit dem Einsatz neuer digitaler Technik.

So wurden zum Beispiel ganze Berufe mit der Einführung von Druckplattenbelichtern vor einigen Jahren wegrationalisiert, etwa der Druckformhersteller. Wo bis Anfang der 2000er Jahre für die Herstellung von Druckplatten noch Druckformhersteller mit der Filmmontage und Plattenbelichtung beschäftigt waren, werden heute für die gleiche Menge an Plattenausstoß nur noch rund 20% der Zahl der seinerzeitigen Beschäftigten benötigt.

Das war die bislang dritte Rationalisierungswelle in der Druckvorstufe. Zunächst kam der Übergang vom Blei- zum Fotosatz. Dann löste das sogenannte Desktop-Publishing (DTP) den Fotosatz ab und machte ebenfalls die Filmmontage (Seitenmontage) von Text- und Bildelementen überflüssig.

Dies sind nur zwei Beispiele, die zeigen, dass neben massivem Beschäftigungsabbau ganze Tätigkeitsbereiche und Berufe verschwunden sind. 1998 wurden die bis dahin in sieben Berufe[1] aufgeteilten Vorstufenarbeiten in einem einheitlichen Berufsbild Mediengestalter für Digital- und Printmedien neu geordnet.

Frank Werneke, Leiter des Fachbereichs Medien, Kunst und Industrie in ver.di, bei Tarifverhandlungen in Hamburg 2013/14

Weitere Rationalisierungsbeispiele sind die Verdrängung des Buchdrucks durch den Offsetdruck Ende der 1970er Jahre und im Anschluss der Einsatz elektronischer Leitstandsteuerungstechnik im Rollenoffset und die automatische Versorgung der Rollenrotationsdruckmaschinen mit Farbe und mit Papierrollen Ende der 1990er Jahre. Während bis dahin die Druckmaschinen manuell mit Farben und Papierrollen versorgt wurden und beim Einrichten (Rüsten), bei der Wartung und dem Reinigen der Maschinen mechanische Arbeiten und Einstellungen vorgenommen werden mussten, verschwand diese Arbeit nach und nach fast vollständig. Das kostete insbesondere bei den Hilfskräften im Rollenoffset, vor allem im Zeitungsdruck, viele Arbeitsplätze.

Rationalisierung durch die Technik entstand aber auch durch schneller laufende Maschinen mit der Folge, dass in gleicher Zeit mit weniger Personal mehr Druckprodukte produziert werden konnten.

Es hat sich bis heute nichts daran geändert, dass die Produktivität durch Rationalisierung in der Druckindustrie schneller wächst als die Menge an Druckprodukten, die der Markt abnimmt (Nachfrage). Kaum eine andere Branche hat die technischen Entwicklungen allerdings so massiv zum Abbau von Beschäftigung genutzt wie die Druckindustrie.

Jüngstes Beispiel ist die Wirtschafts- und Finanzkrise 2008/2009. Während in vielen Wirtschaftszweigen des verarbeitenden Gewerbes alle Anstrengungen für den Erhalt von Arbeitsplätzen unternommen wurden, zum Beispiel durch Kurzarbeit, setzte sich der ohnehin hohe Arbeitsplatzabbau in der Druckindustrie dynamisiert fort: In den Jahren 2008 und 2009 wurden dort 13.400 Arbeitsplätze vernichtet (minus 7,8%).[2]

Entwicklung neuer Medien mit Substitution von Print

Vor allem die großen Tageszeitungsverlage haben es verpasst, sich in der ersten Phase der Digitalisierung seit Mitte der 1990er Jahre mit ihren Medienmarken im Internet zu positionieren. Zur Ignoranz der Digitalisierung und des Internets als neuem Medium gehörte auch, dass von dem Moment an, als das Internet massentauglich wurde, durch die Verleger die Inhalte großer Tageszeitungen und Zeitschriften gratis ins Netz eingestellt wurden. Mit fatalen Auswirkungen: So wird journalistische Arbeit mittlerweile zwar ganz wesentlich im Internet verbreitet, allerdings ohne dabei auch wirtschaftlich auf diesem Vertriebsweg in derselben Größenordnung nennenswert an Bedeutung gewonnen zu haben. Denn wer will noch bezahlen, was er oder sie gratis erhält? Mit der reinen Fixierung auf maximale Reichweiten entwerteten Zeitungsverleger die journalistische Arbeit. Gleichzeitig sanken die Auflagen der gedruckten Zeitung und wanderten Anzeigenmärkte ins Internet.

Die Zahl der Arbeitsplätze in den Tageszeitungsredaktionen sank von Anfang der 2000er Jahre bis heute von rund 21.000 auf jetzt nur noch etwa 14.000 Journalistinnen und Journalisten. Gleichzeitig sank die Zahl der Zeitungsmäntel und damit die Medienvielfalt drastisch. Bei DuMont kommen die Mantelinhalte aus der Redaktionsgemeinschaft, die Hauptstadtredaktion der Funke-Gruppe beliefert die Mäntel der WAZ (Westdeutsche Allgemeine Zeitung) ebenso wie des Hamburger Abendblatts, ungeachtet der jeweiligen regionalen Implikation, die eine bundespolitische Nachricht auf das jeweilige regionale Verbreitungsgebiet hat. Ähnlich sieht es bei den Zeitungen der Madsack-Gruppe aus. Medienkonzentration und der Ausbau der Verlage zu Multimediahäusern gehen einher mit Verlust an Vielfalt, Qualität und regionaler Berichterstattung. Gleichzeitig steigt der Druck in den Redaktionen kontinuierlich, da sich die Arbeitsprozesse nicht mehr am Redaktionsschluss vor Druckbeginn orientieren, sondern journalistische Inhalte rund um die Uhr für jedweden Vertriebsweg produziert werden sollen. Überfällig war es da, den Geltungsbereich der Tarifverträge für die Redaktionen auch auf Redakteurinnen und Redakteure im Onlinebereich auszuweiten. Das ist erfolgt und soll die Zwei-Klassen-Gesellschaft in den Redaktionen beenden. Ebenso überfällig ist es, Leserinnen und Leser für einzelne Artikel oder ab einer gewissen Anzahl von Artikeln zur Kasse bitten. Hier tun sich Chancen für die Zukunft der Medienhäuser und journalistischer Arbeit auf. Noch sind die Bezahlsysteme uneinheitlich und kompensieren die Verluste durch sinkende Auflagen nicht. Aber die Einnahmen steigen, und beim Publikum tritt allmählich ein Gewöhnungseffekt ein, für Inhalte zahlen zu müssen. Das ist unverzichtbar, wenn Medienhäuser die digitale Transformation im Journalismus erfolgreich schaffen wollen. Erste digitale Zeitungskioske bieten einheitliche und nutzerfreundliche Bezahlmodelle, was langfristig die Akzeptanz bei den Nutzerinnen und Nutzern erhöhen wird. Es bleibt zu hoffen, dass sich diese neuen Geschäftsmodelle am Markt etablieren und damit auch einen Beitrag zur gesellschaftlichen Akzeptanz seriöser journalistischer Inhalte in Abgrenzung zu Fake News und emotionalen Auseinandersetzungen in den so genannten sozialen Netzwerken leisten.

Unterbietungswettbewerb und Überkapazitäten

Der Arbeitsplatzabbau in der Druckindustrie war und ist bis heute aber nicht nur die Folge technischer Rationalisierungen, konjunktureller Krisen und der Substituierung von Print durch neue Medien, sondern ist in weiten Teilen der Branche Folge von Preisunterbietungs- und Verdrängungswettbewerb. Rationalisierungseinsparungen wurden dazu genutzt, um der Konkurrenz mit niedrigeren Preisen Aufträge abzujagen, vor allem im Rollenakzidenz- und Magazintiefdruck. Die Konkurrenz reagierte ihrerseits mit Senkung der Arbeitskosten, vor allem durch Verschlechterung der Arbeitsbedingungen, Ausstieg aus dem Tarif und Personalabbau.

Diese Spirale ist bis heute nicht durchbrochen. Sie wurde in den 1990er Jahren zusätzlich angeheizt, indem mehr und neue Druckkapazitäten aufgebaut wurden. Dafür schienen die neuen Bundesländer wie geschaffen: zunächst als »Absatzgebiet« und später als »Sonderwirtschaftszone«.[3] Als der neue Absatzmarkt gesättigt war, insbesondere auch, weil die Kaufkraft infolge von Erwerbslosigkeit und niedrigen Löhnen in den neuen Bundesländern zu gering war, überstiegen die Druckkapazitäten (im Osten vielfach mit öffentlichen Mitteln neu errichtete Druckereien) deutlich die Nachfrage. Um die Druckmaschinen auszulasten, mussten der Konkurrenz – meist über einen niedrigen Preis – Aufträge abgenommen werden.

Eine weitere Folge dieser Entwicklung waren Konzentrationsprozesse in der Branche, in denen sich aus einstigen Familienunternehmen zum Teil international agierende Konzerne entwickelten oder von diesen aufgekauft wurden.

Ein Beispiel für die Kannibalisierung in der Druckindustrie bietet die Teilbranche des Magazintiefdrucks, in der der Verdrängungswettbewerb in den zurückliegenden Jahren am intensivsten geführt wurde und wird. Hierfür steht exemplarisch der Aufstieg und Fall des Druckkonzerns schlott gruppe AG sowie die Fusion der Tiefdruckunternehmen von Axel Springer, Gruner + Jahr und Bertelsmann zu Prinovis.

Beispiel schlott gruppe

Bis 1992 war die 1947 gegründete Druckerei Schlott ein Familienbetrieb. Im selben Jahr erfolgte ein Management-Buyout, und die Schlott Tiefdruck KG wurde in eine GmbH umgewandelt. Bis dahin hatte Schlott lediglich die Bogendruckerei Sachsendruck in Plauen und Klambt Druck (später wwk druck) gekauft. Das änderte sich, als das Unternehmen 1997 in eine Aktiengesellschaft umgewandelt worden und als erste Tiefdruckerei Deutschlands an die Börse gegangen war mit dem Ziel, Kapital für weitere Käufe zu sammeln. Jetzt wurde eine Druckerei nach der anderen gekauft: im Jahr 2000 die Sebaldus Gruppe mit der Tiefdruckerei Sebaldus und dem Rollenoffsetbetrieb Heckel in Nürnberg einschließlich der Weiterverarbeitungs- und Mailingunternehmen meiller direct Druckweiterverarbeitung (dvn); 2002 die Broschek-Gruppe mit der Tiefdruckerei in Hamburg und Broschek Rollenoffset in Lübeck. Nun kündigte Schlott an, im europäischen Tiefdruck die Nummer eins werden zu wollen. Doch es kam alles anders als geplant. Der Konzern war wegen der vielen Zukäufe hoch verschuldet, die Preise für Tief- und Rollenoffsetdruckprodukte sanken kontinuierlich, und 2005 formierte sich mit Prinovis ein übermächtiger Konkurrent auf dem europäischen Tiefdruckmarkt (siehe unten). Ab dem Jahr 2006 kam der mittlerweile in schlott gruppe AG umgewandelte Konzern finanziell massiv unter Druck und veräußerte bis 2008 die Unternehmen heckel Druck, meiller direct und die Bogenoffset-Tochter Sachsendruck. Mit dem frischen Geld wurden nochmal millionenschwere Investitionen in neue Tiefdruck- und Weiterverarbeitungstechnik gesteckt und der Standort Freudenstadt zur europaweit modernsten Tiefdruckerei ausgebaut. Doch der erbitterte Kampf um Marktanteile im europäischen Tiefdruck, der zum Teil sogar noch mit dem Aufbau von weiteren Druckkapazitäten[4] verbunden war, führte zu Auftragsverlusten und weiterem Preisverfall. 2009 kam mit der Insolvenz von Quelle der Wegfall des Katalogauftrages hinzu. Nur wenige Jahre nach den Großinvestitionen musste die schlott gruppe AG am 18. Januar 2011 die Eröffnung des Insolvenzverfahrens beantragen. Das Insolvenzverfahren wurde am 1. April 2011 eröffnet, der Konzern zerschlagen. Am Ende konnten für fünf von sieben operativen Schlott-Gesellschaften in Deutschland Investoren gefunden werden.

Die Bilanz: 2003 hatte der Konzern schlott gruppe AG 4.380 Beschäftigte, 2.400 waren es noch vor der Insolvenz Ende 2010, davon 1.300 in den Druckereien in Deutschland. Nach der Insolvenz sind 650 Arbeitsplätze in diesen Druckereien übrig geblieben.

Beispiel Prinovis

Als Reaktion auf die Kaufaktivitäten der schlott gruppe beschlossen die Medienkonzerne Axel Springer, Gruner + Jahr und Bertelsmann im Jahr 2004, ihre Tiefdruckereien zusammenzulegen. Die Fusion erfolgte 2005. Damit war ein neuer europäischer Tiefdruckgigant und Marktführer mit fünf Tiefdruckstandorten in Deutschland und einem neuen Tiefdruckwerk in Liverpool entstanden.

Umbrüche auf dem Weg von der Druck- zur Medienindustrie

Ab jetzt beschleunigte sich der Preiskampf für Tiefdruckprodukte. Am Ende wurden auch bei Prinovis zwei Standorte mit drei Betrieben in Deutschland mit insgesamt fast 1.500 Beschäftigten geschlossen. Innerhalb von sieben Jahren wurden zehn Tiefdruckbetriebe in Deutschland geschlossen. Das hieß konkret: 2008: Prinovis in Darmstadt, (fast 300 Beschäftigte), Druckerei Metz, Aachen (40 Beschäftigte) und Heinrich Bauer Reprotechnik KG (30 Beschäftigte), 2010: Bauer Druck, Köln (knapp 400 Beschäftigte), 2011: Broschek in Hamburg (200 Beschäftigte) und Schlott in Freudenstadt (300 Beschäftigte), 2013: Badenia in Karlsruhe (100), 2014: zwei Prinovis Betriebe in Itzehoe (1.000 Beschäftigte), 2015: Bruckmann in München (130 Beschäftigte).

Im Jahr 2008 wurden in Deutschland noch 18 Tiefdruckbetriebe mit über 10.000 Beschäftigten gezählt. 2015 waren es noch neun Tiefdruckbetriebe mit rund 3.000 Beschäftigten.

Selbstverständlich waren nicht allein der Kampf um die Preisführerschaft und der Unterbietungswettbewerb zwischen zwei Konzernen schuld am Niedergang des Tiefdrucks in Deutschland. Hinzu kam der teilweise Niedergang des klassischen Versandhandels, wie beispielsweise die Schließung von Neckermann und Quelle und der Einstellung der Katalogproduktion. Ursächlich für den wirtschaftlichen Niedergang des Tiefdrucks waren diese Entwicklungen allerdings nicht, sie haben den Prozess nur noch beschleunigt.

Was wurde gegen die Strukturkrise der Druckindustrie getan und mit welchem Erfolg?

Arbeitszeitverkürzung wirkt bis heute positiv

Die in der Gesamtwirtschaft in den 1970er Jahren zunehmende Massenarbeitslosigkeit veranlasste alle DGB-Gewerkschaften dazu, erneut über Arbeitszeitverkürzungen nachzudenken, um die Arbeit auf mehr Menschen zu verteilen und so Arbeitsplätze zu sichern oder gar zu schaffen. Der sich enorm beschleunigende Rationalisierungsprozess in der Druckindustrie seit Anfang der 1970er Jahre machte die Frage nach Sicherung von Arbeitsplätzen in dieser Branche besonders drängend.

Die Beschäftigtenzahl sank in Westdeutschland von 203.000 im Jahr 1973 auf 165.000 im Jahr 1983.[5] Gleichzeitig stieg die Produktivität: Mussten 1972 für 1.000 DM (Deutsche Mark) Umsatz noch 29 Arbeitsstunden gearbeitet werden, waren acht Jahre später dafür nur noch knapp zwölf Stunden notwendig.[6]

Während einige Gewerkschaften im DGB Anfang der 1980er Jahre eine Verkürzung der Lebensarbeitszeit (Vorruhestand) anstrebten, forderte die damalige Gewerkschaft IG Druck und Papier mit weiteren fünf DGB-Gewerkschaften die Verkürzung der Wochenarbeitszeit von 40 auf 35 Stunden.

1984 gelang nach einem der härtesten und längsten Streiks der erste Schritt in einer Verkürzung der Wochenarbeitszeit. In der Metall- und Elektroindustrie wurde 1985 die Arbeitszeit im Betriebsdurchschnitt und in der Druckindustrie individuell um 1,5 Stunden auf 38,5 Stunden in der Woche verkürzt, bis sie stufenweise nach zehn Jahren im Jahr 1995 auf 35 Stunden reduziert war. Diese und weitere tarifliche Maßnahmen zur Verkürzung der Arbeitszeit halfen und helfen bis heute, Arbeitsplätze zu sichern.

Auch wenn es immer wieder Vorstöße der Druckarbeitgeber gegeben hat, die Verkürzung der Wochenarbeitszeit zurückzudrehen, zuletzt 2005 und 2011, dürfte es mittlerweile gemeinsame Erkenntnis sein, dass eine Verlängerung der Arbeitszeit über 35 Stunden in der Woche angesichts der schlechten Auflagenentwicklung bei Zeitungen und Zeitschriften Arbeitsplätze kosten würde. Viele Zeitungsdruckereien nutzen die Möglichkeit im Tarif, die Wochenarbeitszeit auf unter 35 Stunden zur Beschäftigungssicherung zu verkürzen, weil die Umfänge und Auflagen keine längeren Arbeitszeiten benötigen, und wenn, dann nur um den Preis von Personalabbau.

Stärkung der Aus- und Fortbildung

Neben der Arbeitszeitverkürzung spielte die Verbesserung von Aus- und Weiterbildung in der Branche eine große Rolle. Die Sozialparteien in der Druckindustrie ordneten bereits seit Ende der 1960er Jahre die Berufsbilder im grafischen Gewerbe neu. In den 1980er Jahren wurden die Zyklen der Neuordnungen der Berufsbilder immer kürzer, um den sich schnell ändernden Anforderungen gerecht zu werden. Allerdings nahm gleichzeitig auch der Druck zu, Anpassungs- und Weiterbildungsqualifizierung für die ungelernten und langjährig Beschäftigten sicherzustellen. Auch hier gelang es den Tarifparteien 1990, mit einem Tarifvertrag für Aus-, Fort- und Weiterbildung eine Grundlage zu schaffen, um einerseits betrieblich flexibel auf neue Technik zu reagieren und andererseits die Qualifikation der Fachhilfskräfte und Facharbeiter/innen allgemein hoch zu halten. Die Möglichkeiten des Tarifvertrages wurden aus Sicht der IG Medien in vielen Betrieben allerdings zu wenig genutzt, unter anderem auch weil keine zwingenden Vorschriften vereinbart wurden, die die Betriebsparteien auf regelmäßige verbindliche quantitative und qualitative Bildungsangebote verpflichten. Dennoch ist es unter anderem auf der Basis dieses Tarifvertrages gelungen, dass Tausende Beschäftigte in der Druckindustrie, insbesondere zur Funktionsweise und Anwendung von computergesteuerten Geräten sowie in Englisch, geschult wurden.

Selbstregulierung fehlgeschlagen

Trotz der oben genannten drei Initiativen der Sozialparteien ist es nicht gelungen, die Strukturkrise in der Druckindustrie zu bewältigen oder abzufedern. Diese Strukturkrise hält seit der Jahrtausendwende an und ist von kontinuierlich rückläufigen Umsätzen, Betrieben und Beschäftigtenzahlen gekennzeichnet. 2005 wurden in der Druckindustrie noch 23,2 Mrd. Euro umgesetzt, zehn Jahre später waren es nur noch 20,3 Mrd. Euro.[7] Im gleichen Zeitraum verringerte sich die Zahl der Betriebe von über 15.000 mit rund 180.000 Beschäftigten auf 8.500

Betriebe mit rund 139.000 Beschäftigten.[8] Fazit: fast eine Halbierung der Zahl der Betriebe und ein Arbeitsplatzabbau von 23%. Der Umsatzrückgang von 13% fiel deshalb im gleichen Zeitraum geringer aus, weil die Produktivität (unter anderem infolge von leistungsfähigeren und schnelleren Maschinen) deutlich stieg. Im Jahr 2005 betrug die Mitarbeiterproduktivität (Jahresumsatz dividiert durch Anzahl der Beschäftigten) nach amtlicher Statistik 157.226 Euro, im Jahr 2015 lag diese bei 167.715 Euro[9] und ist mithin in diesem Zeitraum um sieben Prozent gestiegen. Da diese Statistik allerdings nur Betriebe mit 50 und mehr Beschäftigte berücksichtigt, kann man auch die Umsätze aus der Steuerstatistik durch die Anzahl der sozialversicherungspflichtigen Beschäftigten teilen und kommt sogar auf eine Mitarbeiterproduktivität, die im Zeitraum von zehn Jahren um 13% gestiegen ist.

Unberücksichtigt bleibt in beiden statistischen Ansätzen, dass die Druckindustrie seit der Verschlechterung des Arbeitnehmerüberlassungsgesetzes 2004 zunehmend Tätigkeiten und Betriebsteile ausgegründet und Leiharbeiter und später Werkvertragsunternehmen eingesetzt hat. Hierzu gibt es allerdings keine verlässlichen Zahlen.

Kleinteilige und heterogene Struktur der Druckindustrie

Die Druckindustrie in Deutschland besteht aus über 90% Klein- und Kleinstbetrieben mit einer Betriebsgröße von weniger als 50 Beschäftigten (im Jahr 2015 rund 7.900 Betriebe). Dort arbeitet etwas weniger als die Hälfte aller Beschäftigten.

Die Betriebe mit einer Betriebsgröße von 50 und mehr Beschäftigten (im Jahr 2015 rund 600 Betriebe), in der etwas mehr als die Hälfte aller Beschäftigten arbeiten, teilten und teilen sich in unterschiedliche Zielmärkte auf. Von reinen Verlagsdruckereien für die Zeitungs- oder Zeitschriftenproduktion mit eigenen Verlagsobjekten, über Verlagsdruckereien mit hohem Anteil an Fremdprodukten, reine Akzidenzdruckereien bis hin zum Nischendruck wie Endlos-, Mailing- und Etikettendruck.

Bei den Verlagsdruckereien dominierten in der ersten Hälfte der 2000er Jahre beim Produktionswert[10] die Produktion von Zeitschriften, gefolgt von Tages- und Wochenzeitungen inklusive Anzeigenblätter. Der Preis- und Verdrängungswettbewerb, insbesondere beim Magazintief- und Rollenakzidenzdruck, führte zu einem beschleunigten Abwärtstrend der Produktionswerte bei Zeitschriften. Im Jahr 2008 lag der Produktionswert für den Druck von Zeitschriften bei 1,8 Mrd. Euro, während die Zeitungsdruckereien nur einen Wert von 1,5 Mrd. Euro erwirtschafteten. Im Jahr 2012 lagen beide Bereiche bei einem Produktionswert von 1,3 Mrd. Euro.[11] In beiden Bereichen sank der Produktionswert innerhalb von vier Jahren mithin um 700 Mio. Euro (minus 21,2%).

Der Mehrheit der Druckunternehmen ist es bislang nicht gelungen, neue Geschäftsfelder in der Kommunikations- und Medienwirtschaft zu erschließen, um

Preis-, Auflagen- und Werberückgänge auszugleichen bzw. wieder Wachstum zu generieren.

Verschläft die Druckindustrie Print 4.0?

Wir stehen am Anfang einer Entwicklung, die unter den Stichworten Digitalisierung, Digitale Transformation und Industrie 4.0 in Wirtschaft und Politik diskutiert wird. Dabei geht es um die Frage, wie die Arbeitswelt von morgen aussieht, welche Geschäftsfelder neu aufgetan werden, welche Tätigkeiten es noch geben wird und welche nicht, wo Beschäftigte gebraucht und wo Arbeitsplätze verschwinden werden. Hier ergibt sich die Chance für den Teil der Druckindustrie, der den Anschluss an neue Geschäftsfelder in den 1990er und 2000er Jahren verpasst hat, wieder Boden wettzumachen und für einen anderen Teil der Druckindustrie seine Mediendienstleistung auszubauen. Einige Möglichkeiten, die mit dem Stichwort Digitalisierung verbunden sind, werden in der Druckindustrie bereits genutzt. Das betrifft vor allem die Möglichkeiten, die der Digitaldruck bietet, nämlich personalisierte und damit individuelle Druckprodukte herzustellen oder sehr wirtschaftlich Nachbestellungen von nur einem Exemplar (zum Beispiel ein Buch) drucken zu können. Viele Prozesse, die mit 4.0 in Verbindung gebracht werden, stecken aber noch im Anfangsstadium und haben noch keine industrielle Relevanz. Hier ist zum Beispiel der 3-D-Druck oder gedruckte Elektronik zu nennen. Auch wenn viele zukünftige Anwendungen noch unklar sind, so kann man die Schlagworte Digitalisierung und 4.0 dennoch auf einen gemeinsamen Nenner bringen: Wer sich nur auf das Drucken beschränkt – ob als kleiner Betrieb oder als großer –, läuft Gefahr, vom Markt zu verschwinden. Druckunternehmen, die sich zum Mediendienstleister entwickeln, die willens und in der Lage sind herauszufinden, was Kunden brauchen, die in Forschung und Entwicklung sowie in qualifizierte Beschäftigte investieren, haben die Chance zu bestehen und zu wachsen. Das sieht man an den Zuwachsraten im Digitaldruck und den Druckprodukten, die online generiert werden (siehe unten).

Am Ende wird es eine geringere Rolle spielen, ob die technischen Entwicklungen bei der Druck- und Verarbeitungstechnik große Sprünge machen oder nicht. Schneller und billiger drucken wird für das Überleben nicht entscheidend sein, sondern die Frage, welche Dienstleistungen für wen auch vor, während und nach dem Druck angeboten werden.

Das wird auch Veränderungen für die Beschäftigten mit sich bringen. Der Anteil an Un- und Angelernten wird sich weiter verringern, während der Anteil an Facharbeiter/innen und qualifizierten Spezialist/innen zunehmen wird. Aufgaben und Tätigkeiten außerhalb der eigentlichen Druckproduktion werden wichtiger; insbesondere Vertrieb, Marketing, technische Lösungen und Qualitätsmanagement werden an Bedeutung gewinnen.

Aktuelle Fragen und Zukunftsperspektiven

An dieser Stelle soll eine Prognose für die unterschiedlichen Teilbranchen der Druckindustrie gewagt werden. Eingangs sollte ein Befund erwähnt werden, der für die Entwicklung der Druckindustrie in den nächsten Jahren entscheidend sein wird. Im Jahr 2002 hat der europäische Arbeitgeberverband der Druckindustrie, Intergraf, die Bergische Universität – Gesamthochschule Wuppertal FB5 und der Bundesverband Druck und Medien eine Studie zur Zukunft der Druck- und Medienindustrie herausgegeben.

Zur Studie gehörte eine Befragung. Geschäftsführer/innen, Personalleiter/innen, Kunden, Lieferanten, Unternehmensberatungen, wissenschaftliche Akteure und Maschinenhersteller der Druckindustrie wurden im Jahr 2002 befragt, wo sie die Druckindustrie im Jahr 2007 sehen. Bei der Möglichkeit von Mehrfachnennungen antworteten die Expertinnen und Experten, dass 39,5% im Kerngeschäft Druck verbleiben würden, 34,6% crossmediale Dienstleister sein würden und 30% den Markt verlassen haben würden.[12] Leider liegen keine Daten darüber vor, wieviel Prozent sich in diesen fünf Jahren vom Drucker zum Mediendienstleister gewandelt haben oder im Kerngeschäft Druck verblieben sind. Allerdings erweist sich die damalige Prognose für den Zeitraum 2002 bis 2007 bezogen auf die Schrumpfung der Branche in der Tendenz als richtig. In diesem Zeitraum sind 2.174 Betriebe der Druckindustrie (-20%) und 40.437 Arbeitsplätze vernichtet worden (-23%).[13]

Die Befragung, an der sich weltweit 748 Expertinnen und Experten (davon 319 aus Deutschland) und 163 Endkunden beteiligt haben, brachte ein weiteres Ergebnis hervor: Die befragten Marktbeobachter und Druckereien nannten als wichtigste Faktoren der Kundenbindung Termintreue, Problemlösekompetenz und individuellen Kundenservice. Die Preisgestaltung kam erst an zehnter Stelle von 18 abgefragten Faktoren. Bei den Geschäftskunden waren die Faktoren Zuverlässigkeit, Qualitätsstandards und die technologische Kompetenz die mit Abstand am häufigsten genannten zur Kundenbindung. Hier rangierte der Preis an 8. Stelle von 23 abgefragten Faktoren.[14] Die Druckbetriebe, die das beherzigen und den Wettbewerb nicht nur über den Personalkostenvorteil und Preisdumping austragen, haben eine Chance, auch in Zukunft zu bestehen.

Digitaldruck und Onlinedruckereien

Schaut man sich Umsätze, Produktionswerte, Beschäftigte und Betriebe an, handelt es sich bei der Druckindustrie um eine schrumpfende Branche. Es gibt aber Teilbranchen, die wachsen, etwa der Digitaldruck und die sogenannten Onlinedruckereien.[15] Allerdings gibt es dafür keine statistischen Daten, die einen differenzierten Aufschluss über die Entwicklung beim Umsatz, der Anzahl der Betriebe und Beschäftigten geben. Die Entwicklungen bei den Produktionswerten im Digitaldruck und Veröffentlichungen in Fachzeitschriften bei online generierten Druckprodukten zeigen aber eine Tendenz nach oben.

Das Druckverfahren »Digitaldruck« hat sich nicht nur etabliert, sondern ist von deutlichen Zuwachsraten gekennzeichnet. Während die Produktionswerte in der mit großem Abstand wichtigsten Produktgruppe der Werbedrucke (Prospekte, Beilagen) von 2012 bis 2015 um sechs Prozent gesunken sind, legte der Digitaldruck im gleichen Zeitraum in dieser Produktgruppe um sechs Prozent zu. Noch stärker ist der Zuwachs der Produktionswerte im Digitaldruck in der Produktgruppe der Verkaufskataloge, nämlich elf Prozent im Zeitraum 2012 bis 2015.[16]

Ein weiterer wachsender Bereich der Druckindustrie ist der klassische Offsetdruck. Allerdings gehören dazu vor allem die Betriebe, in denen Drucksachen hergestellt werden, die über Portale im Internet bestellt werden. Bereits heute beträgt der Umsatz der Druckprodukte im deutschsprachigen Raum, die online generiert werden, über fünf Mrd. Euro und damit 20% des Gesamtumsatzes (rd. 25 Mrd. Euro). Experten[17] gehen davon aus, dass dieser Markt weiter wachsen wird.[18]

Zeitungsdruck
Der Zeitungsdruckmarkt zeigt ein differenziertes Bild. Der Wegfall von Anzeigen (insbesondere Rubrikenanzeigen) Anfang der 2000er Jahre und die seit Jahren sinkenden Auflagen bei den regionalen und überregionalen Tageszeitungen machen sich dramatisch in der Beschäftigtenentwicklung bemerkbar. Wurden vom Statistischen Bundesamt im Januar 2009 noch 6.752 Beschäftigte in Betriebsteilen mit mehr als 50 Beschäftigten gezählt, die in der Rubrik »Drucken von Zeitungen« geführt werden, waren es im Januar 2016 nur noch 4.969 Beschäftigte (minus 26%). Das ist ein durchschnittlicher Rückgang von jährlich 3,7%.[19]

Hinzu kommen die Rationalisierungsinvestitionen Ende der 1990er und Anfang 2000er Jahre (siehe oben). Beide Entwicklungen zusammen haben erhebliche Arbeitsplatzverluste mit sich gebracht. Allerdings ging dies nicht – wie beispielsweise im Akzidenzdruck – mit einem Preisverfall einher. Sinkende Werbeerlöse haben die Zeitungsverlage durch Anhebung der Abo- und Verkaufspreise sowie Kosteneinsparungen (insbesondere Personalkosten) weitestgehend kompensieren können. So blieb beispielsweise der Produktionswert der Produktgruppe »Druck von Tageszeitungen einschl. deren Sonntagszeitungen u.a. periodischen Druckschriften, mindestens viermal wöchentlich erscheinend« in den Jahren 2008 bis 2015 zwischen 850. Mio. Euro und 915 Mio. Euro[20] stabil. Die Umsatzerlöse sind allerdings auch bei den Tageszeitungen leicht sinkend. Eine Erhebung des Bundesverbandes Deutscher Zeitungsverlage (BDZV) zeigt für die Umsatzentwicklung bei den regionalen Abonnentenzeitungen, dass diese in den Jahren 2009 bis 2011 leicht von 6,43 Mio. Euro auf 6,49 Mio. Euro gestiegen und seither rückläufig ist und 2014 bei 6,12 Mio. Euro lag.[21]

In vielen Zeitungsdruckereien ist aber die verlagseigene Tageszeitung nicht mehr alleine kapazitäts- und umsatzbestimmend. Die Produktion von Anzeigenblättern und Beilagen spielt eine zunehmende Rolle, zumal sich diese Druckprodukte in den vergangenen Jahren als relativ auflagenstabil erwiesen haben. Die

Auflagen von Anzeigenblättern sind von 2010 bis 2013 sogar von 91 auf 94 Mio. gestiegen. Heute haben wir noch immer ein Auflagenniveau aus dem Jahr 2000 von über 88 Mio. Exemplaren.[22]

Trotz mehr oder weniger stark sinkender Auflagen im Zeitungsdruck kann man die These wagen, dass es die Zeitung in Deutschland auch noch in zehn oder 15 Jahren in relevantem Umfang geben wird. Dass im Zeitungsdruck noch lange nicht das Totenglöckchen geläutet wird, zeigt auch die Tatsache, dass alleine im Zeitraum 2004 bis 2012 in über 60 Zeitungsdruckereien in neue Druckmaschinen investiert wurde.[23] Ändern werden sich die Vermarktung, die technische Herstellung sowie die Vertriebswege. Ein Teil des Auflagenrückganges der Tages- und Wochenzeitungen wird durch Online-Angebote mit entsprechendem Online-Abo kompensiert.

In ein paar Jahren werden die technischen Voraussetzungen des Digitaldrucks für den »abonnentennahen« Druck und Vertrieb mit dezentralen Druckstandorten gegeben sein. Noch mehr regionale Tageszeitungen werden neben der Vermarktung ihrer Print- und Onlinezeitung weitere Dienstleistungen für die Leserinnen und Leser anbieten, etwa Freizeit-, Kunst- und Kulturangebote. Für diese Entwicklungen brauchen die Verlage auch zukünftig gut ausgebildete und motivierte Journalist/innen, Mediengestalter/innen und Medientechnolog/innen.

Magazintiefdruck (Illustrationstiefdruck)

Was Überkapazitäten, Preiskampf und Verdrängungswettbewerb angeht, ist der Magazintiefdruck Täter und Opfer zugleich. Im Jahr 2004 wurden nach Angaben des europäischen Tiefdruckverbandes European Rotogravure Association (ERA) e.V. 5,5 Millionen Tonnen Papier für Zeitschriften und Kataloge im Magazintiefdruck bedruckt, davon knapp 50% in Deutschland. Zum Vergleich: Für Zeitungen wurden 7 Millionen Tonnen benötigt. Anlässlich der Drupa 2016 gab der Verband bekannt, dass noch 3 Millionen Tonnen Papier für Zeitschriften und Kataloge im Magazintiefdruck verdruckt werden.[24] Von dem Rückgang ist Deutschland überproportional betroffen, weil hier die meisten Tiefdruckrotationen installiert waren (siehe oben).

Für den Magazintiefdruck in Deutschland gibt es künftig nur noch ein Nischendasein für im Wesentlichen drei Märkte. Ein Markt wird sicherlich der Katalog- und Zeitschriftenmarkt mit hohen Umfängen bleiben, insbesondere für eigene Verlagsprodukte. Druckprodukte mit Auflagen jenseits der Millionengrenze (Ikea-Katalog, ADAC-Zeitschrift etc.) werden sicherlich eine zweite Domäne des Tiefdrucks bleiben, solange es diese Massendrucksachen noch gibt. Ein anderer Bereich wird sich im traditionellen Markt des Rollenakzidenzoffsets bewegen und seine Vorteile in der Formatunabhängigkeit, Druckgeschwindigkeit sowie auflagenbeständigen Qualität ausspielen können. Allerdings ist dieser Markt nach wie vor hart umkämpft und von Preiswettbewerb geprägt. Es ist nicht auszuschließen, dass dieser Verdrängungswettbewerb abermals zulasten des Tiefdrucks gehen wird und dieser weiter schrumpft. Die Zukunft des Magazintiefdrucks ist alleine schon deswegen begrenzt, weil es weltweit keine Maschinenhersteller mehr gibt, die neue Magazintiefdruckanlagen bauen.

Anders sieht es beim Verpackungstiefdruck aus, der seit Jahren Zuwächse verzeichnet. Nach Informationen der ERA sind in Europa für den Verpackungs- und Dekortiefdruck 1.100 Tiefdruckmaschinen installiert, Tendenz steigend.[25]

Rollenakzidenzdruck, einschließlich Web-to-print

Im Kampf um Marktanteile im Bereich der Werbe-, Prospekt-, Zeitschriften- und Katalogproduktion hat sich der Rollenakzidenzdruck gegenüber dem Tiefdruck behauptet. Untersuchungen im Auftrag der Interessenorganisation European Web Association (EWA) ergeben, dass die Auslastung im Rollenakzidenzdruck seit 2005 ständig gestiegen ist. Von 2008 bis 2015 ist die jährlich verdruckte Tonnage um 26 % und die Anzahl der gerüsteten und produzierten Druckformen um 34 % gestiegen.[26] Das hat einerseits mit dem Trend zu kleineren Auflagen zu tun und ist anderseits den technologischen Sprüngen im Rollenoffset geschuldet. Mit den Rollenbreiten von 64- bis 96-Seiten-Maschinen kann es der Rollenoffset bei großen Umfängen und Auflagen längst mit dem Tiefdruck aufnehmen. Hinzu kommt, dass die Druckqualität im Rollenoffset deutlich zugenommen hat und klassische Tiefdruckkunden für sich gewinnen konnte. Einen Teil des Zuwachses bildet das Online-Geschäft. Druckaufträge mit höheren Auflagen werden bei sogenannten Internet-Druckereien bestellt, dann aber bei einem externen Rollenoffsetbetrieb produziert.[27]

Bogenakzidenzdruck (Bogenoffset), einschließlich Web-to-print

Einige der rund 120 Rollenakzidenzbetriebe in Deutschland betreiben Rollenoffset und Bogenoffset unter einem Dach. Daneben gibt es einige wenige große Druckereien, die ausschließlich Bogenoffsetdruck anbieten. Der Großteil der Bogenakzidenzdruckereien ist in den Betriebsgrößen bis 19 Beschäftigte zu finden. In dieser Betriebsgrößenklasse befinden sich knapp 7.000 von den rund 8.400 Betrieben. Dort sind rund 32.500 von insgesamt 136.000 Menschen beschäftigt. Betrachtet man die Beschäftigungsentwicklung in Zeitreihen, fällt auf, dass der Beschäftigungsrückgang in dieser Betriebsgrößenklasse besonders hoch war. Seit dem Jahr 2000 lag der Rückgang vier Prozent über dem Beschäftigungsabbau der Gesamtbranche. Die Ursachen dafür sind vielschichtig.

Vielen kleinen Bogenoffsetdruckereien fehlt schlicht das Kapital für die immer kürzer werdenden Investitionszyklen für moderne Druck- und Weiterverarbeitungsmaschinen sowie für die Updates von Hard- und Software für effizienten Workflow.

Von der maschinentechnischen Seite stößt der Bogenoffset ab einer bestimmten Auflagenhöhe an wirtschaftliche Grenzen. Hohe Auflagen sind für den Bogenoffset nicht wirtschaftlich. Seine Domäne sind die kleinen Auflagen. Dort erhält er in den vergangenen Jahren allerdings Konkurrenz, weil der Rollenoffset zunehmend Aufträge mit kleinen Auflagen angenommen hat, um die Maschinen auszulasten. Durch die Möglichkeit des Rollenoffsets, Druckprodukte inline zu verarbeiten (Heften, Klebefalzen) und somit die Kosten für die Weiterverarbeitung zu sparen, wurden die Preise gegenüber dem Bogenoffset auch für kleinere Auflagen wettbewerbsfähiger. Bogenoffsetprodukte müssen in gesonderten Produktionsschritten geschnitten, gefalzt und gegebenenfalls geheftet werden.

Zudem gibt es mit dem Digitaldruck einen weiteren Konkurrenten für den Bogenoffset. Frühere Domänen kleiner Offsetdruckereien, 1.000 Flyer oder 500 Plakate zu produzieren, werden heute billiger im Digitaldruck hergestellt.

Und nicht zuletzt hat der enorme Preisverfall durch die Angebote der sogenannten Onlinedruckereien den Markt des klassischen Bogenoffsets eng gemacht.

Im Bogenoffset gilt noch mehr als in großen Industriedruckereien das Gebot, als Mediendienstleister die Bedürfnisse der Kunden zu antizipieren und vollstufige Angebote machen zu können, auch wenn dazu Leistungen fremd eingekauft werden müssen.

Etikettendruck

Ein Bereich, der durch das Statistische Bundesamt ebenfalls nicht abgegrenzt und abgebildet wird, ist die Etikettenindustrie. Allein der Verband der Hersteller selbstklebender Etiketten und Schmalbahnconverter (VskE) nennt über 100 Mitgliedsbetriebe auf seiner Homepage. Allerdings werden keine Angaben zur wirtschaftlichen Situation der Branche in Deutschland gemacht. Nur Finat, der europäische Verband, veröffentlicht wenige Zahlen.

Während des Finat-Kongresses im Juni 2014 informierte der Verband über die Nachfrage nach Etikettenmaterial in Europa für die Jahre 1996 bis 2013. So hat sich das Marktvolumen nach Verbandsangaben in diesem Zeitraum auf knapp über 6 Mrd. m² verdoppelt. Im Jahr 2013 stieg die Gesamtnachfrage gegenüber dem Vorjahr um 3,5% an, wobei das Wachstum bei papierfremdem Etikettenmaterial (Folie) bei 5,9% und bei Papiermaterial bei 3,3% lag.

Regional gesehen verzeichneten die Länder im Osten Europas laut der Statistik im Jahr 2013 mit 6,9% gegenüber 2012 das stärkste Wachstum. In allen anderen Regionen fiel das Wachstum geringer aus. Neuere Zahlen standen leider nicht zur Verfügung.

Da der Etikettendruck eng mit der abpackenden Industrie und der Konsumgüterentwicklung zusammenhängt, unterliegt er den konjunkturellen Schwankungen der Gesamtwirtschaft in Deutschland. Ein strukturelles Problem ist in dieser Teilbranche nicht auszumachen. Der Etikettendruck dürfte sowohl von der stabilen Konjunktur und dem zunehmenden Konsum in Deutschland als auch vom Trend zu Onlinebestellungen und Belieferungen durch den Versandhandel positiv beeinflusst sein und wird in Zukunft eher wachsen als schrumpfen.

Buchmarkt
Während die Buchhändlerischen Betriebe in den 1980er und 1990er Jahren mit einem durchschnittlichen Anstieg von jährlich 4,7% durchgehend Umsatzwachstum verzeichneten, stagnierte der Umsatz im Durchschnitt der Jahre 2000 bis 2015. Waren die Jahre 2000 bis 2010 noch von einem jährlichen Auf und Ab gekennzeichnet, schrumpfte der Umsatz im Jahr 2010 von 9,73 Mrd. Euro auf 9,19 Mrd. im Jahr 2015 (minus 6%). Hinzu kommt, dass der Anteil von E-Books (digitale Bücher) von 0,5% im Jahr 2010 auf über 10% im Jahr 2015 angestiegen ist; somit schrumpft der um die E-Books bereinigte Printumsatz im Jahr 2015 auf 8,2 Mrd. Euro.[28]

Der Umsatz für gedruckte Bücher ist also in diesen fünf Jahren um 15% gesunken. Gleichzeitig haben es die Buchhersteller seit Jahren mit einem Trend zu niedrigeren Auflagen tun, was die Stückkosten in die Höhe treibt. Zwar ist die Zahl der jährlich produzierten Buchtitel in den Jahren 2000 bis 2011 von rund 82.900 auf rund 96.500 gestiegen, das ist ein Plus von 16%. Allerdings entwickelten sich die durchschnittlichen Auflagen kontinuierlich nach unten. Seit 2012 sinkt die Zahl der jährlich erscheinenden Titel zusätzlich und hatte 2015 einen Stand von rund 89.500.

Die Betriebe der Druckindustrie, die Bücher produzieren, sehen sich aktuell gleich mehreren Herausforderungen gegenüber: Zum einen schrumpft der Buchmarkt insgesamt und die Auflagen pro Buchtitel werden kleiner. Zum anderen verdrängt der Anteil an digitalen Büchern die gedruckten Bücher.

In vielen Betrieben gibt es bereits erfolgreiche Gegenstrategien. Dem Trend zu kleineren Auflagen wird zum Beispiel mit Investitionen in Digitaldruckmaschinen begegnet, die Geschäftsfelder werden mit Bogenoffsetprodukten (Broschuren, Kalender etc.) erweitert, und die Möglichkeit, online zu Festpreisen zu bestellen, wird ausgeweitet. Letzteres führt auch zur Optimierung von Sammelformen von mehreren Produkten.

Es ist schwierig, für den Buchmarkt eine verlässliche Prognose für die nächsten Jahre abzugeben. Voraussichtlich wird die Buchproduktion weiter leicht zurückgehen und der Anteil digital verkaufter Bücher steigen. Im Oktober 2016 veröffentlichte die Unternehmensberatung PricewaterhouseCoopers (pwc) eine Prognose für die Entwicklung des deutschen Buchmarktes. Vor dem Hintergrund der Trends der zurückliegenden Jahre und der Zahlen aus 2015 gehen die Verfasser davon aus, dass der Printumsatz im Buchmarkt in den nächsten fünf Jahren jährlich um 3,3% sinken und 2020 bei 6,96 Mrd. Euro liegen wird. Der E-Book-Markt wird mit einem Wachstum von jährlich 12,9% prognostiziert und würde 2020 somit bei 1,76 Mrd. Euro liegen. Damit würde im Jahr 2020 der Anteil von E-Books am Gesamtmarkt 20% betragen.[29] Die Betriebe der Druckindustrie, die im Buchmarkt unterwegs sind, werden deshalb gezwungen sein, weitere Geschäftsfelder zu erschließen. Durch technische Rationalisierung alleine wird der Verlust nicht zu kompensieren sein.

Verpackungsdruck

Der Verpackungsdruck erlebt seit Jahrzehnten einen stetigen Aufwärtstrend und wächst aktuell um ein bis zwei Prozent jährlich. Indiz für ein weiteres Wachstum ist die Umstellung der Papierhersteller von grafischen Papieren auf Verpackungspapiere. Außerdem erhält der Verpackungsdruck in allen Druck- und Verarbeitungsverfahren einen immer größeren Stellenwert auf der zentralen Messe der Druckindustrie, zuletzt sichtbar auf der Drupa 2016 in Düsseldorf. Bei den wichtigsten Teilmärkten des Verpackungsdrucks, der Wellpappen- und Faltschachtelindustrie, steigt der Absatz. Das Produktionsvolumen der Faltschachtelindustrie in Deutschland ist von knapp 700.000 Tonnen im Jahr 2002 auf rund 858.000 Tonnen im Jahr 2015 gestiegen.[30] Die deutsche Wellpappenindustrie konnte ihren Absatz von 3.747.678 Tonnen im Jahr 2002 auf 9.872.568 Tonnen im Jahr 2015 fast verdreifachen.[31] Beide Teilbranchen klagen allerdings über zunehmenden Preisdruck, sinkende Erträge und Produktionswerte. Dem gegenüber steht, dass die Gesamtwirtschaft in Deutschland robust ist, die Prognose für das Jahr 2017 im Durchschnitt der Wirtschaftsinstitute bei 1,5% Wachstum taxiert wird und ein Großteil des Wachstums auf den privaten Konsum zurückzuführen sein wird. Davon werden auch die Betriebe der Verpackungsbranche profitieren. In der gesamten Papier und Pappe verarbeitenden Industrie ist der Umsatz in den Jahren 2005 bis 2011 von rund 15,8 Mrd. Euro auf rund 21,1 Mrd. Euro gestiegen, ging aber danach seit 2012 leicht zurück bis auf rund 19,3 Mrd. Euro im Jahr 2015. In den ersten drei Quartalen 2016 stieg der Umsatz wieder um zwei Prozent. Die Beschäftigtenzahlen in der Papier- und Pappeindustrie liegen seit zehn Jahren stabil bei durchschnittlich 83.000 (in Betrieben mit 50 und mehr Beschäftigten).[32]

Der Verpackungsdruck entwickelt sich seit vielen Jahren positiv und sehr dynamisch. Dies wird sich in absehbarer Zeit nicht ändern. Die Anforderungen an die Druckqualität im Verpackungsdruck nehmen kontinuierlich zu. Mit der Verbreitung des Digitaldrucks kommen neue Möglichkeiten hinzu. Jetzt ist es möglich, Verpackungen zu personalisieren und zu individualisieren sowie kleine Stückzahlen wirtschaftlich zu produzieren. Unter dem Stichwort »Smart Packaging« wird seit Jahren an sogenannten intelligenten Verpackungslösungen gearbeitet. Heute werden bereits Applikationen in Verpackungen integriert wie beispielsweise spezielle Beschichtungen und aufgedruckte Codes, um Marken- und Produktfälschungen abzuwehren.[33]

Zukunftsstrategien

Aus- und Weiterbildung und Kundenorientierung

Wie können nun Zukunftsstrategien für die Druckindustrie in Deutschland aussehen? Wie oben beschrieben, werden Digitalisierung und Industrie 4.0 auch in der Druckindustrie einen weiteren Rationalisierungsschub mit sich bringen. Vor allem Hilfstätigkeiten werden weiter verschwinden. Desweiteren werden die

Druck- und Druckweiterverarbeitungsanlagen und -systeme in allen Druckverfahren komplexer und durch die Zunahme digitaler Drucksysteme weiter Arbeitsplätze im konventionellen Druck abgebaut werden. Aber auch bei den Kunden von Druckdienstleistungen wird sich mit Industrie 4.0 und zunehmender Digitalisierung vieles verändern, worauf sich die Druckindustrie frühzeitig einstellen muss. Dadurch gewinnen die Aus- und Weiterbildung sowie eine stärkere Kundenorientierung an Bedeutung. Allerdings gibt es Anzeichen, dass sich die Unternehmen genau um diese beiden Faktoren wenig kümmern.

Im Auftrag des Zentral-Fachausschusses Berufsbildung Druck und Medien (ZFA) wurde im Jahr 2012 eine Kompetenzbedarfserhebung im Rahmen eines Projektes »Weiterbildung in der Druckindustrie« durchgeführt. Hierzu wurden 500 repräsentativ ausgewählte Unternehmen der Druck- und Medienbranche unter anderem zu Innovationen, Personalentwicklung und Weiterbildung befragt. Auf die Frage nach den drei zukünftig wichtigsten Innovationen nannten 258 der befragten Unternehmen den Digitaldruck, 112 die Digitalisierung allgemein und 47 den Online-Markt (von insgesamt 386 Antworten). Nur 21 Nennungen fielen auf individuelle Lösungen für Kundenwünsche und nur zwei auf die Beratung und individuelle Kundenbetreuung als wichtiges Innovationsfeld. Mit fünf Nennungen war die Qualifikation der Mitarbeiter ebenfalls weit abgeschlagen.[34] Rund 42% der befragten Unternehmen planten zur Zeit der Befragung Neueinstellungen. 74% dieser Unternehmen gaben an, dass es eher schwer ist, Beschäftigte mit den gewünschten Qualifikationen zu finden. Es ist also einerseits offensichtlich schwierig, Beschäftigte mit den gewünschten Qualifikationen zu finden, und andererseits liegt die »Qualifikation der Mitarbeiter« nicht im Mittelpunkt des Interesses. Das muss sich ändern. Es führt kein Weg an der Qualifikation der Beschäftigten vorbei, allerdings reicht es offensichtlich nicht aus, nur auf die Eigeninitiative der Betriebe zu setzen. Die Verbindlichkeit für mehr Weiterbildung, um die Qualifikation der eigenen Beschäftigten zu verbessern, muss erhöht werden, beispielsweise dadurch, dass feste Weiterbildungsquoten tariflich geregelt werden.

Ein weiterer Widerspruch muss zum Umdenken anregen: Auf der einen Seite werden die fachlichen und technischen Innovationen mit großem Abstand als die wichtigsten genannt, auf der anderen Seite rangieren Kundenwünsche, Kundenberatung und Kundenbetreuung auf den letzten Plätzen. Das passt nicht zusammen. Wer sich nicht für Kundenwünsche interessiert, investiert womöglich an ihnen vorbei. Technische und fachliche Innovationen müssen jedoch verkauft werden. Der Kunde muss wissen, über welche technischen und fachlichen Lösungen der Druckdienstleister verfügt (oder verfügen kann) und welchen Nutzen der Kunde davon hat. Andererseits muss der Druckdienstleister die Kundenbedürfnisse erforschen, um seine technischen und fachlichen Lösungen darauf abzustimmen. Betriebe, denen es gelingt, neben den fachlichen und technischen Themen wie Qualifizierung und Kundenorientierung zu stärken, werden bessere Chancen haben, sich auf dem Markt zu behaupten.

Qualitative Modernisierung der Arbeitsbeziehungen

Angesichts des demografischen Wandels wird in der Öffentlichkeit seit mehreren Jahren über den Fachkräftemangel in der Wirtschaft diskutiert. Auch wenn die Debatte häufig dazu benutzt wird, Horrorszenarien von einer angeblichen Rentner-Republik zu entwerfen, um damit das Renteneintrittsalter zu erhöhen oder privaten Versicherungen das Wort zu reden, gehen wir davon aus, dass der Fachkräftemangel auch an der Druckindustrie nicht vorbeigehen wird. Berücksichtigen wir weiterhin die Befunde aus der Kompetenzbedarfserhebung in der Druckindustrie zur Schwierigkeit, Beschäftigte mit geeigneter Qualifikation zu finden, wird schnell klar, dass die Mitarbeiterbindung und -gewinnung in der Druckindustrie zu einer existenziellen Bedrohung werden kann. Das Problem wiegt angesichts deutlich zurückgehender Ausbildungszahlen noch schwerer: Lag die Zahl der Ausbildungsverhältnisse in der Druckindustrie 2001 noch bei rund 20.800, rutschte sie bereits 2008 auf 18.500 ab und war 2015 auf nur noch rund 12.700 geschrumpft.[35] Zwar hat auch die Zahl der Beschäftigten in der Druckindustrie seit dem Jahr 2000 deutlich abgenommen, aber der Rückgang der Ausbildungsverhältnisse ist prozentual größer als der Rückgang der Arbeitsplätze in der Branche. Hinzu kommt, dass nicht alle Arbeitsplätze, die aus der Statistik herausgefallen sind, auch tatsächlich weggefallen sind, sondern viele wurden durch Leiharbeit und Werkverträge ersetzt.

Es wäre naiv zu glauben, dass der Beschäftigungsrückgang in der Druckindustrie in naher Zukunft gestoppt werden wird. Es wäre aber mehr als fahrlässig, davon auszugehen, dass sich der Arbeitsplatzabbau der vergangenen Jahre linear fortsetzt. In welchem Maße sich diese Entwicklung vollzieht, hängt davon ab, ob die Chancen der Digitalisierung genutzt, neue Geschäftsfelder erschlossen werden und der Verdrängungswettbewerb im Akzidenzmarkt gestoppt wird. Viele Unternehmen der Druckindustrie werden sich zu Medienunternehmen wandeln müssen, die ihre Kunden rund um ihre Werbebedürfnisse in Sachen Marketingstrategien, Internetauftritt, Datenhandling etc. beraten und betreuen. Andere wiederum werden im Kerngeschäft nach Wachstumsmärkten (z.B. Online, Verpackung) oder Nischen (z.B. 3-D-Anwendungen, spezielle Veredelungen) suchen müssen. Für diese Herausforderungen braucht die Druckindustrie zukünftig mehr denn je motivierte und gut aus- und weitergebildete Fachkräfte.

Die bekommt sie aber nicht, wenn sie ihren Beschäftigten nur durchschnittliche Bedingungen bietet. Die Zeiten sind vorbei, in denen sich Unternehmen angesichts dramatisch hoher Arbeitslosenzahlen und eines großen Arbeitskräfteangebots die Besten unter den Besten herauspicken können. Wenn junge Leute Arbeitsplätze in bestimmten Branchen deshalb ablehnen, weil sie mit Schichtarbeit verbunden sind, müssen sich Teilbranchen der Druckindustrie, in denen es unabdingbar ist, Schicht zu arbeiten, viel einfallen lassen, um junge Leute dennoch zu gewinnen. Gesundheitsverträgliche Schichtfolgen müssen ebenso selbstverständlich werden wie ein frühes, finanziell abgesichertes Ausscheiden aus der Schichtarbeit. Es müssen Regelungen gefunden werden, um Schichtarbeiterinnen und -arbeitern die Teilnahme am gesellschaftlichen Leben zu gewährleisten, etwa durch garantierte freie Wochenenden und mehr Urlaub als für Normalschichtarbeitende. Grundsätzlich werden Unternehmen der Druckindustrie nicht nur innovativer in Richtung der Kunden, sondern auch in Richtung der Beschäftigten denken müssen. Möglicherweise weist ein Tarifabschluss wie jener der Eisenbahn- und Verkehrsgewerkschaft (EVG) von Ende 2016 in die richtige Richtung, wonach Beschäftigte zwischen Entgelterhöhung und mehr Freizeit wählen können. Die Druckindustrie wäre gut beraten, wenn sie sich mit einem Pool guter Ideen für Mitarbeitergewinnung hervortun würde. Tut sie es nicht, wird sie junge Leute an Branchen mit regelmäßigen Reallohnsteigerungen und Zuschüssen zur Altersvorsorge wie IT-, Metall- und Elektroindustrie sowie Chemieindustrie verlieren.

Anmerkungen

[1] Schriftsetzer/in, Druckformhersteller/in, Druckvorlagenhersteller/in, Werbevorlagenhersteller/in, Reprohersteller/in, Reprograf/in, Fotogravurzeichner/in. Vgl. dazu auch den Beitrag von Rainer Braml und Heike Krämer in diesem Band.

[2] Bundesagentur für Arbeit, Beschäftigungsstatistik nach Wirtschaftszweigen (WZ 2008).

[3] Gemeint ist hier keine »formale« Sonderwirtschaftszone, sondern der Fakt, dass in den neuen Bundesländern die Arbeitsbedingungen nach der Wiedervereinigung seit 1990 zum Teil bis heute deutlich schlechter und die Arbeitskosten signifikant geringer sind als in den alten Bundeländern. Vgl. dazu Peter Bofinger: »Ostdeutschland ist bereits eine Sonderwirtschaftszone«, in: Handelsblatt vom 17.4.2004.

[4] Beispielsweise wurde im September 2004 bei maul + Belser in Nürnberg (später Prinovis) die weltweit erste 4,32 Meter breite Tiefdruckmaschine in Betrieb genommen, im Mai 2005 bereits die zweite; Prinovis hat 2005 einen komplett neuen Tiefdruckstandort in Liverpool mit zunächst drei (seit 2008 vier) Tiefdruckanlagen eröffnet.

[5] Vgl. IG Druck und Papier (1989): Geschäftsbericht 1986 bis 1989 zum Fünfzehnten Ordentlichen Gewerkschaftstag der Industrie Gewerkschaft Druck und Papier, Hauptvorstand, Stuttgart, Seite 333.

[6] Vgl. die Broschüre »Unser Widerstand – unser Erfolg, Tarifrunde 2011 in der Druckindustrie«, hrsg. von ver.di – Fachbereich 8 Medien, Kunst und Industrie, Frank Werneke, Redaktion: Viktor Kalla, Berlin 2013, Seite 23.

[7] Quelle: Statistisches Bundesamt, Fachserie 14, Reihe 8: »Finanzen und Steuern – Umsatzsteuer«, Abschnitt 2.3 »Steuerpflichtige, Umsätze und Umsatzsteuer nach Wirtschaftsgliederung« (Umsatz 2014 = 20,7 Mrd. Euro, 2015 nach Schätzung des Bundesverbands Druck und Medien (BVDM) 20,3 Mrd. Euro)

[8] Beschäftigungsstatistik der Bundesagentur für Arbeit, Nürnberg, Darstellung: Sozialversicherungspflichtig Beschäftigte im Wirtschaftszweig 18.1 bzw. 22.2 (WZ 2008 bzw. WZ 2003).

[9] Statistisches Bundesamt, Fachserie 4, Reihe 4.1.1: »Produzierendes Gewerbe – Beschäftigung und Umsatz«, Abschnitte 1.1: »Betriebe, Beschäftigte und geleistete Arbeitsstunden« und 1.2: »Entgelte sowie Umsatz«.

[10] Hier erfolgt der Verweis auf die Produktionswerte in der Druckindustrie, weil das Statistische Bundesamt für diese Werte auch Entwicklungen für Produktgruppen und teilweise Druckverfahren veröffentlicht.

[11] Statistisches Bundesamt, Fachserie 4, Reihe 3.1 »Produzierendes Gewerbe«, Abschnitt 3: »Produktion nach Güterarten«, Angaben: Produktionswerte in 1.000 Euro.

[12] Studie »Future of Print & Publishing: Chancen in der mediaEconomy des 21. Jahrhunderts«, 2002, Print & Media Forum AG, Seite 45.

[13] Sozialversicherungspflichtig und geringfügig Beschäftigte nach Wirtschaftszweigen der WZ 93/BA und WZ 2003 in Deutschland – Zeitreihe.

[14] Studie »Future of Print & Publishing«, Seite 49ff.

[15] Unter dem Begriff »Onlinedruckerei« werden im Folgenden alle Portale zusammengefasst, die eine Preisfindung sowie die Bestellung inkl. Datenupload per Internet von Digital- und/oder Offsetdruckprodukten ermöglichen.

[16] Statistisches Bundesamt, Fachserie 4, Reihe 3.1: »Produzierendes Gewerbe«, Abschnitt 3: »Produktion nach Güterarten«, Angaben: Produktionswerte in 1.000 Euro.

[17] Teilnehmende des dritten BVDM-Online-Print-Symposiums am 26. und 27. März 2015 in München

[18] BVDM-Jahresbericht 2014-2015, S. 16, in Verbindung mit Verband der Schweizer Druckindustrie (www.druckindustrie.ch/branchen-infos/zahlen-fakten/produktion/) und Wirtschaftskammer Österreich, Druck: Branchendaten Stabsabteilung Statistik, September 2016.

[19] Statistisches Bundesamt, fachliche Betriebsteile im verarbeitenden Gewerbe, WZ08-1811

[20] Statistisches Bundesamt, Fachserie 4, Reihe 3.1: »Produzierendes Gewerbe«, Abschnitt 3: »Produktion nach Güterarten«, Angaben: Produktionswerte in 1.000 Euro.

[21] Zeitungen 2015/2016, BDZV 2015.

[22] Quelle: Bundesverband Deutscher Anzeigenblätter – BVDA, Stand: Februar 2016.

[23] Deutscher Drucker Nr. 31, 18.10.2012.

[24] www.era.eu.org/index2.html

[25] Ebd.

[26] www.print.de/News/Markt-Management/Rollenoffset-mit-hoher-Auslastung-im-High-Volume-Segment_9264

[27] Vgl. Druckmarkt 84, April 2013, Seite 32.

[28] Quelle: Börsenverein des Deutschen Buchhandels e.V., Buch und Buchhandel in Zahlen.

[29] Executive Summary Buchmarkt 2016-2020, hrsg. von PricewaterhouseCoopers (pwc).

[30] FFI (Fachverband Faltschachtel-Industrie), Jahresbericht 2015

[31] Vdw (Verband der Wellpappen-Industrie), Zahlen und Fakten für die Wellpappenindustrie, Ausgabe 2008 und 2016.

[32] Statistisches Bundesamt, Beschäftigte und Umsatz der Betriebe im Verarbeitenden Gewerbe (WZ 2008).

[33] Print.de, »Smart Packaging: So hilft der Verpackungsdruck gegen Produktfälschungen«, 20.12.2016.

[34] WiDi (2013): Bericht zu den Ergebnissen der Kompetenzbedarfserhebung im Projekt WiDi (Weiterbildungsinitiative Druckindustrie) des ZFA, vorgelegt vom MMB-Institut für Medien- und Kompetenzforschung, September 2013, Seite 11ff.

[35] Ausbildungsstatistik ZFA/BPA April 2016 (www.zfamedien.de/berufe/infos-alle-berufe/entwicklung-ausbildungszahlen/).

Anhang

Glossar und Abkürzungsverzeichnis*

Glossar

Addressator A.G.: eine der drei Berliner Vorgängerfirmen von Addressograph Multigraph International
Addressograph: Adressiermaschine mit Metalladressplatten
Aussperrung: In der Regel ist die Aussperrung eine Reaktion der Arbeitgeberseite auf einen zuvor begonnenen Streik einer Gewerkschaft (Abwehraussperrung). Streik und Aussperrung sind Mittel des Arbeitskampfes im System der Tarifautonomie.
Barytpapier: Geleimtes und mit einer Schicht aus Bariumsulfat gestrichenes Papier. Es hat eine völlig glatte und sehr geschlossene Oberfläche, wird verwendet für die Belichtung und den Abzug hochwertiger Fotos und besitzt eine besonders lange Haltbarkeit.
Betriebsvereinbarung: Eine betriebliche Einigung zwischen Arbeitgeber und Betriebsrat, als Vertreter der Belegschaft. Die Betriebsvereinbarung ist das Gesetz des Betriebs, welches durch schriftliche Vereinbarung der Organe der Betriebsverfassung geschaffen wurde. Man spricht in diesen Fällen von Betriebsvereinbarungen über mitbestimmungspflichtige Angelegenheiten, in denen der Spruch einer Einigungsstelle die Einigung zwischen Arbeitgeber und Betriebsrat ersetzen kann. Bei Angelegenheiten, die nicht der Mitbestimmung des Betriebsrats unterliegen, können die Betriebsparteien freiwillige Betriebsvereinbarungen abschließen. Arbeitsentgelte und sonstige Arbeitsbedingungen, die durch Tarifvertrag geregelt sind oder üblicherweise geregelt werden, können nicht Gegenstand einer Betriebsvereinbarung sein.
Bits and Bytes: Bits ist eine angelsächsische Wortverbindung aus binary und digital und bezeichnet den in Computersprachen üblichen Binärcode, also ein aus zwei Zeichen gebildetes Zahlensystem. Bytes ist wiederum eine Wortverbindung aus dem englischen »bit« (ein wenig, Häppchen) und »bite« (Bissen oder Happen) und bezeichnet eine achtstellige Speicher- oder Datenmenge, mit denen die auf dem Binärcode basierenden Zahlen und Buchstaben heutiger Computerprogramme und ihrer Daten gebildet werden.
Bruning: AMI-Sparte für Nasskopierer, Plotter und Computergraphik
Buchdruck: Auf dem Hochdruckverfahren basierendes Druckverfahren, das als Druckform einzelne Bleibuchstaben (Handsatz) oder Bleizeilen (Maschinensatz) nutzt. Der

---

* Die Erläuterungen von in diesem Buch vorkommenden Fachbegriffen und Abkürzungen nehmen einerseits die Definitionen der Autorinnen und Autoren auf, zum anderen basieren sie auf folgenden Quellen: www.betriebsrat.com/, www.druckundpapier.de/glossar-druckerei-fachbegriffe/, www.pma-heidelberg.com, www.juraforum.de/forum/, www.springer.com/de/gabler-wirtschaftslexikon-neuer-look-optimierte-nutzung-/15529584, https://verlage-druck-papier.verdi.de/druck, https://de.wikipedia.org/wiki/.

Glossar

Buchdruck wurde durch den Offsetdruck fast vollständig abgelöst, findet heute aber unter dem Begriff »Letterpress« neue Anhänger.
Closed-shop: In der Druckindustrie schon vor dem Ersten Weltkrieg in der Tarifgemeinschaft gemeinsam vereinbarte Absprache, dass die Betriebe nur Gewerkschaftsmitglieder einstellen. Das Interesse der Arbeitgeber dabei war, sich Schmutzkonkurrenz vom Leibe zu halten.
Comp/Set: Kompaktfotosatzmaschine aus Arbeitsplatz mit Bildschirm und Belichter
Copyflex: Nasskopierer von Bruning
Computer-to-Plate-Belichter: Lasergesteuertes Ausgabegerät für Aluminiumplatten als Druckform für den Offsetdruck
Desktop-Publishing: Sammelbegriff für die Nutzung einfacher, leicht zu bedienender Personalcomputer, zu Beginn besonders der Apple Macintosh Computer, zur Gestaltung von Drucksachen. Die Personalcomputer waren bzw. sind wesentlich preiswerter als die Geräte für den vorher genutzten Fotosatz.
Deutscher Senefelder-Bund: Alois Senefelder war Ende des 18. Jahrhunderts der Erfinder des Steindrucks und der Lithografie. Seine Erfindung hatte für die Verbreitung von Bildern eine vergleichbare Bedeutung wie die Erfindung Gutenbergs für die Verbreitung von Texten. Die 1890 gegründete Organisation der Flachdrucker wurde auch Senefelder-Bund genannt. Chemiegrafen und Lithografen spalteten sich unter diesem Namen in den 1950er Jahren vorübergehend von der IG Druck und Papier ab, aus Ärger über die nur den Maschinensetzern zugestandene Lohngruppe von 120 Prozent des Ecklohns. Erst 1965 beendeten sie die gewerkschaftliche Sezession.
Diatronic: Eine Maschine für die Herstellung von Schriftsatz im Fotosatzverfahren, entwickelt von der Firma Berthold. Die Maschine arbeitet optomechanisch, das bedeutet, die Schriftzeichen werden durch eine Negativschablone auf das Fotomaterial belichtet.
Diatype: Analoges Tisch-Fotosatz-Gerät des Unternehmens H. Berthold AG, seit den frühen 1960er Jahren, vor allem für den Satz von Anzeigen, Prospekten, Formularen und Tabellen. Das Funktionsprinzip besteht in der fotografischen Belichtung einzelner Buchstaben auf einen Trägerfilm.
Digital: steht für alle Daten und Informationen, die in den Binärcode umgesetzt und mithilfe von Computern bearbeitet und in den Informations- und Kommunikationsmedien bereitgestellt werden
Digitaldruck: Sammelbegriff für Druckverfahren, bei denen keine Druckform benötigt wird.
Digitalisierung: bezeichnet die Überführung analoger Größen in diskrete Werte nach dem binären Zahlensystem, um sie elektronisch zu speichern oder zu verarbeiten. Weitergehend wird darunter der globale Prozess der Durchsetzung des Computers als Arbeitsmittel und Medium in der Gesellschaft verstanden.
Dog Tag: wörtlich Hundemarke, auch Ausdruck für Metallmarke mit Identitätsnachweisen für Soldaten
Druckformhersteller: Berufsbezeichnung. Druckformhersteller überführten Satz und Druck zu einer für den Druck aufbereiteten Druckform.
Druckverbundsystem: AM-Druckmaschinen kombiniert mit Folienerstellern

Druckverfahren: Oberbegriff zur Vervielfältigung von Druckvorlagen, umfasst: *Hochdruck* – Buchdruck; *Flexodruck:* die druckenden Teile sind erhöht; *Tiefdruck* – Illustrationstiefdruck; *Dekortiefdruck:* die druckenden Teile liegen vertieft; *Flachdruck* – Bogenoffsetdruck; *Rotationsoffsetdruck:* druckende und nichtdruckende Teile liegen auf einer Ebene; *Durchdruck/Siebdruck:* an den druckenden Teilen ist das Sieb farbdurchlässig; *Digitaldruck* – Ink-Jet-, Tintenstrahldruck, Elektrofotografie, Laserdruck
Druckvorstufe: Sammelbegriff für Berufsbilder der Textherstellung (Schriftsetzer, heute Mediengestalter) und der Bildherstellung (Reprofotografen, heute Mediengestalter).
Duktor: Stahlwalze im Farbwerk einer Druckmaschine, die die von der Druckform benötigte Farbmenge aus dem Farbkasten mittels des Hebers an die Verreiberwalze weitergibt.
Dupligraph: Druckmaschine für Briefe mit Name, Anschrift, Anrede, Signatur
Fotosatz: Verfahren zur Herstellung von Satz, bei dem mithilfe von Licht Zeichen auf lichtempfindliches Material übertragen wurden. Der Fotosatz wurde vom Desktop-Publishing abgelöst.
Graphics: AMI-Sparte für Buchbinderei und Fertigmacherei
Graphotype: AMI-Adressetikettierer, auch als Metall-Prägemaschine
Inkjet-Druck: digitales Druckverfahren, bei dem die Farbe in Form von flüssiger Tinte oder verflüssigtem Wachs über Düsen aufgebracht wird.
Klischee: Eine fotochemisch oder maschinell hergestellte Druckform für das Hochdruckverfahren. Metall- oder Kunststoffplatten (Nylonprintplatten) werden mit einer lichtempfindlichen Schicht versehen. Das zu druckende Motiv wird mittels Negativfilm aufbelichtet. Die belichteten Schichtpartien härten, während die unbelichteten Partien wasserlöslich bleiben. Bei Metallklischees wird durch den Klischeeätzer beim anschließenden Ätzvorgang der nichtdruckende Teil durch Materialabtrag vertieft, während der belichtete erhöht bleibt. Der Beruf des Klischeeätzers oder auch des Chemigrafen wurde in den Beruf des Mediengestalters überführt.
Linotronic: Eine Weiterentwicklung der Fotosetzmaschinen mit elektronischen Bauteilen, die eine wesentliche Beschleunigung mit sich brachten.
Lochkartenperforator: eine Art elektrischer Schreibmaschine zur Herstellung des Steuerlochstreifens zur Ansteuerung von Setzmaschinen
Maschinensatz: Von Setzmaschinen aus Blei gegossene Einzelbuchstaben oder Zeilen. Der Maschinensatz löste den Handsatz weitgehend ab. Er wurde später vom Fotosatz verdrängt.
Metteur: Der Metteur war im Buchdruck der Gestalter des Umbruchs einer Seite aus gesetzten Texten und somit die Schnittstelle zwischen Satz und Redaktion; im Allgemeinen hatte er den Beruf des Schriftsetzers gelernt.
Microfiche: Mikroverflmung von Dokumenten
Model 70: Pistolenartige Addressograph Prägemaschine für Dog Tags
Multigraphics: AMI-Sparte für Kleinoffsetdruckmaschinen bis Verbrauchsmaterialien
Multilith: Offsetvervielfältigungsverfahren und AMI Handelsmarke Offsetdruck
Multigraph: AMI-Vervielfältigungsmaschine
Multilith 1250: AMI-Kleinoffsetdruckmaschine

Glossar

Newsroom/Newsdesk: Jüngste Organisationsform der Redaktionen, eine Art Großraumbüro, bei dem Ressortleiter aus verschiedenen Ressorts gemeinsam in einem Raum an einem Tisch sitzen, Themen und Nachrichten festlegen und so die Zeitung produzieren. Voraussetzung für die Einrichtung ist ein Redaktionssystem, das jederzeit einen Zugriff auf alle im Entstehen befindlichen Zeitungsseiten und digitalen Medien ermöglicht.
Offsetdruck: Auf dem Flachdruckverfahren basierendes Druckverfahren, das als Druckform Aluminiumplatten nutzt. Der Offsetdruck hat, beginnend in den 1960er Jahren, den Buchdruck fast vollständig abgelöst.
Pagemaker, QuarkXpress: Gestaltungsprogramme im Desktop-Publishing
Panther: AMI-Fotosatzmaschinenserie
Printmedien: Sammelbegriff für alle auf Papier gedruckten Medien. Meist werden Zeitungen, Zeitschriften, Bücher und sonstige Druckerzeugnisse (wie z.B. Kataloge, Prospekte und Anzeigenblätter) unterschieden.
Plotter: Ausgabegerät, das Funktionsgrafen, technische Zeichnungen und andere Vektorgrafiken auf verschiedenen Materialien darstellt. Der Stiftplotter ist für Darstellungen auf Papier ausgelegt. Der Schneideplotter ist ein Plotter, bei dem ein Messer statt der Stifte eingesetzt wird. Dabei werden die Konturen der Vektorgrafiken in eine Beschriftungsfolie geschnitten, ohne das Trägerpapier zu beschädigen.
Reprofotograf: Das Berufsbild entstand mit der Ablösung des Buchdrucks durch den Offsetdruck zur Weiterverarbeitung der Bilder in Vorbereitung der Druckplattenherstellung. Inzwischen ist der Beruf auch durch den Beruf Mediengestalter/in Digital und Print abgelöst worden.
RTS-Tarifvertrag: Tarifvertrag über Einführung und Anwendung rechnergesteuerter Textsysteme; unterzeichnet 1978.
Schriftsetzer: Dreijähriger Ausbildungsberuf im grafischen Gewerbe. Im Hochdruckverfahren entweder als Handsetzer, der die einzelnen Bleibuchstaben zusammensetzte oder als Maschinensetzer an der Setzmaschine, in der ganze Zeilen gegossen wurden. Ab den 1970er Jahren arbeiteten die Schriftsetzer am Bildschirm als Fotosetzer. 2000 trat an die Stelle des Schriftsetzers das Berufsbild Mediengestalter/in Digital und Print der Fachrichtung Gestaltung und Technik als 3-jähriger anerkannter Ausbildungsberuf.
Seitenmontage: Manueller Vorgang, bei dem alle Text- und Bildobjekte einer Seite zusammengeführt werden. Die Seitenmontage wurde vom Desktop-Publishing abgelöst.
Selfmade-Publishing: Bezeichnung für durch den Endverbraucher selbst erstellte Drucksachen. Beispiele sind Fotobücher oder auf Basis von Templates (digitalen Vorlagen) selbst erstellte Visitenkarten.
Setzmaschine: Maschinen zur Bleisatzerstellung, bestehend aus einer Tastatur und einem Gießwerk. Jede Zeile wurde zunächst als Negativform zusammengestellt und danach mit Blei zu einer Bleizeile ausgegossen. Die Setzmaschine beschleunigte den Handsatz mit Blei. Das Verfahren wurde vom Fotosatz und später vom Desktop-Publishing abgelöst.
Silicon Valley: Zentraler Standort der IT-, Internet- und Computerindustrie in den Vereinigten Staaten; es bezeichnet die Region zwischen San Francisco und San José.

Spira Scan: Digitalisierungsverfahren für Outlineschriften
Steindruck, Lithografie: früheste Form des Flachdrucks; beruht auf der Abstoßreaktion von Fett und Wasser (s.a. Deutscher Senefelder-Bund)
Stereotypie: Verfahren im Hochdruck zur Abformung und Vervielfältigung von Schriftsatz oder Druckstöcken in einer angefeuchteten Matrizenpappe unter Druck. Die Matrizen (Matern) werden mit Letternmetall zu druckfähigen Platten (Stereotypieplatten, kurz Stereos) ausgegossen; zum Abguss der Stereotypieplatten für Rotationsmaschinen werden die Matrizen nach dem Druckzylinderdurchmesser gebogen.
Tarifvertrag: Abkommen zwischen den Tarifvertragsparteien, d.h. den Verbänden der Arbeitgeber und den Gewerkschaften zur Regelung von Arbeitsbedingungen, Arbeitszeiten und Lohn. Die im Grundgesetz verankerte Tarifautonomie bedeutet, dass Tarifverträge alleine von den Tarifvertragsparteien selbst ausgehandelt werden und eine Einmischung der Regierung, von Verwaltungen, dem Gesetzgeber oder der Rechtsprechung nicht zulässig sind.
Mantel- oder Rahmentarifverträge: dienen zur Regelung grundlegender Fragen.
Firmen- oder Haustarifverträge haben nur für ein Unternehmen Gültigkeit.
Vergütungs- oder Entgelttarifverträge regeln die Höhe des Entgelts für Arbeitnehmer.
Tegra-Produktlinie: Fotosatzmaschinenserie
Tele-Type-Setting: Das TTS-System wurde in der Frühzeit der Entwicklung des Fotosatzes für den Schnell- und Fernsatz verwendet. Die zu setzenden Buchstaben wurden über einen elektronischen Perforator eingegeben, der entstehende Lochstreifen in den Setzautomat an der Setzmaschine eingelegt und der Lochstreifen steuerte dann den Setzvorgang. Über den elektronischen Perforator konnte Text etwa doppelt so schnell eingegeben werden wie über den mechanischen Taster an der Setzmaschine.
Text 225: Textverarbeitungsprogramm für Computer
Vario-Klischograph: Diese Weiterentwicklung des Klischographen konnte ein- und mehrfarbige Rastergravuren sowie Strichgravuren und kombinierte Reproduktionen herstellen. Der Klischograph war eine 1953 entwickelte Maschine zur mechanischen Herstellung von Druckformen für das Hochdruckverfahren.
Varityper: Schreibmaschine für Textverarbeitung, AMI Handelsmarke Fotosatz
Varityper Division: AMI-Sparte für Druckvorstufe/Fotosatz
Varityper VT600P: Adobe-PostScript-Laserdrucker mit 600 dpi
Zetadraf: Einzelblattplotter von Bruning
Zetaplotter: Ausgabegerät für technische Zeichnungen von Bruning
Zonenschrauben: Das Farbwerk von Druckmaschinen hat über ein System zahlreicher Walzen die Aufgabe, die Druckfarbe in einen gleichmäßigen, dünnen Farbfilm zu spalten und auf die Druckplatte zu übertragen. Durch eine zonenweise Farbvoreinstellung, die mit sogenannten Zonenschrauben erfolgt, kann die Farbführung parallel zur Zylinderachse beeinflusst werden.

Abkürzungen

AFL-CIO	American Federation of Labor and Congress of Industrial Organizations, der mitgliederstärkste Gewerkschafts-Dachverband der USA und Kanadas
AMI	Addressograph Multigraph International
ARPANET	Advanced Research Projects Agency Network, war ein Computer-Netzwerk und übernahm ab 1968 im Auftrag des amerikanischen Verteidigungsministeriums von einer Forschergruppe die unter der Leitung des Massachusetts Institute of Technology entwickelte Netzwerkarchitektur von Computersystemen, um sie für die militärische wie zivile Anwendung weiterzuentwickeln. Daraus ging das militärische Kommunikationsnetz MILNET und das NSFNET hervor, letzteres wurde eine Zeit lang von der National Science Foundation betrieben.
BDA	Bundesvereinigung der Deutschen Arbeitgeberverbände
BDI	Bundesverband der Deutschen Industrie
BDZV	Bundesverband Deutscher Zeitungsverlage
BIBB	Bundesinstitut für Berufsbildung
Btx	Bildschirmtextsystem, Versuch der Deutschen Bundespost, ein zentralisiertes Telekommunikationsnetz aufzubauen, das Fernsehgeräte mit dem Telefonnetz verband.
BVDM	Bundesverband Druck und Medien
CAD	Computerunterstütztes technisches Zeichnen
CFL	Chicago Federation of Labor: Dachorganistion für Gewerkschaften in Chicago
CFTC	Confédération française des travailleurs chrétiens; die französische christliche Gewerkschaft
CGT	Confédération générale du travail, französische kommunistische Gewerkschaft, gegründet 1895
CGT-FO	Confédération générale du travail – Force ouvrière; eine französische sozialistische Gewerkschaft, 1948 gegründet als Abspaltung von der CGT
CM	Chicago Mailers, eine US-Gewerkschaft
CTF	Computer to Film (Fotosatz)
CTP	Computer to Plate (digitale Druckplattenbelichtung)
CTU	Chicago Typographical Union
CWA	Communications Workers of America
CWPPU	Chicago Web Printing Pressmen's Union
DAG	Deutsche Angestellten Gewerkschaft, 1949 durch Vereinigung von fünf Angestelltenverbänden in den drei Westzonen in Stuttgart-Bad Cannstatt gegründet. Sie war bis zur Vereinigung in ver.di nicht Mitglied im DGB.
DGB	Deutscher Gewerkschaftsbund, größter Dachverband deutscher Gewerkschaften

DIHT	Deutscher Industrie- und Handelstag
dju	Deutsche Journalistinnen- und Journalisten-Union
DJV	Deutscher Journalisten Verband
DRUPA/drupa	weltgrößte Fachmesse für Druck und Papier, Düsseldorf
EGF	European Graphical Federation
EPA	European Productivity Agency/Europäische Produktivitäts-Zentrale
ERA	European Rotogravure Association/Europäischer Tiefdruckverband
EDV	Elektronische Datenverarbeitung
FDI	Fachverband der Druckindustrie und Informationverarbeitung e.V.; ein berufsorientierter Zusammenschluss von Führungskräften im Bereich der Druck- und Medienindustrie; hervorgegangen aus dem Ende des 19. Jahrhunderts gegründeten Deutschen Faktorenbund, einem Zusammenschluss von Werkmeistern in Buchdruckereien
FIET	Fédération Internationale des Employés, Techniciens et Cadres, Internationaler Verband der gewerblichen, klerikalen, fachlichen und technischen Angestellten
GAIU	Graphics Arts International Union
GATF	Graphic Arts Technical Foundation, Washington D.C.
GCIU	Graphic Communications International Union
GF	Grafiska Fachförbundet, schwedische Gewerkschaft der Beschäftigten im Grafik und Druckbereich
GPMU	Graphical, Paper and Media Union, englische Druckergewerkschaft, 1991 entstanden, 2004 in der branchenübergreifenden AMICUS aufgegangen; diese vereinigte sich 2007 mit der T&G zu Unite, der jetzt größten Gewerkschaft in Großbritannien.
HBV	Gewerkschaft Handel, Banken und Versicherungen
HWK	Handwerkskammer
IADM	Internationaler Arbeitskreis Druck- und Mediengeschichte
IAO/ILO	Internationale Arbeitsorganisation/International Labour Organization
IBF	Internationale Föderation der Buchbinder und verwandter Berufe
IBS	Internationales Buchdrucker-Sekretariat
IBT	International Brotherhood of Teamsters, Gewerkschaft der Transportarbeiter (USA/Kanada)
IFCCE	International Federation of Commercial, Clerical and Technical Employees, s.a. FIET
IGF	Internationale Graphische Föderation, gegründet 1949 in der Schweiz als Zusammenschluss der seit Beginn des 20. Jahrhunderts bestehenden einzelnen internationalen Berufsorganisationen im grafischen Gewerbe
IHK	Industrie- und Handelskammer
IJF	Internationale Journalisten-Föderation

Abkürzungen

ILB	Internationaler Bund der Lithografen, Steindrucker und verwandter Berufe
Inc.	Incorporated; US-Unternehmensform
IPGCU	International Printing and Graphic Communications Union
ITU	International Typographical Union
IUH	International Union of Hairdressers
MGN	Mirror Group Newspaper
NATSOPA	National Society of Operative Printers, Graphical and Media Personnel
NGA	National Graphical Association
NGCWU	Newspaper and Graphic Communications Workers Union
NSF	National Science Foundation, große amerikanische Wissenschaftsstiftung
OCR	Optical Character Recognition (optische Zeichenerkennung) ist eine digitale Texterfassung; analoge grafische Zeichen werden in Bytes nach dem Binärcode umgewandelt; die Texte können mit einem computergestützten Textverarbeitungsprogramm weiter bearbeitet werden.
OECD	Organisation für wirtschaftliche Zusammenarbeit und Entwicklung
OEEC	Organization for European Economic Cooperation/Organisation für europäische wirtschaftliche Zusammenarbeit und Entwicklung
PC	Personalcomputer
PIS	Personalinformationssysteme, EDV-Systeme zur Sammlung von Daten der Beschäftigten zu Auswertung für die Personalabteilung oder Geschäftsführung eines Unternehmens
POD	Print on Demand (Druck auf Bestellung)
RAF	Rote Armee Fraktion
RKW	Rationalisierungskuratorium der Deutschen Wirtschaft
SJB	Svenska Journalistförbundet, schwedischer Verband der Journalisten
SLADE	Society of Lithographic Artists, Designers, Engravers and Process Workers
SOGAT	Society of Graphical and Allied Trades, eine britische Gewerkschaft in der Druckindustrie (bis 1991)
TUC	Trade Union Congress; Dachverband der englischen Gewerkschaften
ver.di	Vereinte Dienstleistungsgewerkschaft, entstand 2001 durch den Zusammenschluss von fünf Gewerkschaften: Deutsche Angestellten Gewerkschaft (DAG), Deutsche Postgewerkschaft (DPG), Gewerkschaft Handel, Banken und Versicherungen (HBV), Gewerkschaft Öffentliche Dienste, Transport und Verkehr (ÖTV), Industriegewerkschaft Medien (IG Medien).
ZENTRAG	Zentrale Druckerei-, Einkaufs- und Revisionsgesellschaft, war dem ZK der SED unterstellt, besaß 90 Prozent der Druckkapazitäten in der DDR und somit – mit mehr als 90 Druckereien, Verlagen und Vertriebsorganen – ein faktisches Monopol über die Printmedien.

Verzeichnis der Abbildungen

1. Veränderung der Mediennutzungsdauer bei 14- bis 29-Jährigen 16
2. Prozentuale Anteile der Medien an den Werbeinvestitionen im Zeitverlauf 17
3. Beispiel für einen als Sammelform gedruckten Bogen in einer Onlinedruckerei 18
4. Rückgang der Beschäftigtenzahl in der Druckbranche 1970 bis 2015 20
5. Anzahl der in Deutschland publizierten Publikumszeitschriften 1997 bis 2016 21
6. Kollege Computer kommt 46
7. Chronologie der Verhandlungen 1975 bis 1977 48
8. Grundsatzpapier von Detlef Hensche 49
9. Tarifvertrag der IG Druck und Papier vom Februar 1979 50
10. Schema zur Erarbeitung eines Aktionsprogramms der IGF 55
11. Betriebsgrößenstruktur der Druckindustrie 1965-2015 71
12. Technologische Umbrüche 1950 bis 1998 72
13. Lernformen entlang der Innovationssprünge der Druckindustrie (eigene Erstellung) 75
14. Die meistverkaufte Druckmaschine der Welt, Addressograph Multigraph 101
15. Weltausstellungsflyer zur Chicago Weltausstellung 1933 103
16. »The Informationists« 104
17. Hausdruckerei des Deutschen Bundestags mit AM Addressograph Multilith 1250 im Jahr 1984 106
18. Niederlassung Dreieich von AM Deutschland in den 1980er Jahren 112
19. Arbeitsmarktmodell Multimedia 121
20. Erstes »Berufsbild« der Buchdrucker (1568) 126
21. Historische Phasen der Ordnungsstruktur des Buchdruckerberufs im Prozess seiner Professionalisierung 131
22. Ausbildungsberufe im Druckgewerbe, Anfang der 1970er Jahre 137
23. Neuordnung der Ausbildung im Druckgewerbe in den 1970er Jahren 137
24. Gesamtzahl der Ausbildungsverhältnisse im Druckgewerbe 1960-1999 138
25. Neuordnung der Ausbildungsberufe in der Druck- und Medienvorstufe 1990er Jahre 142
26. Aktuelle Struktur des ZFA 148
27. Das Zusammenwirken aller Beteiligten und Institutionen bei der ZFA-Prüfungsaufgabenerstellung 153
28. Nutzungsstatistik von www.mediencommunity.de (2017) 157
29. Bereiche des Social Augmented Learning 158
30. Social Virtual Learning 159

Verzeichnis der Abbildungen

31. Jubiläumsausgabe zum 50jährigen Bestehen des »Korrespondent« 267
32. »Der Handsetzer«, Juli 1930 271
33: »ausblick«, Mai 1959 273
34. »Solidarität«, 3. März 1919 275
35. »Festzeitung der Lithografen und Steindrucker zu Frankfurt a.M.«
    den 31. März 1895« 277

Fotonachweis

Umschlagfotos: Links: Buchdrucker in der Akzidenzdruckerei im Druckhaus Tempelhof beim Schließen der Form, Anfang der 1950er Jahre (Sammlung Bernd-Ingo Drostel/Druckhaus Tempelhof), rechts: Oberpfälzischer Kurier Druck- und Verlagshaus GmbH – Druckzentrum, Weiden i. d. Opf., Mediengestalter bei der Auftragsbearbeitung (Foto: Werner Bachmeier)

S. 13: Sammlung Bernd-Ingo Drostel/Druckhaus Tempelhof; S. 25: Steve Yarmola; S. 119: Jürgen Seidel; S. 172-175: Lehrerarbeitsgemeinschaft Medien; S. 179: Klaus Rose; S. 189: Sammlung Bernd-Ingo Drostel/Druckhaus Tempelhof; S. 195, 197: Matthias Sauerbier; S. 198: Christa Petri; S. 201: Harald Frey; S. 202: Günter Zint; S. 203: Harald Frey; S. 205, 208: Matthias Sauerbier; S. 210: Peter Hirth/transit; S. 214: Erich O. Oettinger/Archiv der Saarbrücker Zeitung Verlag und Druckerei GmbH; S. 217: Harald Frey; S. 218: Peter Hirth/transit; S. 219: Werner Bachmeier; S. 220: Jürgen Seidel; S. 221: Harald Frey; S. 222: Paul Glaser; S. 223: Joachim E. Röttgers; S. 224: Peter Hirth/transit; S. 227: Harry Neß; S. 231: Werner Bachmeier; S. 239: Hans Meister; S. 242: Jürgen Seidel; S. 244: Manfred Scholz; S. 248: Harald Frey; S. 250: Theodor Störbrock; S. 259: Klaus Gierden; S. 265, 288-290: Roger Münch; S. 297: Christian von Polentz; S. 299: Mathias Thurm.

Die Urheber oder Rechteinhaber der Fotos bzw. deren aktuelle Kontaktadressen konnten trotz sorgfältiger Recherchen nicht immer ermittelt werden; der Verlag ist bereit, berechtigte Ansprüche in üblicher Weise abzugelten.

Literatur

Abelshauser, Werner (2009): Nach dem Wirtschaftswunder. Der Gewerkschafter, Politiker und Unternehmer Hans Matthöfer. Bonn.

Addressograph-Multigraph Corporation (1933): Guide to the Century of Progress International Exposition Publications 1933-1934, University of Chicago Library University of Chicago Library Box 6, Folder 4, 1933, www.lib.uchicago.edu/e/scrc/findingaids/view.php?eadid=ICU.SPCL.CRMS226&q=addressograph+multigraph (abgerufen am 5.8.2016)

Albrecht, Günter/Holz, Heinz/Weissker, Dietrich (1990): Gemeinsames Handeln in der Berufsausbildung gefragt, in: Technische Innovation und Berufliche Bildung (TIBB), 5 (1990), 3, S. 85.

A-M (1967): 1907-1967. 60 Jahre in Deutschland, in: AM Mitarbeiterzeitungen PRISMA, Juni 1967, Heft 14, S. 1.

AM Forschung erhält hohe Auszeichnung, in: WIR VON AM Nr. 17/80, S 1ff.

AM International GmbH (1991): Demonstration von Offsetdruck und Vervielfältigungsverfahren, in: Computerwoche vom 15. März, www.computerwoche.de/a/demonstration-von-offsetdruck-und-vervielfaeltigungsverfahren,1138968 (abgerufen am 26.2.2016).

AM Konzern plant Verkäufe, in: WIR VON AM Nr 24, 1981 und Komplettangebot von AM International setzt Maßstäbe im grafischen Bereich, multigraph, 1993, Heft 2, S. 1ff.

Ambrosius, Gerold (1998): Wirtschaftlicher Strukturwandel und Technikentwicklung, in: Axel Schildt/Arnold Sywottek (Hrsg.): Modernisierung im Wiederaufbau. Die westdeutsche Gesellschaft der 50er Jahre, 2. Aufl. Bonn, S. 107-128.

Amman, Jost (1568): Der Buchdrücker, in: Eygentliche Beschreibung Aller Stände auff Erden. Reprint in: Ders: Das Ständebuch. Leipzig 1975.

Andresen, Knud (2014): Triumpherzählungen. Wie Gewerkschafter über ihre Erinnerungen sprechen. Essen.

Andresen, Knud/Bitzegeio, Ursula/Mittag, Jürgen (Hrsg.) (2011): »Nach dem Strukturbruch«? – Kontinuität und Wandel von Arbeitsbeziehungen und Arbeitswelt(en) seit den 1970er-Jahren. Bonn.

Angster, Julia (2003): Konsenskapitalismus und Sozialdemokratie. Die Westernisierung von SPD und DGB (Ordnungssysteme; 13). München.

Antique Mail Room Machines: Antike Poststellen-Maschinen im Museum: Addressing Machines, Copying machines, Multigraph Duplicators, www.earlyofficemuseum.com/mail_machines.htm (abgerufen am 23.2.2016).

Apitzsch, Ursula (2003): Biografieforschung, in: Orth, Barbara/Schwietring, Thomas/Weiß, Johannes (Hrsg.), Soziologische Forschung – Stand und Perspektiven. Ein Handbuch. Opladen, S. 96-110.

Arnold, Rolf/Lipsmeier, Antonius (Hrsg.) (2006): Handbuch der Berufsbildung. 2. überarb. u. akt. Aufl. Wiesbaden.

Assmann, Aleida (1999): Erinnerungsräume. Formen und Wandlungen des kulturellen Gedächtnisses. München.

Automation – Fakten und Folgen, in: Der Arbeitgeber vom 20.3.1958, S. 171f.

Automation – Gewinn oder Gefahr. Arbeitstagung des Deutschen Gewerkschaftsbundes am 23. und 24. Januar 1958 in Essen. Düsseldorf [1958].

Automation in deutschen Betrieben. Ergebnisse einer Untersuchung des IFO-Instituts, in: Automation und technischer Fortschritt in Deutschland und den USA. Ausgewählte Beiträge zu einer internationalen Arbeitstagung der Industriegewerkschaft Metall für die Bundesrepublik Deutschland, Redaktion: Günter Friedrichs. Frankfurt a.M. 1963,

S. 383-389.
Automation und technischer Fortschritt in Deutschland und den USA. Ausgewählte Beiträge zu einer internationalen Arbeitstagung der Industriegewerkschaft Metall für die Bundesrepublik Deutschland, Redaktion: Günter Friedrichs. Frankfurt a.M. 1963.
Automation. Risiko und Chance. Beiträge zur zweiten internationalen Arbeitstagung der Industriegewerkschaft Metall für die Bundesrepublik Deutschland über Rationalisierung und technischen Fortschritt 16. bis 19. März 1965 in Oberhausen, Redaktion Günter Friedrichs, 2 Bde. Frankfurt a.M. 1965.
Autorengruppe Bildungsberichterstattung (Hrsg.) (2014): Bildung in Deutschland. Bielefeld.
Axeli-Knapp, Gudrun (1980): Abschied vom Blei – Dequalifizierungserfahrungen von Schriftsetzern, in: Technologie und Politik, 15 (1980), S. 94-124.
Balkhausen, Dieter (1984): Elektronik-Angst. Econ Verlag: Düsseldorf/Wien.
Bannehr, Egon, et al. (2012): Die Eule läßt Federn. Das Ullsteinhaus 1926-1986 – Setzer, Drucker, Journalisten. Berlin.
Barkin, Solomon (1963): Sicherung des sozialen Besitzstandes bei technischem Fortschritt in den USA, in: Automation und technischer Fortschritt in Deutschland und den USA. Ausgewählte Beiträge zu einer internationalen Arbeitstagung der Industriegewerkschaft Metall für die Bundesrepublik Deutschland, Redaktion: Günter Friedrichs. Frankfurt a.M., S. 216-238.
Bass, Jakob (1930): Das Buchdruckerbuch, Verlag Heinrich Plesken. Stuttgart.
Becker, Frank/Scheller, Benjamin/Schneider, Ute (Hrsg.) (2016): Die Ungewissheit des Zukünftigen. Frankfurt a.M./New York.
Beier, Gerhard (1966): Schwarze Kunst und Klassenkampf. Stuttgart.
Benad-Wagenhoff, Volker (1999): Revolution vor der Revolution? – Buchdruck und industrielle Revolution, in: Gibt es Revolutionen in der Geschichte der Techniken? (Hrsg.: Buchhaupt, Siegfried et al.). Darmstadt, S. 95-119.
Berner Fachhochschule Institut für Drucktechnologie (Hrsg.) (o.J.): Entwicklung eines Drucksystems für Staumauern, www.ti.bfh.ch/fileadmin/x_forschung/forschung.ti.bfh.ch/Drucktechnologie/flyer/flyerStaudamm.pdf (abgerufen am 4.11.2016).
Bernschneider, Wolfgang (1986): Staat, Gewerkschaft und Arbeitsprozeß, Opladen 1986.
Bibliographie zur Geschichte der deutschen Arbeiterbewegung und zur Theorie und Praxis der politischen Linken (www.fes.de/bibliothek/themen-und-projekte/bibliographie-zur-geschichte-der-deutschen-arbeiterbewegung/).
Bildungsverband der Deutschen Buchdrucker Ortsgruppe Stuttgart: Jahresbericht 1926/27.
Billerbeck, Ulrich u.a. (Hrsg.) (1982): Neuorientierung der Tarifpolitik? Veränderungen im Verhältnis zwischen Lohn- u. Manteltarifpolitik in den siebziger Jahren. Frankfurt a.M .
Birke, Peter (2007): Wilde Streiks im Wirtschaftswunder. Arbeitskämpfe, Gewerkschaften und soziale Bewegungen in der Bundesrepublik und Dänemark. Frankfurt a.M./New York.
Bittorf, Wilhelm (1959): Automation: Die zweite industrielle Revolution (Lebendige Wirtschaft; 17). 2. Aufl. Darmstadt.
Blach, Julius (1926): Die Arbeits- und Lohnverhältnisse im deutschen Buchdruckergewerbe 1914 bis 1925. Diss. Halle.
Blankertz, Herwig (1982): Die Geschichte der Pädagogik. Wetzlar.
Bloomberg Company (2000): Overview of Multigraphics Inc. 27. Januar 2000, www.bloomberg.com/research/stocks/private/snapshot.asp?privcapId=31787 (abgerufen am 26.2.2016).
BMBF (Bundesministerium für Bildung und Forschung): Newsletter 284/2009: IT-Nachwuchs hat gute Zukunft – Mittelstand rechnet mit Wachstum. Berlin, 3.12.2009.

Literatur

Bobzien, Christine (2005): Internationale Grafische Föderation (IGF), in: Internationale Gewerkschaftsorganisationen im Archiv der sozialen Demokratie und in der Bibliothek der Friedrich-Ebert-Stiftung, 3., erw. Aufl. Bonn.

Boebel, Chaja/Müller, Stefan/Obermayr, Ulrike (Hrsg.) (2016): Vom Erinnern an den Anfang: 70 Jahre Befreiung vom Nationalsozialismus – Was hat die IG Metall daraus gelernt? Darmstadt.

Bofinger, Peter: »Ostdeutschland ist bereits eine Sonderwirtschaftszone«, in: Handelsblatt vom 17.4.2004.

Böhn, Andreas/Seidler, Andreas (2008): Mediengeschichte. Tübingen.

Bornholdt, Rolf (1990): Ein Mensch kommt ins Museum. Lebensgeschichte als Sammlungsaufgabe und Ausstellungsthema. Mit Beiträgen von Rolf Bornholdt, Heike Jäger, Rainer Noltenius und Ulrich Raschke. Museum der Arbeit, Hamburg.

Brainard, George Curven A. (1950): A Page in the Colorful History of Our Modern Machine Age. New York.

Brainard, George Curven A.: AM International Inc., in: The Encyclopedia of Cleveland History, https://ech.case.edu/cgi/article.pl?id=AII (abgerufen am 24.8.2016).

Brandt, Leo (1956): Die zweite industrielle Revolution. Bonn.

Brandt, Leo (1957): Die zweite industrielle Revolution. Macht und Möglichkeiten von Technik und Wissenschaft. München.

Braun, Siegfried (1963): Auswirkungen des technischen Fortschritts auf die Angestellten in der Bundesrepublik, in: Automation und technischer Fortschritt in Deutschland und den USA. Ausgewählte Beiträge zu einer internationalen Arbeitstagung der Industriegewerkschaft Metall für die Bundesrepublik Deutschland, Redaktion: Günter Friedrichs. Frankfurt a.M., S. 293-307.

Breunig, Christian/Engel, Bernhard (2015): Massenkommunikation 2015. Folien zur Pressekonferenz vom 10. September 2015, www.ard-werbung.de/fileadmin/user_upload/media-perspektiven/Massenkommunikation_2015/Praesentation_PK_MK2015_10-09-2015_final.pdf (abgerufen am 7.2.2016).

Bright, James R. (1963): Lohnfindung an modernen Arbeitsplätzen in den USA, in: Automation und technischer Fortschritt in Deutschland und den USA. Ausgewählte Beiträge zu einer internationalen Arbeitstagung der Industriegewerkschaft Metall für die Bundesrepublik Deutschland, Redaktion: Günter Friedrichs. Frankfurt a.M., S. 133-193.

Brötz, Rainer/Jacob, Anette/Hagenhofer, Thomas (2015): Mit Berufsfachgruppen den Branchendialog fördern. Warum sich eine Neubetrachtung der DDR-Berufsfachkommissionen lohnt, in: Berufsbildung in Wissenschaft und Praxis (BWP) 5/2015, 25 Jahre Deutsche Einheit, Bundesinstitut für Berufsbildung. Bonn.

Buchem, Ilona/Hagenhofer, Thomas (2009): Didaktische Entscheidungen bei der Konzeption einer Web 2.0-basierten Lerner-Community: Ein Erfahrungsbericht zum Einsatz eines Prüfungsvorbereitungswiki in der Mediencommunity 2.0, in: Schwill, Andreas/Apostolopoulos, Nicolas (Hrsg.): Lernen im Digitalen Zeitalter. Workshop-Band Dokumentation der Pre-Conference zur DeLFI2009 – Die 7. E-Learning Fachtagung Informatik der Gesellschaft für Informatik e.V., Berlin, S. 21-28; online: www.e-learning2009.de/media/Workshop-Band_Delfi.pdf.

Buchhaupt, Siegfried et al. (Hrsg.) (1999): Gibt es Revolutionen in der Geschichte der Techniken? Darmstadt.

Bühler, Benjamin/Willer, Stefan (2016): Einleitung, in: Dies. (Hrsg.): Futurologien – Ordnungen des Zukunftswissens. Paderborn, S. 9-21.

Bukro, Casey/Young, David (1996): Ailing AM International sells 6 european units, in: Chicago Tribune vom 24. Februar 1996, http://articles.chicagotribune.com/1996-02-24/business/9602240163_1_newspaper-mailroom-systems-sheridan-systems-multigraph (abgerufen am 26.2.2016).

Bundesinstitut für Berufsbildung (Hrsg.) (2001): Der Ausbildungsberuf Mediengestalter/in für Digital- und Printmedien. Berlin/Bonn. Vgl. URL: www.bibb.de/de/40.php. Gesehen: 1.12.2016.

Bundesministerium für Bildung und Wissenschaft (BMBW) (1991): Berufsbildungsbericht 1991, in: Schriftenreihe Grundlagen und Perspektiven für Bildung und Wissenschaft, Jg. 28. Bad Honnef.

Bundesverband Druck (Hrsg.) (1965-1992): Statistische Jahrbücher 1965-1992. Wiesbaden.

Bundesverband Druck und Medien (BVDM) (Hrsg.) (1993-2012): Taschenstatistiken Bundesverband 1993-2012,. Wiesbaden.

Bundesverband Druck und Medien (BVDM) (Hrsg.) (2013-2015): Taschenstatistiken Bundesverband 2013-2015. Berlin.

Bundesverband Druck und Medien e.V. (BVDM) (2001): Statistisches Grundlagenmaterial Aus- und Weiterbildung 2000. Wiesbaden.

Bundesverband Druck und Medien e.V. (BVDM) (2015): Jahresbericht 2014-2015, Berlin; online: www.bvdm-online.de/fileadmin/Jahresberichte/Jahresbericht_2014_2015.pdf.

Bundesverband Druck und Medien e.V. (BVDM) (Hrsg.): Druckindustrie: Produktion und Umsatz, www.bvdm-online.de/druckindustrie/produktion-umsatz/ (abgerufen am 6.9.2016).

Bunk, Gerhard P./Kaiser, Manfred/Zedler, Reinhard (1991): Schlüsselqualifikationen – Intention, Modifikation und Realisation in der beruflichen Aus- und Weiterbildung, in: Mitteilungen aus der Arbeitsmarkt- und Berufsforschung, 24. Jg., 2, Sonderdruck.

Burckhardt, Richard (1959): grafische technik – heute und morgen (Fachtechnische Schriftenreihe der Industriewegerkschaft Druck und Papier; Heft F 4). Stuttgart.

Burckhardt, Richard (o.J.): automation. Die Entwicklung der grafischen Technik im Zeitalter der Automation. Vortrag vor dem Kongreß der Internationalen gpahischen Förderation am 16. Oktober 1964 (Schriftenreihe der Industriegewerkschaft Druck und Papier; Heft 14), o.O.

Burckhardt, Richard (o.J.): Rationalisierung im Bereich Druck und Papier (Schriftenreihe der Industriegewerkschaft Druck und Papier; Heft 20), o.O.

Burckhardt, Richard [1958]: Die technische Entwicklung im grafischen Gewerbe und ihre Auswirkung auf die Berufsausbildung und Beschäftigung. Vortrag, gehalten auf dem vierten Kongreß der Internationalen Grafischen Föderation am 19. September 1958 in München im Haus des Sports (Schriftenreihe der Industriewerkschaft Druck und Papier; Heft 10). o.O.

Burkhardt, Richard (1974): Ein Kampf ums Menschenrecht. Hundert Jahre Tarifpolitik der Industriegewerkschaft Druck und Papier und ihrer Vorläuferorganisationen seit dem Jahre 1873. Stuttgart.

Castells, Manuel (2001): Der Aufstieg der Netzwerkgesellschaft. Teil 1 der Trilogie: Das Informationszeitalter. Opladen.

Castells, Manuel (2005): Die Internet-Galaxie. Wiesbaden.

Collins, Jim (2011): Der Weg zu den Besten, Campus Verlag: Frankfurt a.M./New York (engl. Original: Good to Great: Why Some Companies Make the Leap and Others Don't, Harpers Business: New York 2001).

Das Stuttgarter Modell. Sonderausgabe des neuen Verlags- und Druckzentrums Stuttgart, Dezember 1976.

David Borisovič Rjazanov und die erste MEGA, Berlin 1997 (Beiträge zur Marx-Engels-Forschung: Sonderband; N.F., Bd. 1).

Deutscher Drucker (Hrsg.) (2000): Interview mit Bernd Egert, in: Deutscher Drucker, Nr. 1-2 vom 6.1.2000, S. 16.

Literatur

Deutscher Gewerkschaftsbund (1963): Entschließung zur Automation 1958, in: Automation und technischer Fortschritt in Deutschland und den USA. Ausgewählte Beiträge zu einer internationalen Arbeitstagung der Industriegewerkschaft Metall für die Bundesrepublik Deutschland, Redaktion: Günter Friedrichs. Frankfurt a.M., S. 336-338.

Deutscher Gewerkschaftsbund (1963): Grundsatzprogramm, beschlossen auf dem Außerordentlichen Bundeskongreß des Deutschen Gewerkschaftsbundes am 21. und 22. November 1963 in Düsseldorf. Düsseldorf.

Deutscher Gewerkschaftsbund (Hrsg.) (o.J. [1958]): Arbeitnehmer und Automation. Ergebnisse einer Arbeitstagung des Deutschen Gewerkschaftsbundes in Essen, o.O. [Düsseldorf]

Deutsches Museum von Meisterwerken der Naturwissenschaft und Technik (1991). Führer durch die Sammlungen. München.

Dispan, Jürgen (2013): Papierindustrie in Deutschland. Branchenreport 2013, in: IMU Institut (Hrsg.): Informationsdienst des IMU Instituts. Stuttgart, Heft 2, S. 1-49.

Doering-Manteuffel, Anselm (1999): Wie westlich sind die Deutschen? Amerikanisierung und Westernisierung im 20. Jahrhundert. Göttingen.

Doering-Manteuffel, Anselm/Raphael, Lutz (2010): Nach dem Boom. Perspektiven auf die Zeitgeschichte seit 1970, 2. überarb. Aufl. Göttingen.

Dolezalek, Martin (1978): Werdegang und Wirkung Kurt Pentzlins, in: Dolezalek, Martin/Huch, B[urkhard] (Hrsg.): Angewandte Rationalisierung in der Unternehmenspraxis. Ausgewählte Beiträge zum 75. Geburtstag von Kurt Pentzlin. Düsseldorf/Wien, S. 12-20.

Dostal, Werner (1988): Beschäftigungswandel in der Druckerei- und Vervielfältigungsindustrie vor dem Hintergrund technischer Änderungen, in: Mitteilungen aus der Arbeits- und Berufsforschung, 21 (1988), S. 97-114.

Dribbusch, Heiner (2007): Industrial action in a low-strike country. Strikes in Germany 1968-2005, in: van der Velden, Sjaak u.a. (Hrsg.): Strikes around the world. Case studies of 15 countries. Amsterdam, S. 267-297.

Drucker, Peter F. (1957): Die nächsten zwanzig Jahre. Ein Blick auf die wirtschaftliche Entwicklung der westlichen Welt. Düsseldorf.

Duhm, Rainer/Mückenberger, Ulrich (1981): Unsere Utopie: daß alle alles machen, in: Jacobi, Otto/Schmidt, Eberhard/Müller-Jentsch, Walther (Hrsg.): Starker Arm am kurzen Hebel (Kritisches Gewerkschaftsjahrbuch 1981/82). Westberlin, S. 66-83.

Ehm, Hans-Helmut (1985): Automation, Arbeitssituation, Arbeitsmotivation Eine emprirische Untersuchung in amerikanischen Unternehmen der Druckindustrie. Diss. René F. Wilfer: Spardorf.

Ehrke, Michael/Müller, Karlheinz (2002): Begründung, Entwicklung und Umsetzung des neuen IT-Weiterbildungssystems, in: BMBF (Hrsg.): IT-Weiterbildung mit System. Bonn, S. 7-18.

Erd, Rainer/Müller-Jentsch, Walther (1979): Ende der Arbeiteraristokratie? Technologische Veränderungen, Qualifikationsstruktur und Tarifbeziehungen in der Druckindustrie, in: Probleme des Klassenkampfs, 9 (1979), 35, S. 17-47.

Erklärung über Automation des Internationalen Bundes Freier Gewerkschaften (IBFG), in: Gewerkschaftliche Beiträge zur Automatisierung. Köln: Bund-Verlag, 1956, S. 80-87.

Erler, Fritz (1956): Der Sozialismus in der Epoche der zweiten industriellen Revolution, in: Revolution der Roboter. Untersuchungen über Probleme der Automatisierung. Eine Vortragsreihe der Arbeitsgemeinschaft Sozialdemokratischer Akademiker. München, S. 161-198.

Erste Westdeutsche Automatisierungs-Schau, in: Der Arbeitgeber vom 20.4.1957, S. 262f.

Evangelische Akademie Loccum (o.J.): Der Mensch in der Automation, Referate aus einem Gespräch zwischen Vertretern der Wirtschaft und der Industrie vom 21.-25. Februar 1957, o.O.

Evans, Eric (2004): Thatcher and Thatcherism: The Making of the Contemporary World, 2. Aufl. London.

Faulstich, Werner (2006): Mediengeschichte von den Anfängen bis 1700. Göttingen.

Fehling, Christian Dominic (2017): Neue Lehr- und Lernformen in der Ausbildung 4.0, in: Berufsbildung in Wissenschaft und Praxis (BWP) 2/2017, S. 30-33.

Fehling, Dominik/Goertz, Lutz/Hagenhofer, Thomas (2015): Didaktisches Konzept des Projektes Social Augmented Learning, www.social-augmented-learning.de/wp-content/uploads/2015/04/SAL_Didaktisches_Konzept_20150409.pdf.

Ferlemann, Erwin (o.J.): Elektronik. Grundlage der Automation in der grafischen Industrie (Schriftenreihe der Industriegewerkschaft Druck und Papier; Heft 22), o.O.

Ferlemann, Erwin: Bilanz des Arbeitskampfes 1984 – aus der Sicht der IG Druck und Papier, in: Gewerkschaftliche Monatshefte, Jg. 35 (1984), 11, S. 671-683.

Festschrift zum 85-jährigen Jubiläum der Johannes-Gutenberg-Schule, Stuttgart, 1988.

FFI (Fachverband Faltschachtel-Industrie) (2015): Daten der Branche, Leistungen des Verbands und zukünftige Herausforderungen, Frankfurt a.M.; online: www.ffi.de/assets/Uploads/FFI-Jahresbericht-2015.pdf

Flasdick, Julia, et al. (2009): Strukturwandel in Medienberufen. Bielefeld.

Flick, Uwe (2007): Qualitative Sozialforschung – Eine Einführung. Vollständig überarbeitete und erweiterte Neuausgabe. Reinbek bei Hamburg.

Freeman, William (1946): War Time-Memories: a brief record of the activities of Addressograph-Multigraph in the years 1939-1945. Addressograph Multigraph Ltd.: Cleveland, Ohio.

Friedmann, Georges (1960): Quelques aspects et effets psychologiques et sociaux de l'automation, in: Harry W. Zimmermann (Hrsg.): Aspekte der Automation. Die Frankfurter Tagung der List-Gesellschaft, Gutachten und Protokolle (Reihe C: Gutachten und Konferenzen, hrsg. von Erwin von Beckerath und Edgar Salin). Basel/Tübingen, S. 293-308.

Friedrichs, G[ünter]/Heisler, H./Röper, B. (1968): Vor- und Nachteile von Rationalisierungsschutzabkommen aus der Sicht der Sozialpartner. Vorträge und Auszüge aus der Sitzung der Arbeitsgruppe Rationalisierung und Gesetzgebung am 6. Mai 1968 (Aus der Tätigkeit der Arbeitsgruppe Rationalisierung und Gesetzgebung; 6. Folge) (= Arbeitsgemeinschaft für Rationalisierung des Landes Nordrhein-Westfalen; 97). Dortmund.

Friedrichs, Günter (1963): Technischer Fortschritt und Beschäftigung in Deutschland, in: Automation und technischer Fortschritt in Deutschland und den USA, Ausgewählte Beiträge zu einer internationalen Arbeitstagung der Industriegewerkschaft Metall für die Bundesrepublik Deutschland, Redaktion: Günter Friedrichs. Frankfurt a.M., S. 80-132.

Friedrichs, Günter/Schaff, Adam (Hrsg.) (1982): Auf Gedeih und Verderb. Mikroelektronik und Gesellschaft. Bericht an den Club of Rome. Wien u.a.

Friedrichsen, Mike (Hrsg.) (2004): Printmanagement. Herausforderungen für Druck- und Verlagsunternehmen im digitalen Zeitalter. Baden-Baden.

Fuchs, Boris (2009): Die Geschichte des Niedergangs der amerikanischen Druckmaschinenindustrie, in: Verein Deutscher Druckingenieure (Hrsg.): Gemeinsam die Zukunft gestalten. Die Print-Medienindustrie gestern, heute und morgen. Jahrbuch der Druckingenieure 2009. Darmstadt 2009, S. 7-24; online: www.idd.tu-darmstadt.de/media/fachgebiet_idd/vddseminare/jahrbuecher/vdd_jahrbuch_2009.pdf (abgerufen am 7.3.2016).

Gegenwart, Peter (1988): Arbeitskampf im Medienbereich. Neue Formen des Arbeitskampfes in der Druckindustrie, insbesondere Betriebsbesetzungen. Frankfurt a.M.

Literatur

Gennard, John (1990): A History of the National Graphical Association. London.

Gennard, John/Bain, Peter (1995): A History of the Society of Graphical and Allied Trades. London.

Georg, Walter/Kunze, Andreas (1980): Sozialgeschichte der Berufserziehung: Eine Einführung. München.

Gergely, Stefan (1983): Mikroelektronik. R. Piper & Co.: München/Zürich.

Gerhardt, Claus W. (2006): Der Beginn der industriellen Revolution im Buchgewerbe (1992), in: Münch, Roger/Werfel, Silvia (Hrsg.): Buchwesen Druckgeschichte. Saarbrücken.

Geßner, Christian Friedrich (1743): Der in der Buchdruckerei wohlunterrichtete Lehrjunge. Leipzig.

Geßner, Christian Friedrich/Hager, Johann Georg (1739-1745): Die so nöthig als nützliche Buchdruckerkunst und Schriftgießerei. Erster bis vierter Theil. Leipzig.

Gewerkschaftliche Beiträge zur Automatisierung. Bund-Verlag: Köln 1956.

Giesicke, Michael (2001): Abhängigkeiten und Gegenabhängigkeiten der Informationsgesellschaft von der Buchkultur, in: Wenzel, Horst/Seipel, Wilfried/Wunberg, Gotthard (Hrsg.): Audiovisualität vor und nach Gutenberg. Zur Kulturgeschichte der medialen Umbrüche. Wien, S. 213-224.

Gile, Jeffrey R. (1989): Product comparison – The Plot thickens, in: InfoWorld vom 20. März 1989, S. 49-52.

Göcke, Thomas (2016): Wie ein Traditionalist zum Pionier wurde, Salesforce Nah-Magazin. München.

Graphische Presse in der Bibliothek der Friedrich Ebert-Stiftung (1991): Ein Periodikabestandsverzeichnis der Internationalen Grafischen Föderation/Friedrich-Ebert-Stiftung/Bibliothek. Bonn.

Graue Literatur aus deutschen Gewerkschaftsbibliotheken (2003): Ein Projekt der Deutschen Forschungsgemeinschaft (Text der Begleitbroschüre: Rüdiger Zimmermann und Rainer Gries). Bonn.

Grefermann, Klaus (1990): Druckindustrie. Strukturwandlungen und Entwicklungsperspektiven. Berlin 1990.

Greinert, Wolf-Dietrich (2006): Geschichte der Berufsausbildung in Deutschland, in: Arnold, Rolf/Lipsmeier, Antonius (Hrsg.): Handbuch der Berufsbildung. 2. überarb. u. akt. Aufl. Wiesbaden, S. 499-508.

Güther, Bernd/Pickshaus, Klaus (1976): Der Arbeitskampf in der Druckindustrie im Frühjahr 1976. Frankfurt a.M.

Hachtmann, Rüdiger: Gewerkschaften und Rationalisierung (2011): Die 1970er-Jahre – ein Wendepunkt?, in: Andresen, Knud/Bitzegeio, Ursula/Mittag, Jürgen (Hrsg.): »Nach dem Strukturbruch«? Kontinuität und Wandel von Arbeitsbeziehungen und Arbeitswelten seit den 1970er-Jahren. Bonn, S. 181-209.

Hagner, G[erhard] W. (1956): Die technische Automatisierung – ihre Wirkungen auf den arbeitenden Menschen, in: Gewerkschaftliche Beiträge zur Automatisierung. Köln, S. 24-42.

Harney, Klaus (1999): Beruf, in: Kaiser, Franz-Josef/Pätzold, Günter (Hrsg.): Wörterbuch Berufs- und Wirtschaftspädagogik. Bad Heilbrunn/Hamburg, S. 51f.

Harney, Klaus (2006): Geschichte der Berufsbildung, in: Harney, Klaus/Krüger, Heinz-Hermann (Hrsg.): Einführung in die Geschichte der Erziehungswissenschaft und Erziehungswirklichkeit. 3. erw. u. akt. Aufl. Opladen/Bloomfield Hills, S. 231-267.

Harney, Klaus/Krüger, Heinz-Hermann (Hrsg.) (2006): Einführung in die Geschichte der Erziehungswissenschaft und Erziehungswirklichkeit. 3. erw. u. akt. Aufl. Opladen/Bloomfield Hills.

Hartmann, Georges (1957): Die Automation und unsere Zukunft. Wer heute bestehen will, muß heute wissen, um was es geht. Stuttgart.

Heinrichs, Felix (2015): Kontrollverlust der Gewerkschaften? Der »Pierburg-Streik« 1973 in historischer Perspektive, in: Andresen, Knut u.a. (Hrsg.): Der Betrieb als sozialer und politischer Ort. Studien zu Praktiken und Diskursen in den Arbeitswelten des 20. Jahrhunderts. Bonn, S. 137-156.

Heitbaum, H[einrich] (1956): »Die Lohnermittlung bei fortschreitender Rationalisierung durch Automatisierung«, in: Gewerkschaftliche Beiträge zur Automatisierung, Köln, S. 43-55.

Hellema, Duco (2012): Die langen 1970er Jahre – eine globale Perspektive, in: Hellema, Duco/Wielenga, Friso/Wilp, Markus (Hrsg.): Radikalismus und politische Reformen. Beiträge zur deutschen und niederländischen Geschichte in den 1970er Jahren. Münster u.a., S. 15-32.

Hensche, Detlef (1978): Technische Revolution und Arbeitnehmerinteresse. Zum Verlauf und Ergebnissen des Arbeitskampfes in der Druckindustrie 1978, in: Blätter für deutsche und internationale Politik, H. 4/1978, S. 413-421.

Hessler, Martina (2015): Die Ersetzung des Menschen. Die Debatte um das Mensch-Maschinenverhältnis im Automatisierungsdiskurs, in: Technikgeschichte, 82, S. 109-136.

Hessler, Martina (2015): Einleitung. Herausforderung Automatisierung: Forschungsperspektiven, in: Technikgeschichte, 82, S. 99-108.

Heuser, Uwe Jean (1996): Tausend Welten. Die Auflösung der Gesellschaft im digitalen Zeitalter. Berlin.

Holderried, Siegbert (2009): Vom Grafischen Gewerbe zur Cross Media, in: Verein Deutscher Druckingenieure (Hrsg.), Jahrbuch der Druckingenieure, Darmstadt, www.idd.tu-darmstadt.de/media/fachgebiet_idd/vddseminare/jahrbuecher/vdd_jahrbuch_2009.pdf (abgerufen am 7.3.2016).

http://www.arbeitskreis-druckgeschichte.de/downloads/iadm-2014-programm-stand-15.7.2014.pdf, abgerufen 1.10.2017.

https://de.wikipedia.org/wiki/Arbeit_4.0; abgerufen am 1.12.2017.

Hülsdünker, Josef (1983): Praxisorientierte Sozialforschung und gewerkschaftliche Autonomie. Industrie- und betriebssoziologische Studien des Wirtschaftswissenschaftlichen Instituts des Deutschen Gewerkschaftsbundes zur Verwissenschaftlichung der Gewerkschaftspolitik des DGB 1946-1956 (Die Entstehung der westdeutschen Industriesoziologie; 2). Münster.

IBI (Gesellschaft für Innovationsforschung und Beratung) (2002): Future of Print & Publishing: Chancen in der mediaEconomy des 21. Jahrhunderts, hrsg. von Intergraf Brüssel, Print & Media Forum AG: Wiesbaden.

IBI (Gesellschaft für Innovationsforschung und Beratung) (Hrsg.) (2007): Future of Print & Publishing – Chancen in der mediaEconomy des 21. Jahrhunderts.

ibi research an der Universität Regensburg GmbH (Hrsg.) (2015): Online-Kaufverhalten im E-Commerce, von https://votum.de/wp-content/uploads/2015/07/VOTUM_B2B-E-CommerceStudie_2015.pdf (abgerufen am 5.9.2016).

IFO-Institut für Wirtschaftsforschung (1962): Soziale Auswirkungen des technischen Fortschritts, Berlin/München.

IG Druck und Papier (1989): Geschäftsbericht 1986 bis 1989 zum Fünfzehnten Ordentlichen Gewerkschaftstag der Industrie Gewerkschaft Druck und Papier, Hauptvorstand, Stuttgart.

Industriegewerkschaft Druck und Papier, Hauptvorstand (Hrsg.) (o.J.): Analyse des Arbeitskampfes 1976 in der Druckindustrie (Schriftenreihe der Industriegewerkschaft Druck und Papier; Heft 27), o.O.

Literatur

Institut für Medien- und Kommunikationspolitik (IfM): Mediendatenbank, www.mediadb.eu/datenbanken/internationale-medienkonzerne/the-mcgraw-hill-comp-inc.html (abgerufen am 4.8.2016).
Internationaler Arbeitskreis Druck- und Mediengeschichte. Vgl. www.arbeitskreis-druckgeschichte.de.
Issaias, Heike (1988): Unsere Idee. Alle machen alles. Rotation in der Gruppe bei Gruner und Jahr, in: Roth, Siegfried/Kohl, Heribert (Hrsg.): Perspektive: Gruppenarbeit. Köln, S. 115-122.
Jacobs, James B. (2006): Mobsters, Unions, and Feds: The Mafia and the American Labor Movement. New York.
Jacobs, James B./Peters, Ellen (2003): Labor Racketeering: The Mafia and the Unions, in: Crime and Justice 30, S. 229-282.
Jahrespublikation der Meisterschüler der Johannes-Gutenberg-Schule, Stuttgart 2000.
Jarell, Timothy (1984): Company Doctor: Merle H. Banta; Nursing AM INTERNATIONAL back to health, in: New York Times vom 6. Mai.
Jung, R. (1921): Ordnung und Artikel, wie es forthin auff allen Truckereien in dieser Stadt Franckfurt sol gehalten werden – 1573, Eines Erbaren Raths. Privater Neudruck mit Vorwort. Frankfurt a.M. o.S.
Kadritzke, Ulf/Ostendorp, Dieter (1978): Beweglich sein fürs Kapital. Das »Stuttgarter Modell« der Rationalisierung und Arbeitsplatzvernichtung in der Zeitungsproduktion, in: Jacobi, Otto/Müller-Jentsch, Walter/Schmidt, Eberhard (Hrsg.): Gewerkschaftspolitik in der Krise (Kritisches Gewerkschaftsjahrbuch 1977/78). Westberlin, S. 22-39.
Kaiser, Franz-Josef/Pätzold, Günter (Hrsg.) (1999): Wörterbuch Berufs- und Wirtschaftspädagogik. Bad Heilbrunn/Hamburg.
Kassalow, Everett (1963): Technischer Fortschritt und Angestellte in den USA, in: Automation und technischer Fortschritt in Deutschland und den USA. Ausgewählte Beiträge zu einer internationalen Arbeitstagung der Industriegewerkschaft Metall für die Bundesrepublik Deutschland, Redaktion: Günter Friedrichs. Frankfurt a.M., S. 266-293.
Keiderling, Thomas (2000): Innovations- und Biografieforschung zum Buchdruck und Buchhandel, in: Druckgeschichte 2.0 (Hrsg.: IADM und Deutsches Zeitungsmuseum). Wadgassen 2008, S. 50-60.
Kempf, Siegfried (1993): Technologischer Wandel in der Druckindustrie. Gutenbergs Nachfahren zwischen beruflichem Aufstieg und innerer Kündigung. Pfungstadt.
Kern, Horst/Schumann, Michael (1970): Industriearbeit und Arbeiterbewußtsein. Eine empirische Untersuchung über den Einfluß der aktuellen technischen Entwicklung auf die industrielle Arbeit und das Arbeiterbewußtsein. Frankfurt a.M.
Kern, Horst/Schumann, Michael (1985): Industriearbeit und Arbeiterbewußtsein. Eine empirische Untersuchung über den Einfluss der aktuellen technischen Entwicklung auf die industrielle Arbeit und das Arbeiterbewußtsein, 2. Aufl. [Studienausgabe; 1. Aufl. 1977] Frankfurt a.M.
Khabaz, D.V. (2007): Manufactured Schema: Thatcher, the Miners and the Culture Industry. Leicester.
Kipphan, Helmut (2000): Handbuch der Printmedien. Berlin/Heidelberg/New York.
Kleinfeld, N.R. (1982): AM Brightest Years Now Dim Memories, in: New York Times vom 15. April.
Kloth, Emil (1910/1913): Geschichte des Deutschen Buchbinderverbandes und seiner Vorläufer. Bd. 1-2. Berlin.
Kluth, Heinz (1960): Automation als Form und Stufe der Rationalisierung, in: Harry W. Zimmermann (Hrsg.): Aspekte der Automation. Die Frankfurter Tagung der List-Gesellschaft, Gutachten und Protokolle (Reihe C: Gutachten und Konferenzen, hrsg. von

Erwin von Beckerath und Edgar Salin). Basel/Tübingen, S. 258-264.
Knoche, Manfred/Krüger, Thomas (1978): Presse im Drucker-Streik. Westberlin 1978.
Kohl, Heribert/Schütt, Bernd (Hrsg.) (1984): Neue Technologien und Arbeitswelt. Was erwartet die Arbeitnehmer? Mit einem Vorwort von Siegfried Bleicher. Köln.
König, Anne (1999): Selbstgesteuertes Lernen in Kleinbetrieben. Heimsheim.
König, Anne (2011): Geschäftsmodell Onlinedruck. Entstehungsgeschichte, Funktionsweise, Beispiele, in: Helmut Peschke/Anne König (Hrsg.): Berichte aus der Druck- und Medientechnik, Nr. 1 (2011), S. 1-47.
König, Anne (2013a): Kalkulatorische Effekte der Sammelproduktion, in: Druckspiegel, 10, S. 11-15.
König, Anne (2013b): Mass Customization of Printed Product, http://prof.beuth-hochschule.de/fileadmin/user/akoenig/Veroeffentlichungen/2013-Mass-Customization-of-print-products.pdf (abgerufen am 6.9.2016).
König, Anne (2014): Mediencommunity 2.0. Aufbau und Betrieb eines Bildungsportals, Hrsg. vom Bundesinstitut für Berufsbildung. Bielefeld.
Koselleck, Reinhart (2000): Vergangene Zukunft. Zur Semantik geschichtlicher Zeiten, 4. Aufl. Frankfurt a.M.
Kruke, Anja/Woyke, Meik (2010): Editorial [zum Rahmenthema »Verwissenschaftlichung der Politik nach 1945«], in: Archiv für Sozialgeschichte, 50, S. 3-10.
Kümmel, Albert/Scholz, Leander/Schumacher, Eckhard (Hrsg.) (2004): Einführung in die Geschichte der Medien. Paderborn.
Lamborghini, Bruno (1982): Die Auswirkungen auf das Unternehmen, in: Günter Friedrichs/Adam Schaff (Hrsg.): Auf Gedeih und Verderb. Mikroelektronik und Gesellschaft. Bericht an den Club of Rome. Wien u.a., S. 131-167.
Landesmuseum für Technik und Arbeit (Mannheim) (Hrsg.) (1983): Begegnungen mit der Technik in der Industriegesellschaft. Unv. Nachdruck der 1. Aufl. von 1980. Karlsruhe.
Lange, Gunter (2012): Schatzkammer der Arbeiterbewegung, in: Druck + Papier, Jg. 150, Nr. 8 (Dezember), S. 23.
Laschinger, Karl (1927): Die Entwicklung der Gehilfenorganisation und Tarifgemeinschaft im deutschen Buchdruckergewerbe 1914-1925. Diss. Heidelberg.
Lause, Mark (2007): Unionism in the Computer Age, in: Eric Arnesen, Encyclopedia of U.S. Labor and Working-class History, 3 Bde. Oxford/New York, Bd. 1, S. 689f.
Laybourn, Keith (1992): A history of British trade unionism c. 1770-1990. Phoenix Mill, UK.
Leanza, Matthias (2016): Prävention, in: Benjamin Bühler/Stefan Willer (Hrsg.): Futurologien – Ordnungen des Zukunftswissens. Paderborn, S. 155-167.
Lenhard, Philipp (2016): Staatskapitalismus und Automation. Einblicke in die Kritik der politischen Ökonomie im Spätwerk Herbert Marcuses und Friedrich Pollocks, in: Zeitschrift für kritische Theorie, 22, H. 42/43, S. 9-39.
Lernort Berufsschule – Perspektiven einer ganzheitlichen Bildung, Positionspapier der Lehrerarbeitsgemeinschaft Druck e.V. Göttingen 1995.
Lewis, Robert (2009): Chicago's Printing Industry 1880-1950, in: Economic History Review, 62, 2, S. 366-387.
Lexikon des gesamten Buchwesens (Hrsg.: Severin Corsten/Stephan Füssel/Günther Pflug). 2. vollst. überarb. Aufl. Stuttgart 1985ff.
Lindemann, Constanze/Neß, Harry (2018): Dokumentation des Zeitzeugenprojekts: Betroffene des Strukturwandels in der Druckindustrie erinnern sich. Manuskript. Berlin/Offenbach am Main.
Lippold, Jochen G. (1999): Chronik des Bildungspolitischen Ausschusses im Bundesverband Druck. Wiesbaden.

Literatur

Lipset, Seymour Martin/Trow, Martin/Coleman, James S. (1956): Union Democracy: The Internal Politics of the International Typographical Union. New York.

Luks, Timo (2010): Der Betrieb als Ort der Moderne. Zur Geschichte von Industriearbeit, Ordnungsdenken und Social Engineering im 20. Jahrhundert. Bielefeld.

Mahlein, Leonhard (1978): Rationalisierung – sichere Arbeitsplätze – menschenwürdige Arbeitsbedingungen. Zum Arbeitskampf in der Druckindustrie 1978 (Schriftenreihe der Industriegewerkschaft Druck und Papier, Hauptvorstand; Heft 29). Stuttgart.

Mahlein, Leonhard (1978): Streik in der Druckindustrie. Erfolgreicher Widerstand, in: Gewerkschaftliche Monatshefte, 29 (1978), 5, S. 261-271.

Markovits, Andrei S. (1986): The politics of the West German trade unions. Strategies of class and interest representation in growth and crisis. Cambridge (Mass.).

Maschinen- und Anlagenbau e.V. (Hrsg.) (2015): Der Trend geht zu kleineren, teils personalisierten Auflagen. Interview mit dem Geschäftsführer Winkler + Dünnebier GmbH, Neuwied, 7.4.2015, www.vdma.org/article/-/articleview/7887384?cachedL-R61051178=de_DE (abgerufen am 7. September 2016).

Matt, Bernd Jürgen (2004): Printtechniken im Wandel, in: Mike Friedrichsen (Hrsg.): Printmanagement. Herausforderungen für Druck- und Verlagsunternehmen im digitalen Zeitalter. Baden-Baden, S. 17-26.

Matthöfer, Hans (1956): Was ist Automation?, in: Der Gewerkschafter, März 1956, S. 17-20.

Matthöfer, Hans (1956): Was ist Automation?, in: Gewerkschaftliche Beiträge zur Automatisierung. Köln, S. 9-20.

[Matthöfer, Hans] (o.J. [1956]): Industriegewerkschaft Metall für die Bundesrepublik Deutschland Hauptverwaltung, Abteilung Wirtschaft: Die Automatisierung der Produktion, ihre Bedeutung für die Arbeiter und Angestellten in der Industrie und ihre wirtschaftlichen und sozialen Auswirkungen, o.O.

Mediengeschichte, mediengeschichte.dnb.de (abgerufen am 23.2.2016).

Messenger, Robert (2015): Varitypers Century of Typesetting, 19. Januar, http://oztypewriter.blogspot.de/2015/01/varitypers-century-of-typesetting.html (abgerufen am 26.2.2016).

Metzler, Dominik (2004): Internet und E-Business in der deutschsprachigen Druck- und Medienindustrie: Ergebnisse einer empirischen Studie, in: Mike Friedrichsen (Hrsg.): Printmanagement. Herausforderungen für Druck- und Verlagsunternehmen im digitalen Zeitalter. Baden-Baden, S. 75-90.

Metzler, Gabriele (2005): Konzeptionen politischen Handelns von Adenauer bis Brandt. Politische Planung in der pluralistischen Gesellschaft. Paderborn.

Michel, Lutz P. (2002): Arbeitsmarkt für »flexible Spezialisten«. In: M&K, 50. Jg, H.1, S. 26-44.

Mieg, Harald A. (2006): Professionalisierung, in: Rauner, Felix (Hrsg.): Handbuch Berufsbildungsforschung. 2. Aufl. Bielefeld, S. 343-350.

Miller, Kurt: Joseph Marie Jacquard zwischen Technik, Gesellschaft und Familie, www.vibinet.de/images/H-Miller-IVGT-200-Jahre-Jacquard.pdf (abgerufen am 25.8.2016).

MMB-Institut für Medien- und Kompetenzforschung (2013): Strukturwandel in der Druckindustrie. Eine Branchenanalyse zur Ermittlung der strukturellen Veränderungen in beschäftigungsintensiven Teilbranchen der Druckindustrie. Essen.

MMB-Institut für Medien- und Kompetenzforschung (Hrsg.) (2013): Ergebnisbericht zur Studie »Strukturwandel in der Druckindustrie«. Essen; https://verlage-druck-papier.verdi.de/++file++52b06f87890e9b1bcb000543/download/Bericht_Strukturwandel_Druckindustrie_final_inkl_Anhang.pdf (zuletzt abgerufen am 29.5.2018).

Möbus, Pamela/Heffler, Michael (2013): Werbeeinnahmen: Printmedien in der Krise, in:

Media Perspektiven, 06, S. 310-321.
Morris, Steven (1991): AM International sells Specialty Graphics Unit, in: Chicago Tribune vom 2. August, http://articles.chicagotribune.com/1991-08-02/business/9103240975_1_oce-bruning-lackluster-sales (abgerufen am 26.2.2016).
Müller, Hermann (1917): Die Organisationen der Lithographen, Steindrucker und verwandten Berufe. Bd. 1-2. Berlin.
Müller, Sabine/Rose, Marion/Striewe, Frank/Treichel, Heinz-Reiner (2002): Future of Print & Publishing – Chancen in der mediaEconomy des 21. Jahrhunderts. Wiesbaden.
Münch, Roger (1997): Gegenständliche Quellen zur Druckgeschichte. Eine kritische Bestandsaufnahme zur Problematik, druckgeschichtliche Exponate museal zu präsentieren, in: Ders. (Hrsg.), Studien und Essays zur Druckgeschichte. Festschrift für Claus W. Gerhardt. Wiesbaden, S. 63-72.
Münch, Roger (2014): Gutenberg-Museum: Neue Inhalte in alten (sanierten) Mauern. Relaunch für das Weltmuseum der Druckkunst, in: Deutscher Drucker, 14 (2014), S. 42.
Münch, Roger/Neß, Harry (Hrsg.) (2008): Druckgeschichte 2.0 – Festschrift 25 Jahre Internationaler Arbeitskreis Druck- und Mediengeschichte. Leipzig.
Münch, Roger/Werfel, Silvia (Hrsg.) (2006): Buchwesen Druckgeschichte. Saarbrücken.
Museum für Druckkunst (Hrsg.) (2014): 20 Jahre Museum für Druckkunst. 1994-2014. Leipzig.
Negroponte, Nicholas (1995): Being Digital. New York.
Neß, Harry (1992): Der Buchdrucker – Bürger des Handwerks: Berufserfahrung und Berufserziehung. Wetzlar.
Neß, Harry (1997): Berufsgeschichte der Buchdrucker. Theoretischer Aufriss zur historischen Anamnese, in: Studien und Essays zur Druckgeschichte (Hrsg.: Roger Münch). Wiesbaden, S. 73-88.
Neß, Harry (2002): Berufliche Bildung – Profil und Perspektiven, in: Nationalatlas Bundesrepublik Deutschland, Band 6, Bildung und Kultur (Hrsg.: Institut für Länderkunde, Leipzig). Heidelberg/Berlin, S. 36-39.
Neß, Harry (2006): »Ausstellung über Feste der Steindrucker regt an zu Nachdenklichkeit«, in: Journal für Druckgeschichte, N.F. (2006), Nr. 4.
Neß, Harry (2008): Mediengeschichte braucht Zeit – Entwicklung und Erhalt von historisch vermittelter Handlungskompetenz, in: Neß, Harry/Münch, Roger (Hrsg.): Druckgeschichte 2.0 – Festschrift 25 Jahre Internationaler Arbeitskreis Druck- und Mediengeschichte. Leipzig, S. 10-22.
Neß, Harry/Münch, Roger (Hrsg.) (2008): Druckgeschichte 2.0. Festschrift. 25 Jahre Internationaler Arbeitskreis Druck- und Mediengeschichte. Saarbrücken 2008.
Neubauer, Günter (1981): Sozioökonomische Bedingungen der Rationalisierung und gewerkschaftlicher Rationalisierungsschutzpolitik, Vergleichende Untersuchung der Rationalisierungsphasen 1918-1933 und 1945-1968, Diss. FU Berlin, Köln.
Neumann, Peter (2007): Nachlässe von Druckereien in öffentlichen Archiven. Wichtige Quellen zur Erforschung der Arbeiteralltages in der Druckbranche, in: Journal für Druckgeschichte, N.F. (2007), Nr. 1.
Nicholas, Lynn H. (1995): Der Raub der Europa. Das Schicksal europäischer Kulturschätze im Dritten Reich. München.
Nicolay, Klaus-Peter (2013): Print bleibt größter Werbeträger, in: Druckmarkt, 85/86, August, S. 9-12.
Nolte, Paul (2002): Gleichzeitigkeit des Ungleichzeitigen, in: Stefan Jordan: Lexikon Geschichtswissenschaft. Stuttgart, S. 134-137.
Ordentlicher Gewerkschaftstag, Entschließung über Automation und technischen Fortschritt, in: Automation. Risiko und Chance. Beiträge zur zweiten internationalen Ar-

beitstagung der Industriegewerkschaft Metall für die Bundesrepublik Deutschland über Rationalisierung und technischen Fortschritt 16. bis 19. März 1965 in Oberhausen, Redaktion Günter Friedrichs, 2 Bde. Frankfurt a.M. 1965, S. 1113-1118.

Otto, Matthias (2004): 25 Jahre »sozialer Friede« im Buchdruckergewerbe. Der Druckereibesitzer Georg Wilhelm Büxenstein war erfolgreicher Tarifpolitiker und risikofreudiger Förderer technischer Innovation«, in: Journal für Druckgeschichte. N.F. (2004), Nr. 1, S. 37-39.

Payne, John (2001): Lifelong Learning: A National Trade Union Strategy in a Global Economy, in: International Journal of Lifelong Education 20, Nr. 5, September/Oktober, S. 378-392.

Perspektiven zur beruflichen Bildung vom Gewerkschaftstag der IG Druck und Papier. Stuttgart 1968.

Pfister, Peter (2006): Lithographien von Festschriften und Gedenkblättern des Verbandes der Lithographen und Steindrucker sowie der Senefelder-Gesellschaft. Eine kunsthistorische Betrachtung, in: »Gott grüß' die Kunst!« Illustrationen und Festschriften der gewerkschaftlich organisierten Drucker, Setzer und Hilfsarbeiterinnen. Bonn.

Plato, Alexander von (2000): Zeitzeugen und die historische Zunft, in: BIOS, H. 1/2000 (13. Jg.), S. 5-29.

Platz, Johannes (2010): »Die White Collars in den Griff bekommen« – Angestellte im Spannungsfeld sozialwissenschaftlicher Expertise, gesellschaftlicher Politik und gewerkschaftlicher Organisation 1950-1970, in: Archiv für Sozialgeschichte, 50, S. 271-288.

Platz, Johannes (2012): Die Praxis der kritischen Theorie. Angewandte Sozialwissenschaft und Demokratie in der frühen Bundesrepublik 1950-1960. Trier. http://ubt.opus.hbz-nrw.de/volltexte/2012/780/pdf/Die_Praxis_der_kritischen_Theorie.pdf (zuletzt besucht am 18.8.2016).

Platz, Johannes/Andresen, Knud/Kuhnhenne, Michaela/Mittag, Jürgen (2015): Der Betrieb als sozialer und politischer Ort: Unternehmens- und Sozialgeschichte im Spannungsfeld mikrohistorischer, praxeologischer und diskursanalytischer Ansätze, in: dies. (Hrsg.): Der Betrieb als sozialer und politischer Ort. Studien zu Praktiken und Diskursen in den Arbeitswelten des 20. Jahrhunderts. Bonn, S. 7-26.

Podiumsgespräch. Leitung Rolf Rodenstock. Sozialpolitische Auswirkungen des technischen Fortschritts in Deutschland, in: Automation als Aufgabe, Sondertagung der Unternehmer vom 2. bis 3. Februar 1965 in der Duisburger Mercatorhalle, veranstaltet von BDA, BDI, Landesvereinigung der industriellen Arbeitgeberverbände NRW, Deutsches Industrieinstitut Köln. Köln 1965, S. 71-98.

Pohl, Manfred (1996): Die Geschichte der Rationalisierung. Das RKW 1921-1996, www2.rkw-kompetenzzentrum.de/fileadmin/media/Kompetenzzentrum/Dokumente/Meta-Navigation/1996_RKW_Geschichte.pdf (zuletzt besucht am 18.8.2016).

Pollock, Frederick (1956): Die wirtschaftlichen und sozialen Folgen der Automatisierung, in: Revolution der Roboter. Untersuchungen über Probleme der Automatisierung. Eine Vortragsreihe der Arbeitsgemeinschaft Sozialdemokratischer Akademiker. München, S. 65-105.

Pollock, Friedrich (1956): Automation. Materialien zur Beurteilung ihrer ökonomischen und sozialen Folgen. Gewerkschaftsausgabe (Frankfurter Beiträge zur Soziologie; 5). Köln.

Pornschlegel, Hans (1963): Sicherung des sozialen Besitzstandes bei technischem Fortschritt in Deutschland, in: Automation und technischer Fortschritt in Deutschland und den USA. Ausgewählte Beiträge zu einer internationalen Arbeitstagung der Industriegewerkschaft Metall für die Bundesrepublik Deutschland, Redaktion: Günter Friedrichs. Frankfurt a.M., S. 239-265.

Protokoll Gründungskongreß des DGB. Köln 1950.
Raddatz, Rolf (2000): Berufsbildung im 20. Jahrhundert: Eine Zeittafel. Bielefeld.
Radkau, Joachim (1998): »Wirtschaftswunder« ohne technische Innovation? Technische Modernität in den fünfziger Jahren, in: Axel Schildt/Arnold Sywottek (Hrsg.): Modernisierung im Wiederaufbau. Die westdeutsche Gesellschaft der 50er Jahre. 2. Aufl. Bonn, S. 129-154.
Radkau, Joachim (2017): Geschichte der Zukunft. München.
Raeder, Sabine/Grote, Gudela (2006): Berufliche Identität, in: Rauner, Felix (Hrsg.): Handbuch Berufsbildungsforschung. 2. Aufl. Bielefeld, S. 337-342.
Raphael, Lutz (1996): Die Verwissenschaftlichung des Sozialen als methodische und konzeptionelle Herausforderung für eine Sozialgeschichte des 20. Jahrhunderts, in: Geschichte und Gesellschaft, 22, S. 165193.
Rationalisierungskuratorium der Deutschen Wirtschaft (Hrsg.) (1957): Automatisierung. Stand und Auswirkungen in der Bundesrepublik Deutschland. München.
Rauner, Felix (Hrsg.) (2006): Handbuch Berufsbildungsforschung. 2. Aufl. Bielefeld.
Rehling, Andrea (2011): Konfliktstrategie und Konsenssuche in der Krise. Von der Zentralarbeitsgemeinschaft zur konzertierten Aktion (Historische Grundlagen der Moderne; 3). Baden-Baden.
Reister, Hugo (1980): Profite gegen Bleisatz. Die Entwicklung in der Druckindustrie und die Politik der IG Druck. Westberlin.
Reitmayer, Morten (2002): »Eliten«. Zur Durchsetzung eines Paradigmas in der öffentlichen Diskussion der Bundesrepublik, in: Calliess, Jörg: Die frühen Jahre des Erfolgsmodells BRD oder: Die Dekonstruktion der Bilder von der formativen Phase unserer Gesellschaft durch die Nachgeborenen, Loccum (Loccumer Protokolle; 25/02), S. 123-146.
Reitmayer, Morten (2003): Unternehmer zur Führung berufen – durch wen?, in: Berghahn, Volker R./Unger, Stefan/Ziegler, Dieter (Hrsg.): Die deutsche Wirtschaftselite im 20. Jahrhundert. Kontinuität und Mentalität (Bochumer Schriften zur Unternehmens- und Industriegeschichte; 11). Essen, S. 317-336.
Reitmayer, Morten (2008): Elite. Sozialgeschichte einer politisch-gesellschaftlichen Idee in der frühen Bundesrepublik. München.
Resolution zur Automation, in: Gewerkschaftliche Beiträge zur Automatisierung. Köln, 1956, S. 72-79.
Reuther, Walther P. (1956): »Keine Angst vor Robotern«, in: Gewerkschaftliche Beiträge zur Automatisierung. Köln, S. 20-23.
Revolution der Roboter. Untersuchungen über Probleme der Automatisierung. Eine Vortragsreihe der Arbeitsgemeinschaft Sozialdemokratischer Akademiker. München 1956.
Rid, Thomas (2016): Maschinendämmerung. Eine kurze Geschichte der Kybernetik. Berlin, S. 99-145.
Rinschen, Angela (1998): Festschriften aus dem Bestand der IG Medien, Landesverband NRW. Ein Bestandsverzeichnis der Bibliothek der Friedrich-Ebert-Stiftung. Bonn.
Roback, Brigitte (1996): Vom Pianotyp zur Zeilensetzmaschine. Setzmaschinenentwicklung und Geschlechterverhältnis 1840-1900. Marburg.
Rosa, Hartmut (2005): Beschleunigung. Frankfurt a.M.
Rosch, Winn L. (1990): Desktop Plotters face the competition, in: PC-Magazine vom 27. März, S. 133-140.
Roth, Karl Heinz/Linne, Karsten (1993): Searching for lost archives. New documentation on the pillage of trade union archives and libraries by the Deutsche Arbeitsfront (1938-1941) and on the fate of trade union documents in the postwar error, in: International Review of Social History. Jg. 38 (1993), H. 2, S. 169ff.
Roth, Ralf (2014): Die Ursprünge des Internet und warum das globale Netz in den USA

und nicht in der Sowjetunion entstanden ist, in: ZWG 15, H. 2, 119–150.
Rudloff, Wilfried (2004): Einleitung: Politikberatung als Gegenstand historischer Betrachtung, Forschungsstand, neue Befunde, übergreifende Fragestellungen, in: ders./Fisch, Stefan (Hrsg.): Experten und Politik, Wissenschaftliche Politikberatung in geschichtlicher Perspektive. Berlin, S. 13-57.
Schelsky, Helmut (1957): Die sozialen Folgen der Automatisierung. Düsseldorf/Köln.
Scheriau, Karl Michael (2000): Kunstgenossen und Kollegen. Entstehung, Aufbau, Wirkungsweise und Zielsetzung der Gewerkschaftsorganisation der deutschen Buchdrucker von 1848 bis 1933. Berlin.
Schermuly-Wunderlich, Gabi/Zintel, Theo (2010): »Just in time« in der Weiterbildung, in: Der Druckspiegel 6/2010, S. 12f.
Schildt, Axel/Siegfried, Detlef/Lammers, Karl Christian (Hrsg.) (2000): Dynamische Zeiten. Die 60er Jahre in beiden deutschen Gesellschaften. Göttingen.
Schildt, Axel/Sywottek, Arnold (Hrsg.) (1998): Modernisierung im Wiederaufbau. Die westdeutsche Gesellschaft der 50er Jahre, 2. Aufl. Bonn.
Schöbel, Hanns-Peter (1995): Medienoperator – Neues Qualitätsprofil für die Medienvorstufe, in: Der Druckspiegel 8/95, S. 718.
Schönbeck, Charlotte (1998): Kulturgeschichte und soziale Veränderungen durch den Wandel in der Drucktechnik, in: NTM. Zeitschrift für Geschichte der Wissenschaften, Technik und Medizin, 6 (1998), S. 193-216.
Schönhoven, Klaus (2003): Geschichte der deutschen Gewerkschaften. Phasen und Probleme, in: Schroeder, Wolfgang/Weßels, Bernhard (Hrsg.): Die Gewerkschaften in Politik und Gesellschaft der Bundesrepublik Deutschland. Ein Handbuch. Wiesbaden, S. 40-64.
Schöter, Wolfgang: Effektivste Gestaltung der Berufsausbildung, in: Das Echo, Organ der BPO des Karl-Marx-Werkes Pößneck, Nr. 2 vom 17. Juni 1968.
Schroeder, Wolfgang (2004): Gewerkschaften als soziale Bewegung – soziale Bewegung in den Gewerkschaften in den Siebzigerjahren, in: Archiv für Sozialgeschichte, 44 (2004), S. 243-265.
Schwarz, Henrik, et al. (2016): Voruntersuchung IT-Berufe, Abschlussbericht – Teil A. Bonn. URL: www.bibb.de/de/59343.php, gesehen 12.1.2017.
Schwarz, Johann Ludewig (1775): Der Buchdrucker. Erster Teil. Zweite vermehrte Auflage. Hamburg.
Schwarz, Johann Ludewig (1775): Der Buchdrucker. Zweeter Theil. Hamburg.
Seefried, Elke (2015): Zukünfte. Aufstieg und Krise der Zukunftsforschung 1945-1980 (Quellen und Darstellungen zur Zeitgeschichte; 106). München.
Seidel, Richard (1920): Die Gewerkschaften in der Revolution. Berlin.
Seidel, Richard (1921): Der kollektive Arbeitsvertrag in Deutschland. Berlin.
Seidel, Richard (1925): Die Gewerkschaften nach dem Kriege. Berlin.
Seidel, Richard (1927): Die Gewerkschaftsbewegung in Deutschland. Amsterdam.
Seidel, Richard (1928): Gewerkschaften und politische Parteien in Deutschland. Berlin.
Seligmann, Ben B. (1963): Technischer Fortschritt und Beschäftigung in den USA, in: Automation und technischer Fortschritt in Deutschland und den USA. Ausgewählte Beiträge zu einer internationalen Arbeitstagung der Industriegewerkschaft Metall für die Bundesrepublik Deutschland, Redaktion: Günter Friedrichs, Frankfurt a.M., S. 57-79.
Sennett, Richard (1998): Der flexible Mensch. Berlin.
Sennett, Richard (2008): Handwerk. Berlin.
Staatssekretariat für Berufsbildung (Hrsg.) (1979): Sozialistisches Bildungsrecht Berufsbildung. Berlin (DDR).
Stamm, Christoph (1987): Regionale Fest- und Gedenkschriften der deutschen Arbeiter-

bewegung. Annotierte Bibliographie von Fest-, Gedenk- und ähnlichen Schriften regionaler und lokaler Organisationsgliederungen der deutschen Arbeiter- und Angestelltenbewegung bis 1985; mit Standortangaben. Bonn.
Statista (Hrsg.): Anzahl der in Deutschland publizierten Publikumszeitschriften in den Jahren 1997 bis 2016, http://de.statista.com/statistik/daten/studie/244886/umfrage/publikumszeitschriften-in-deutschland/ (abgerufen am 7.9.2016).
Statista (Hrsg.): Druckindustrie – Umsatz im Online-Print bis 2014 – Statistik, http://de.statista.com/statistik/daten/studie/387786/umfrage/umsatz-der-online-druckindustrie-in-deutschland/ (abgerufen am 6.9.2016).
Statista (Hrsg.): E-Commerce – Anteil am gesamten Handelsumsatz in Deutschland 2017 – Prognose (o. J.), http://de.statista.com/statistik/daten/studie/515433/umfrage/online-anteil-am-gesamthandelsumsatz-in-deutschland/ (abgerufen am 6.9.2016).
Stefan, Karl Heinz (1960): Technik der Automation. Eine zweite industrielle Revolution, (Die Welt des Wissens). Westberlin.
Steim, Jürgen (1969): Die Geschichte des ersten fachlichen Wirtschaftverbandes – vom Deutschen Buchdrucker-Verein zum Bundesverband Druck. Wiesbaden.
Steinrücke, Margareta (1986): Generationen im Betrieb. Fallstudien zur generationenspezifischen Verarbeitung betrieblicher Konflikte. Frankfurt a.M./New York.
Sternberg, Fritz (1956): Die zweite industrielle Revolution (Schriftenreihe der Industriegewerkschaft Metall für die Bundesrepublik Deutschland; 27). Frankfurt a.M.
Sternberg, Fritz (1956): Gewerkschaftliche Probleme in der Epoche der Automatisierung, in: Der Gewerkschafter, 5, Nr. 11, S. 10-12.
Sternberg, Fritz (1958): Probleme und Auswirkungen der Automation, in: Deutscher Gewerkschaftsbund (Hrsg): Automation – Gewinn oder Gefahr. Arbeitstagung des Deutschen Gewerkschaftsbundes am 23. und 24. Januar 1958 in Essen. Düsseldorf, S. 13-37.
Strehl, Rolf (1952): Die Roboter sind unter uns. Ein Tatsachenbericht. Oldenburg.
Suhling, Lothar (1994): Werden und Wandel von Technikmuseen aus konzeptioneller Sicht. Die neue Museumsgeneration am Beispiel des Landesmuseums für Technik und Arbeit in Mannheim, in: Beiträge zur Geschichte von Technik und technischer Bildung. Hrsg. von der Hochschule für Technik, Wirtschaft und Kultur. Folge 8. Leipzig, S. 3-21.
Szöllösi-Janze, Margit (2004): Wissensgesellschaft in Deutschland, Überlegungen zur Neubestimmung der deutschen Zeitgeschichte über Verwissenschaftlichungsprozesse, in: Geschichte und Gesellschaft, 30, S. 277-313.
Tarifvertragstexte und Betriebsvereinbarungen, in: Automation und technischer Fortschritt in Deutschland und den USA. Ausgewählte Beiträge zu einer internationalen Arbeitstagung der Industriegewerkschaft Metall für die Bundesrepublik Deutschland, Redaktion: Günter Friedrichs. Frankfurt a.M. 1963, S. 322-382.
Tenfelde, Klaus (2010): Arbeitsbeziehungen und gewerkschaftliche Organisation im Wandel, in: Aus Politik und Zeitgeschichte, 60 (2010), 13-14, S. 11-20.
Trade Union Research and Information Service der European Productivity Agency. Trade Union Seminar on Automation. London 14th-17th May 1956, Final Report. Paris 1956.
Uhl, Karsten (2014): Humane Rationalisierung. Die Raumordnung der Fabrik im fordistischen Jahrhundert. Bielefeld.
Uhl, Karsten (2015): Maschinenstürmer gegen Automatisierung. Der Vorwurf der Technikfeindlichkeit in den Arbeitskämpfen der 1970er und 1980er Jahre und die Krise der Gewerkschaften, in: Technikgeschichte, 82, S. 157-179.
Uhl, Karsten/Bluma, Lars (2012): Arbeit, Körper, Rationalisierung. Neue Perspektiven auf den historischen Wandel industrieller Arbeitsplätze, in: dies. (Hrsg.): Kontrollierte Arbeit – disziplinierte Körper. Zur Sozial- und Kulturgeschichte der Industriearbeit im 19. und 20. Jahrhundert. Bielefeld, S. 9-31.

Literatur

Undy, Roger (2008): Trade Union Merger Strategies. Purpose, Process, and Performance. Oxford.
van der Linden, Marcel (2003): Transnational Labour History. Explorations. Aldershot.
ver.di (2013): »Unser Widerstand – unser Erfolg, Tarifrunde 2011 in der Druckindustrie«, Broschüre, hrsg. von ver.di – Fachbereich 8 Medien, Kunst und Industrie, Frank Werneke, Redaktion: Viktor Kalla. Berlin.
Verband der deutschen Buchdrucker München (Hrsg.) (1912): Bücherverzeichnis der Bibliothek. München.
Vom Webstuhl zum Computer, Deutschlandfunk vom 7. August 2009, www.deutschlandfunk.de/vom-webstuhl-zum-computer.871.de.html (abgerufen am 7.3.2016).
Wagner, Peter (1980): Sozialwissenschaften und Staat. Frankreich, Italien, Deutschland 1870-1980. Frankfurt a.M.
Walther, Alwin (1956): Moderne Rechenanlagen als Muster und als Kernstück einer vollautomatisierten Fabrik, in: Revolution der Roboter. Untersuchungen über Probleme der Automatisierung. Eine Vortragsreihe der Arbeitsgemeinschaft Sozialdemokratischer Akademiker. München, S. 7-64.
Warnke, Martin/Coy, Wolfgang/Tholen, Georg Christoph (Hrsg.) (1997): HyperKult – Geschichte, Theorie und Kontext digitaler Medien. Basel/Frankfurt a.M.
Weber, Alfred (1956): Die Bewältigung der Freizeit, in: Revolution der Roboter. Untersuchungen über Probleme der Automatisierung. Eine Vortragsreihe der Arbeitsgemeinschaft Sozialdemokratischer Akademiker. München, S. 141-160.
Weber, Claudia (1982): Rationalisierungskonflikte in Betrieben der Druckindustrie. Frankfurt a.M./New York.
Weber, Jürgen (2004): »Kooperative Provenienzerschließung«, in: Zeitschrift für Bibliothekswesen und Bibliographie, Jg. 51 (2004).
Wehler, Hans-Ulrich (1988): Aus der Geschichte lernen? München.
Welzer, Harald (2000): Das Interview als Artefakt, in: BIOS, H. 1/2000 (13. Jg), S. 51-63.
Wenig, Hans K. (1963): Lohnfindung an modernen Arbeitsplätzen in Deutschland, in: Automation und technischer Fortschritt in Deutschland und den USA. Ausgewählte Beiträge zu einer internationalen Arbeitstagung der Industriegewerkschaft Metall für die Bundesrepublik Deutschland, Redaktion: Günter Friedrichs. Frankfurt a.M., S. 194-215.
Wenke, Hans-Georg (1991): Ein Konzern ohne Allüren – aber mit klarem Credo: Der Vorteil zählt, in: Der Polygraph, 23, S. 1912-1922.
Wenzel, Horst/Seipel, Wilfried/Wunberg, Gotthard (Hrsg.) (2001): Audiovisualität vor und nach Gutenberg. Zur Kulturgeschichte der medialen Umbrüche. Wien.
Werner, Rudolf (2002): Über 100.000 Ausbildungsverhältnisse in den neuen Berufen, in: bwp 2002, H. 6, S. 51-54.
WiDi (2013): Bericht zu den Ergebnissen der Kompetenzbedarfserhebung im Projekt WiDi (Weiterbildungsinitiative Druckindustrie) des ZFA, vorgelegt vom MMB-Institut für Medien- und Kompetenzforschung, September 2013, Seite 11ff.
Wilson, A./Blackburn, S. (Hrsg.) (1988): Major Companies of the USA 1988/89, Springer-Science-Business Media B.V.: Luxemburg.
Winter, Carsten (2008): Medienentwicklung als Bezugspunkt für die Erforschung von öffentlicher Kommunikation und Gesellschaft im Wandel, in: Winter, Carsten/Hepp, Andreas/Krotz, Friedrich (Hrsg.): Theorien der Kommunikations- und Medienwissenschaft. Wiesbaden, S. 417-445.
Winter, Carsten/Hepp, Andreas/Krotz, Friedrich (Hrsg.) (2008): Theorien der Kommunikations- und Medienwissenschaft. Wiesbaden.
Wittemann, Klaus-Peter (1985): Industriesoziologie und Politik am Beispiel von »Indus-

triearbeit und Arbeiterbewußtsein«, in: Horst Kern/Michael Schumann: Industriearbeit und Arbeiterbewußtsein. Eine empirische Untersuchung über den Einfluss der aktuellen technischen Entwicklung auf die industrielle Arbeit und das Arbeiterbewußtsein, 2. Aufl. Frankfurt a.M., S. 323-350.

Wolf, Kurt K. (1997): Heidelberg ist überall: Jetzt auch in Kiel, HZW für Cross Media Management, www.print.ch/home/page.aspx (abgerufen am 30.8.2016).

Wolkersorf, L[orenz] (1956,): Die wirtschaftlichen Auswirkungen der fortschreitenden Mechanisierung und Automatisierung, in: Gewerkschaftliche Beiträge zur Automatisierung. Köln, S. 56-71.

Zabeck, Jürgen (1992): Die Berufs- und Wirtschaftspädagogik als erziehungswissenschaftliche Teildisziplin. Baltmannsweiler.

Zeitungen, Zeitschriften, Protokolle, Jahrbücher und Geschäftsberichte aus dem Bestand der IG Medien (1998): Eine Dokumentation der Bibliothek der Friedrich-Ebert-Stiftung, bearb. von Katrin Stiller (Veröffentlichungen der Bibliothek der Friedrich-Ebert-Stiftung; 6). Bonn.

Zeitzeugenprojekt Leipzig: URL: http://research.uni-leipzig.de/fernstud/Zeitzeugen/ (aufgerufen am 24.6.2015).

Zentral-Fachausschuss Berufsbildung Druck und Medien (Hrsg.) (2009): 60 Jahre ZFA. Festreden und Grußworte anlässlich des 60. Jubiläums des Zentral-Fachausschusses Berufsbildung Druck und Medien (ZFA) am 4. November 2009 im Atrium in Kassel, Kassel; online: https://zfamedien.de/downloads/ZFA/60_Jahre_ZFA_2009.pdf.

Zentral-Fachausschuss Berufsbildung Druck und Medien (ZFA) (Hrsg.) (2009): 60 Jahre ZFA. Festreden und Grußworte anlässlich des 60. Jubiläums des Zentral-Fachausschusses Berufsbildung Druck und Medien (ZFA) am 4. November 2009 im Atrium in Kassel. Kassel.

Zentral-Fachausschuss Berufsbildung Druck und Medien (ZFA) (Hrsg.) (2013): Bericht zu den Ergebnissen der Kompetenzbedarfserhebung im Projekt WiDi. September 2013, www.bvdm-online.de/fileadmin/user_upload/Abschlussbericht-Widi-2013.pdf

Zentral-Fachausschuss für die Druckindustrie (Hrsg.) (2000): 50 Jahre ZFA. Festreden anlässlich des 50. Jubiläums des Zentral-Fachausschusses für die Druckindustrie (ZFA) am 9. November 1999 im großen Saal der IHK zu Dortmund. Heidelberg.

Zentral-Fachausschuß für die Druckindustrie (ZFA): Protokoll über die Sitzung des Zentral-Fachausschusses für die Druckindustrie vom 13. Oktober 1978 in Heidelberg.

Zentral-Fachausschuß für die Druckindustrie (ZFA): Protokoll über die Sitzung des Zentral-Fachausschusses für die Druckindustrie vom 6. April 1979 in Bad Pyrmont.

Zentral-Fachausschuß für die Druckindustrie (ZFA): Protokoll über die Sitzung des Zentral-Fachausschusses für die Druckindustrie vom 29. April 1981 in München.

Zentral-Fachausschuß für die Druckindustrie (ZFA): ZFA-Mitteilungen Nr. 146, November 1987.

Zentralstelle für Unterrichtsmittel der VOB-Zentrag, Staatssekretariat für Berufsbildung (Hrsg.) (1987): Ausbildungsunterlage für die Facharbeiterausbildung: Facharbeiter für Satztechnik, Berufsnummer 38205. Berlin (DDR).

Zimmermann, Harry W. (Hrsg.) (1960): Aspekte der Automation. Die Frankfurter Tagung der List-Gesellschaft, Gutachten und Protokolle (Reihe C: Gutachten und Konferenzen hrsg. von Erwin von Beckerath und Edgar Salin). Basel/Tübingen.

Zimmermann, Rüdiger (2002): Berlin – Offenbach – Washington – Bonn. Das Offenbach Archival Depot und die Gewerkschaftsbestände der Bibliothek der Friedrich-Ebert-Stiftung, in: AKMB-News. Informationen zu Kunst, Museum und Bibliothek, Jg. 8, H. 2, S. 11-17.

Zimmermann, Rüdiger (2008): Das gedruckte Gedächtnis der Arbeiterbewegung bewah-

Literatur

ren. Die Geschichte der Bibliotheken der deutschen Sozialdemokratie. 3. Aufl. Bonn.
Zoller, Helga (1992): Der Verband der Lithographen, Steindrucker und verwandten Berufe, in: Aus Gestern und Heute wird Morgen. Hrsg. von der Industriegewerkschaft Medien – Druck und Papier, Publizistik und Kunst aus Anlass ihres 125jährigen Bestehens. Stuttgart.
Zoller, Helga (1992): Der Verband der graphischen Hilfsarbeiter und -arbeiterinnen, in: Aus Gestern und Heute wird Morgen. Hrsg. von der Industriegewerkschaft Medien – Druck und Papier, Publizistik und Kunst aus Anlass ihres 125jährigen Bestehens. Stuttgart.

Autorinnen und Autoren

Rainer Braml, Buchdrucker, Dipl.-Ing. Drucktechnik in Wuppertal, 1978-2000 Wissenschaftlicher Mitarbeiter im Bundesinstitut für Berufsbildung (BIBB), wichtigstes Projekt Neuordnung Mediengestalter Digital und Printmedien – erste Ausbildungsordnung mit flexiblen Ausbildungsstrukturen, bis 2016 Bildungsreferent und Akademieleitung im Verband Druck + Medien Nordrhein-Westfalen, Prüfungsausschuss Medienfachwirt/IM Printmedien in Dortmund.

Christian Göbel, Dr., studierte Vergleichende Literaturwissenschaft, Neuere Deutsche Literaturwissenschaft und Betriebswirtschaft in Saarbrücken, von 2005 bis 2008 wissenschaftlicher Volontär im Deutschen Zeitungsmuseum, danach freier Mitarbeiter, seit 2014 wissenschaftlicher Mitarbeiter.

Thomas Hagenhofer, Informationswissenschaftler M.A., seit 2001 in innovativen Lernprojekten beim Zentral-Fachausschuss Berufsbildung Druck und Medien (ZFA); Schwerpunkt technische und didaktische Konzeption neuer Lernanwendungen, Koordinator des Verbundprojektes Social Virtual Learning 2020.

Heinz Hupfer, Jurastudium in Frankfurt am Main und Genf, Jurist in diversen Unternehmen, nach Ausscheiden aus dem Berufsleben Auseinandersetzung mit Geschichte der Arbeitswelt, der Sozialbeziehungen, Geschichte Frankfurts, ehrenamtlicher Rechts-/Sozialberater der Katholischen Arbeitnehmerbewegung (KAB).

Anette Jacob, Ausbildung zur Druckformherstellerin, Studium der Druckereitechnik in Wuppertal mit Abschluss Dipl.-Ing., Berufstätigkeit im Verkaufsinnendienst einer mittelständischen Druckerei, seit 1999 Geschäftsführerin des Zentral-Fachausschuss Berufsbildung Druck und Medien (ZFA).

Anne König, Buchdruckerin, Druckingenieurin, seit 2000 Professorin für Betriebswirtschaftslehre der Druck- und Medienbranche an der Beuth Hochschule für Technik Berlin, dort Leiterin des Studiengangs Betriebswirtschaftslehre – Digitale Wirtschaft.

Heike Krämer, Dr., gelernte Schriftsetzerin, Studium der Druckereitechnik und Wirtschaftswissenschaften, seit einigen Jahren beim Bundesinstitut für Berufsbildung, zuständig für die Berufe der Medien- und Kommunikationswirtschaft.

Constanze Lindemann, Studium Geschichte und Politische Wissenschaften, M.A. 1977, Gehilfenprüfung als Offsetdruckerin 1982, Betriebsrätin, im Unruhestand weiter ehrenamtlich engagiert in der IG Druck und Papier, IG Medien, ver.di.

Roger Münch, Dr., Studium der Buchwissenschaft, Germanistik und Philosophie in Mainz, 1983 bis 1987 Mitglied im Aufbauteam des Landesmuseums für Technik und Arbeit in Mannheim, 1988 bis 1997 wissenschaftlicher Mitarbeiter am Institut für Buchwissenschaft in Mainz, danach Stiftung Saarländischer Kulturbesitz, seit 2003 Direktor des Deutschen Zeitungsmuseums in Wadgassen.

Harry Neß, Dr., Buchdrucker, Druckingenieur, Assoziierter Wissenschaftler am Deutschen Institut für internationale pädagogische Forschung (DIPF) und Vorsitzender des Internationalen Arbeitskreises für Druck und Mediengeschichte (IADM). Forschungsschwerpunkte: Lebensbegleitendes Lernen sowie der Wandel der Berufe in der Strukturgeschichte der Druck- und Medienindustrie.

Johannes Platz, Dr., Referent für Gewerkschaftsgeschichte im Archiv der sozialen Demokratie der Friedrich-Ebert-Stiftung, Forschungsschwerpunkte: Gewerkschafts- und Industriegeschichte, kritische Unternehmensgeschichte, Ideen- und Wissenschaftsgeschichte, kritische Militärgeschichte.

Andreas Rombold, Offsetdrucker, seit 1980 Lehrer für Drucktechnik und Deutsch an der Johannes-Gutenberg-Schule Stuttgart, als Sachverständiger des Bundes beteiligt an der Erarbeitung der Ausbildungsordnung der Mediengestalter für Digital- und Printmedien und an den Neuordnungen für Siebdrucker, 2005 bis 2009 Bundesvorsitzender der Lehrerarbeitsgemeinschaft Medien.

Ralf Roth, Feingeräteelektroniker; außerplanmäßiger Professor für Neuere Geschichte an der Goethe-Universität Frankfurt am Main, Schwerpunkte sind Beiträge zur Sozialgeschichte von Arbeiterschaft und Bürgertum, Arbeiten zur Stadt-, Verkehrs-, Kommunikations- und Weltgeschichte; das aktuelle Forschungsprojekt »Ein Blick zurück auf die Digitalisierung der Arbeitswelt« untersucht den Beitrag von Arbeitnehmern in der Metallindustrie zur Gestaltung dieser Entwicklung.

Karsten Uhl, Dr., 1993-1998 Studium an der Universität Hamburg, Wissenschaftlicher Mitarbeiter an der Helmut-Schmidt-Universität Hamburg, 2000 Promotion an der Ludwig-Maximilians-Universität München, Historiker mit Schwerpunkten in der Geschichte der Arbeit und der Technikgeschichte im 19. und 20. Jahrhundert, Privatdozent an der TU Darmstadt.

Frank Werneke, Ausbildung zum Verpackungsmittelmechaniker, Eintritt in die IG Druck & Papier, ab 1993 hauptamtlich in der IG Medien tätig, 1998 Mitglied des Geschäftsführenden Hauptvorstands der IG Medien, 2001 Mitglied im Bundesvorstand ver.di, Leiter des Fachbereichs Medien, Kunst und Industrie, ab 2002 stellvertretender Vorsitzender der Vereinten Dienstleistungsgewerkschaft ver.di.

Rüdiger Zimmermann, Dr., studierte an der TU Darmstadt Geschichte, Politische Wissenschaften, Geographie; Promotion 1976; Leiter der Bibliothek der Friedrich-Ebert-Stiftung 1996 bis 2011.

Zeitzeugen und Interviewer

Leitende Angestellte bzw. Geschäftsführer

Peter Neumann, ehemals Geschäftsführer der Saarbrücker Druckerei und Verlag GmbH

Hanns-Peter Schöbel, ehemals Leiter der Vorstufentechnik bei Burda, Offenburg

Journalisten

Rainer Butenschön, Neue Presse, freigest. Betriebsratsvorsitzender, Verlagsgruppe Madsack

Ursula Königstein, Frankfurter Neue Presse, freigest. Betriebsratsvorsitzende Frankfurter Societäts Medien GmbH

Henrik Müller, ehemals Siegener Zeitung, Westfalenpost, leitender Redakteur von Die Feder und Druck+Papier

Facharbeiter der Vorstufe

Bernd-Ingo Drostel, ehemals Druckhaus Tempelhof, Stereotypeur, Zylinderkorrektur, BR-Vorsitzender

Kurt Haßdenteufel, ehemals Schriftsetzer, Betriebsrat bei der Saarbrücker Zeitung, danach Hauptvorstand IG Druck und Papier und IG Medien

Viktor Kalla, ehemals Frankfurter Rundschau, Schriftsetzer, BR-Vorsitzender

Joachim Reschke, ehemals Schriftsetzer, Bergedorfer Zeitung

Drucker

Ottmar Bürgel, ehemals Buch- und Offsetdrucker, Bielefeld, ab 1990 Gewerkschaftssekretär der IG Medien/ver.di

Andreas Meißner, Berliner Druckerei (Ost-Berlin), seit 1991 Axel Springer Verlag Berlin, Tiefdrucker, Betriebsrat

Heinz Jürgen Riekhof, ehemals Drucker, Axel Springer Verlag, Hamburg

Ehemalige Gewerkschaftsvorsitzende (Einzelinterviews)

Detlef Hensche, 1975-1990 Mitglied im Geschäftsführenden Hauptvorstand der IG Druck und Papier, zuständig für Tarifarbeit, 1990-2001 Vorsitzender der IG Medien

Franz Kersjes, 1980-2001 Vorsitzender der IG Druck und Papier und IG Medien in Nordrhein-Westfalen

Interviewer

Ernst Heilmann, ehemals Offsetdrucker, Axel Springer Verlag, Ahrensburg, Betriebsrat, Gewerkschaftssekretär IG Medien und ver.di

Constanze Lindemann, Geschichtsstudium, ehemals Offsetdruckerin, Betriebsrätin

Harry Neß, Dr., ehemals Buchdrucker, Berufspädagoge und Historiker

Jürgen Prott, Dr., ehemals Schriftsetzer, Journalist, Soziologe, Prof. em.

Ralf Roth, Dr., Feingeräteelektroniker; außerplanmäßiger Professor für Neuere Geschichte an der Goethe-Universität Frankfurt am Main

VSA: Gewerkschaft, ja bitte!

Hartmut Meine
Gewerkschaft, ja bitte!
Ein Handbuch für Betriebsräte, Vertrauensleute und Aktive
448 Seiten | Hardcover | Abbildungen | € 19.80
ISBN 978-3-89965-779-1
Dieses Handbuch soll die Arbeit von Betriebsräten, Vertrauensleuten und Jugend- und Auszubildendenvertreter*innen als Teil aktiver Gewerkschaftsarbeit im Betrieb unterstützen. Es richtet sich auch an neugewählte Kolleginnen und Kollegen.
Im ersten Teil werden die Grundlagen der Betriebs-, Tarif- und Gesellschaftspolitik entwickelt sowie die Schutz- und Gestaltungsfunktion von Gewerkschaften erläutert. Der zweite Teil behandelt die praktische Gewerkschaftsarbeit im Betrieb.

Prospekte anfordern!

VSA: Verlag
St. Georgs Kirchhof 6
20099 Hamburg
Tel. 040/28 09 52 77-10
Fax 040/28 09 52 77-50
info@vsa-verlag.de

IG Metall Bezirk Baden-Württemberg (Hrsg.)
aufrecht gehen
Wie Beschäftigte durch Organizing zu ihrem Recht kommen
160 Seiten | Hardcover | durchgehend farbig | Abbildungen | € 16.80
ISBN 978-3-89965-781-4
Das im Herbst 2015 gestartete »Gemeinsame Erschließungsprojekt« der IG Metall Baden-Württemberg gibt Antworten auf die Herausforderungen der neuen Arbeitswelt.

Peter Renneberg
Handbuch Tarifpolitik und Arbeitskampf
4., aktualisierte Ausgabe
240 Seiten | € 19.80
ISBN 978-3-89965-846-0
Das bewährte Lern- und Arbeitsbuch für die tarifpolitische Praxis in der vierten, nochmals aktualisierten Auflage – für Aktive in Betrieb und Gewerkschaft, Tarifkommissionsmitglieder, Betriebs- und Personalräte.

Dieter Sauer/Ursula Stöger/
Joachim Bischoff/Richard Detje/
Bernhard Müller
Rechtspopulismus und Gewerkschaften
Eine arbeitsweltliche Spurensuche
216 Seiten | € 14.80
ISBN 978-3-89965-830-9
Rechtspopulisten erzielen unter Gewerkschaftsmitgliedern zum Teil überdurchschnittliche Erfolge. Was sind die Hintergründe? Rechte Ressentiments schwappen nicht nur von außen, aus den gesellschaftlichen Lebensverhältnissen und der Politik in die Betriebe und Unternehmen hinein, sondern haben einen arbeitsweltlichen Nährboden – das ist das zentrale Ergebnis der vorliegenden Untersuchung.

Marianne Giesert/Tobias Reuter/
Anja Liebrich (Hrsg.)
Betriebliches Eingliederungsmanagement 4.0
Ein kreativer Suchprozess
240 Seiten | € 16.80
ISBN 978-3-89965-825-5
Die Autor*innen liefern Handlungsstrategien für die Einführung des Betrieblichen Eingliederungsmanagements und Konzepte zu seiner Weiterentwicklung, insbesondere im Zuge der digitalen Transformation.

VSA: Geschichte & Zukunft der Arbeit

Karl Lauschke
Widerstand lohnt sich!
Die Geschichte der Bremer Hütte – oder: Wieso wird heute noch Stahl in Bremen produziert?
Unter Mitwirkung von Peter Sörgel und Eike Hemmer
592 Seiten | Hardcover | Abbildungen, z.T. in Farbe | € 29.80
ISBN 978-3-89965-780-7
Karl Lauschke zeichnet die außergewöhnliche Geschichte des Hüttenwerks in Bremen und seiner Selbstbehauptung durch eine linke Belegschaftsvertretung anschaulich und spannend nach.

Prospekte anfordern!

VSA: Verlag
St. Georgs Kirchhof 6
20099 Hamburg
Tel. 040/28 09 52 77-10
Fax 040/28 09 52 77-50
info@vsa-verlag.de

Bernd Gehrke/
Gerd-Rainer Horn (Hrsg.)
1968 und die Arbeiter
Studien zum »proletarischen Mai« in Europa
352 Seiten | Neuauflage 2018 | € 29.80
ISBN 978-3-89965-828-6
»1968« gilt weithin als Studentenrevolte, als Jugendprotest. Doch das eigentliche Subjekt der Bewegung sollten im Verständnis damaliger Akteure die Arbeiter sein. Dieser Band beinhaltet 13 Fallstudien zum Wechselverhältnis von Arbeiter- und Studentenbewegung in ost- und westeuropäischen Ländern sowie eine Einführung zum europäischen Vergleich.

Wolfgang Hien / Peter Birke
Gegen die Zerstörung von Herz und Hirn
»68« und das Ringen um menschenwürdige Arbeit
256 Seiten | € 22.80
ISBN 978-3-89965-829-3
Eine Annäherung an das »andere« 68: Ein biografisches Interview mit Wolfgang Hien über 50 Jahre gewerkschaftliche, politische und wissenschaftliche Aktivität.

BEIGEWUM
Umkämpfte Technologien
Arbeit im digitalen Wandel
Herausgegeben vom Beirat für gesellschafts-, wirtschafts- und umweltpolitische Alternativen
224 Seiten | € 16.80
ISBN 978-3-89965-847-7
Wer gestaltet technologischen Wandel und wer profitiert davon? In diesem Buch werden gesellschaftlich umkämpfte Prozesse betrachtet, deren Richtung und Ausgang offen ist. Die Autorinnen und Autoren liefern Argumente und Handlungsoptionen – denn Arbeit 4.0 heißt auch Arbeitskampf 4.0.

Waltraud Waidelich/
Margit Baumgarten (Hrsg.)
Um-Care zum Leben
Ökonomische, theologische, ethische und ökologische Aspekte von Sorgearbeit
128 Seiten | € 10.80
ISBN 978-3-89965-836-1
Suchbewegungen nach einem neuen wirtschaftsethischen Konzept für eine lebensdienliche Gestaltung von Wirtschaft und ein solidarisches Zusammenleben von Gesellschaft werden in diesem Band vorgestellt.